ABB 工业机器人现场编程与操作

李 锋 李宗泽 张永乐 编著

·北京·

内容简介

本书根据工业机器人行业发展趋势，从生产实际出发，详细讲解了工业机器人的基础操作、工业机器人I/O通信、工业机器人工作数据建立、工业机器人程序的编写、工业机器人的典型应用等内容。本书实用性与可参考性强，点面结合，既有完整的知识体系，兼顾教材的使用，内容又有一定深度，突出应用技能的学习。

本书可为从事工业机器人编程、操作、维护相关工作的工程技术人员提供帮助，也可供高等院校机电专业、机器人专业的师生学习参考。

图书在版编目（CIP）数据

ABB工业机器人现场编程与操作/李锋，李宗泽，张永乐编著.—北京：化学工业出版社，2021.5（2023.8重印）

ISBN 978-7-122-38775-2

Ⅰ.①A… Ⅱ.①李…②李…③张… Ⅲ.①工业机器人-程序设计 Ⅳ.①TP242.2

中国版本图书馆CIP数据核字（2021）第053237号

责任编辑：王　烨　　　　文字编辑：陈　喆
责任校对：王　静　　　　装帧设计：刘丽华

出版发行：化学工业出版社（北京市东城区青年湖南街13号　邮政编码100011）
印　　装：北京盛通数码印刷有限公司
787mm×1092mm　1/16　印张15　字数347千字　　2023年8月北京第1版第4次印刷

购书咨询：010-64518888　　　　售后服务：010-64518899
网　　址：http://www.cip.com.cn
凡购买本书，如有缺损质量问题，本社销售中心负责调换。

定　　价：59.80元

前言

工业机器人是集机械、电子、自动控制、计算机、传感器、人工智能等多领域技术于一体的现代自动化设备。随着国家产业结构转型升级的不断推进，工业机器人在各个领域的应用越来越广泛，人才需求量出现了井喷式增长，而目前急需面向主流机器人品牌的实用性入门类教材，本书正是基于此进行策划和编写的。

本书以岗位生产需求为导向，以专业技能培养为目标，采用理实一体、循序渐进的方式让初学者更好、更快地掌握工业机器人应用的基础知识和专业技能，为实际应用夯实基础。书中通过认识工业机器人、工业机器人的基础操作、工业机器人 I/O 通信、工业机器人工作数据的建立、工业机器人程序的编写、工业机器人的典型应用等 6 个章节，详尽地描述了 ABB 工业机器人的基本运用。本书编写人员全部是“双师型”教师，在书中展示了实际工作中积累的丰厚的工程实践及教学经验。在编写过程中力求语言精练、论述清晰、图文并茂；对接实际应用需求，具有一定的代表性、实用性与先进性。

本书可作为高等院校、职业院校、技工学校、技师学院的工业机器人、机电一体化、智能制造等专业的教材或培训教程；也可作为企业工业机器人产线相关员工的专业技术参考书籍。

本书由陕西航天职工大学李锋、陕西省电子信息学校李宗泽、西安理工大学张永乐编著。在编写过程中得到西安华航机器人工程技术研究院的帮助，在此深表谢意。

由于编著者水平有限，书中疏漏之处敬请同行及读者不吝指正。

编著者

2020 年 12 月于西安

目录

第1章　认识工业机器人　/001

1.1　工业机器人概述 ………… 001

1.1.1　工业机器人的定义及特点 ………… 001

1.1.2　工业机器人的发展历程 ………… 002

1.1.3　工业机器人的组成 ………… 002

1.1.4　工业机器人的分类 ………… 003

1.1.5　工业机器人的应用 ………… 005

1.2　ABB工业机器人简介 ………… 006

1.2.1　机械机构 ………… 006

1.2.2　控制机构 ………… 007

1.3　ABB工业机器人的安全注意事项 ………… 012

第2章　工业机器人的基础操作　/014

2.1　认识工业机器人示教器 ………… 014

2.1.1　示教器的组成 ………… 014

2.1.2　示教器的手持模式 ………… 015

2.1.3　示教器的界面 ………… 015

2.2　工业机器人语言设置 ………… 017

2.3　查看工业机器人常用信息与事件日志 ………… 019

2.4　ABB工业机器人数据备份与恢复 ………… 020

2.4.1　ABB工业机器人数据备份操作 ………… 020

2.4.2　ABB工业机器人数据恢复操作 ………… 021

2.4.3　ABB工业机器人程序导入操作 ………… 023

2.5　ABB工业机器人手动操作 ………… 024

2.5.1　单轴运动的手动操作 ………… 025

2.5.2 线性运动的手动操作 …… 027
2.5.3 重定位运动的手动操作 …… 029
2.6 工业机器人转数计数器更新操作 …… 032

第3章 工业机器人I/O通信 /040

3.1 ABB工业机器人I/O通信的种类 …… 040
3.2 常用ABB标准I/O板的说明 …… 041
3.2.1 ABB标准I/O板DSQC651 …… 041
3.2.2 ABB标准I/O板DSQC652 …… 043
3.2.3 ABB标准I/O板DSQC653 …… 045
3.2.4 ABB标准I/O板DSQC355A …… 046
3.2.5 ABB标准I/O板DSQC377A …… 048
3.3 定义DSQC652板及信号 …… 049
3.3.1 定义DSQC652板的总线连接 …… 049
3.3.2 定义数字输入信号di1 …… 052
3.3.3 定义数字输出信号do1 …… 057
3.3.4 定义组输入信号gi1 …… 061
3.3.5 定义组输出信号go1 …… 066
3.3.6 定义模拟输出信号ao1 …… 070
3.4 I/O信号操作 …… 078
3.4.1 打开"输入输出"画面 …… 078
3.4.2 对I/O信号的仿真和强制操作 …… 079
3.5 系统输入/输出与I/O信号的关联 …… 083
3.5.1 建立系统输入"电动机开启"与数字输入信号di1的关联 …… 083
3.5.2 建立系统输出"电动机开启"与数字输出信号do1的关联 …… 087
3.6 示教器可编程按键的设定 …… 091

第4章 工业机器人工作数据的建立 /094

4.1 建立工业机器人坐标系 …… 094
4.2 建立工业机器人基本程序数据 …… 095
4.3 建立ABB工业机器人三个关键数据 …… 096
4.3.1 工具数据tooldata的设定 …… 096
4.3.2 工件坐标wobjdata的设定 …… 100
4.3.3 有效载荷loaddata的设定 …… 104

第5章　工业机器人程序的编写　/ 107

5.1　RAPID程序及指令 …… 107
5.2　建立程序模块与例行程序 …… 110
5.3　常用的RAPID程序指令 …… 113
5.3.1　机器人运动指令 …… 115
5.3.2　I/O控制指令 …… 122
5.3.3　赋值指令 …… 125
5.3.4　条件逻辑判断指令 …… 132
5.3.5　其他常用指令 …… 137

第6章　工业机器人的典型应用　/ 142

6.1　空间轨迹模拟 …… 143
6.1.1　现场设备介绍 …… 143
6.1.2　仿真模拟 …… 144
6.1.3　现场操作 …… 181
6.2　现场码垛应用 …… 190
6.2.1　现场设备介绍 …… 190
6.2.2　仿真模拟 …… 192
6.2.3　现场操作 …… 215
6.2.4　码垛程序及其含义 …… 231
参考文献 …… 234

第1章 认识工业机器人

1.1 工业机器人概述

1.1.1 工业机器人的定义及特点

工业机器人（Industrial Robot）是工业生产中使用的机器人。1987 年，国际标准化组织（ISO）对工业机器人的定义是：“一种具有自动操作和移动功能，能完成各种作业的可编程操作机”。我国国家标准 GB/T 112643—1990 将工业机器人定义为“一种能自动定位控制、可重复编程的、多功能的、多自由度的操作机。能搬运材料、零件或操持工具，用以完成各种作业”。而将操作机定义为“一种具有和人手臂相似的动作功能，可在空间抓放物体或执行其他操作的机械装置”。

工业机器人（通用及专用）一般指用于制造业中代替人完成具有大批量、高质量要求的工作，如汽车制造、摩托车制造、舰船制造，某些家电产品（电视机、电冰箱、洗衣机）、化工等行业自动化生产线中的点焊、弧焊、喷漆、切割、电子装配，以及物流系统的搬运、包装、码垛等作业的机器人。

工业机器人在应用中有以下特点。

（1）可编程

生产自动化的进一步发展是柔性自动化。工业机器人可随其工作环境变化的需要而再编程，因此，它在小批量、多品种、均衡、高效的柔性制造过程中能发挥很好的作用，是柔性制造系统中的一个重要组成部分。

（2）拟人化

工业机器人在机械结构上有类似人的大臂、小臂、手腕、手爪等部分，并通过类似于人类大脑的计算机来控制其运动。此外，智能化工业机器人还有许多“生物传感器”，如皮肤型接触传感器、力传感器、负载传感器、视觉传感器、声觉传感器等，这些传感器提高了工业机器人对周围环境的自适应能力。

(3) 通用性

除了专门设计的专用工业机器人外，一般工业机器人在执行不同的作业任务时具有较好的通用性，只需更换其末端执行器（如手爪、工具等）便可。

1.1.2 工业机器人的发展历程

工业机器人最早产生于美国，从发展上来看，大致可以分为以下三代。

第一代机器人，也称作示教再现型机器人。它是通过一台计算机来控制一个具有多自由度的机械。它通过示教存储程序和信息，工作时再将信息重现，并发出指令，这样机器人就可以重复示教时的结果，再现出示教时的动作。例如汽车的点焊机器人，只要把点焊过程示教完以后，它总是重复这种点焊工作，但是对于外界环境没有感知，对操作力的大小、工件存不存在、点焊的好坏也不知道。因此，为解决上述问题，在 20 世纪 70 年代后期，人们开始第二代机器人的研究。

第二代机器人，也称作带感觉机器人。这种带感觉机器人具有多种功能的感觉，如力觉、触觉、滑觉、视觉、听觉。因此，这种机器人进行实际工作时，可以通过感觉功能去感知外界环境与自身状况，进而对其自身与外界环境进行调节。尤其是 20 世纪 60 年代末，随着传感器技术飞速发展并日益成熟，为带感觉机器人发展和应用带来契机，也为第三代机器人的发展奠定基础。

第三代机器人，也称作智能机器人（是机器人学所追求的一个理想的最高级阶段）。从理论上来说，智能机器人是一种带有思维能力的机器人，能根据给定的任务自主地设定并完成工作的流程，并不需要人为干预。由于受到技术和其他方面的约束，智能机器人目前的发展还是相对的，只是局部符合这种智能的概念和含义，真正的智能机器人实际上并不存在。

1.1.3 工业机器人的组成

工业机器人一般由机械手总成、控制器、示教系统等几个部分组成，如图 1-1 所示。

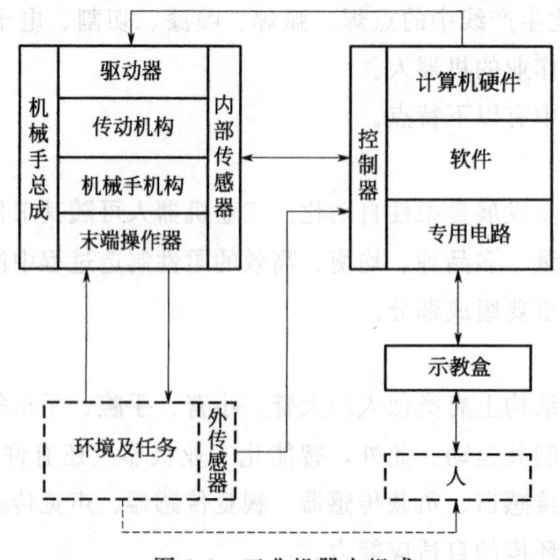

图 1-1 工业机器人组成

① 机械手总成：工业机器人的执行机构。它由驱动器、传动机构、机械手机构、末端操作器以及内部传感器等组成。它的任务是精确地保证末端操作器所要求的位置、姿态和实现其运动。

② 控制器：工业机器人的神经中枢。它由计算机硬件、软件和一些专用电路构成。其中，软件包括控制器系统软件、机器人专用语言、机器人运动学/动力学软件、机器人控制算法软件、机器人自诊断软件、自保护功能软件等，可处理工业机器人工作过程中的全部信息和控制其全部动作。

③ 示教系统：工业机器人与人的交互接口。在示教过程中，它控制工业机器人的全部动作，并将其全部信息送入控制器的存储器中。它实质上是一个专用的智能终端。

1.1.4 工业机器人的分类

(1) 按机械结构分类

工业机器人按机械结构的不同，可分为串联机器人和并联机器人。

① 串联机器人。它的特点是一个轴的运动会改变另一个轴的坐标原点，通过计算机控制系统的控制，可实现复杂的空间作业运动。串联机器人具有结构简单、易于控制、成本低、运动空间大等特点，是当前采用最多的工业机器人，如图 1-2 所示。

② 并联机器人。并联机器人具有刚度大、结构稳定、运动负荷小等特点，非常适合用于高速度、高精度或高负荷的场合，如图 1-3 所示。

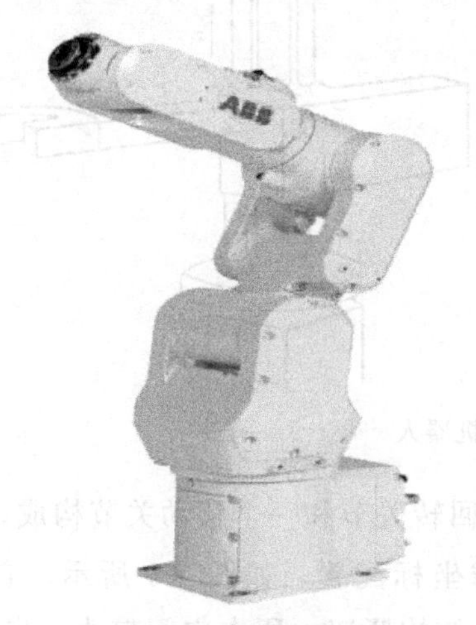

图 1-2 串联机器人

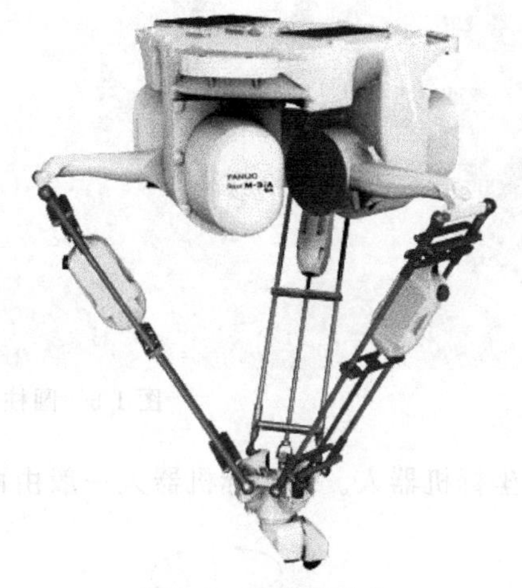
图 1-3 并联机器人

(2) 按操作机坐标形式分类

工业机器人按操作机坐标形式的不同，可分为直角坐标机器人、圆柱坐标机器人、球坐标机器人和多关节机器人等。

① 直角坐标机器人。直角坐标机器人是指在工业应用中，能够实现自动控制的、可重复编程的、空间上相互垂直的、具有三个独立自由度的多用途机器人，其外形及运动空间如图 1-4 所示。它的特点是结构简单、定位精度高，主要应用于印制电路基板的元件插入、紧固螺钉、搬卸工件等作业。

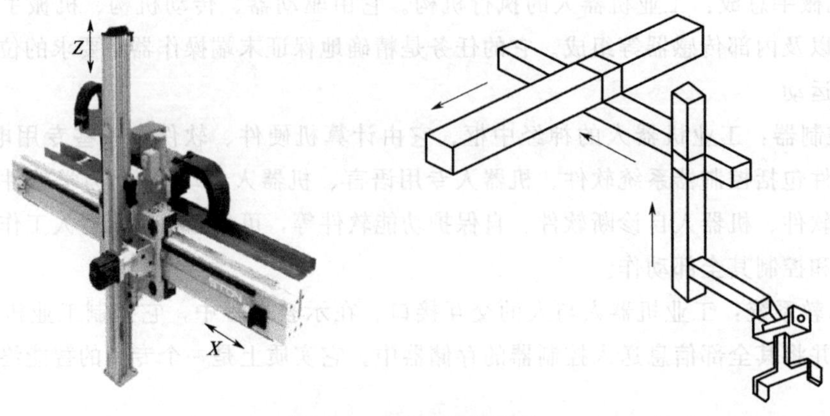

图 1-4　直角坐标机器人

② 圆柱坐标机器人。圆柱坐标机器人是指能够形成圆柱坐标系的机器人。它主要由一个旋转机座形成的转动关节和水平、垂直移动的两个移动关节构成，其外形及运动空间如图 1-5 所示。它的特点是结构简单、刚性好、空间利用率低，主要应用于重物的装卸和搬运。

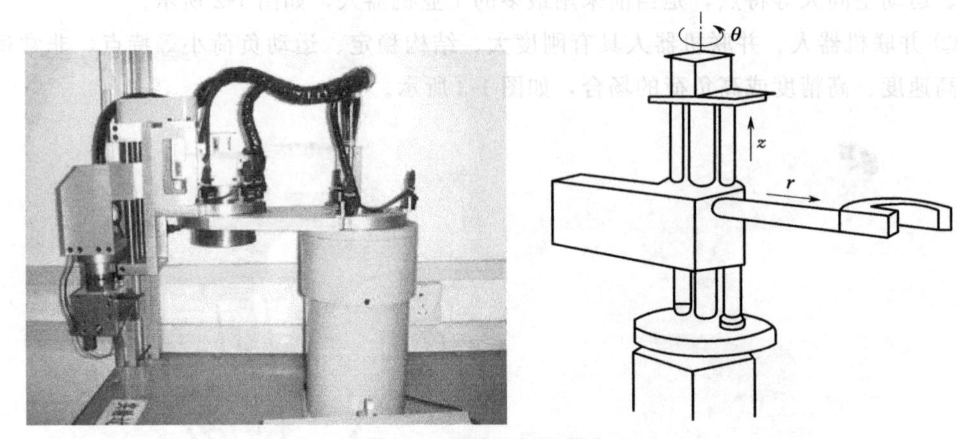

图 1-5　圆柱坐标机器人

③ 球坐标机器人。球坐标机器人一般由两个回转关节和一个移动关节构成，其轴线按球坐标配置，如图 1-6 所示。它的特点是：结构紧凑、所占空间较小、操作灵活、工作范围大。

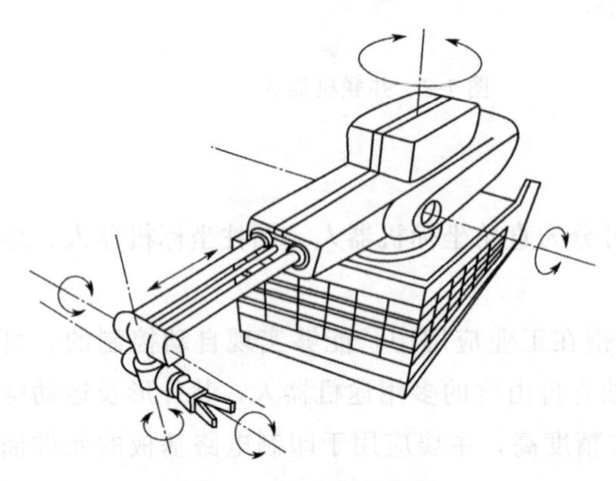

图 1-6　球坐标机器人

④ 多关节机器人。多关节机器人又称关节手臂机器人或关节机械手臂，是当今工业领域中较常见的工业机器人，适合用于诸多工业领域的机械自动化作业。多关节机器人的摆动方向主要有铅垂方向和水平方向两种，因此这类机器人又分为垂直多关节机器人（图 1-7）和水平多关节机器人（图 1-8）。它

的特点是结构紧凑、工作范围大，其动作最接近人的动作。它主要应用于喷漆、装配、焊接等作业具有良好的适应性，应用范围十分广泛。

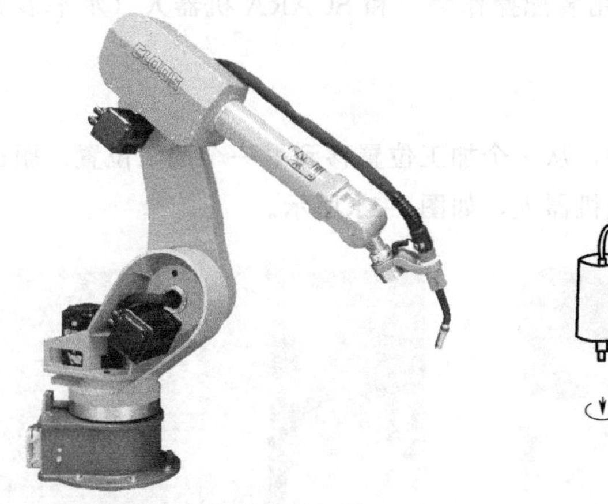

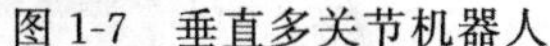
图 1-7　垂直多关节机器人

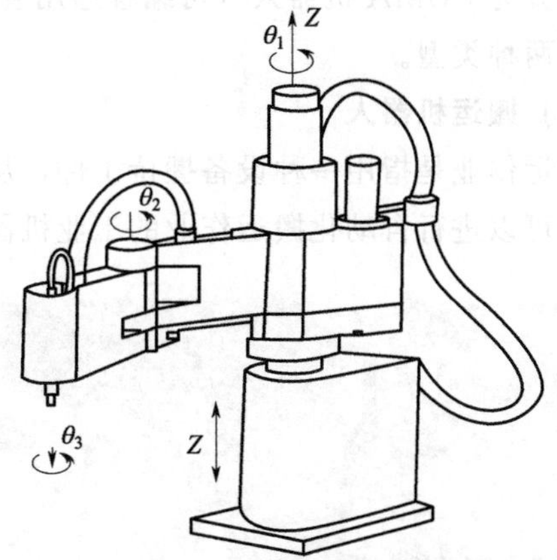

图 1-8　水平多关节机器人

(3) 按驱动方式分类

① 气压传动机器人：以压缩空气作为动力源驱动执行机构运动的机器人。它具有动作迅速、结构简单、成本低廉的特点，适用于高速轻载、高温和粉尘大的作业环境。

② 液压传动机器人：采用液压元器件驱动的机器人。它具有负载能力强、传动平稳、结构紧凑、动作灵敏的特点，适用于重载或低速驱动场合。

③ 电气传动机器人：用交流或直流伺服电动机驱动的机器人。它不需要中间转换机构，具有机械结构简单、响应速度快、控制精度高的特点。电气传动是近年来常用的机器人传动方式。

1.1.5 工业机器人的应用

(1) 焊接机器人

焊接机器人是指从事焊接作业的工业机器人（图 1-9），可分为点焊机器人和弧焊机器人。在焊接过程中，焊枪运动速度的稳定性和轨迹精度是两项重要的指标。

图 1-9　焊接机器人

(2) 装配机器人

装配机器人可以完成生产线上一些零件的装配或拆卸工作，如图 1-10 所示。装配机器人可分为 PUMA 机器人（可编程通用装配操作手）和 SCARA 机器人（水平多关节机器人）两种类型。

(3) 搬运机器人

搬运作业是指用一种设备握持工件，从一个加工位置移到另一个加工位置。搬运机器人是指可以进行自动化搬运作业的工业机器人，如图 1-11 所示。

图 1-10 装配机器人

图 1-11 搬运机器人

1.2 ABB工业机器人简介

IRB 型机器人是著名的瑞典机器人生产商 ABB 公司的产品，IRB 指 ABB 标准系列机器人。IRB 机器人常用于焊接、涂刷、搬运与切割。ABB 工业机器人由机械机构和控制机构两部分组成。

1.2.1 机械机构

机械机构即执行机构（图 1-12），本质上是一个拟人手臂的空间开链式机构，一端固定在基座上，另一端可自由运动。机械机构通常由杆件和关节组成。

① 手部。手部又称末端执行器，是工业机器人直接进行工作的部分。其作用是直接抓取和放置物件，也可以是各种手持器。

② 腕部。腕部是连接手部和臂部的部件。腕部通常有 3 个自由度，多为轮系结构。其主要功用是带动手部完成预定姿态，是操作机中结构较为复杂的部分。

③ 臂部。臂部又称手臂，用以连接腰部和腕部。臂部通常由两个臂杆（大臂和小臂）组成，是执行机构中的主要运

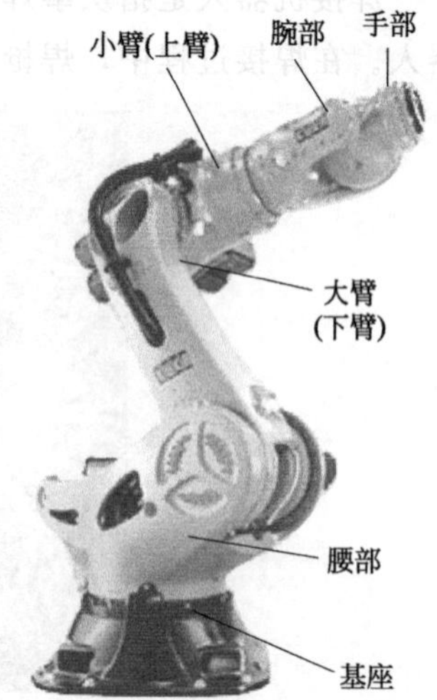

图 1-12 工业机器人机械机构

动部件。它主要用于改变腕部和手部的空间位置，满足工业机器人的工作空间，并将各种载荷传递到基座。

④ 腰部。腰部是连接臂部和基座的部件，通常是回转部件。腰部的回转运动再加上臂部的平面运动，即能使腰部做空间运动。腰部是执行机构的关键部件，它的制造误差、运动精度和平稳性，对工业机器人的定位精度有决定性的影响。

⑤ 基座。基座也称行走机构，是工业机器人的基础部分，起支撑作用。整个执行机构和驱动装置都安装在基座上。

另外，在机械机构还包括驱动器和传动机构两部分，它们通常安装在工业机器人的关节部位，与机械结构共同组成工业机器人的本体。驱动器的驱动方式通常有电动驱动、液压驱动和气动驱动三种。传动机构通常包括连杆机构、滚珠丝杠、齿轮系、链、带、谐波减速器和 RV 减速器等。

1.2.2 控制机构

工业机器人的控制机构一般由控制计算机和伺服控制器组成。控制计算机不仅发出指令，协调各关节驱动之间的运动，而且完成编程示教及再现，在其他环境状态（传感器信息）、工艺要求、外部相关设备（如电焊机）之间传递信息和协调工作。伺服控制器控制各个关节的驱动器，使各杆按一定的速度、加速和位置要求进行运动。

下面以 ABB IRC5 为例，介绍工业机器人控制机构的构成。

① 主计算机：相当于计算机的主机，用于存放系统和数据，如图 1-13 所示。

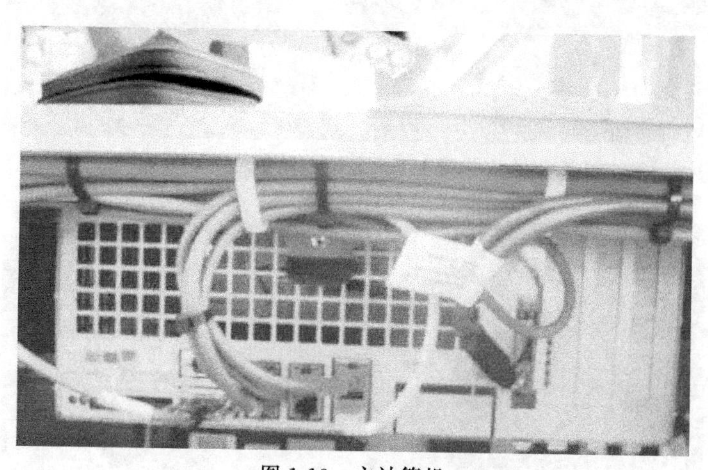

图 1-13 主计算机

② 串口测量板、D652 I/O 板：控制单元主板与 I/OLink 设备的连接控制单元、主板与串行主轴及伺服轴的连接、控制单元 I/O 板与显示单元的连接，如图 1-14 所示。

③ I/O 电源板：向 I/O 输入/输出板提供电源，如图 1-15 所示。

④ 电源分配板：向工业机器人各轴运动提供电源，如图 1-16 所示。

⑤ 轴计算机：用于工业机器人各轴的转数计算，如图 1-17 所示。

⑥ 安全面板：在控制柜正常工作时，安全面板上所有指示灯点亮，急停按钮从安全面板接入，如图 1-18 所示。

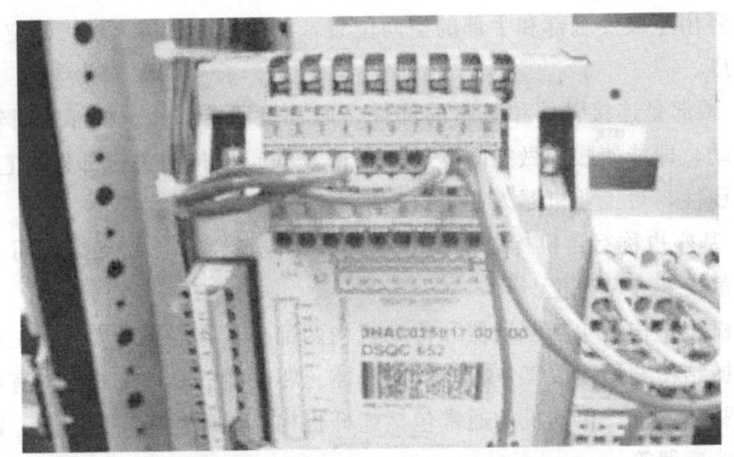

图 1-14　串口测量板、D652 I/O 板的连接

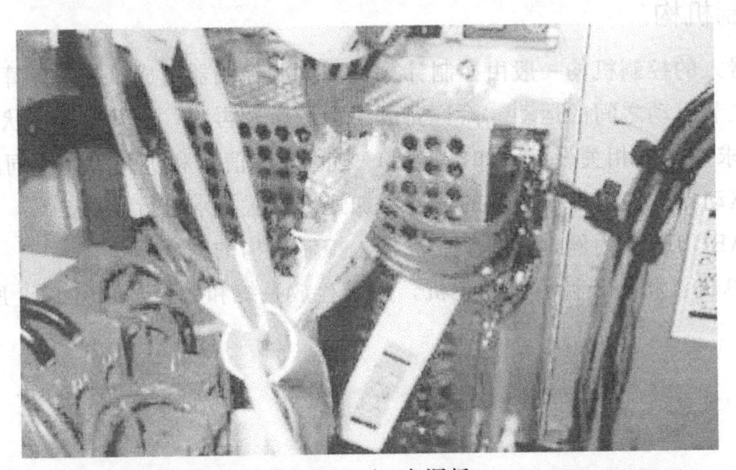

图 1-15　I/O 电源板

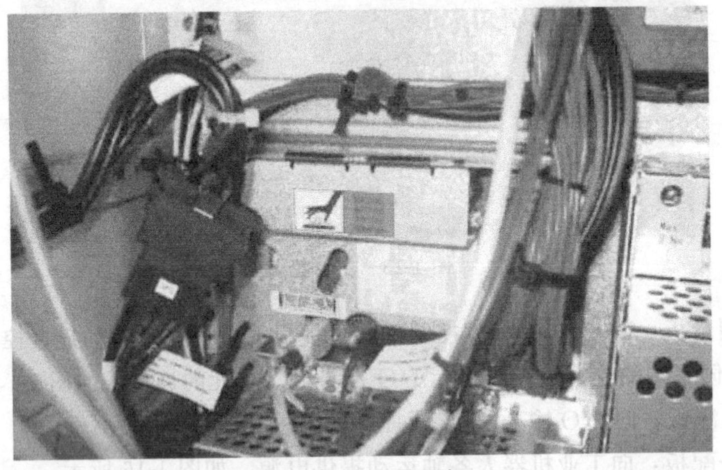

图 1-16　电源分配板

⑦ 电容：充电和放电是电容的基本功能。此电容用于工业机器人关闭电源后，先保存数据再断电，相当于延时断电功能，如图 1-19 所示。

图 1-17　轴计算机

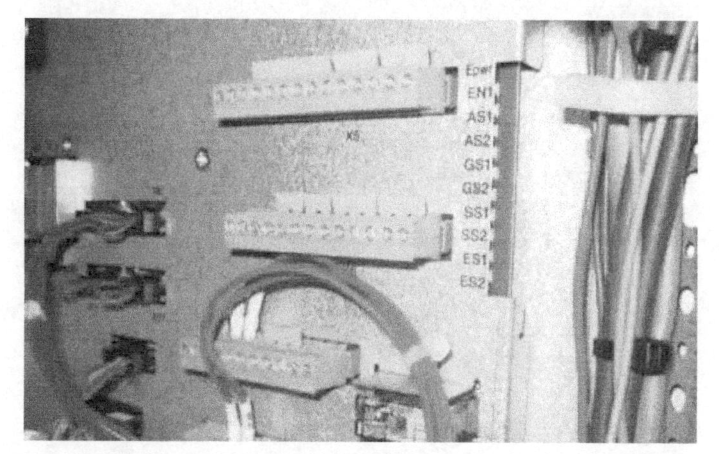

图 1-18　安全面板

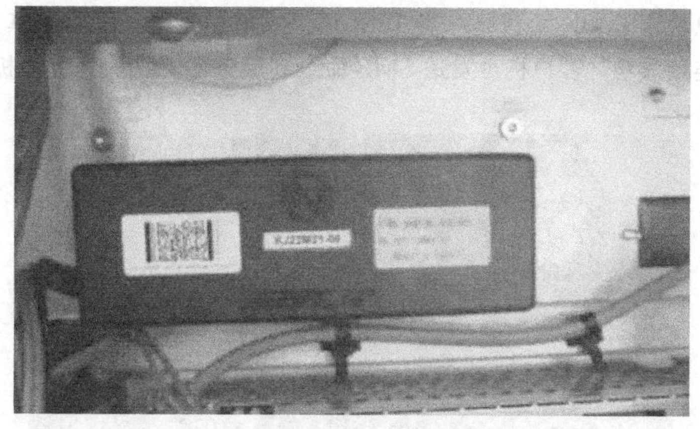

图 1-19　电容

⑧ 机器人轴驱动器：用于驱动工业机器人各轴的电动机，如图 1-20 所示。

工业机器人本体和控制柜上的动力线，如图 1-21 所示。

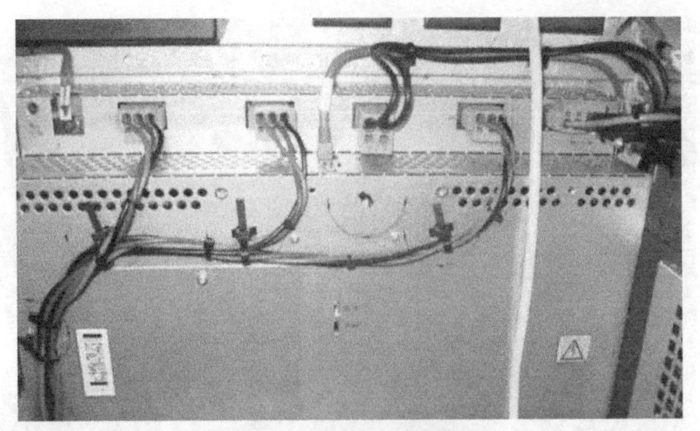

图 1-20　机器人轴驱动器

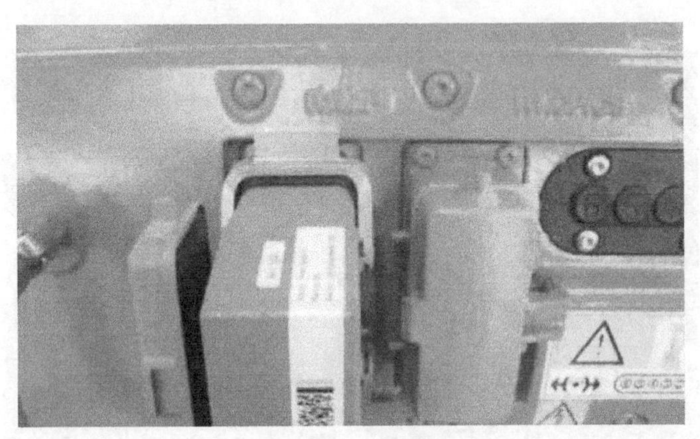

图 1-21　动力线

工业机器人上的信号线主要包括连接电动机、清枪器和焊机的三根线，如图 1-22 所示；同时还包括工业机器人上的两根 SMB 线，一根接在工业机器人上，另一根接往外部轴。服务器信息块（SMB）协议是一种 IBM 协议，用于在计算机间共享文件、打印机、串口等。一旦连接成功，客户机可发送 SMB 命令到服务器上，从而客户机能够访问共享

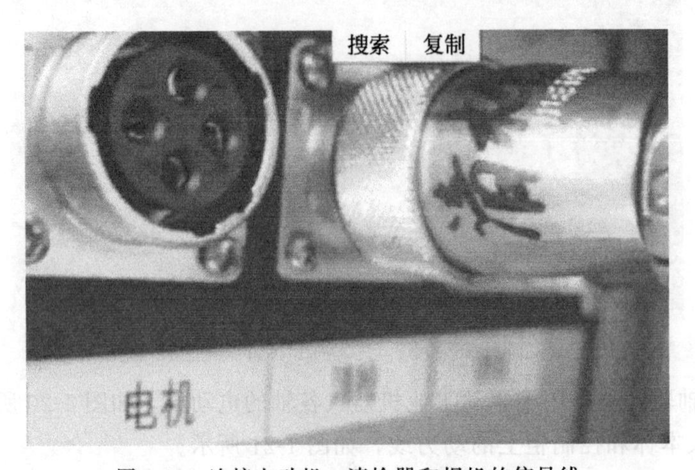

图 1-22　连接电动机、清枪器和焊机的信号线

目录、打开文件、读写文件，以及一切在文件系统上能做的所有事情，如图 1-23 所示。通往外部轴的 SMB 线（细线）和动力线（粗白线）和地线（粗黑线）如图 1-24 所示。

图 1-23　SMB 信号线

图 1-24　通往处部轴的 SMB 线

⑨ 跟踪板：用于采集焊接坡口和工件的高度变化信号，从而进行焊枪位置的检测，如图 1-25 所示。

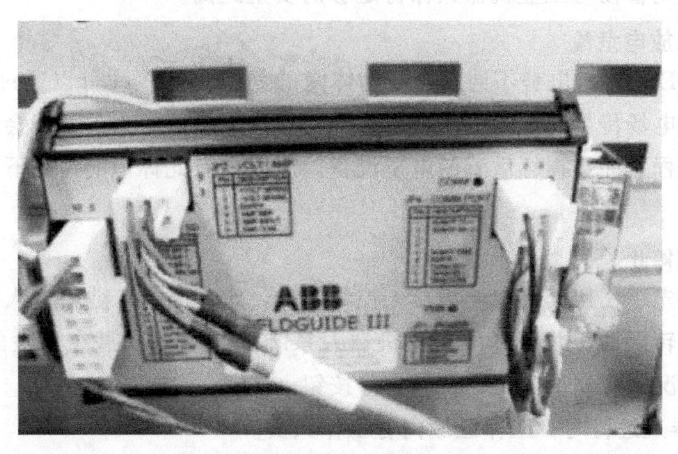

图 1-25　跟踪板

⑩ 电源盒：(位于外部轴) 用于外部轴上的电池和 TRACKSMB 板在控制柜断电的情况下，可以保持相关的数据（即具有断电保持功能），如图 1-26 所示。

图 1-26 电源盒

1.3 ABB 工业机器人的安全注意事项

(1) 务必关闭总电源

在进行工业机器人的安装、维修、保养时切记要将总电源关闭。带电作业可能会产生致命性后果。如不慎遭高压电击，可能会导致心跳停止、烧伤或其他严重伤害。

在得到停电通知时，要预先关闭工业机器人的主电源及气源。

突然停电后，要在来电之前预先关闭工业机器人的主电源开关，并及时取下夹具上的工件。

(2) 与工业机器人保持足够安全距离

工业机器人在调试与运行时，可能会执行一些意外的或不规范的运动。并且，所有的运动都会产生很大的力量，从而严重伤害工作人员或损坏工业机器人工作范围内的任何设备。所以，应时刻警惕与工业机器人保持足够的安全距离。

(3) 静电放电危险

静电放电（ESD）是电势不同的两个物体间的静电传导，既可以通过直接接触传导，也可以通过感应电场传导。搬运部件或部件容器时，未接地的人员可能会传递大量的静电荷。这一放电过程可能会损坏敏感的电子设备。所以在有此标识的情况下，要做好静电放电防护。

(4) 紧急停止

紧急停止优先于任何其他工业机器人控制操作，它会断开工业机器人电动机的驱动电源，停止所有运转部件，并切断由工业机器人系统控制且存在潜在危险的功能部件的电源。出现下列情况时应立即按下任意紧急停按钮。

① 工业机器人运行时，工作区域内有工作人员。

② 工业机器人伤害了工作人员或损伤了机器设备。

(5) ⚠灭火

发生火灾时，在确保全体人员安全撤离后再进行灭火，应先处理受伤人员。当电气设备（如机器人或控制器）起火时，使用二氧化碳灭火器，切勿使用清水或泡沫灭火器。

(6) ⚠工作中的安全

① 如果在保护空间内有工作人员，应手动操作工业机器人系统。

② 当进入保护空间时，应准备好示教器，以便随时控制工业机器人。

③ 注意旋转或运动的工具（如切削工具和锯），确保在接近工业机器人之前，这些工具已经停止旋转或运动。

④ 注意工件和工业机器人系统的高温表面。工业机器人电动机长期运转后温度很高。

⑤ 注意夹具并确保夹好工件。如果夹具打开，工件会脱落并导致人员伤害或设备损坏。夹具非常有力，如果不按照正确方法操作，也会导致人员伤害。工业机器人停机时，夹具上不应置物，必须空机。

⑥ 注意液压、气压系统以及带电部件。即使断电，这些电路上的残余电量也很危险。

(7) ⚠示教器的安全

示教器是一种高品质的手持式终端，它配备了高灵敏度的一流电子设备。为避免操作不当引起的故障或损害，应在操作时遵循以下说明。

① 小心操作。不要摔打、抛掷或重击，这样会导致破损或故障。在不使用示教器时，将它挂到专门的支架上，以防意外掉到地上。

② 示教器的使用和存放应避免被人踩踏电缆。

③ 切勿使用锋利的物体（如螺钉、刀具或笔尖）操作触摸屏。应使用手指或触摸笔去操作示教器触摸屏，否则可能会使触摸屏受损。

④ 定期清洁触摸屏。灰尘和小颗粒可能会挡住触摸屏造成故障。

⑤ 切勿使用溶剂、洗涤剂或擦洗海绵清洁示教器，应使用软布蘸少量水或中性清洁剂清洁。

⑥ 没有连接 USB 设备时务必盖上 USB 端口的保护盖。如果 USB 端口暴露到灰尘中，那么它会中断或发生故障。

(8) ⚠手动模式下的安全

在手动减速模式下，工业机器人只能减速操作。只要在安全保护空间之内工作，就应始终以手动速度进行操作。

在手动全速模式下，工业机器人以程序预设速度移动。手动全速模式应仅用于所有人员都位于安全保护空间之外时，而且操作人员必须经过特殊训练，熟知潜在的危险。

(9) ⚠自动模式下的安全

自动模式用于在生产中运行工业机器人程序。在自动模式操作情况下，常规模式停止（GS）机制、自动模式停止（AS）机制和上级停止（SS）机制都将处于活动状态。

第2章

工业机器人的基础操作

2.1 认识工业机器人示教器

2.1.1 示教器的组成

示教器是进行工业机器人手动操纵、程序编写、参数配置以及监控用的手持装置，也是操作人员最常打交道的控制装置，如图 2-1 所示。

示教器部件说明如表 2-1 所示。

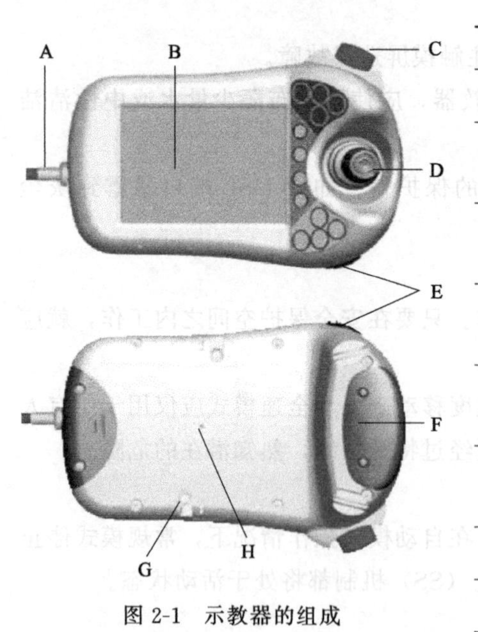

图 2-1 示教器的组成

表 2-1 示教器部件说明

符号	部件名称	功能
A	连接电缆	用于连接工业机器人控制柜
B	触摸屏	用于显示工业机器人状态及程序
C	急停按钮	紧急情况下停止工业机器人的动作
D	手动操作摇杆	控制工业机器人的各种运动，如直线运动、旋转运动
E	USB 接口	传递工业机器人的数据到 U 盘或将 U 盘的数据传至示教器
F	使能器按钮	用于给工业机器人的 6 个电动机使能上电
H	示教器复位按钮	将示教器重置为出厂状态
G	触摸笔	用于点选触摸屏中的选项

示教器按键如图 2-2 所示。

示教器按键功能说明如表 2-2 所示。

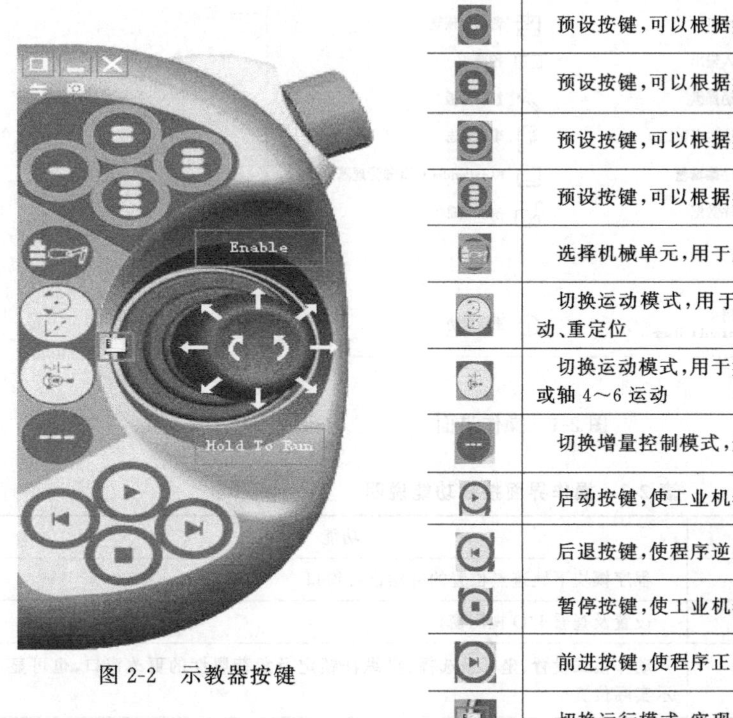

图 2-2　示教器按键

表 2-2　示教器按键功能说明

图标	功能
	预设按键,可以根据实际需求设定按键功能
	预设按键,可以根据实际需求设定按键功能
	预设按键,可以根据实际需求设定按键功能
	预设按键,可以根据实际需求设定按键功能
	选择机械单元,用于多工业机器人控制
	切换运动模式,用于实现工业机器人轴运动、线性运动、重定位
	切换运动模式,用于实现工业机器人单轴运动、轴 1～3 或轴 4～6 运动
	切换增量控制模式,开启或关闭工业机器人增量运动
	启动按键,使工业机器人正向运动整个程序
	后退按键,使程序逆向运动,即程序运动到上一条指令
	暂停按键,使工业机器人暂停运行程序
	前进按键,使程序正向运行,即程序运行到下一条指令
	切换运行模式,实现手动、自动、全速运行
	用于启停电动机运动模式

2.1.2　示教器的手持模式

在工作现场使用示教器时，对于习惯用右手的人来说，左手握示教器，其中四指按在使能器按钮上，右手进行屏幕和按钮的操作，如图 2-3 所示。

使能器按钮的作用：

保证操作人员人身安全，只有在按下使能器按钮，并保持在“电机开启”的状态时，才可对工业机器人进行手动操作与程序调试。当发生危险时，操作人员会本能地将使能器按钮松开或按紧，则工业机器人会立即停下来，这样可保证操作人员安全。

使能器按钮分了两挡，在手动状态下按下第一挡，工业机器人将处于电动机开启状态。第二挡按下后，工业机器人又处于防护装置停止状态。

图 2-3　示教器手持模式

2.1.3　示教器的界面

（1）操作界面（图 2-4）

操作界面按键功能说明，如表 2-3 所示。

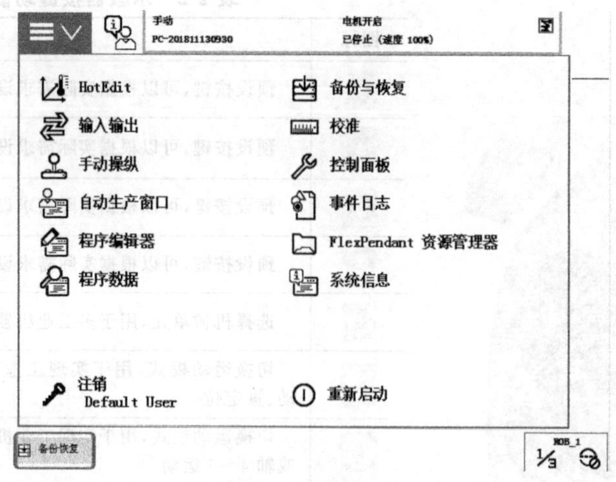

图 2-4 操作界面

表 2-3 操作界面按键功能说明

序号	名称	功能
1	HotEdit	程序模块下轨迹点位置的补偿设置窗口
2	输入输出	设置及查看 I/O 视图窗口
3	手动操纵	动作模式设置、坐标系选择、操纵杆锁定及载荷属性的更改窗口，也可显示实际位置
4	自动生产窗口	在自动模式下，可直接调试程序并运行
5	程序编辑器	建立程序模块及例行程序的窗口
6	程序数据	编程时所需程序数据的窗口
7	备份与恢复	用于备份与恢复系统
8	校准	用于转数计数器和电动机校准的窗口
9	控制面板	用于示教器的相关设定
10	事件日志	用于查看系统出现的各种提示信息
11	FlexPendant 资源管理器	用于查看当前系统的系统文件
12	系统信息	用于查看控制器及当前系统的相关信息

（2）控制面板（图 2-5）

控制面板按键功能说明，如表 2-4 所示。

表 2-4 控制面板按键功能说明

序号	名称	功能
1	外观	用于定义显示器的亮度和设置左手或右手习惯
2	监控	用于设置动作碰撞监控及执行
3	FlexPendant	用于设置示教器操作特性
4	I/O	配置常用 I/O 列表，在输入/输出选项中显示
5	语言	用于当前控制器语言的设置
6	ProgKeys	用于为指定输入/输出信号配置快捷键

续表

序号	名称	功能
7	控制器设置	用于网络、日期和时间的设置
8	诊断	用于创建诊断文件
9	配置	用于系统参数设置
10	触摸屏	用于触摸屏重新校准

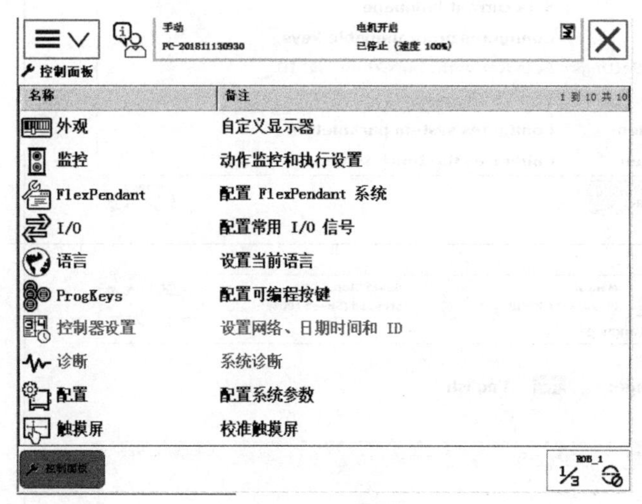

图 2-5　控制面板

2.2　工业机器人语言设置

示教器出厂时，默认的显示语言为英文。当第一次使用示教器时，需要进行语言设置(若操作人员常用语言不是英文)。下面介绍如何将语言设置为中文，其步骤如表 2-5 所示。

表 2-5　工业机器人语言设置

Auto PC-201811130930 Motors Off Stopped (Speed 100%) HotEdit Inputs and Outputs Jogging Production Window Program Editor Program Data Backup and Restore Calibration Control Panel Event Log FlexPendant Explorer System Info Log Off Default User Restart Production Window Enable Hold To Run	①切换运行模式为手动状态 ②单击“Control Panel”

续表

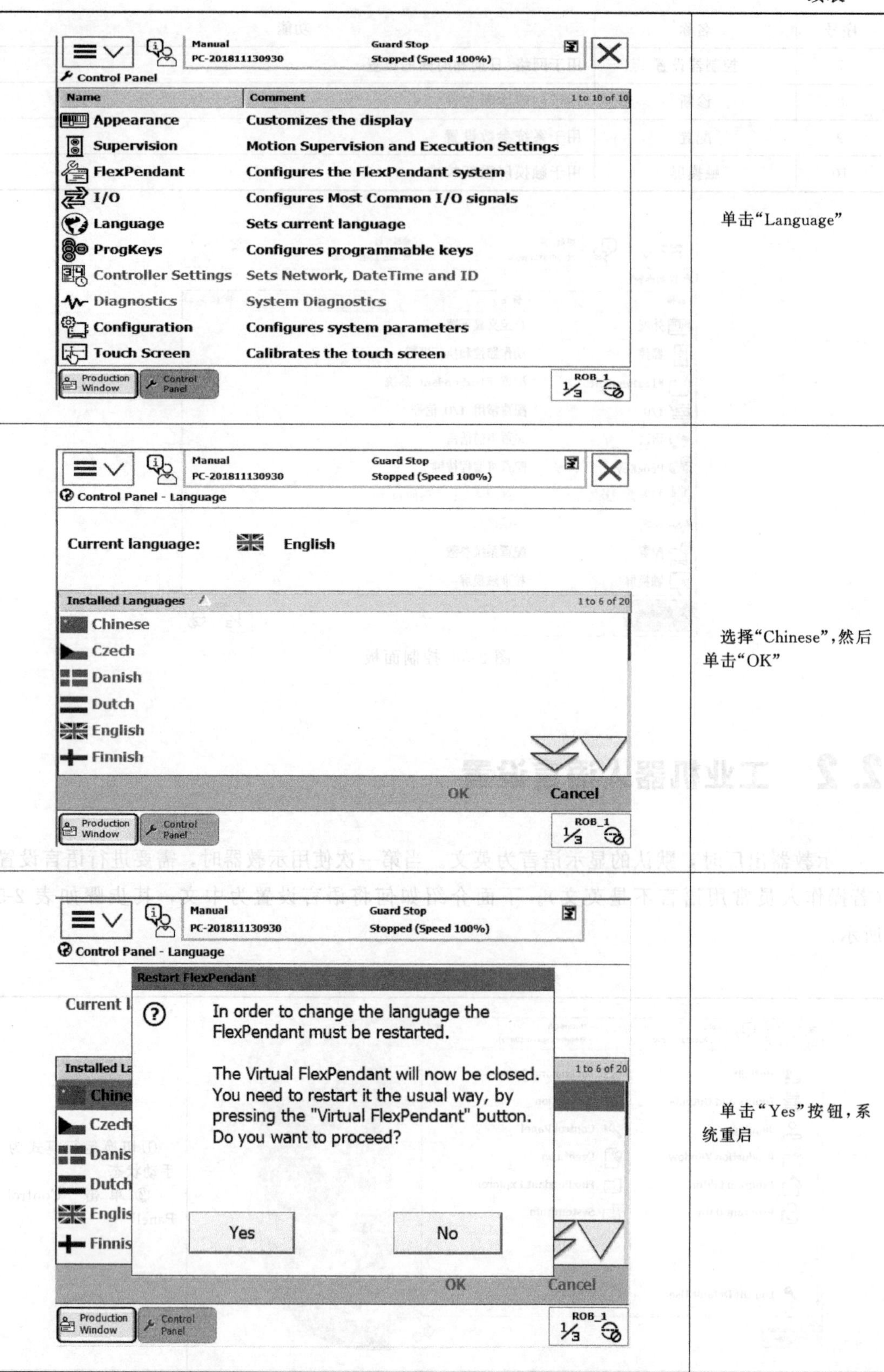

单击“Language”

选择“Chinese”，然后单击“OK”

单击“Yes”按钮，系统重启

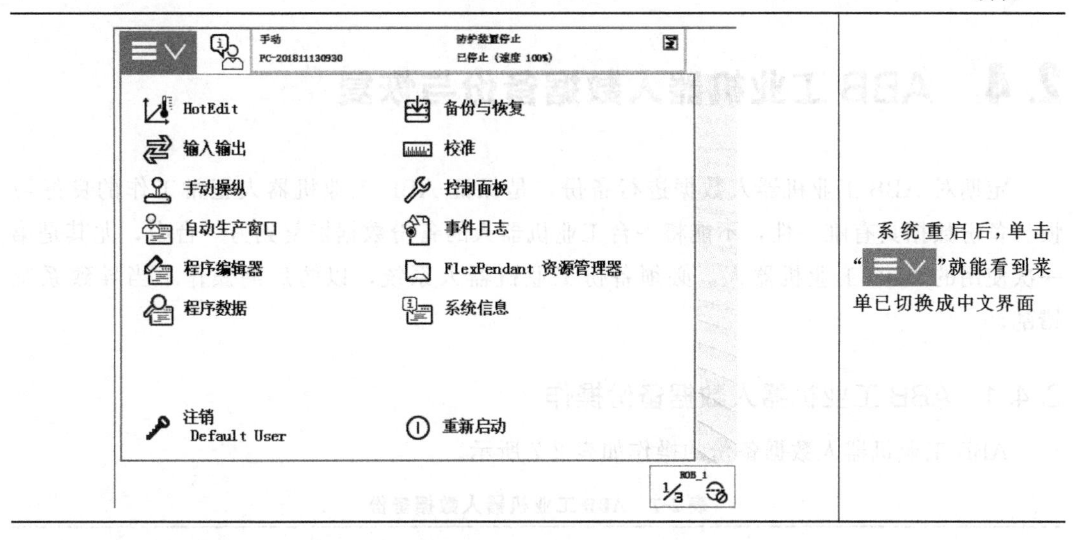	系统重启后，单击“”就能看到菜单已切换成中文界面

2.3 查看工业机器人常用信息与事件日志

通过示教器界面可以查看 ABB 工业机器人所处的状态，如表 2-6 所示。

表 2-6 查看工业机器人常用信息与事件日志

	单击此处，可查看工业机器人的事件日志

2.4 ABB 工业机器人数据备份与恢复

定期对 ABB 工业机器人数据进行备份，是保证 ABB 工业机器人正常工作的良好习惯。备份数据具有唯一性，不能将一台工业机器人的备份数据恢复到另一台中，尤其是第一次使用的 ABB 工业机器人，必须备份工业机器人系统，以防后期操作不当导致系统错乱。

2.4.1 ABB 工业机器人数据备份操作

ABB 工业机器人数据备份的操作如表 2-7 所示。

表 2-7 ABB 工业机器人数据备份

操作界面	说明
手动 PC-201811130930 电机开启 已停止（速度 100%） HotEdit 备份与恢复 输入输出 校准 手动操纵 控制面板 自动生产窗口 事件日志 程序编辑器 FlexPendant 资源管理器 程序数据 系统信息 注销 Default User 重新启动 备份恢复 ROB_1 1/3	选择“备份与恢复”
手动 PC-201811130930 电机开启 已停止（速度 100%） 备份与恢复 备份当前系统... 恢复系统... 备份恢复 ROB_1 1/3	单击“备份当前系统...”按钮

手动 PC-201811130930 电机开启 已停止（速度 100%） 备份当前系统 所有模块和系统参数均将存储于备份文件夹中。 选择其它文件夹或接受默认文件夹。然后按一下“备份”。 备份文件夹：System37_Backup_20191025_3 ABC... 备份路径：C:/Users/110/ ... 备份将被创建在：C:/Users/110/System37_Backup_20191025_3/ 高级... 备份 取消	单击“ABC...”按钮，可查看存放备份数据的目录 单击“...”按钮，选择备份存放的位置 单击“备份”，开始备份操作

2.4.2 ABB工业机器人数据恢复操作

ABB 工业机器人数据恢复的操作如表 2-8 所示。

表 2-8 ABB 工业机器人数据恢复的操作

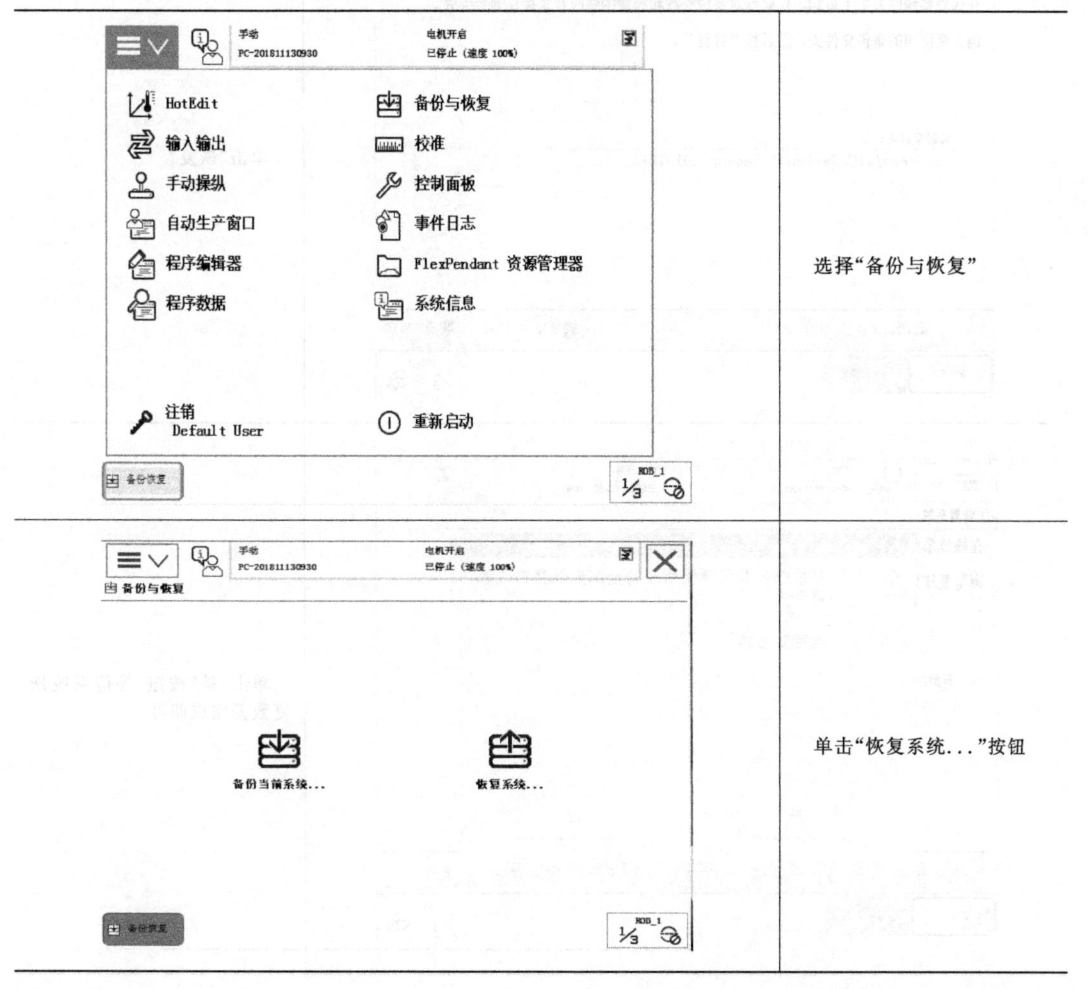

	选择“备份与恢复”
	单击“恢复系统...”按钮

续表

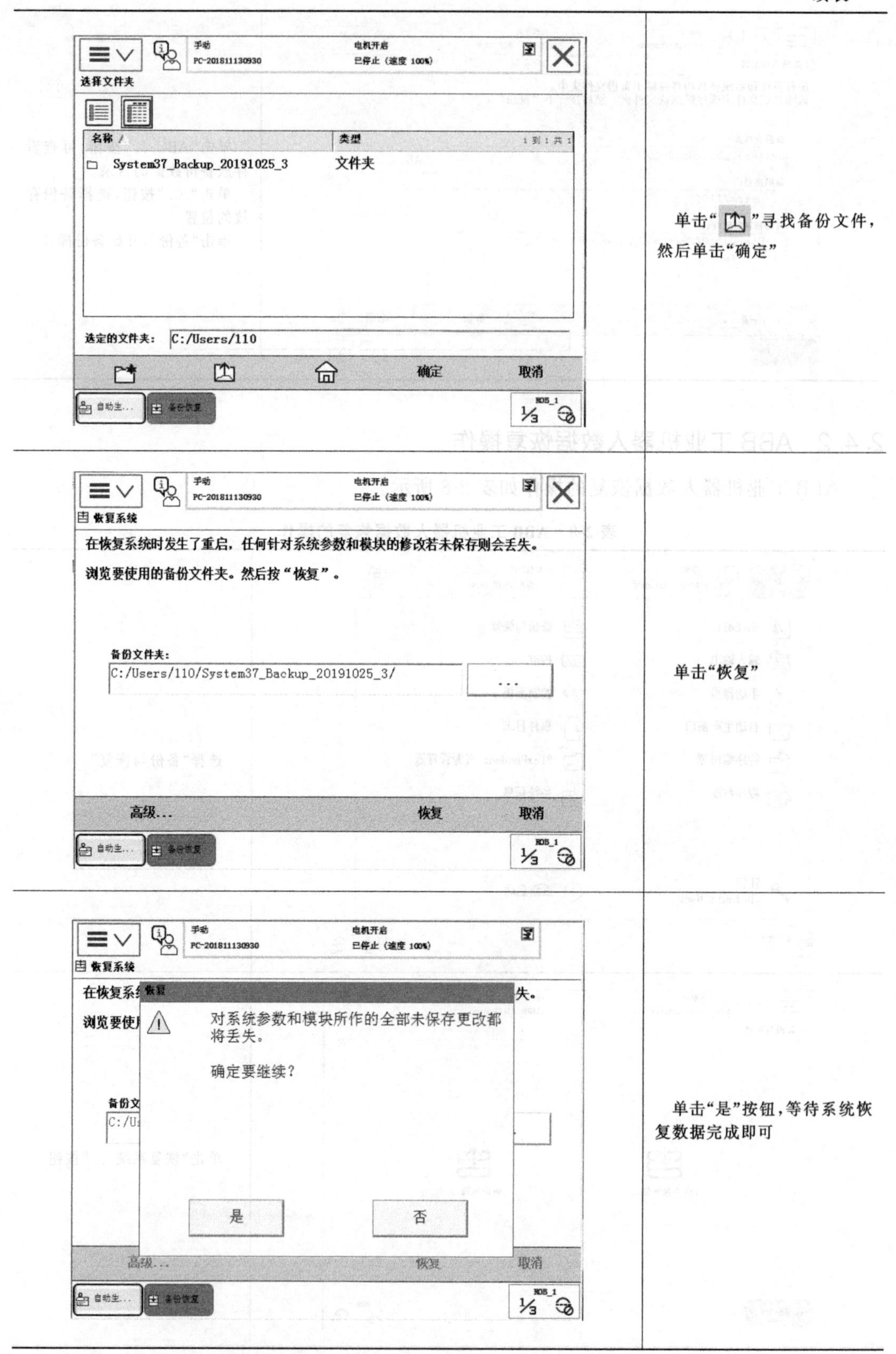

操作界面	操作说明
	单击“![]”寻找备份文件，然后单击“确定”
	单击“恢复”
	单击“是”按钮，等待系统恢复数据完成即可

2.4.3 ABB 工业机器人程序导入操作

ABB 工业机器人程序导入的操作如表 2-9 所示。

表 2-9 ABB 工业机器人程序导入的操作

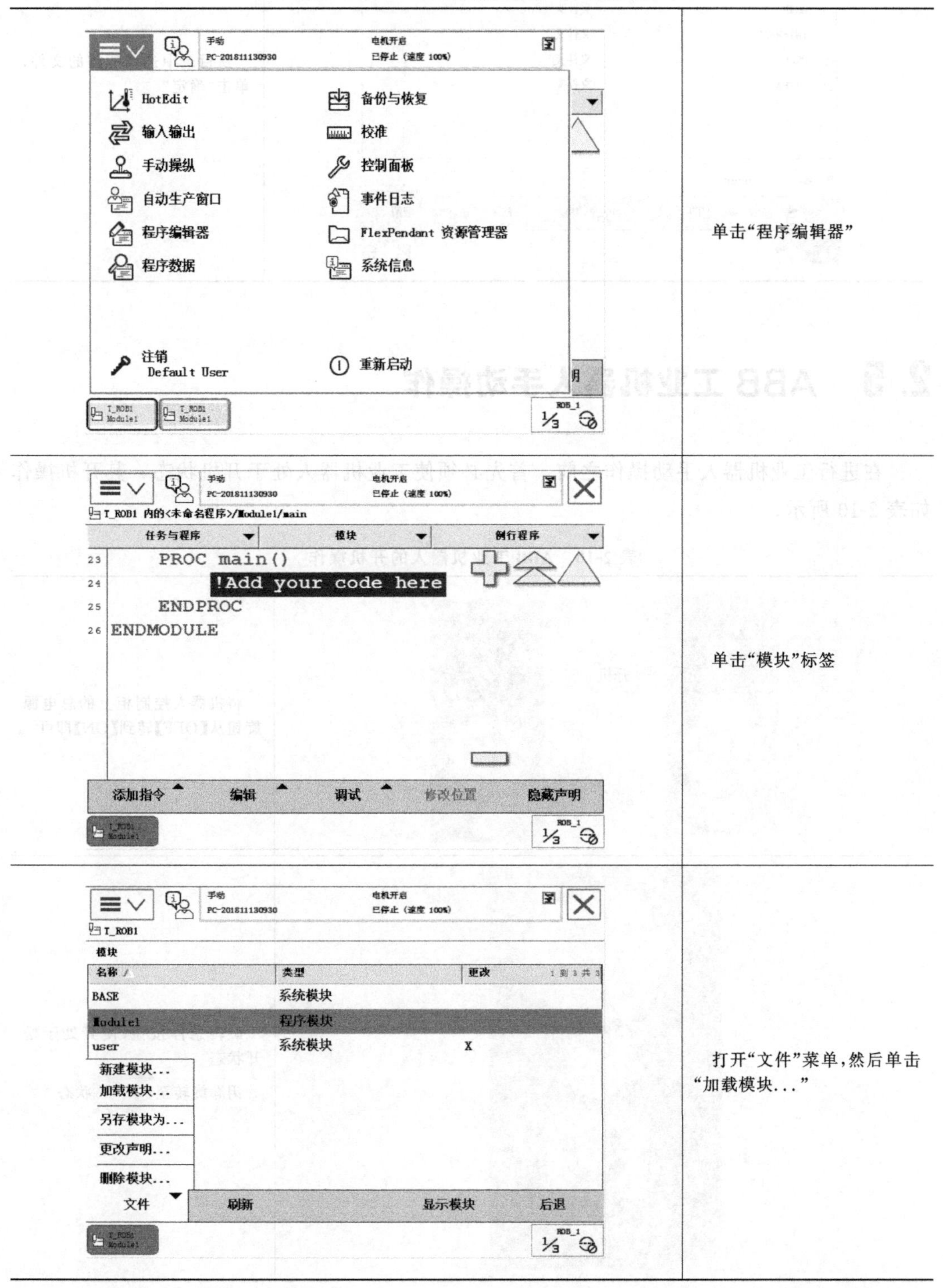

操作	说明
（图）	单击“程序编辑器”
（图）	单击“模块”标签
（图）	打开“文件”菜单，然后单击“加载模块...”

续表

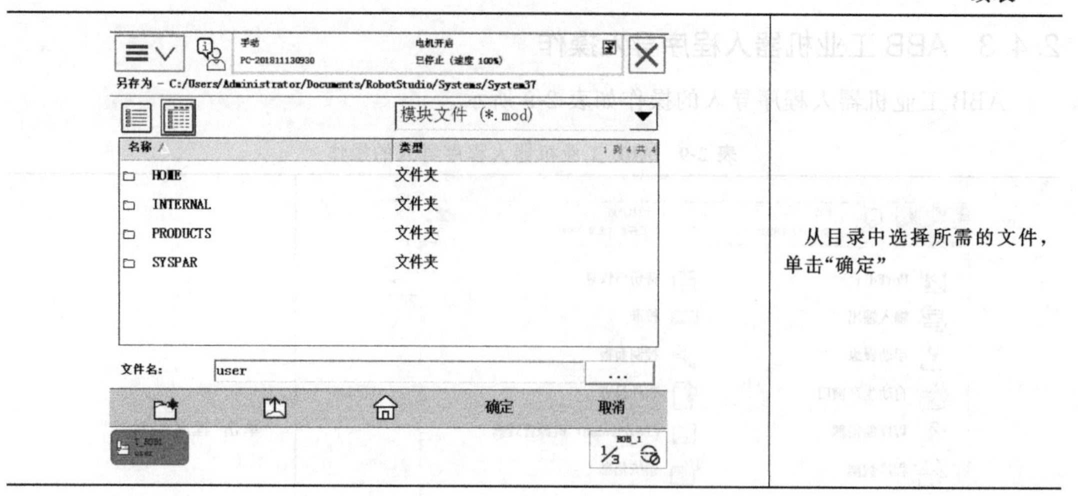	从目录中选择所需的文件，单击“确定”

2.5 ABB 工业机器人手动操作

在进行工业机器人手动操作之前，首先必须使工业机器人处于开机状态，其开机操作如表 2-10 所示。

表 2-10 ABB 工业机器人的开机操作

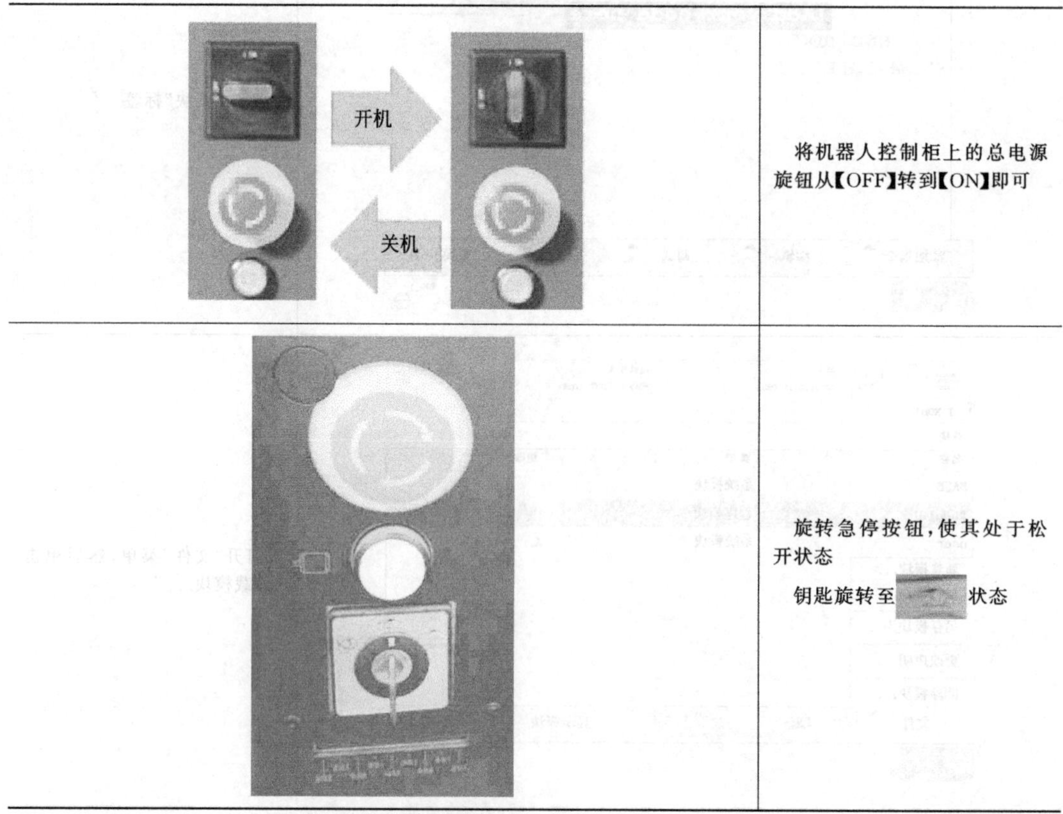	将机器人控制柜上的总电源旋钮从【OFF】转到【ON】即可
	旋转急停按钮，使其处于松开状态 钥匙旋转至 状态

2.5.1 单轴运动的手动操作

单轴运动即为单独控制某一个关节轴运动。工业机器人末端轨迹难以预测，一般只用于移动某个关节轴至指定位置、校准机器人关节原点等场合。

单轴运动的手动操作如表 2-11 所示。

表 2-11 单轴运动的手动操作

<table>
<tr>
<td>
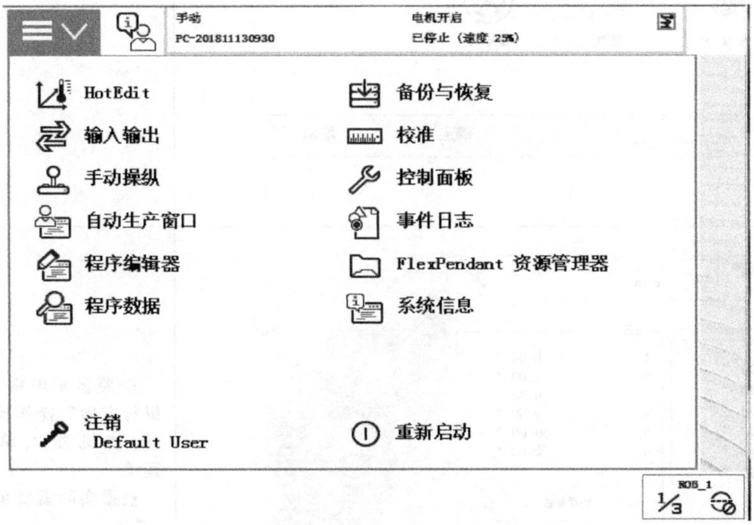

</td>
<td>单击“手动操纵”</td>
</tr>
<tr>
<td>
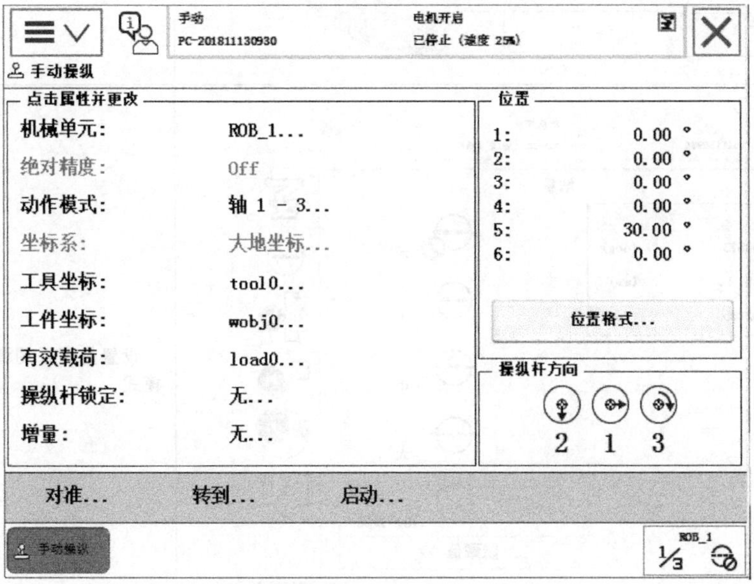

</td>
<td>单击“动作模式”</td>
</tr>
</table>

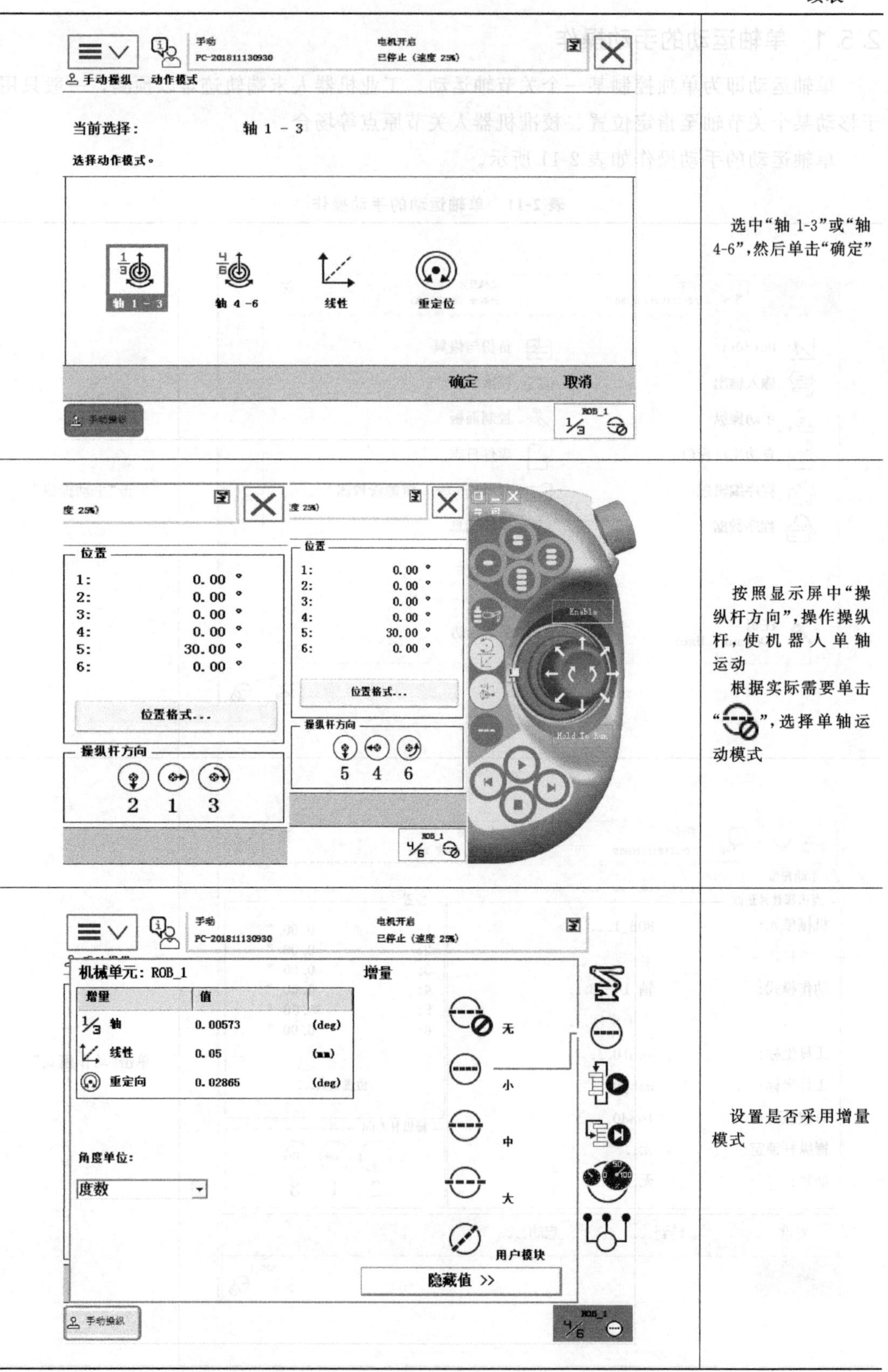

选中“轴 1-3”或“轴 4-6”，然后单击“确定”

按照显示屏中“操纵杆方向”，操作操纵杆，使机器人单轴运动

根据实际需要单击“ ”，选择单轴运动模式

设置是否采用增量模式

续表

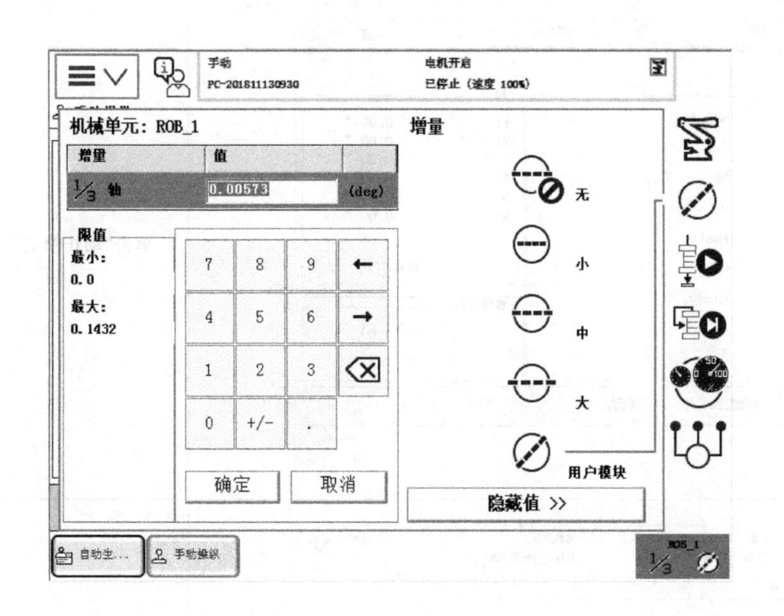	单击"用户模板",设置增量中各个参数数值

2.5.2 线性运动的手动操作

线性运动即控制工业机器人 TCP 沿着指定的参考坐标系的 X、Y、Z 坐标轴方向运动，在运动过程中工具的姿态不变，常用于空间范围内方向移动工业机器人 TCP 位置。

线性运动的手动操作如表 2-12 所示。

表 2-12 线性运动的手动操作

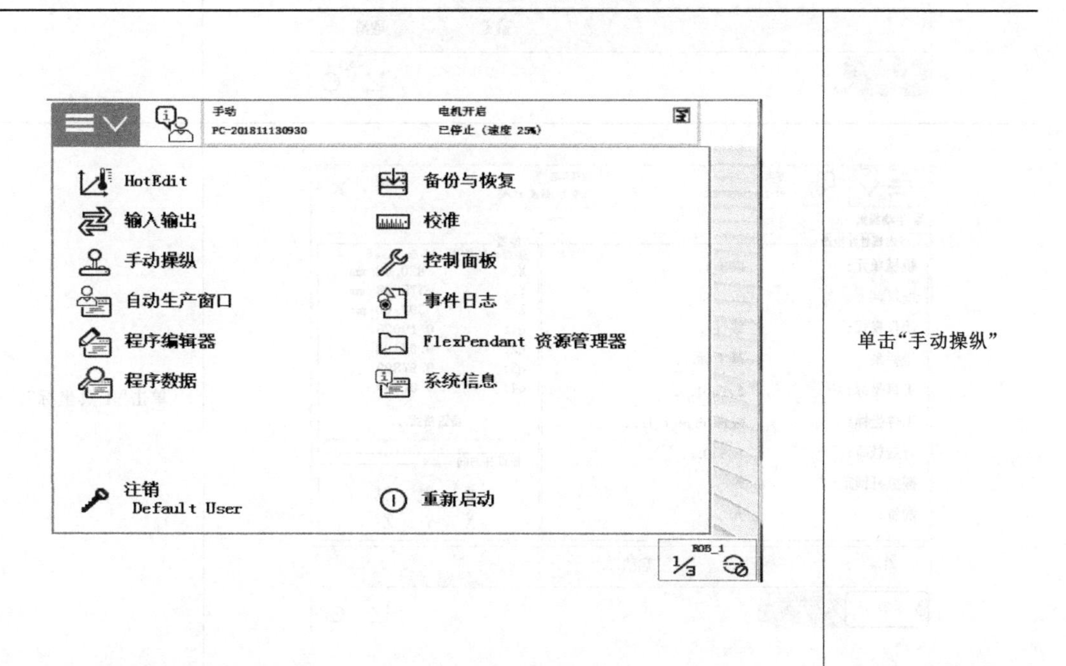	单击"手动操纵"

续表

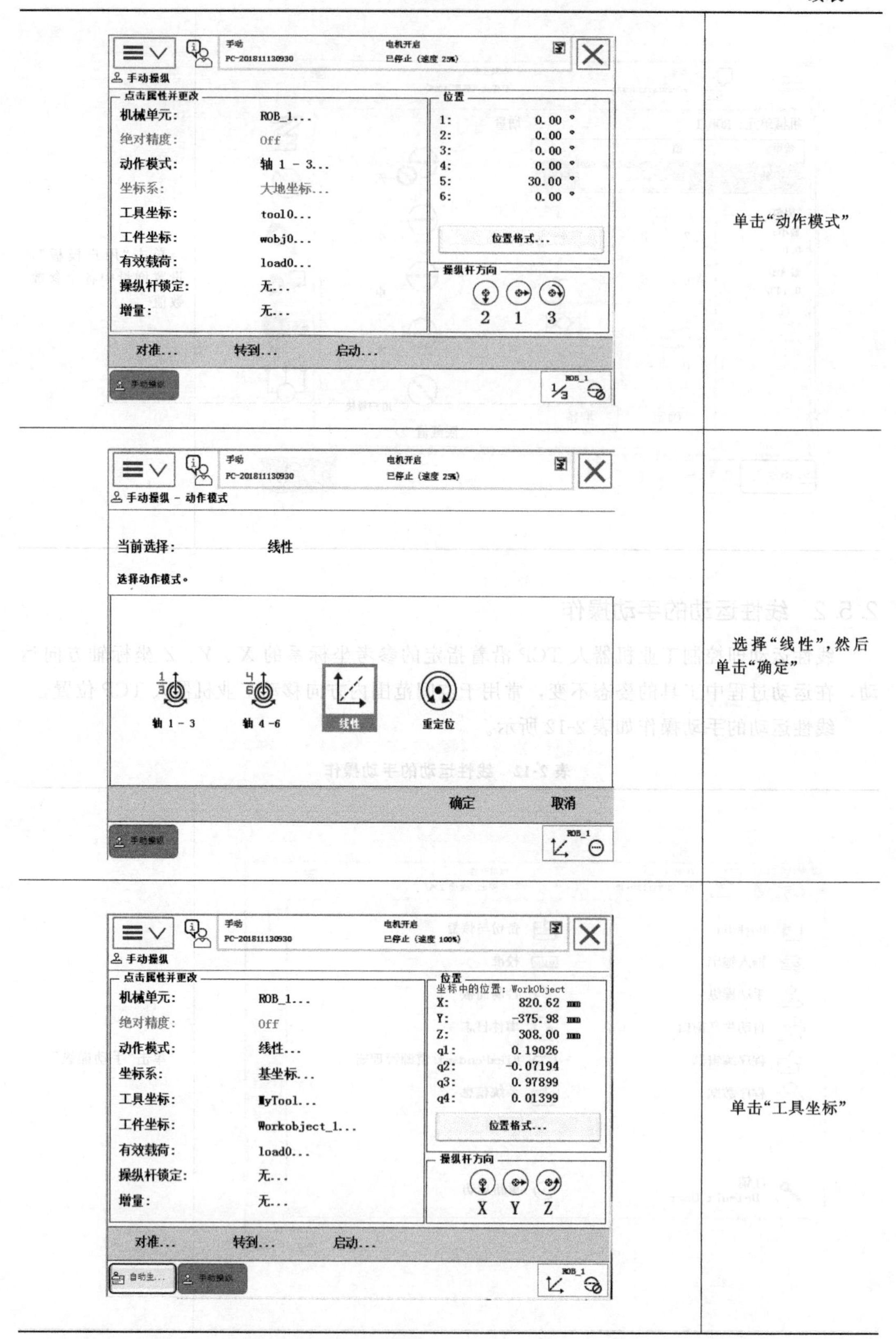

单击“动作模式”

选择“线性”，然后单击“确定”

单击“工具坐标”

续表

<table>
<tr>
<td>
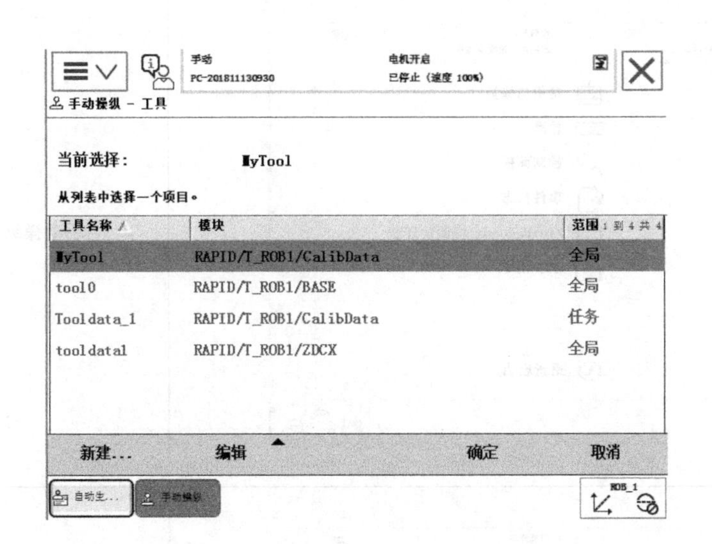

</td>
<td>选择对应工具坐标</td>
</tr>
<tr>
<td>
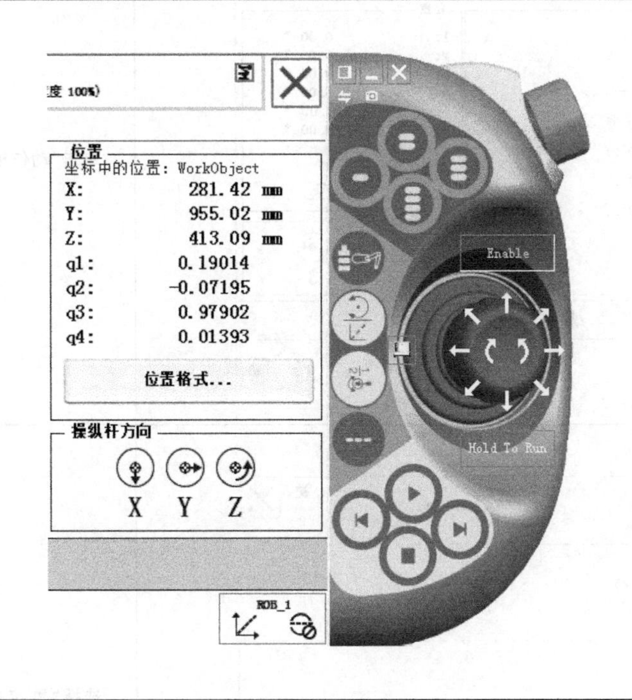

</td>
<td>按照显示屏中“操纵杆方向”,操作操纵杆,使机器人进行线性运动</td>
</tr>
</table>

2.5.3 重定位运动的手动操作

工业机器人的重定位运动是指工业机器人第六轴法兰盘上的工具 TCP 点在空间中绕工具坐标系旋转的运动，也可理解为工业机器人绕工具 TCP 点做姿态调整的运动。在每个机械单元中，系统对重定位动作模式默认使用工具坐标系。

重定位运动的手动操作如表 2-13 所示。

表 2-13　重定位运动的手动操作

<table>
<tr><td>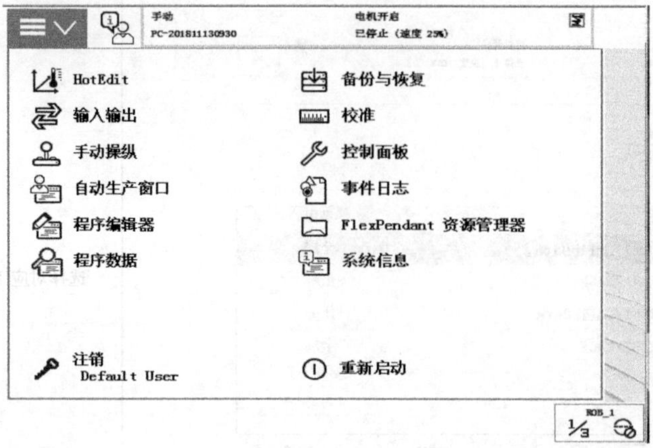
</td><td>单击“手动操纵”</td></tr>
<tr><td>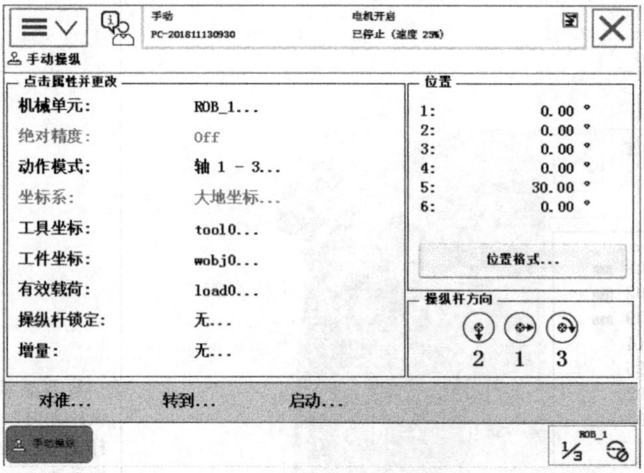
</td><td>单击“动作模式”</td></tr>
<tr><td>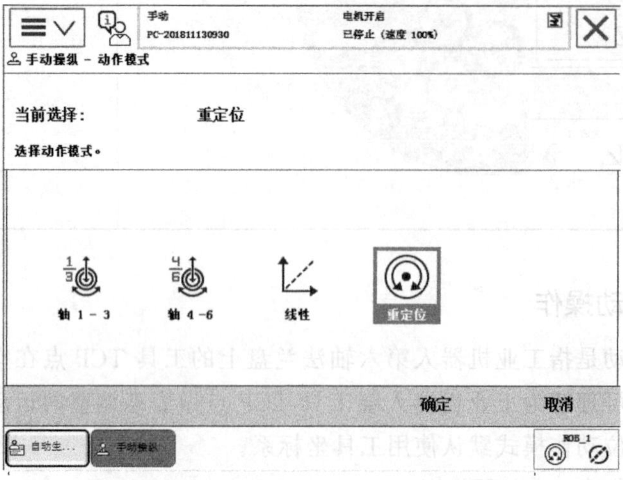
</td><td>选择“重定位”，然后单击“确定”</td></tr>
</table>

续表

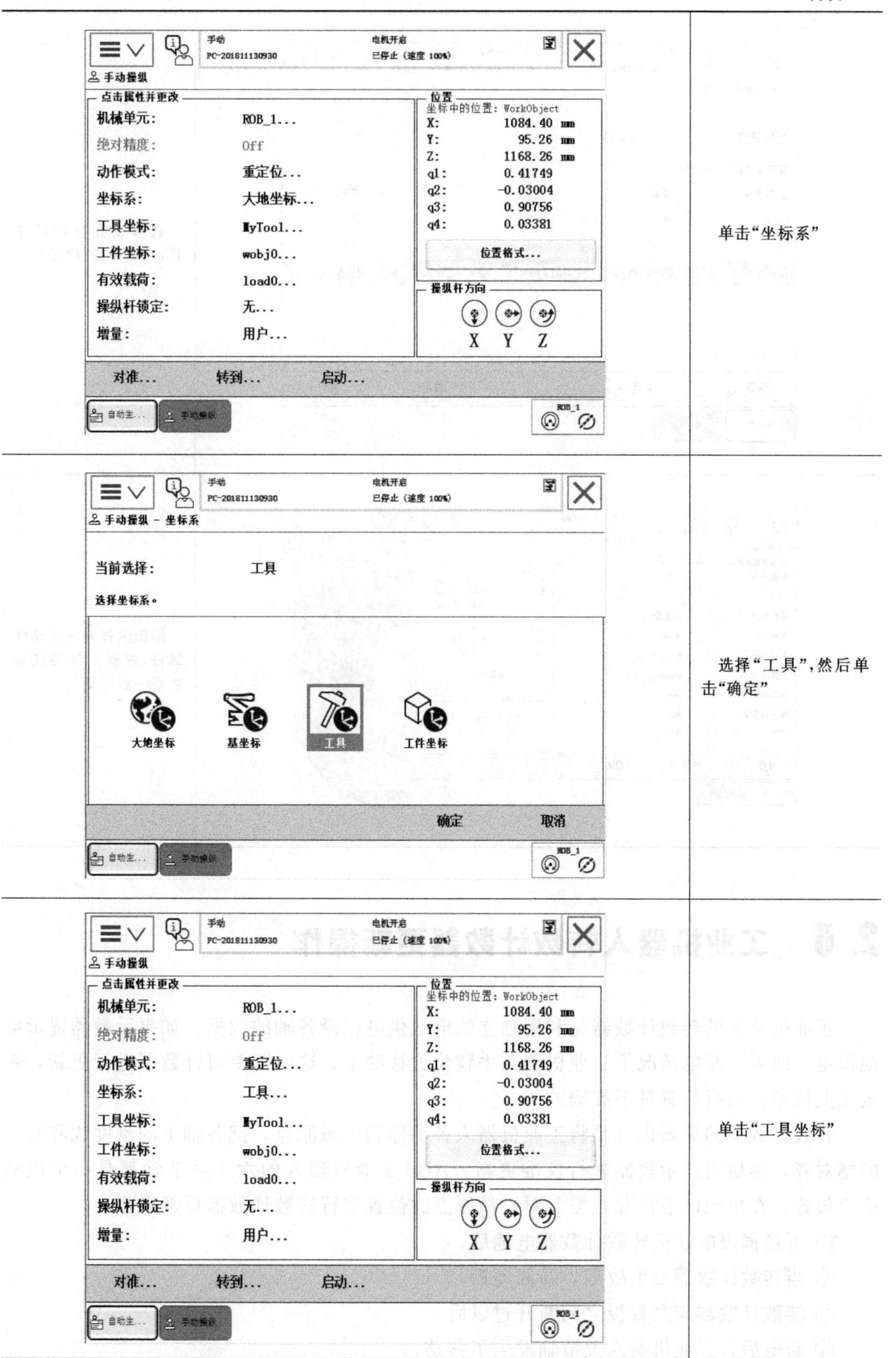

单击“坐标系”

选择“工具”，然后单击“确定”

单击“工具坐标”

续表

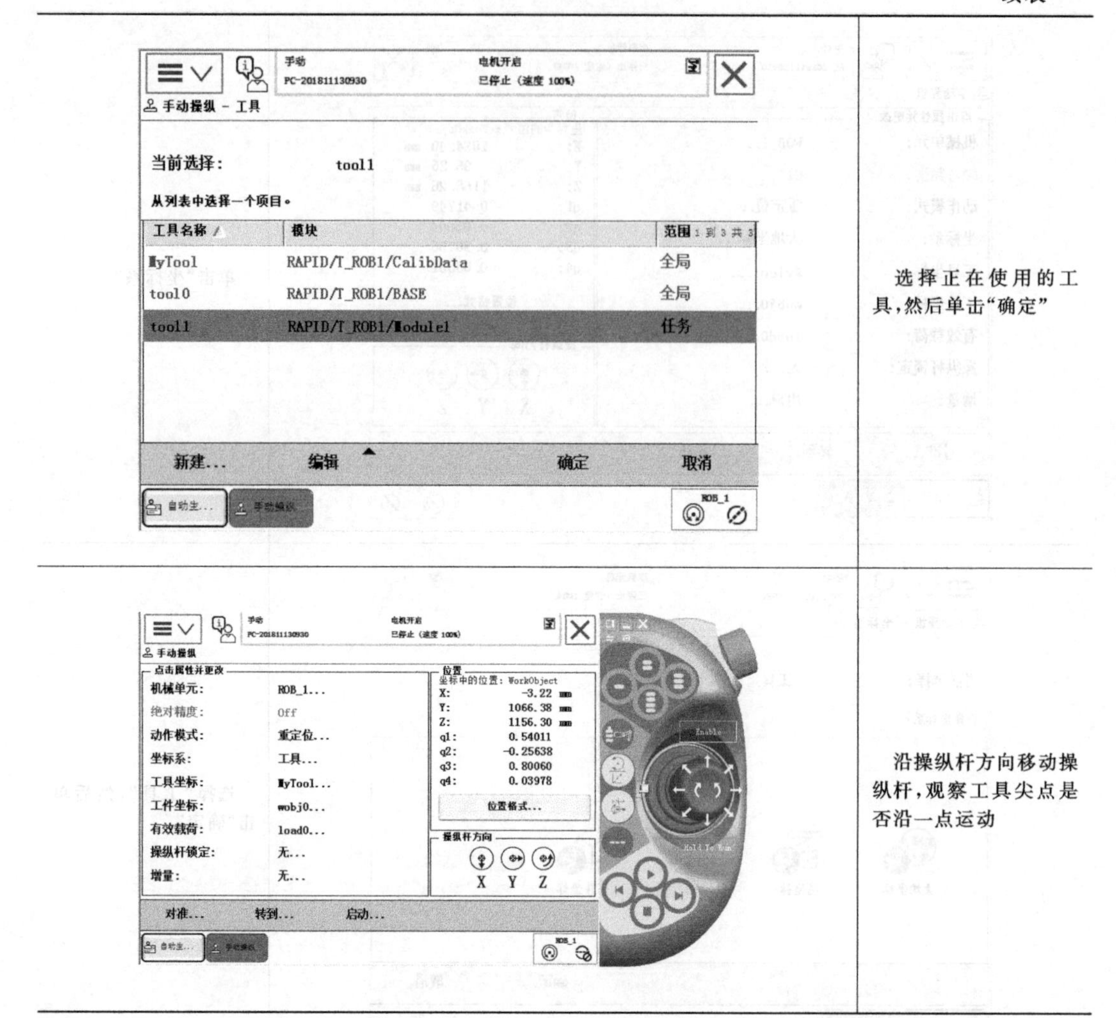

	选择正在使用的工具，然后单击“确定”
	沿操纵杆方向移动操纵杆，观察工具尖点是否沿一点运动

2.6 工业机器人转数计数器更新操作

工业机器人的转数计数器是利用独立的电池供电记录各轴的数据。如果示教器提示电池没电，或者在断电情况下工业机器人手臂位置移动了，这时需要对计数器进行更新，否则工业机器人运行位置是不准确的。

转数计数器的更新也就是将工业机器人各轴停到机械原点，把各轴上的刻度线和对应的槽对齐，然后通过示教器进行校准更新。ABB 工业机器人的六个关节轴都是一个机械原点位置。在出现以下情况，需要对机械原点的位置进行转数计数器更新操作。

① 更换伺服电动机转数计数器电池后。

② 当转数计数器发生故障，并修复后。

③ 转数计数器与测量板之间断开过以后。

④ 断电后，工业机器人关节轴发生了移动。

⑤ 当系统报警提示“10036 转数计数器更新”时。

ABB 工业机器人转数计数器更新操作如表 2-14 所示。

表 2-14　ABB 工业机器人转数计数器更新操作

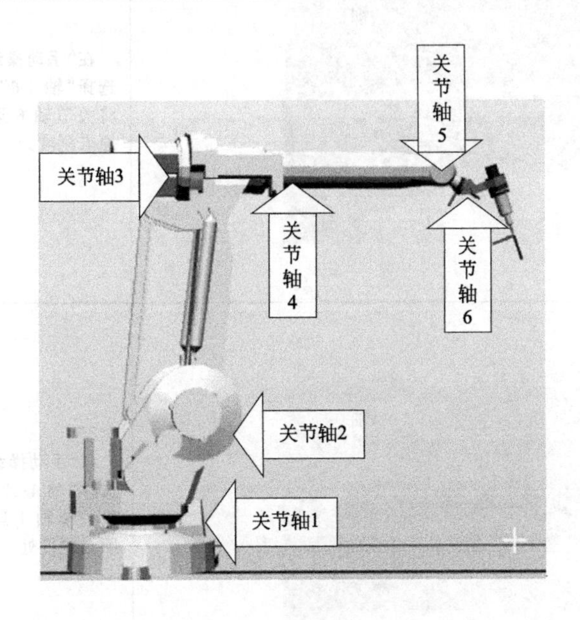	按照顺序依次将机器人六个轴转到机械原点刻度位置，各关节轴运动的顺序为轴 4-5-6-1-2-3
	在“手动操纵”菜单中，选择“轴 4-6”动作模式，将关节轴 4 运动到机械原点刻度处
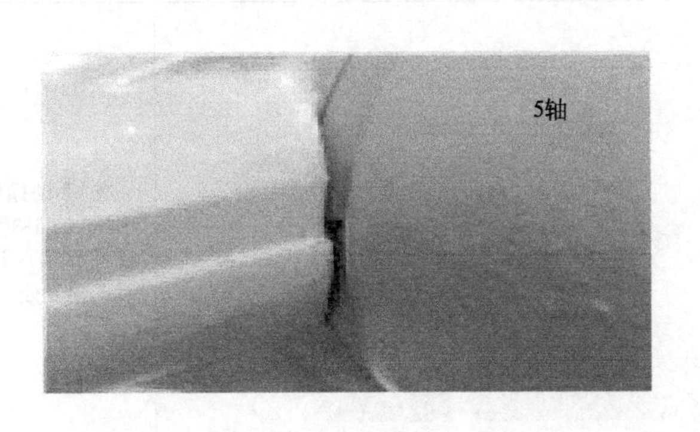	在“手动操纵”菜单中，选择“轴 4-6”动作模式，将关节轴 5 运动到机械原点刻度处

续表

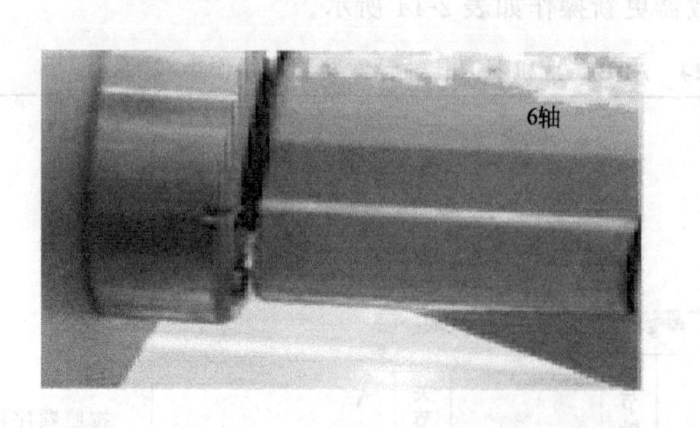	在“手动操纵”菜单中，选择“轴 4-6”动作模式，将关节轴 6 运动到机械原点刻度处
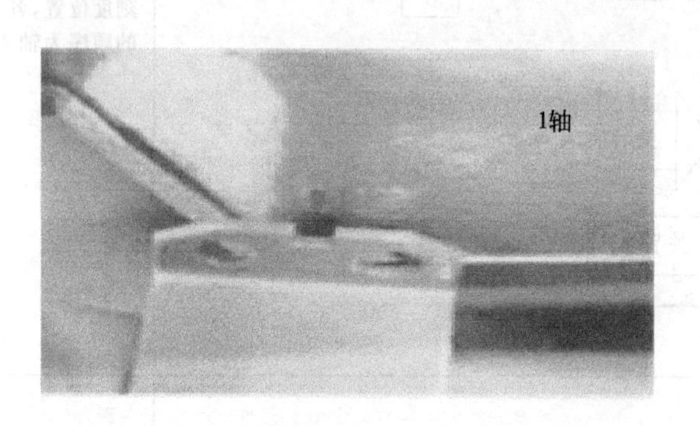	在“手动操纵”菜单中，选择“轴 1-3”动作模式，将关节轴 1 运动到机械原点刻度处
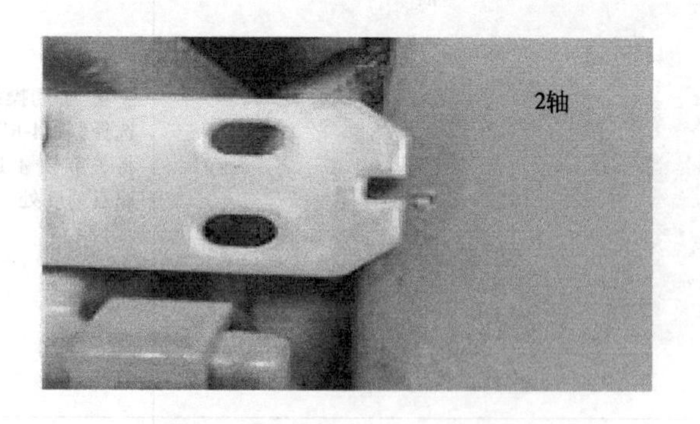	在“手动操纵”菜单中，选择“轴 1-3”动作模式，将关节轴 2 运动到机械原点刻度处
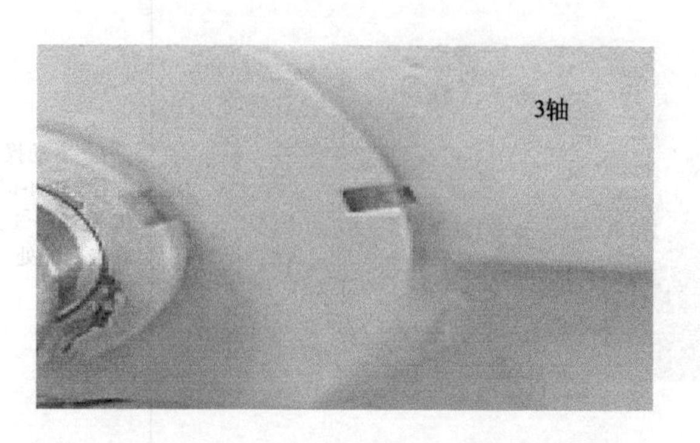	在“手动操纵”菜单中，选择“轴 1-3”动作模式，将关节轴 3 运动到机械原点刻度处

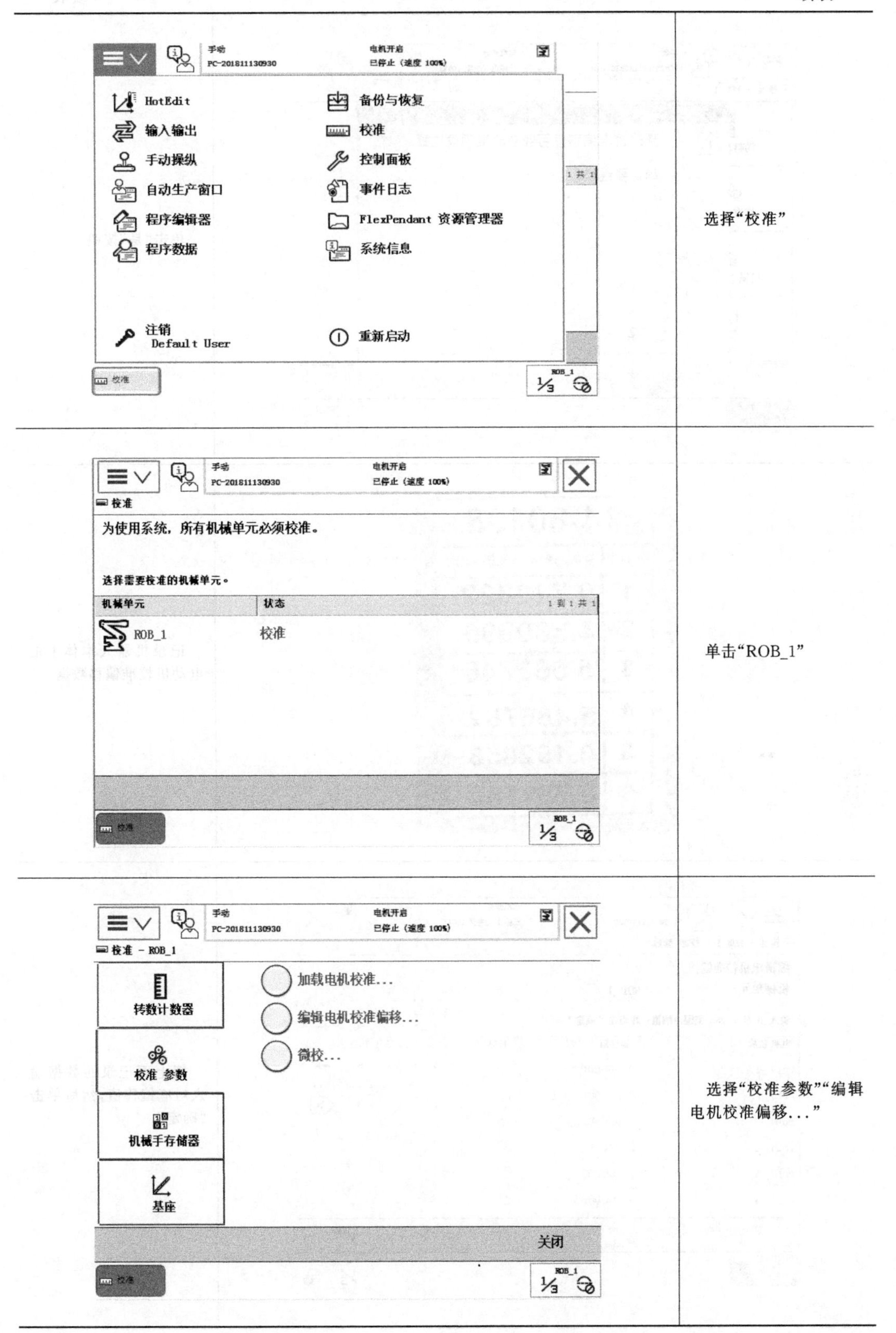

	选择“校准”
	单击“ROB_1”
	选择“校准参数”“编辑电机校准偏移...”

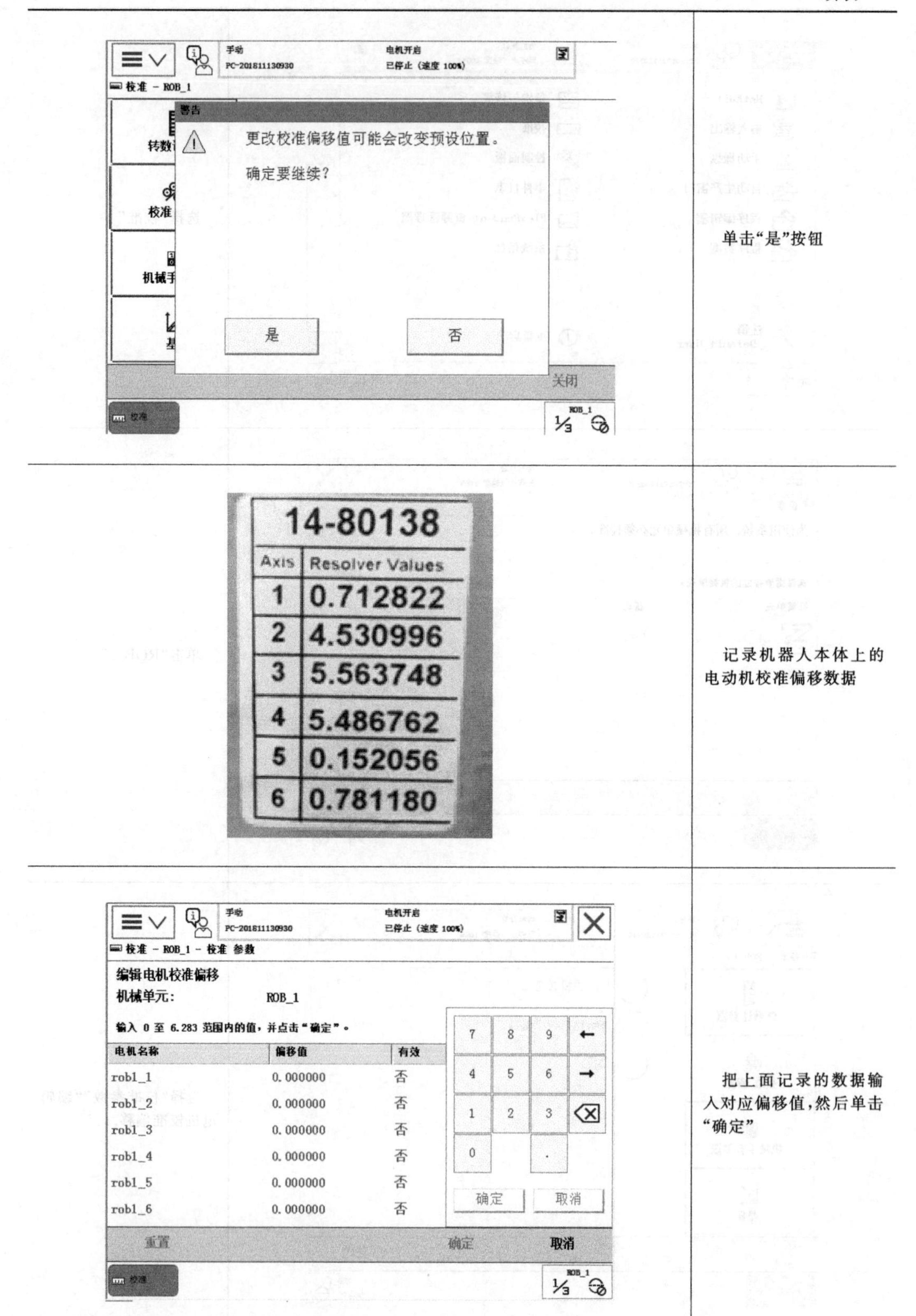

单击“是”按钮

记录机器人本体上的电动机校准偏移数据

把上面记录的数据输入对应偏移值，然后单击“确定”

续表

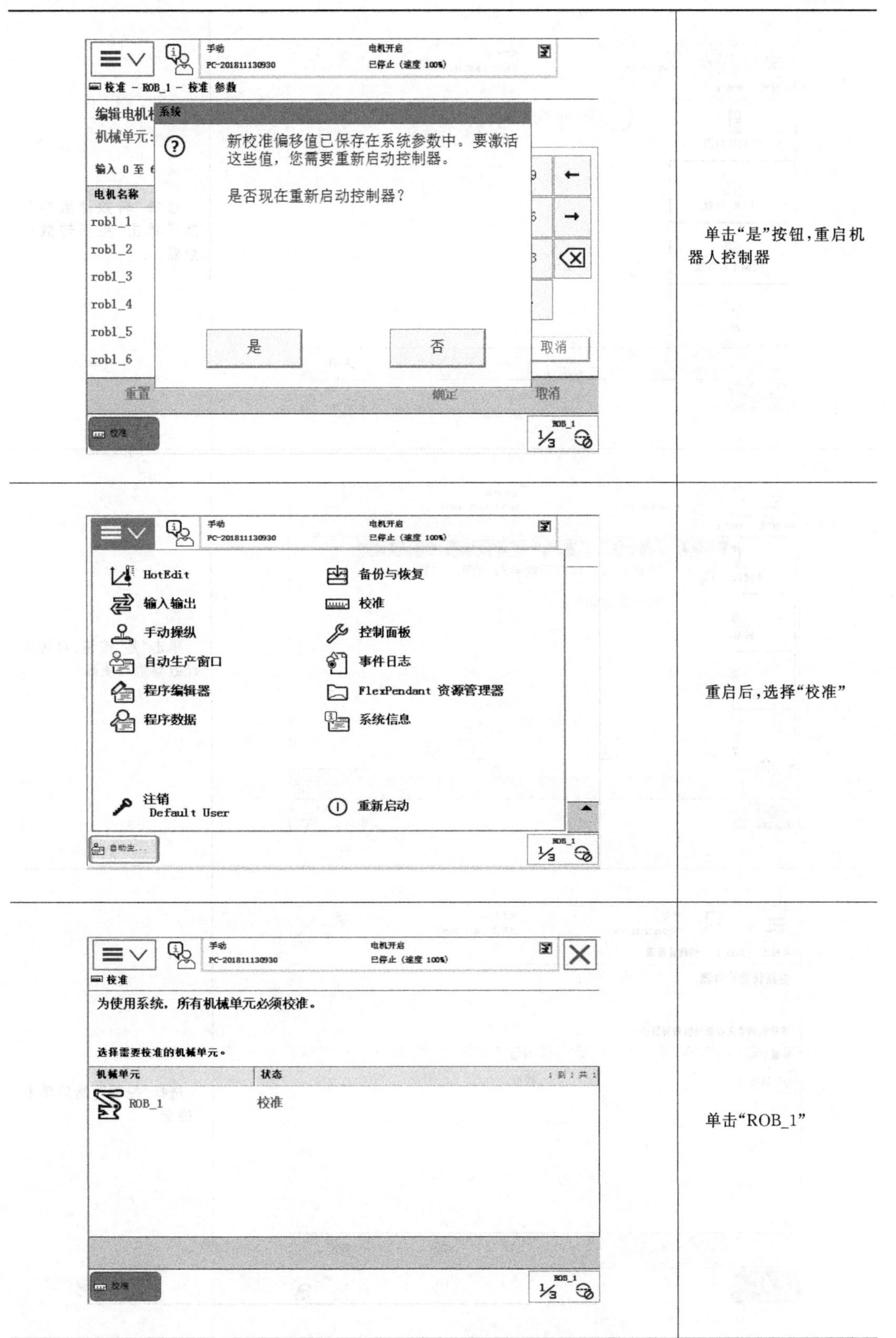

	单击“是”按钮，重启机器人控制器
	重启后，选择“校准”
	单击“ROB_1”

续表

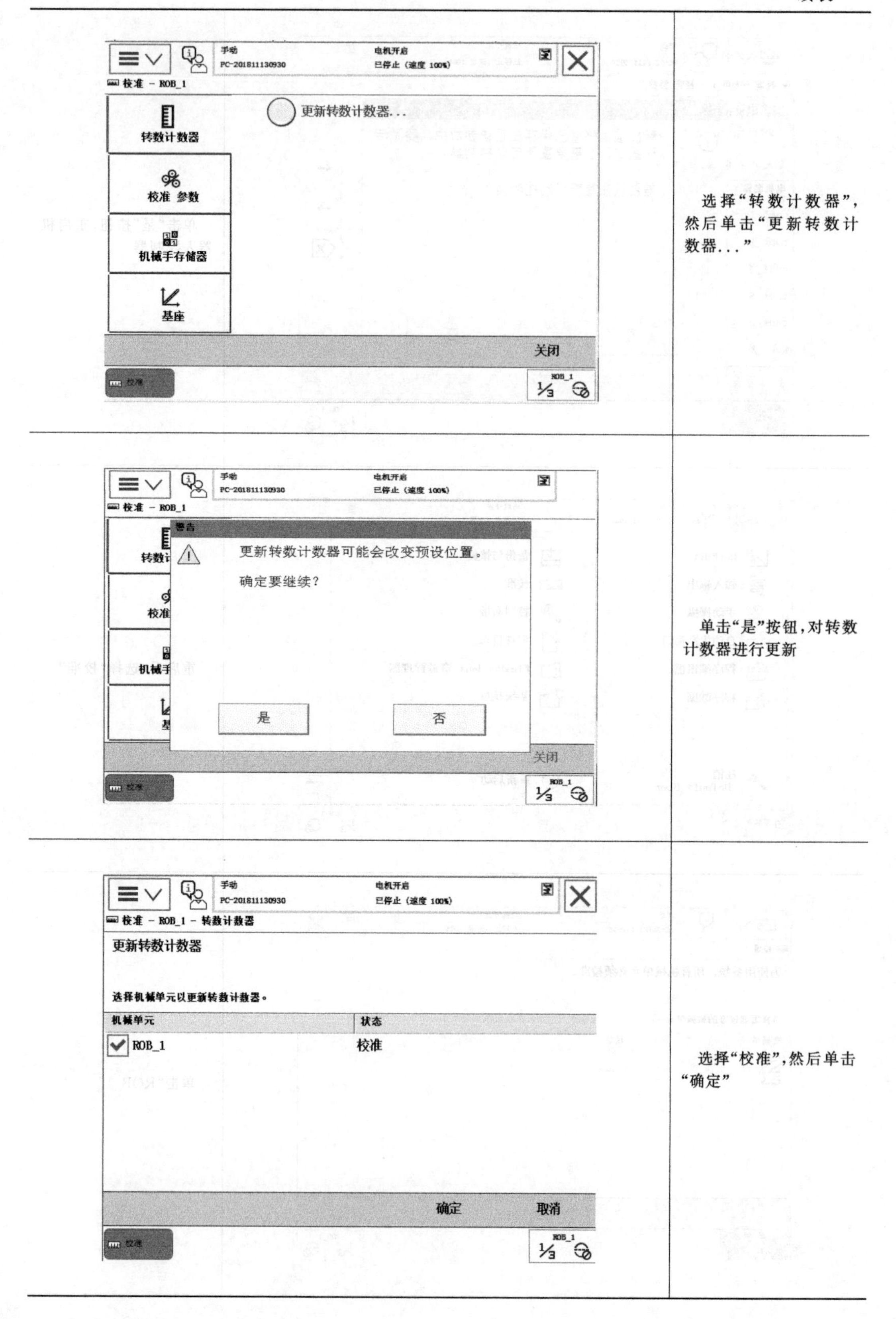

选择“转数计数器”，然后单击“更新转数计数器...”

单击“是”按钮，对转数计数器进行更新

选择“校准”，然后单击“确定”

续表

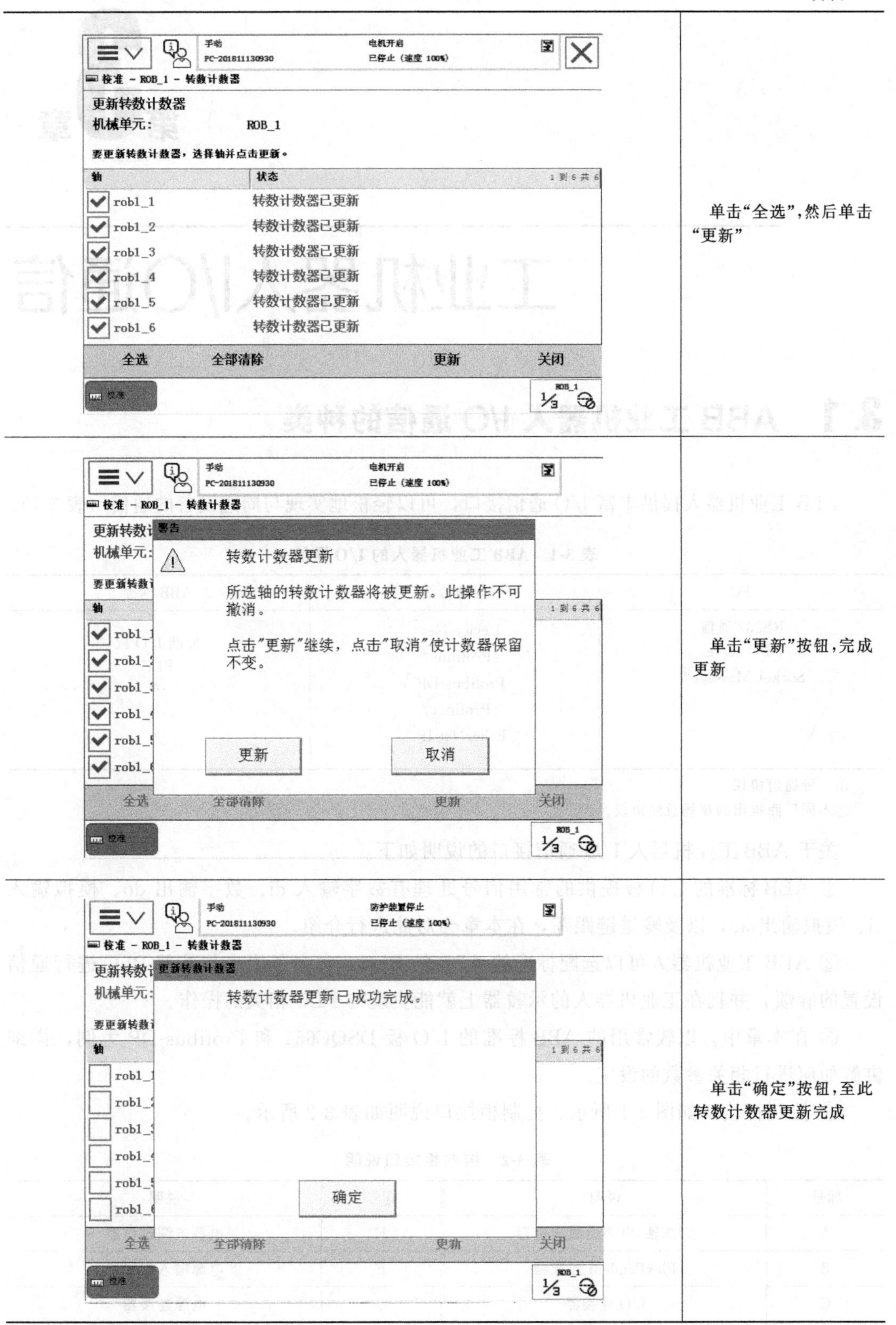

（见上图第一幅）	单击“全选”，然后单击“更新”
（见上图第二幅）	单击“更新”按钮，完成更新
（见上图第三幅）	单击“确定”按钮，至此转数计数器更新完成

工业机器人I/O通信

3.1 ABB 工业机器人 I/O 通信的种类

ABB 工业机器人提供丰富 I/O 通信接口，可以轻松地实现与周边设备的通信（表 3-1）。

表 3-1 ABB 工业机器人的 I/O 通信

PC	现场总线	ABB 标准
RS232 通信 OPC server Socket Message①	Device Net② Profibus② Profibus-DP② Profinet② EtherNet IP②	标准 I/O 板 PLC … … …

①一种通信协议。

②不同厂商推出的现场总线协议。

关于 ABB 工业机器人 I/O 通信接口的说明如下。

① ABB 标准的 I/O 板提供的常用信号处理有数字输入 di、数字输出 do、模拟输入 ai、模拟输出 ao，以及输送链跟踪，在本章会对此进行介绍。

② ABB 工业机器人可以选配标准的 ABB 的 PLC，省去了原来与外部 PLC 进行通信设置的麻烦，并且在工业机器人的示教器上就能实现与 PLC 相关的操作。

③ 在本章中，以较常用的 ABB 标准的 I/O 板 DSQC651 和 Profibus-DP 为例，详细讲解如何进行相关参数的设定。

④ 控制柜接口如图 3-1 所示。控制柜接口说明如表 3-2 所示。

表 3-2 控制柜接口说明

标号	说明	标号	说明
A	附加轴，电源电缆连接器	E	电源电缆连接器
B	FlexPendant 连接器	F	电源输入连接器
C	I/O 连接器	G	电源连接器
D	安全连接器	H	DeviceNet 连接器

续表

标号	说明	标号	说明
I	信号电缆连接器	K	轴选择器连接器
J	信号电缆连接器	L	附加轴,信号电缆连接器

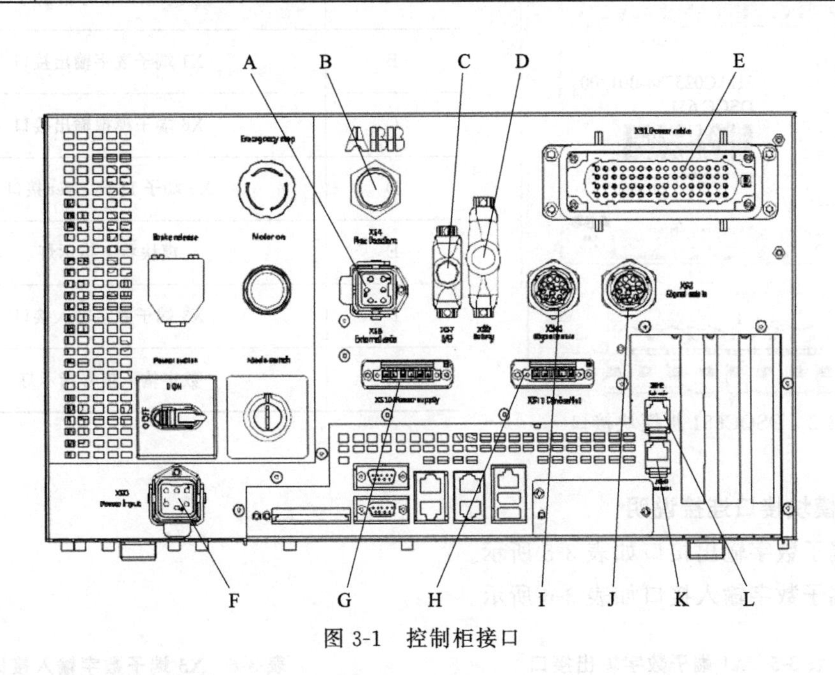

图 3-1　控制柜接口

3.2　常用 ABB 标准 I/O 板的说明

常用的 ABB 标准 I/O 板（具体规格参数以 ABB 官方最新公布为准如表 3-3 所示。

表 3-3　常用的 ABB 标准 I/O 板

型号	说明
DSQC 651	分布式 I/O 模块 di8\do8 ao2
DSQC 652	分布式 I/O 模块 di16\do16
DSQC 653	分布式 I/O 模块 di8\do8 带继电器
DSQC 355A	分布式 I/O 模块 ai4\ao4
DSQC 377A	输送链跟踪单元

3.2.1　ABB 标准 I/O 板 DSQC651

DSQC651 板主要提供 8 个数字输入信号、8 个数字输出信号和 2 个模拟输出信号的处理。

(1) 模块接口说明

DSQC651 板模块接口如图 3-2 所示。DSQC651 板模块接口说明如表 3-4 所示。

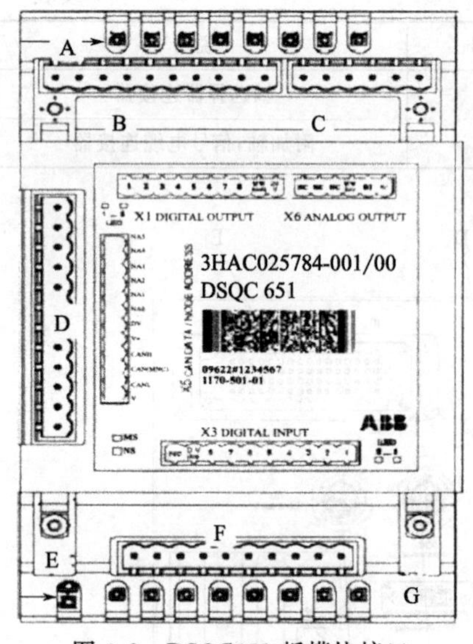

图 3-2 DSQC651 板模块接口

表 3-4 DSQC651 板接口说明

标号	说明
A	数字输出信号指示灯
B	X1 端子数字输出接口
C	X6 端子模拟输出接口
D	X5 端子 DeviceNet 接口
E	模块状态指示灯
F	X3 端子数字输入接口
G	数字输入信号指示灯

(2) 模块接口连接说明

X1 端子数字输出接口如表 3-5 所示。

X3 端子数字输入接口如表 3-6 所示。

表 3-5 X1 端子数字输出接口

X1 端子编号	使用定义	地址分配
1	OUTPUT CH1	32
2	OUTPUT CH2	33
3	OUTPUT CH3	34
4	OUTPUT CH4	35
5	OUTPUT CH5	36
6	OUTPUT CH6	37
7	OUTPUT CH7	38
8	OUTPUT CH8	39
9	0V	
10	24V	

表 3-6 X3 端子数字输入接口

X3 端子编号	使用定义	地址分配
1	INPUT CH1	0
2	INPUT CH2	1
3	INPUT CH3	2
4	INPUT CH4	3
5	INPUT CH5	4
6	INPUT CH6	5
7	INPUT CH7	6
8	INPUT CH8	7
9	0V	
10	未使用	

X5 端子 DeviceNet 接口如表 3-7 所示。

表 3-7 X5 端子 DeviceNet 接口

X5 端子编号	使用定义	X5 端子编号	使用定义
1	0V BLACK(黑色)	4	CAN 信号线 high WHILE(白色)
2	CAN 信号线 low BLUE(蓝色)	5	24V RED(红色)
3	屏蔽线	6	GND 地址选择公共端

续表

X5 端子编号	使用定义	X5 端子编号	使用定义
7	模块 ID bit 0(LSB)	10	模块 ID bit 3(LSB)
8	模块 ID bit 1(LSB)	11	模块 ID bit 4(LSB)
9	模块 ID bit 2(LSB)	12	模块 ID bit 5(LSB)

X6 端子模拟输出接口如表 3-8 所示。

表 3-8　X6 端子模拟输出接口

X6 端子编号	使用定义	地址分配	X6 端子编号	使用定义	地址分配
1	未使用		4	0V	
2	未使用		5	模拟输出 AO1	0～15
3	未使用		6	模拟输出 AO2	16～31

注：模拟输出的范围 0～+10V。

提示： ABB 标准 I/O 板是挂在 DeviceNet 网络上的，所以需要设定模块在网络中的地址。端子 X5 的跳线 6～12 用来决定模块的地址，地址可用范围在 10～63。

如果想要获得 10 的地址，可将第 8 脚和第 10 脚的跳线剪去（图 3-3），即可获得 10（2+8=10）的地址。

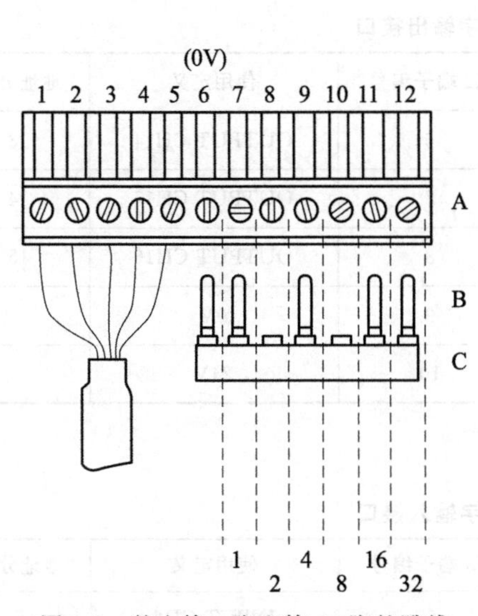

图 3-3　剪去第 8 脚和第 10 脚的跳线

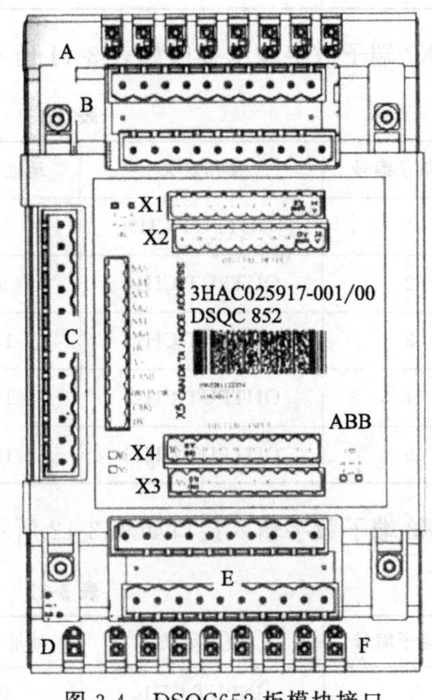

图 3-4　DSQC652 板模块接口

3.2.2　ABB 标准 I/O 板 DSQC652

DSQC652 板主要提供 16 个数字输入信号和 16 个数字输出信号的处理。

(1) 模板接口说明

DSQC652 板模块接口如图 3-4 所示。DSQC652 板模块接口说明如表 3-9 所示。

表 3-9 DSQC652 板接口说明

标号	说明	标号	说明
A	数字输出信号指示灯	D	模块状态指示灯
B	X1、X2 端子数字输出接口	E	X3、X4 端子数字输入接口
C	X5 端子 DeviceNet 接口	F	数字输入信号指示灯

(2) 模块接口连接说明

X1 端子数字输出接口如表 3-10 所示。

表 3-10 X1 端子数字输出接口

X1 端子编号	使用定义	地址分配	X1 端子编号	使用定义	地址分配
1	OUTPUT CH1	0	6	OUTPUT CH6	5
2	OUTPUT CH2	1	7	OUTPUT CH7	6
3	OUTPUT CH3	2	8	OUTPUT CH8	7
4	OUTPUT CH4	3	9	0V	
5	OUTPUT CH5	4	10	24V	

X2 端子数字输出接口如表 3-11 所示。

表 3-11 X2 端子数字输出接口

X2 端子编号	使用定义	地址分配	X2 端子编号	使用定义	地址分配
1	OUTPUT CH9	8	6	OUTPUT CH14	13
2	OUTPUT CH10	9	7	OUTPUT CH15	14
3	OUTPUT CH11	10	8	OUTPUT CH16	15
4	OUTPUT CH12	11	9	0V	
5	OUTPUT CH13	12	10	24V	

X3 端子数字输入接口如表 3-12 所示。

表 3-12 X3 端子数字输入接口

X3 端子编号	使用定义	地址分配	X3 端子编号	使用定义	地址分配
1	INPUT CH1	0	6	INPUT CH6	5
2	INPUT CH2	1	7	INPUT CH7	6
3	INPUT CH3	2	8	INPUT CH8	7
4	INPUT CH4	3	9	0V	
5	INPUT CH5	4	10	未使用	

X4 端子数字输入接口如表 3-13 所示。

表 3-13　X4 端子数字输入接口

X4 端子编号	使用定义	地址分配	X4 端子编号	使用定义	地址分配
1	INPUT CH9	8	6	INPUT CH14	13
2	INPUT CH10	9	7	INPUT CH15	14
3	INPUT CH11	10	8	INPUT CH16	15
4	INPUT CH12	11	9	0V	
5	INPUT CH13	12	10	未使用	

X5 端子 DeviceNet 接口如表 3-14 所示。

表 3-14　X5 端子 DeviceNet 接口

X5 端子编号	使用定义	X5 端子编号	使用定义
1	0V BLACK(黑色)	7	模块 ID bit 0(LSB)
2	CAN 信号线 low BLUE(蓝色)	8	模块 ID bit 1(LSB)
3	屏蔽线	9	模块 ID bit 2(LSB)
4	CAN 信号线 high WHILE(白色)	10	模块 ID bit 3(LSB)
5	24V RED(红色)	11	模块 ID bit 4(LSB)
6	GND 地址选择公共端	12	模块 ID bit 5(LSB)

3.2.3　ABB 标准 I/O 板 DSQC653

DSQC653 板主要提供 8 个数字输入信号和 8 个数字继电器输出信号的处理。

(1) 模块接口说明

DSQC653 板模块接口如图 3-5 所示。DSQC653 板模块接口说明如表 3-15 所示。

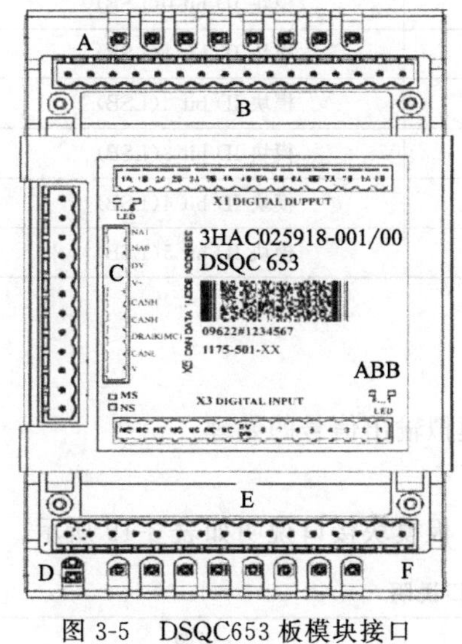

图 3-5　DSQC653 板模块接口

表 3-15　DSQC653 板模块接口说明

标号	说明
A	数字继电器输出信号指示灯
B	X1 端子数字继电器输出接口
C	X5 端子 DeviceNet 接口
D	模板状态指示灯
E	X3 端子数字输入接口
F	数字输入信号指示灯

(2) 模块接口连接说明

X1 端子数字继电器输出接口如表 3-16 所示。

表 3-16　X1 端子数字继电器输出接口

X1 端子编号	使用定义	地址分配	X1 端子编号	使用定义	地址分配
1	OUTPUT CH1A	0	9	OUTPUT CH5A	4
2	OUTPUT CH1B		10	OUTPUT CH5B	
3	OUTPUT CH2A	1	11	OUTPUT CH6A	5
4	OUTPUT CH2B		12	OUTPUT CH6B	
5	OUTPUT CH3A	2	13	OUTPUT CH7A	6
6	OUTPUT CH3B		14	OUTPUT CH7B	
7	OUTPUT CH4A	3	15	OUTPUT CH8A	7
8	OUTPUT CH4B		16	OUTPUT CH8B	

X3 端子输入接口如表 3-17 所示。

表 3-17　X3 端子输入接口

X3 端子编号	使用定义	地址分配	X3 端子编号	使用定义	地址分配
1	INPUT CH1	0	6	INPUT CH6	5
2	INPUT CH2	1	7	INPUT CH7	6
3	INPUT CH3	2	8	INPUT CH8	7
4	INPUT CH4	3	9	0V	
5	INPUT CH5	4	10～16	未使用	

X5 端子 DeviceNet 接口如表 3-18 所示。

表 3-18　X5 端子 DeviceNet 接口

X5 端子编号	使用定义	X5 端子编号	使用定义
1	0V BLACK(黑色)	7	模块 ID bit 0(LSB)
2	CAN 信号线 low BLUE(蓝色)	8	模块 ID bit 1(LSB)
3	屏蔽线	9	模块 ID bit 2(LSB)
4	CAN 信号线 high WHILE(白色)	10	模块 ID bit 3(LSB)
5	24V RED(红色)	11	模块 ID bit 4(LSB)
6	GND 地址选择公共端	12	模块 ID bit 5(LSB)

3.2.4　ABB 标准 I/O 板 DSQC355A

DSQC355A 板主要提供 4 个模拟输入信号和 4 个模拟输出信号的处理。

(1) 模块接口说明

DSQC355A 板模块接口如图 3-6 所示。DSQC355A 板模块接口说明如表 3-19 所示。

表 3-19　DSQC355A 板模块接口说明

标号	说明	标号	说明
A	X8 端子模拟输入接口	C	X5 端子 DeviceNet 接口
B	X7 端子模拟输出接口	D	X3 端子供电电源

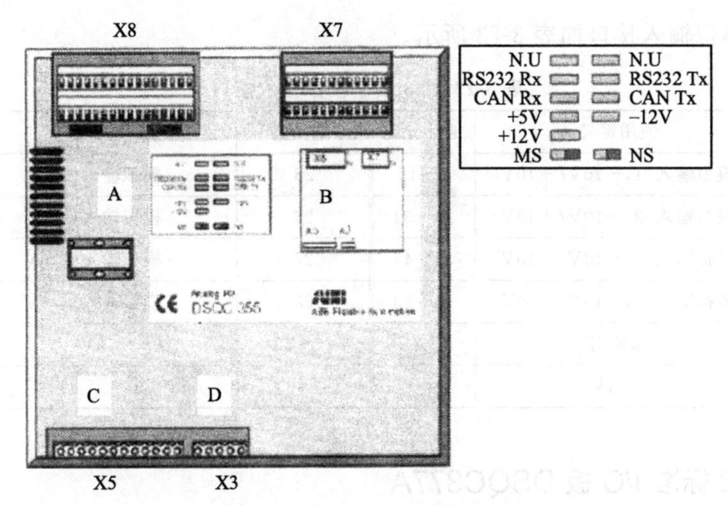

图 3-6 DSQC355A 板模块接口

(2) 模块接口连接说明

X3 端子供电电源接口如表 3-20 所示。

表 3-20 X3 端子供电电源接口

X3 端子编号	使用定义	X3 端子编号	使用定义
1	0V	4	未使用
2	未使用	5	+24V
3	接地		

X5 端子 DeviceNet 接口如表 3-21 所示。

表 3-21 X5 端子 DeviceNet 接口

X5 端子编号	使用定义	X5 端子编号	使用定义
1	0V BLACK(黑色)	7	模块 ID bit 0(LSB)
2	CAN 信号线 low BLUE(蓝色)	8	模块 ID bit 1(LSB)
3	屏蔽线	9	模块 ID bit 2(LSB)
4	CAN 信号线 high WHILE(白色)	10	模块 ID bit 3(LSB)
5	24V RED(红色)	11	模块 ID bit 4(LSB)
6	GND 地址选择公共端	12	模块 ID bit 5(LSB)

X7 端子模拟输出接口如表 3-22 所示。

表 3-22 X7 端子模拟输出接口

X7 端子编号	使用定义	地址分配	X7 端子编号	使用定义	地址分配
1	模拟输出_1,−10V/+10V	0～15	19	模拟输出_1,0V	
2	模拟输出_2,−10V/+10V	16～31	20	模拟输出_2,0V	
3	模拟输出_3,−10V/+10V	32～47	21	模拟输出_3,0V	
4	模拟输出_4,4～20mA	48～63	22	模拟输出_4,0V	
5～18	未使用		23～24	未使用	

X8 端子模拟输入接口如表 3-23 所示。

表 3-23　X8 端子模拟输入接口

X8 端子编号	使用定义	地址分配	X8 端子编号	使用定义	地址分配
1	模拟输入_1，−10V/+10V	0～15	25	模拟输入_1,0V	
2	模拟输入_2，−10V/+10V	16～31	26	模拟输入_2,0V	
3	模拟输入_3，−10V/+10V	32～47	27	模拟输入_3,0V	
4	模拟输入_4，−10V/+10V	48～63	28	模拟输入_4,0V	
5～16	未使用		29～32	0V	
17～24	+24V				

3.2.5　ABB 标准 I/O 板 DSQC377A

DSQC377A 板主要提供机器人输送链跟踪功能所需的编码器与同步开关信号的处理。

(1) 模块接口说明

DSQC377A 板模块接口如图 3-7 所示。DSQC377A 板模块接口说明如表 3-24 所示。

(2) 模块接口连接说明

X3 端子供电电源接口如表 3-25 所示。

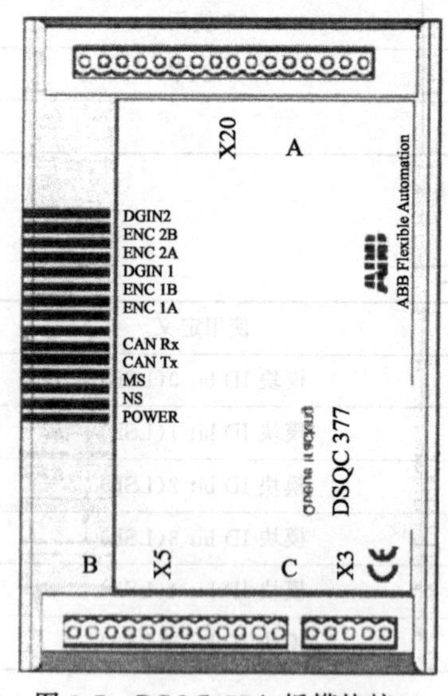

图 3-7　DSQC377A 板模块接口

表 3-24　DSQC377A 板模块接口说明

标号	说明
A	X20 端子编码器与同步开关
B	X5 端子 DeviceNet 接口
C	X3 端子供电电源接口

表 3-25　X3 端子供电电源接口

X3 端子编号	使用定义
1	0V
2	未使用
3	接地
4	未使用
5	+24V

X5 端子 DeviceNet 接口如表 3-26 所示。

表 3-26　X5 端子 DeviceNet 接口

X5 端子编号	使用定义	X5 端子编号	使用定义
1	0V BLACK(黑色)	3	屏蔽线
2	CAN 信号线 low BLUE(蓝色)	4	CAN 信号线 high WHILE(白色)

续表

X5 端子编号	使用定义	X5 端子编号	使用定义
5	24V RED(红色)	9	模块 ID bit 2(LSB)
6	GND 地址选择公共端	10	模块 ID bit 3(LSB)
7	模块 ID bit 0(LSB)	11	模块 ID bit 4(LSB)
8	模块 ID bit 1(LSB)	12	模块 ID bit 5(LSB)

X20 端子编码器与同步开口接口如表 3-27 所示。

表 3-27　X20 端子编码器与同步开关接口

X20 端子编号	使用定义	X20 端子编号	使用定义
1	24V	6	编码器 1,B 相
2	0V	7	数字输入信号 1,24V
3	编码器 1,24V	8	数字输入信号 1,0V
4	编码器 1,0V	9	数字输入信号 1,信号
5	编码器 1,A 相	10～16	未使用

3.3　定义 DSQC652 板及信号

ABB 标准 I/O 板 DSQC652 是较常用的模块，下面以创建数字输入信号 di、数字输出信号 do、组输入信号 gi 和组输出信号 go 为例进行详细的讲解。

3.3.1　定义 DSQC652 板的总线连接

ABB 标准 I/O 板都是下挂在 DeviceNet 现场总线下的设备，通过 X5 端口与 DeviceNet 现场总线进行通信。

DSQC652 板的总线连接的相关参数说明如表 3-28 所示。

表 3-28　DSQC652 板的总线连接的相关参数说明

参数名称	设定值	说明
Name	d652	设定 I/O 板在系统中的名字
模板	d652	设定 I/O 板的类型
Network	DeviceNet	设定 I/O 板连接的总线(系统默认值)
Address	10	设定 I/O 板在总线中的地址

DSQC652 板的总线连接操作如表 3-29 所示。

表 3-29　DSQC652 板的总线连接操作

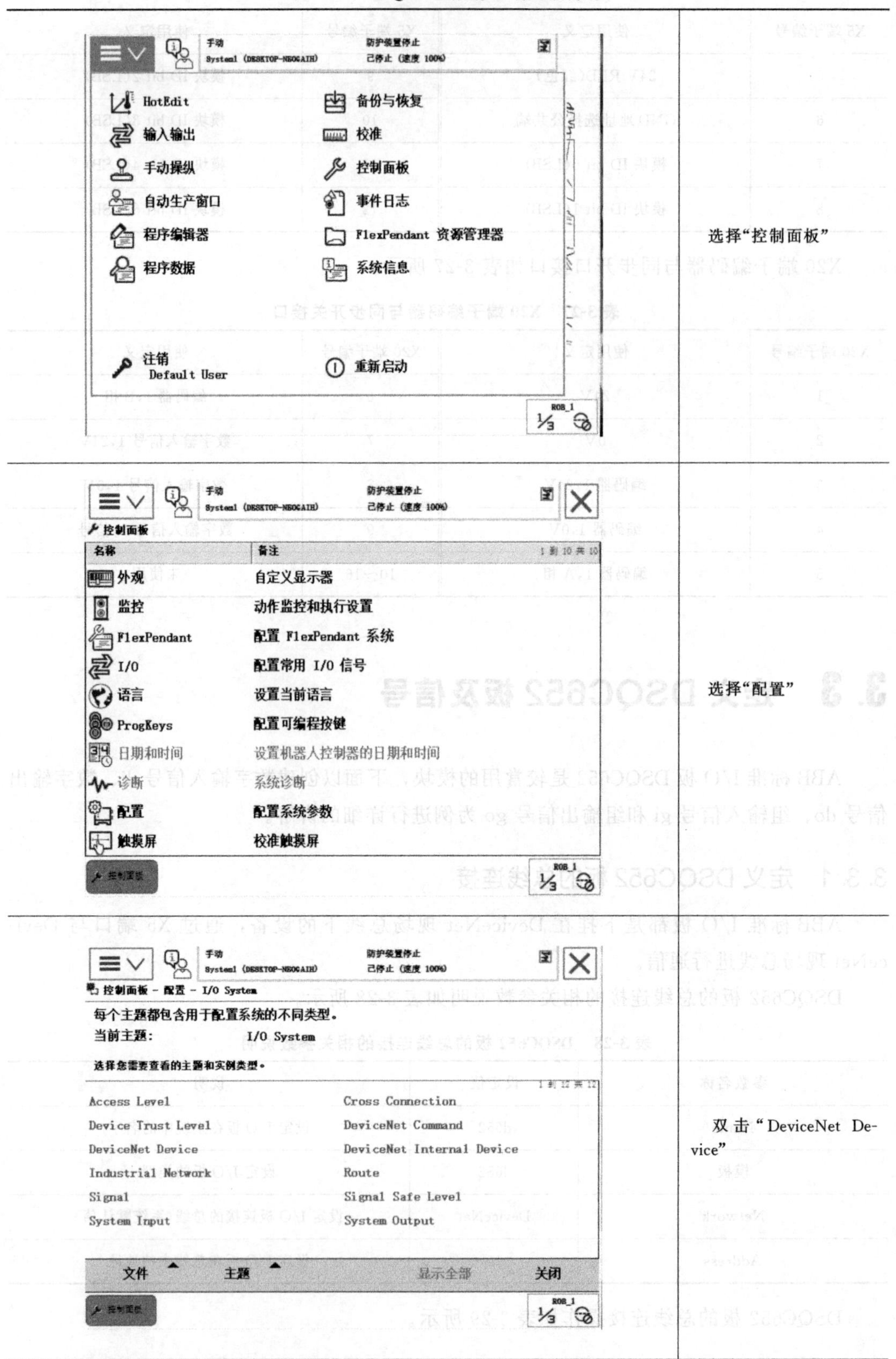

步骤	操作
1	选择“控制面板”
2	选择“配置”
3	双击“DeviceNet Device”

续表

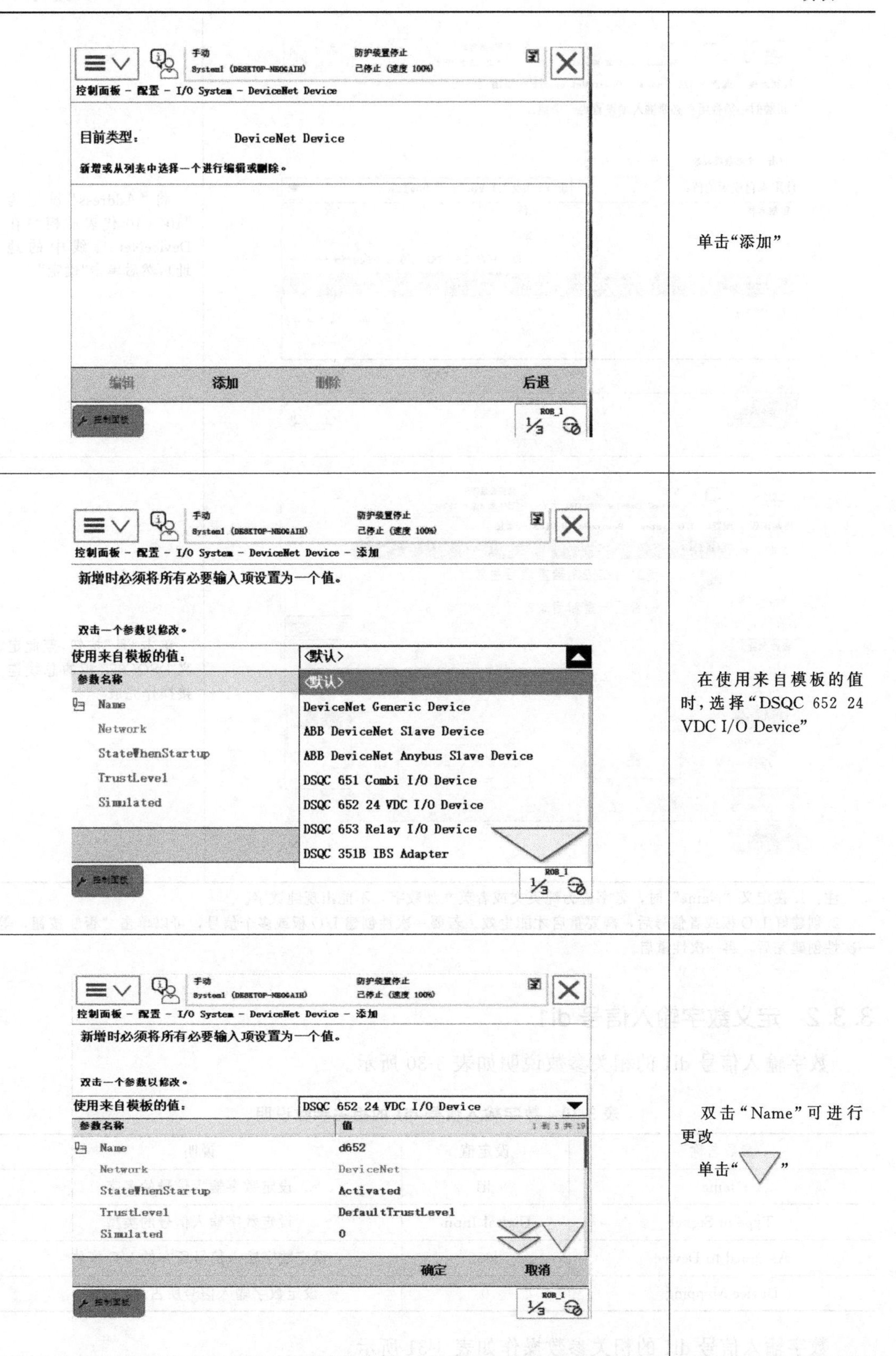

操作
单击“添加”
在使用来自模板的值时，选择“DSQC 652 24 VDC I/O Device”
双击“Name”可进行更改 单击“▽”

续表

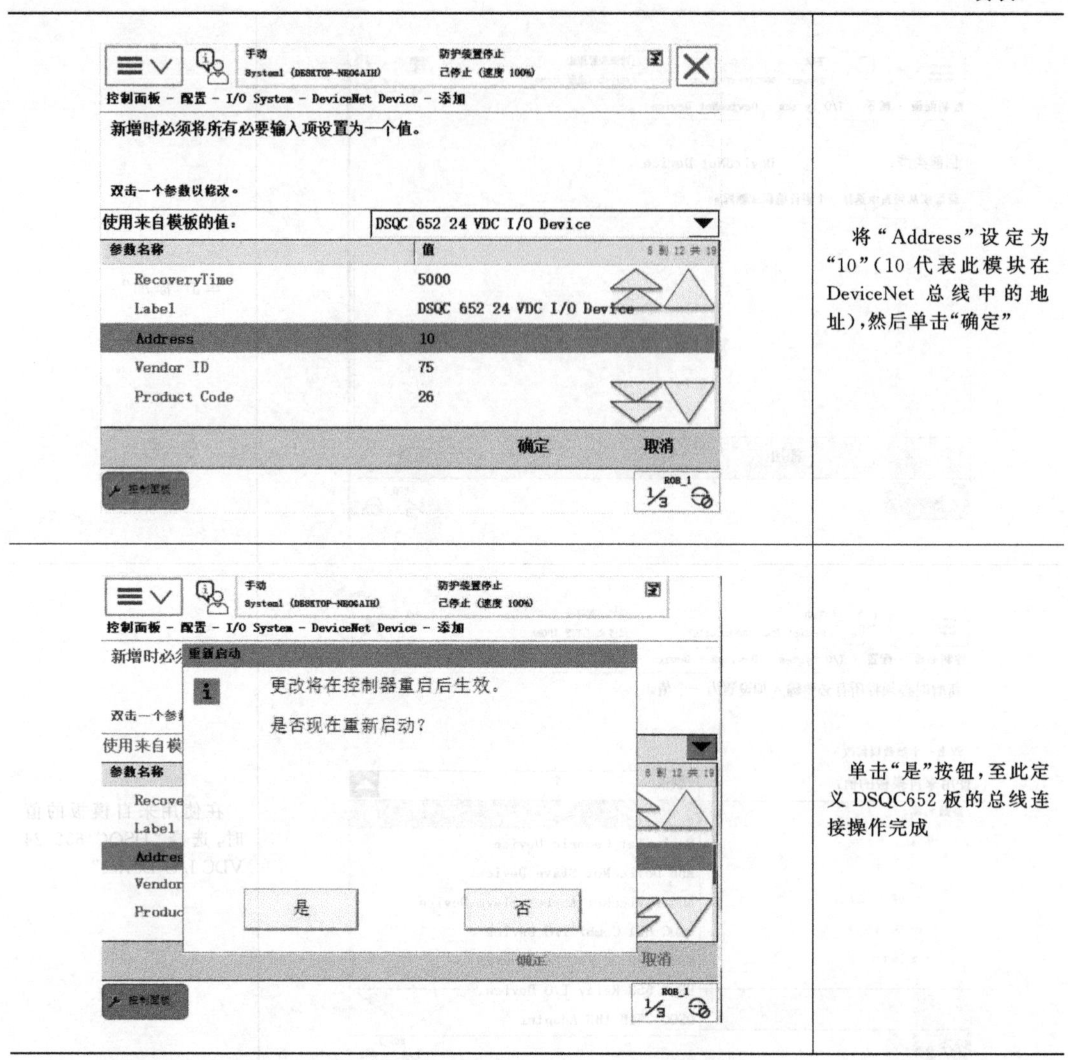

将“Address”设定为“10”(10代表此模块在DeviceNet总线中的地址),然后单击“确定”

单击“是”按钮,至此定义DSQC652板的总线连接操作完成

注:1. 在定义“Name”时,名字应为纯英文或者英文加数字,不能出现纯数字。

2. 创建好I/O板或者信号后,需要重启才能生效。若要一次性创建I/O板或多个信号,可以单击“否”按钮,等一次性创建完后,再一次性重启。

3.3.2 定义数字输入信号 di1

数字输入信号 di1 的相关参数说明如表 3-30 所示。

表 3-30 数字输入信号 di1 的相关参数说明

参数名称	设定值	说明
Name	di1	设定数字输入信号的名字
Type of Signal	Digital Input	设定数字输入信号的类型
Assigned to Device	d652	设定数字输入信号所在的I/O模块
Device Mapping	0	设定数字输入信号所占用的地址

数字输入信号 di1 的相关参数操作如表 3-31 所示。

表 3-31　数字输入信号 di1 的相关参数操作

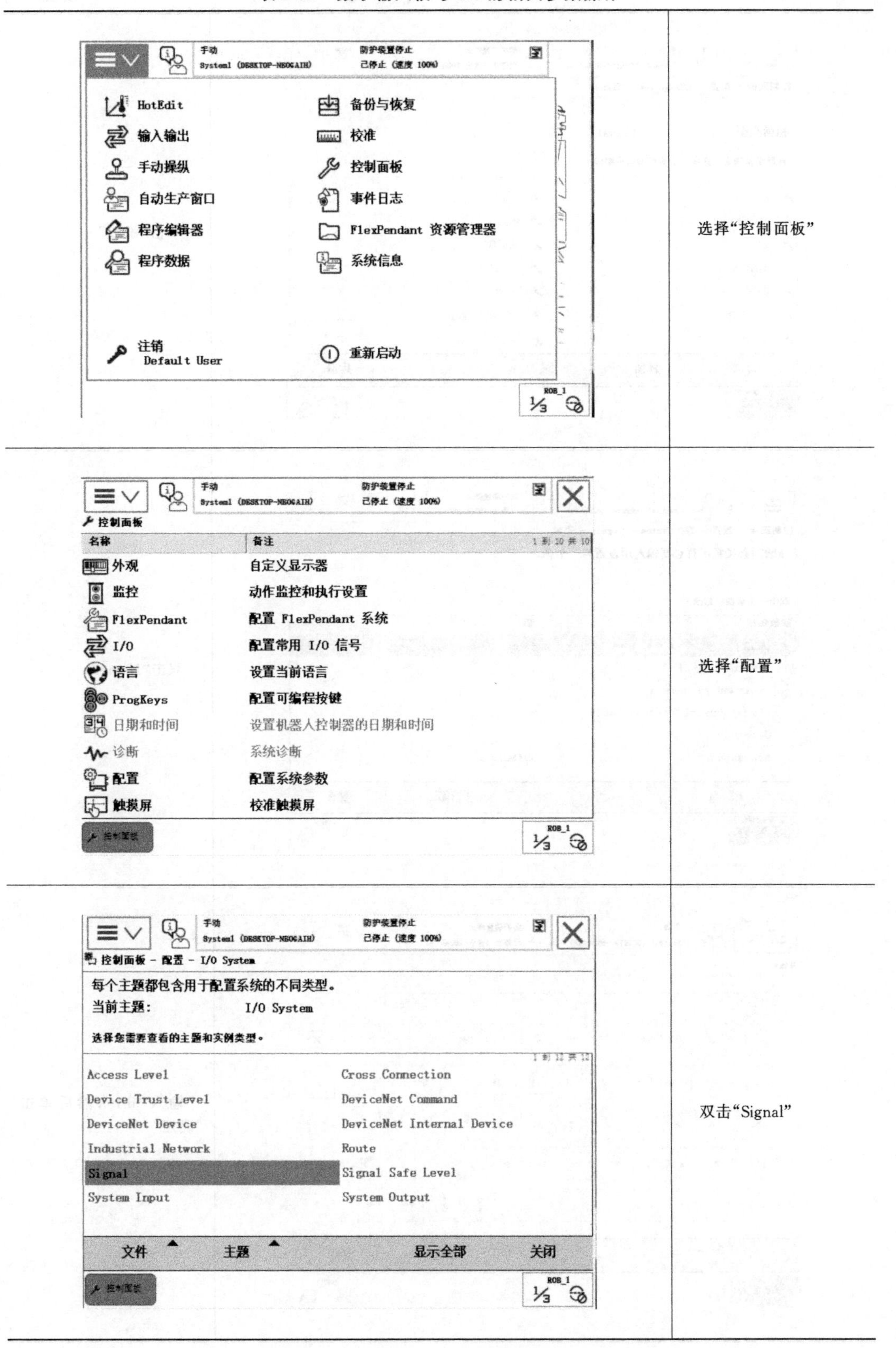

操作界面	说明
（截图 1）	选择“控制面板”
（截图 2）	选择“配置”
（截图 3）	双击“Signal”

续表

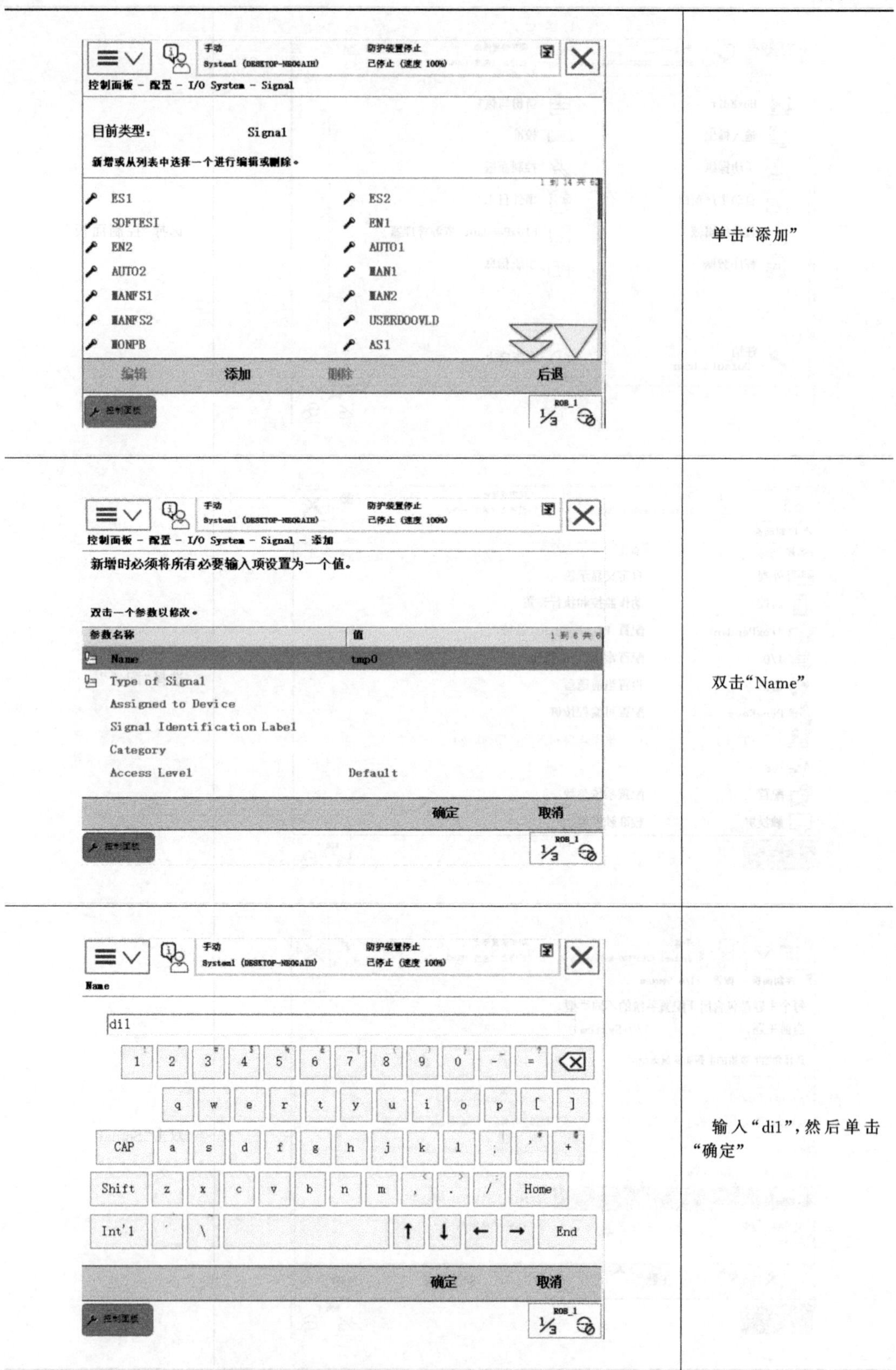

	单击“添加”
	双击“Name”
	输入“di1”，然后单击“确定”

续表

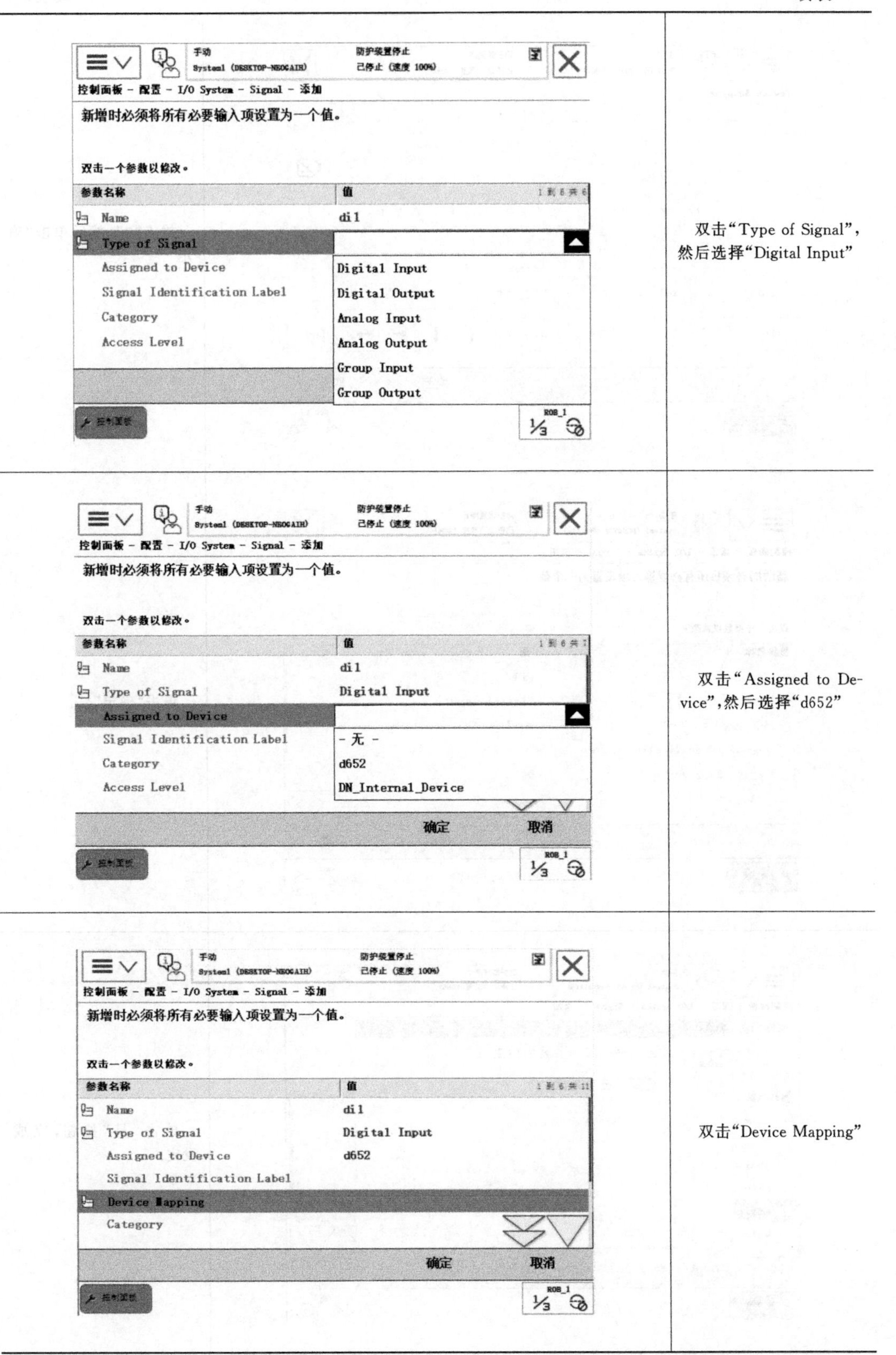

	双击“Type of Signal”，然后选择“Digital Input”
	双击“Assigned to Device”，然后选择“d652”
	双击“Device Mapping”

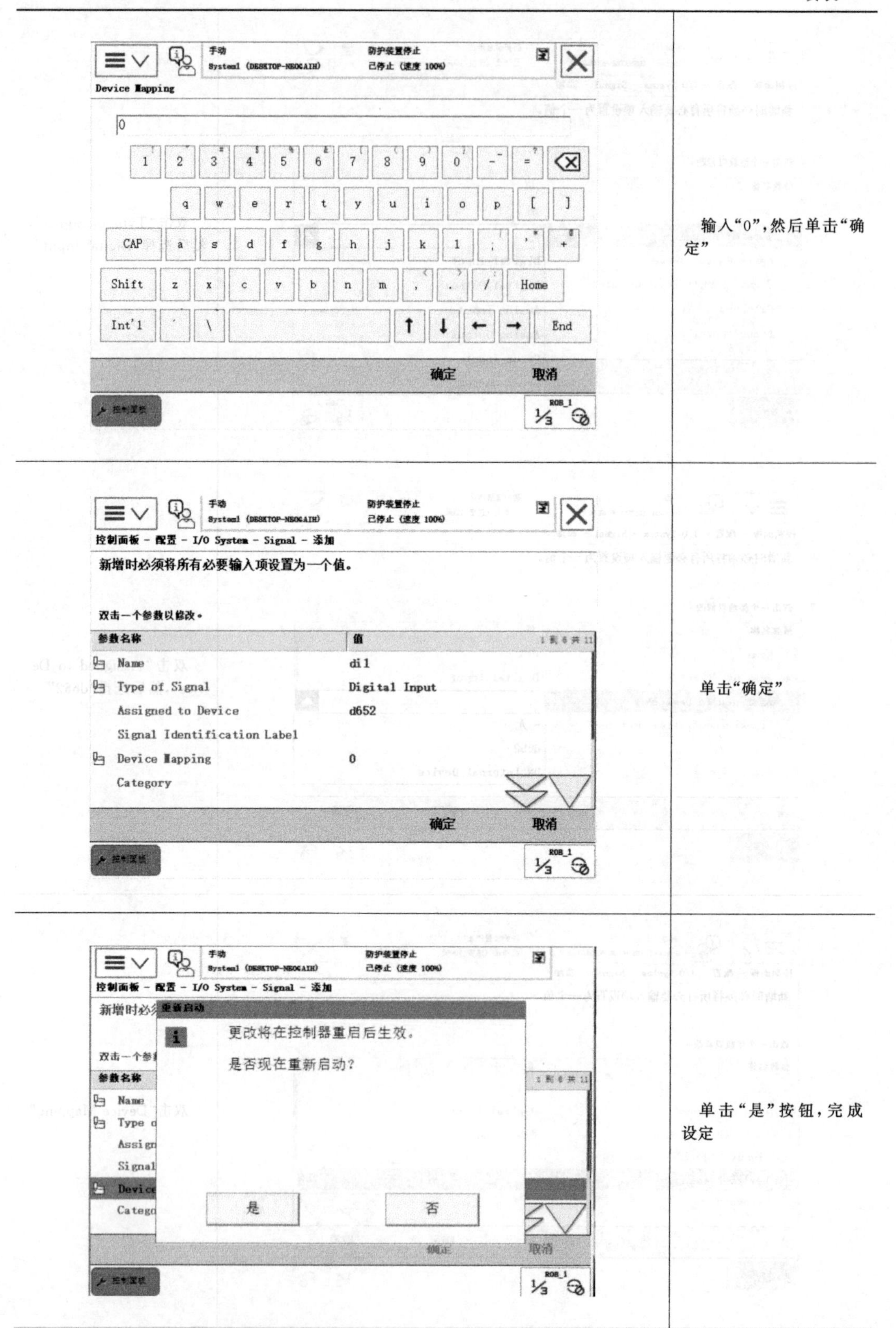

操作界面	说明
	输入"0",然后单击"确定"
	单击"确定"
	单击"是"按钮,完成设定

3.3.3 定义数字输出信号 do1

数字输出信号 do1 的相关参数说明如表 3-32 所示。

表 3-32 数字输出信号 do1 的相关参数说明

参数名称	设定值	说明
Name	do1	设定数字输出信号的名字
Type of Signal	DigitalOutput	设定数字输出信号的类型
Assigned to Device	d652	设定数字输出信号所在的 I/O 模块
Device Mapping	0	设定数字输出信号所占用的地址

数字输出信号 do1 的相关参数操作如表 3-33 所示。

表 3-33 数字输出信号 do1 的相关参数操作

操作界面	说明
(屏幕截图)	选择“控制面板”
(屏幕截图)	选择“配置”

续表

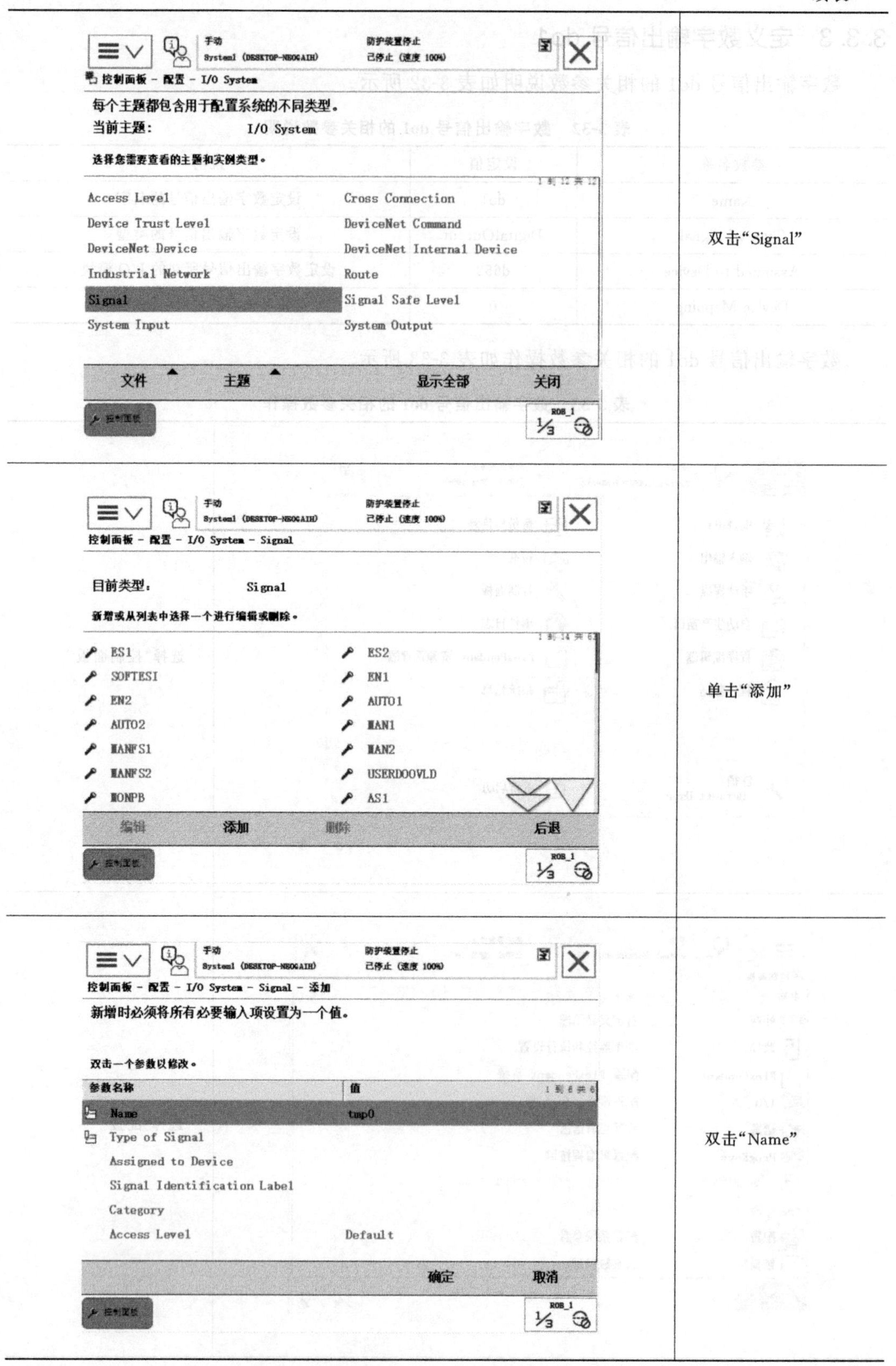

双击“Signal”

单击“添加”

双击“Name”

续表

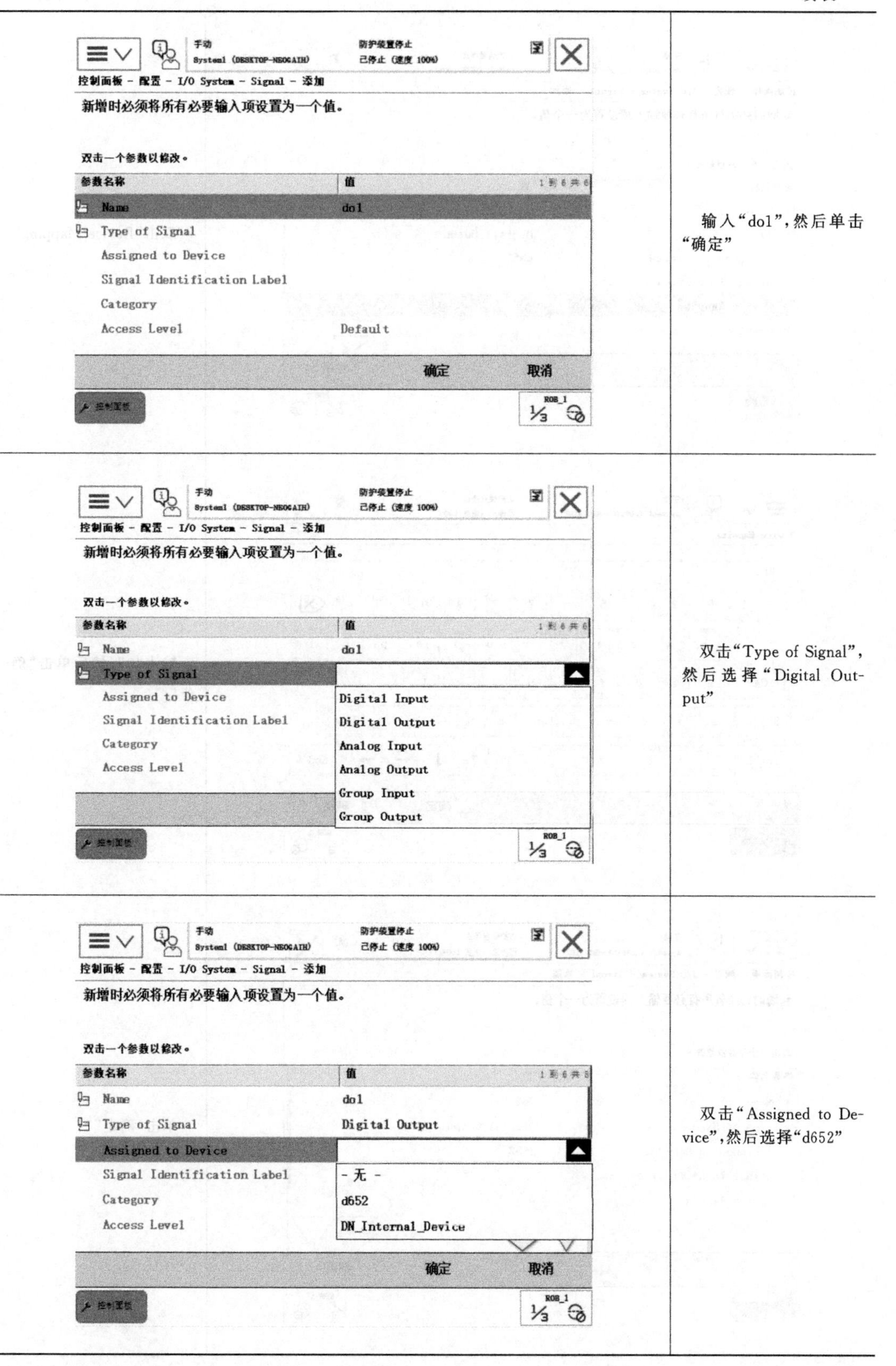

输入“do1”，然后单击“确定”

双击“Type of Signal”，然后选择“Digital Output”

双击“Assigned to Device”，然后选择“d652”

续表

双击“Device Mapping”

输入“0”,然后单击“确定”

单击“确定”

续表

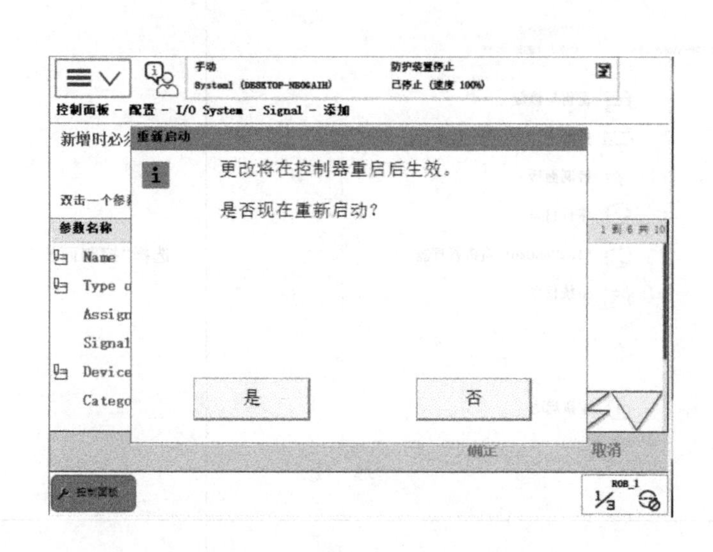	单击“是”按钮，完成设定

3.3.4 定义组输入信号 gi1

组输入信号 gi1 的相关参数说明及状态如表 3-34 及表 3-35 所示。

表 3-34 组输入信号 gi1 的相关参数说明

参数名称	设定值	说明
Name	gi1	设定组输入信号的名字
Type of Signal	Group Input	设定组输入信号的类型
Assigned to Device	d652	设定组输入信号所在的 I/O 模块
Device Mapping	1-4	设定组输入信号所占用的地址

表 3-35 组输入信号 gi1 的状态

状态	地址 1	地址 2	地址 3	地址 4	十进制数
	1	2	4	8	
状态 1	0	1	0	1	2+8=10
状态 2	1	0	1	1	1+4+8=13

在本例中，gi1 占用地址 1～4 共 4 位，可以代表十进制数 0～15。如此类推，如果占用地址 5 位，可以代表十进制数 0～31。

组输入信号 gi1 的相关参数操作如表 3-36 所示。

表 3-36 组输入信号 gi1 的相关参数操作

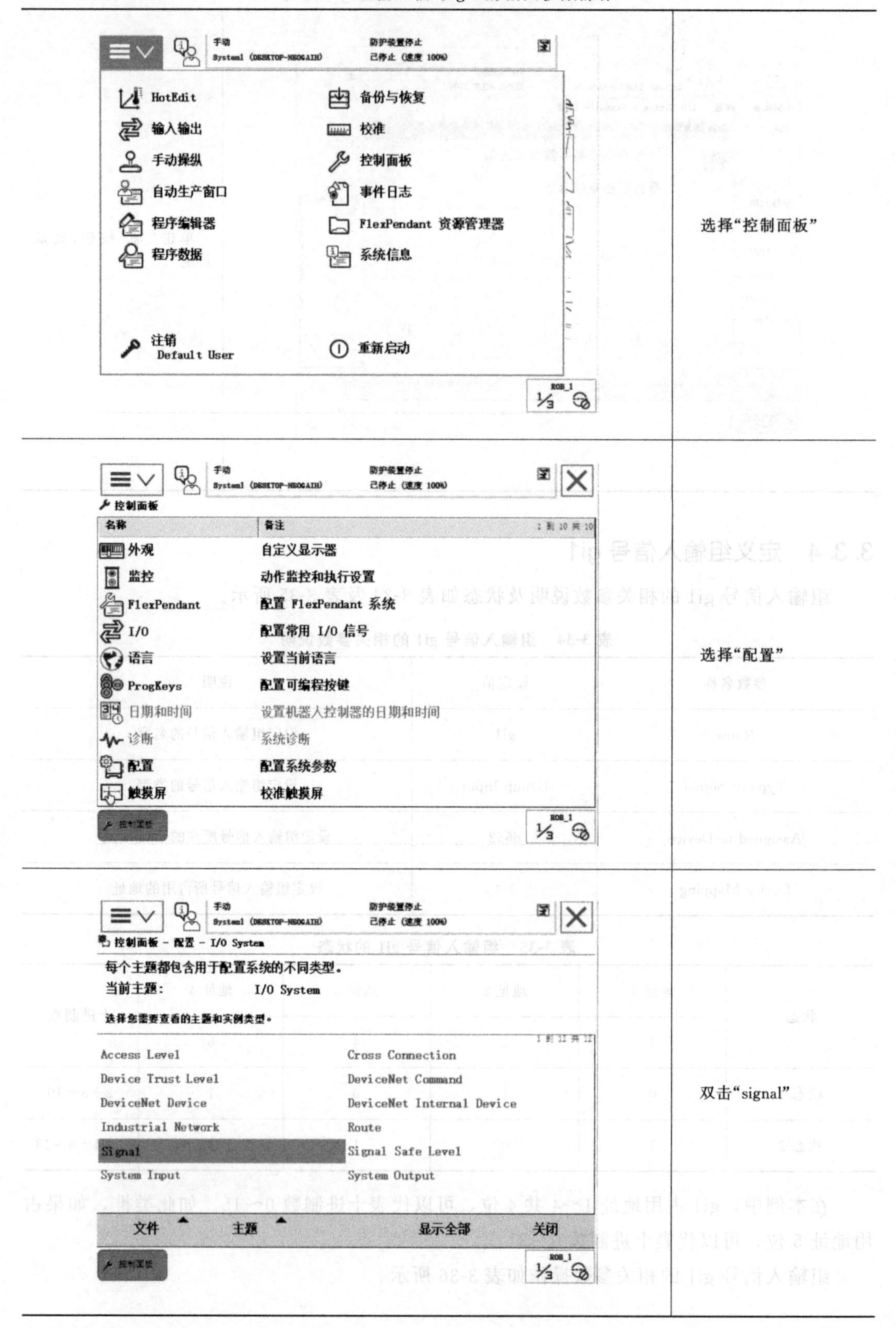

操作界面	说明
(图)	选择“控制面板”
(图)	选择“配置”
(图)	双击“signal”

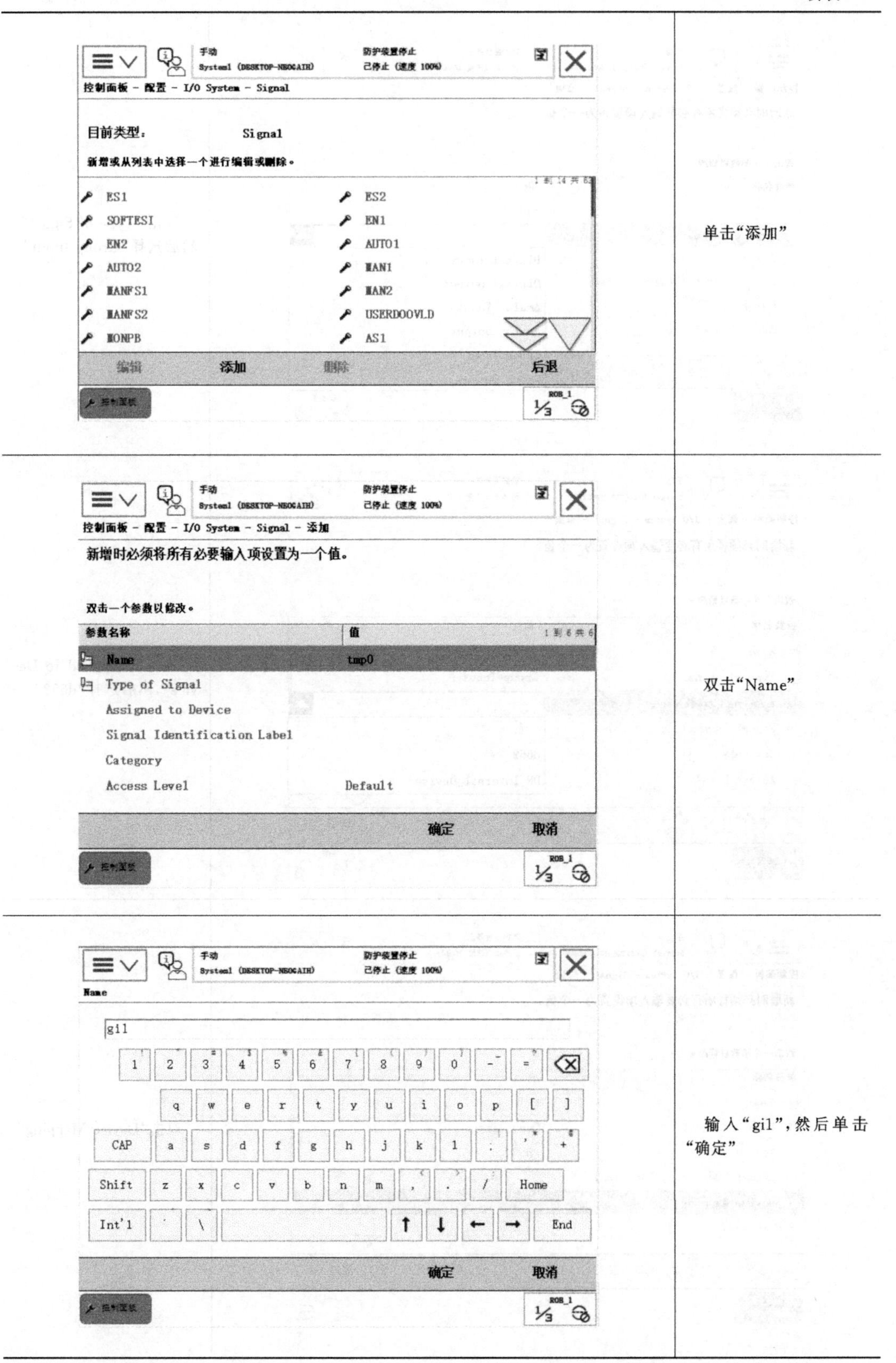

单击“添加”

双击“Name”

输入“gil”，然后单击“确定”

续表

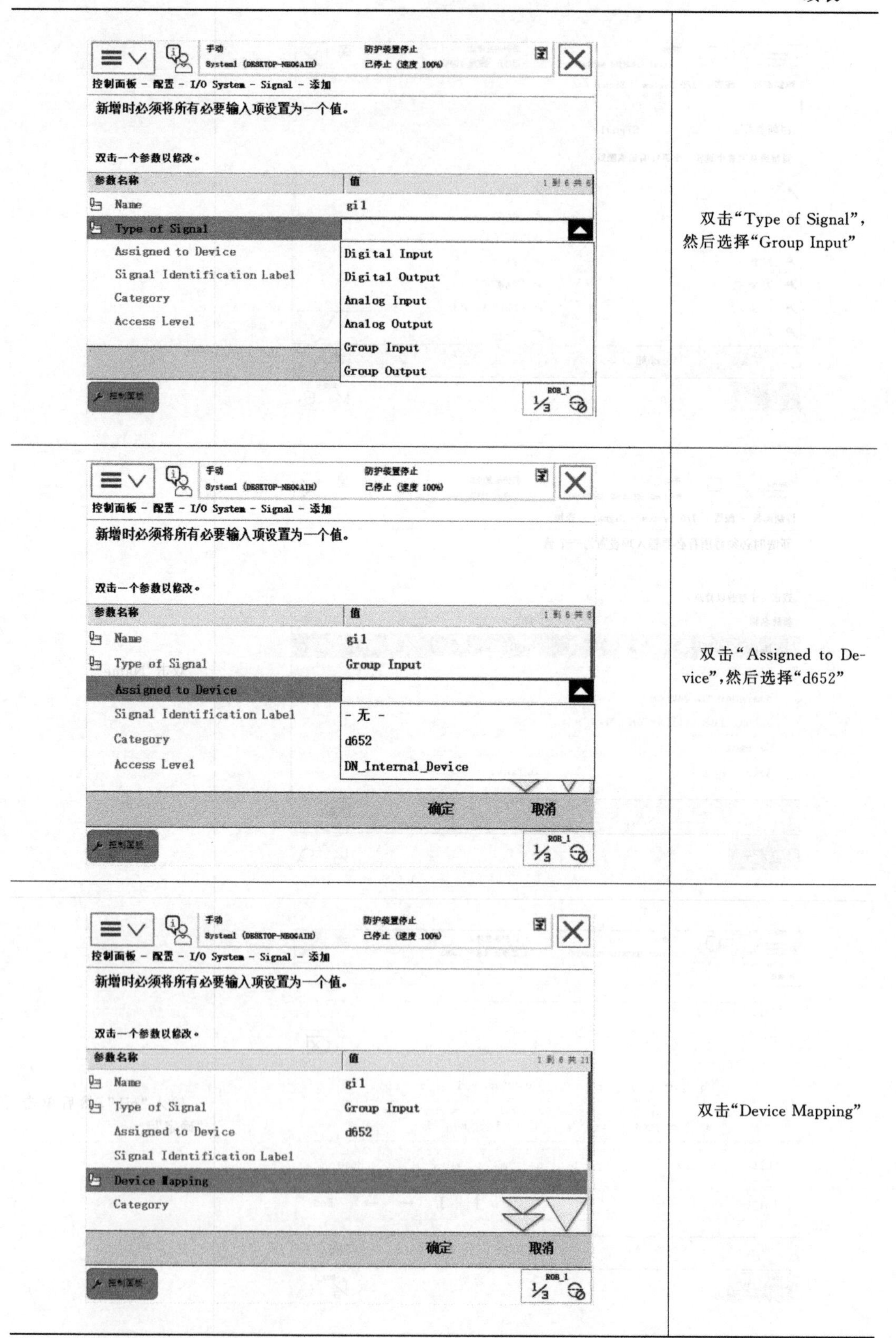

双击“Type of Signal”，然后选择“Group Input”

双击“Assigned to Device”，然后选择“d652”

双击“Device Mapping”

续表

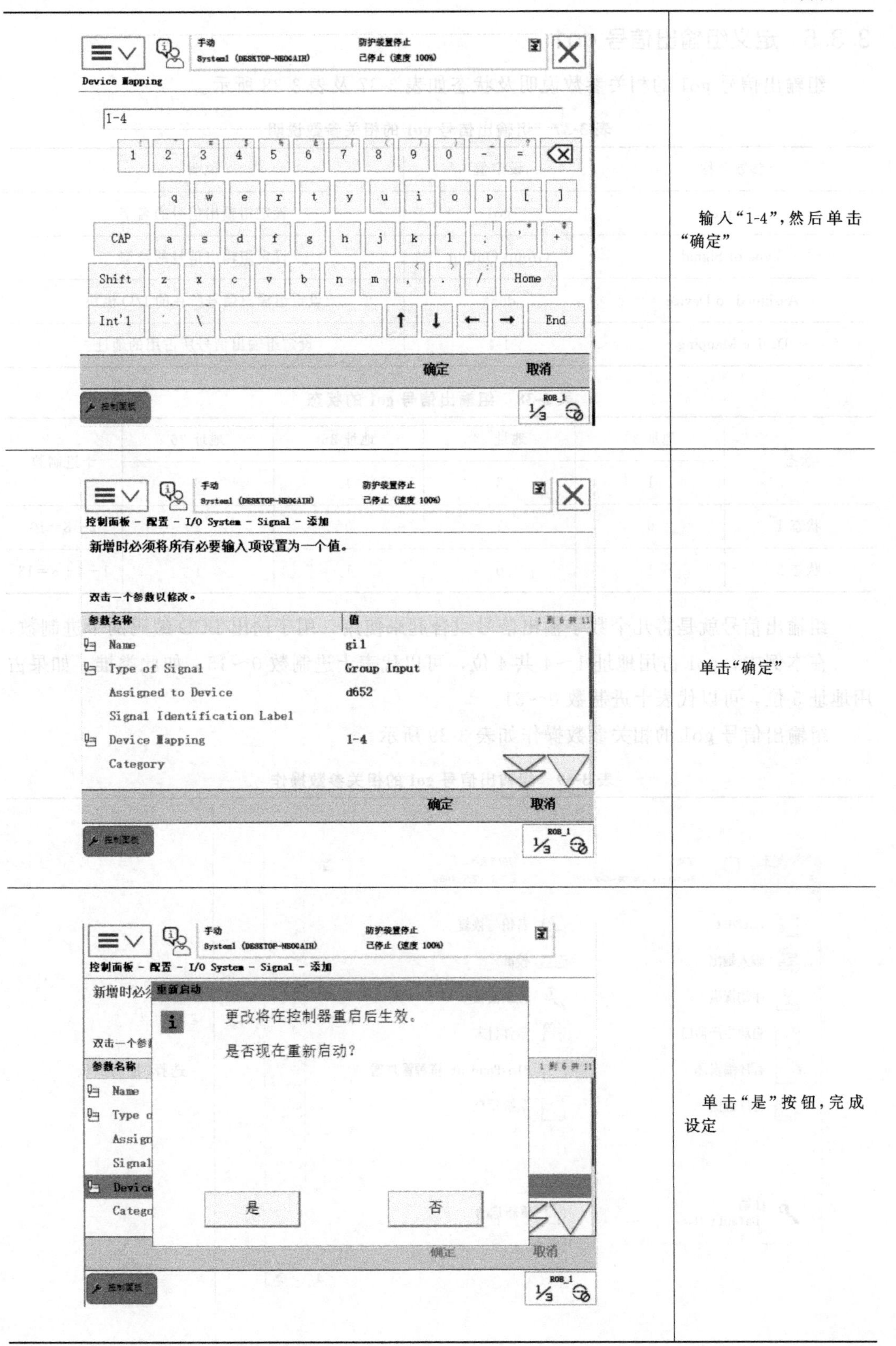

操作
输入“1-4”，然后单击“确定”
单击“确定”
单击“是”按钮，完成设定

3.3.5 定义组输出信号 go1

组输出信号 go1 的相关参数说明及状态如表 3-37 及表 3-38 所示。

表 3-37 组输出信号 go1 的相关参数说明

参数名称	设定值	说明
Name	go1	设定组输出信号的名字
Type of Signal	Group Output	设定组输出信号的类型
Assigned to Device	d652	设定组输出信号所在的 I/O 模块
Device Mapping	1-4	设定组输出信号所占用的地址

表 3-38 组输出信号 go1 的状态

状态	地址 33	地址 34	地址 35	地址 36	十进制数
	1	2	4	8	
状态 1	0	1	0	1	2+8=10
状态 2	1	0	1	1	1+4+8=13

组输出信号就是将几个数字输出信号组合起来使用，用于输出 BCD 编码的十进制数。

在本例中，go1 占用地址 1～4 共 4 位，可以代表十进制数 0～15。如此类推，如果占用地址 5 位，可以代表十进制数 0～31。

组输出信号 go1 的相关参数操作如表 3-39 所示。

表 3-39 组输出信号 go1 的相关参数操作

<table>
<tr><td>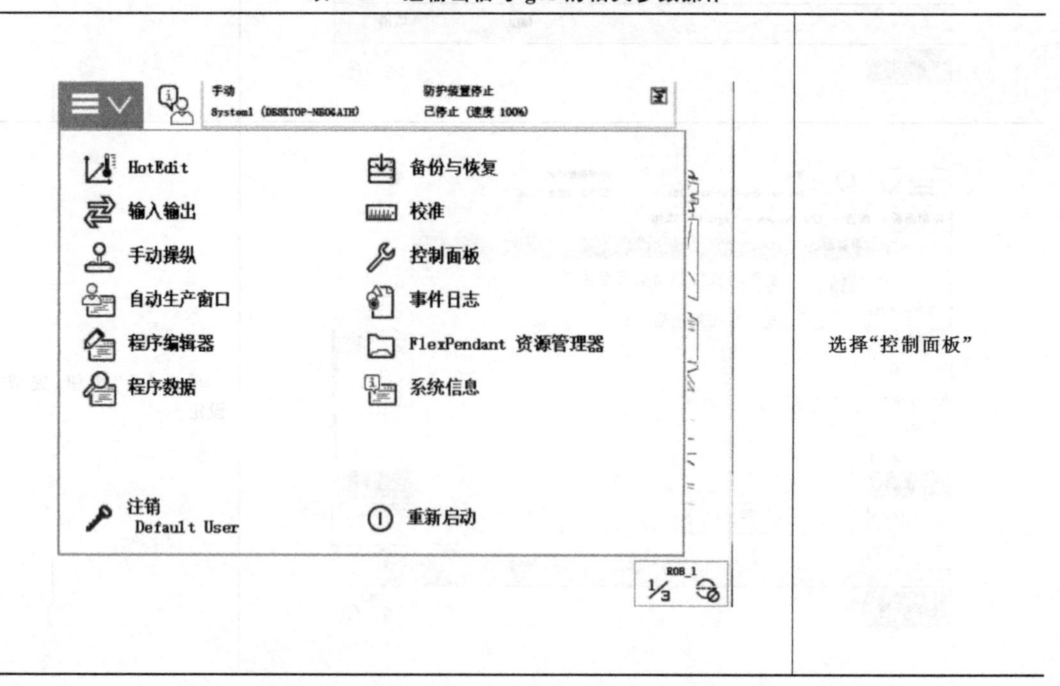
</td><td>选择“控制面板”</td></tr>
</table>

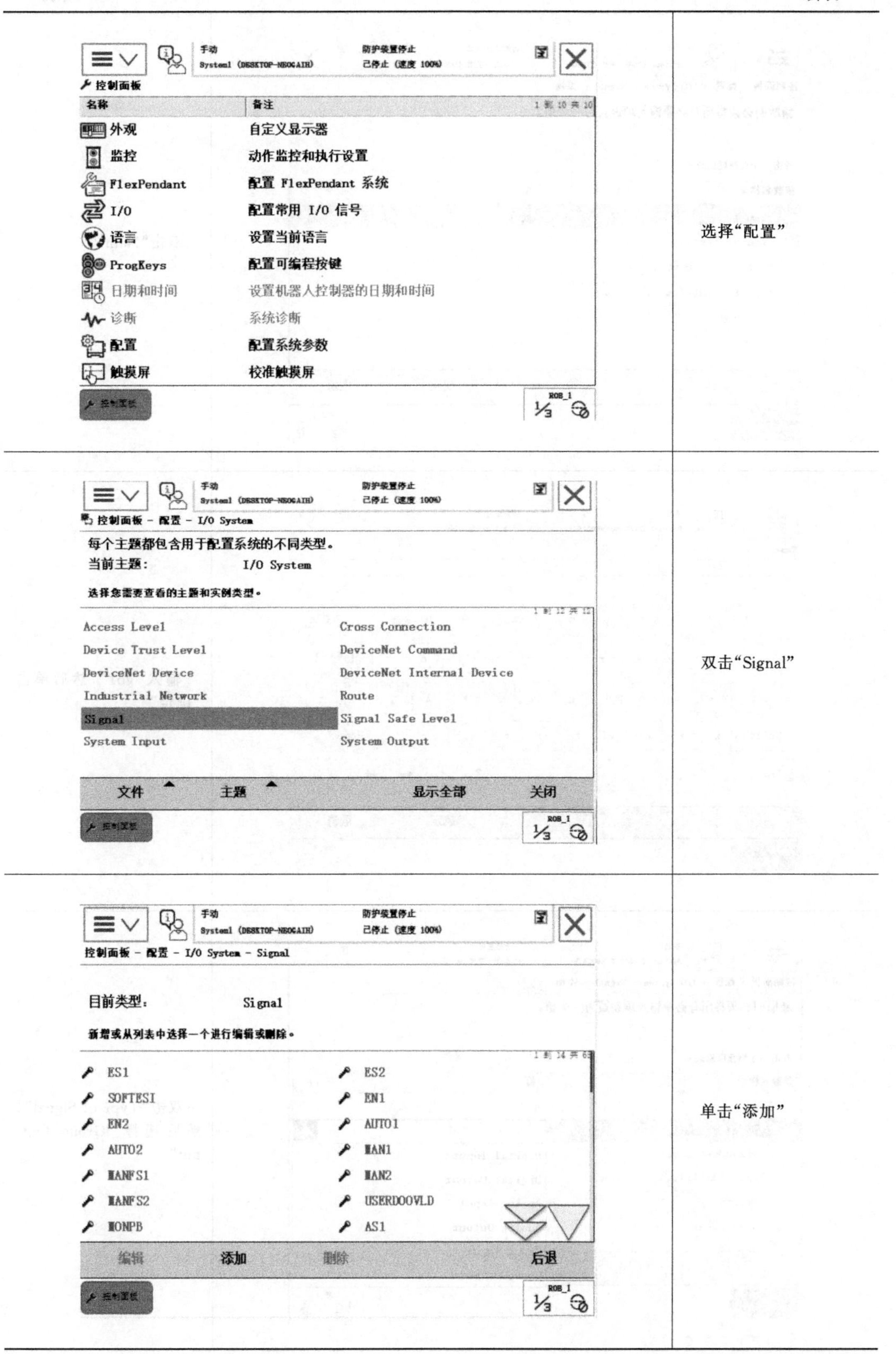

选择“配置”

双击“Signal”

单击“添加”

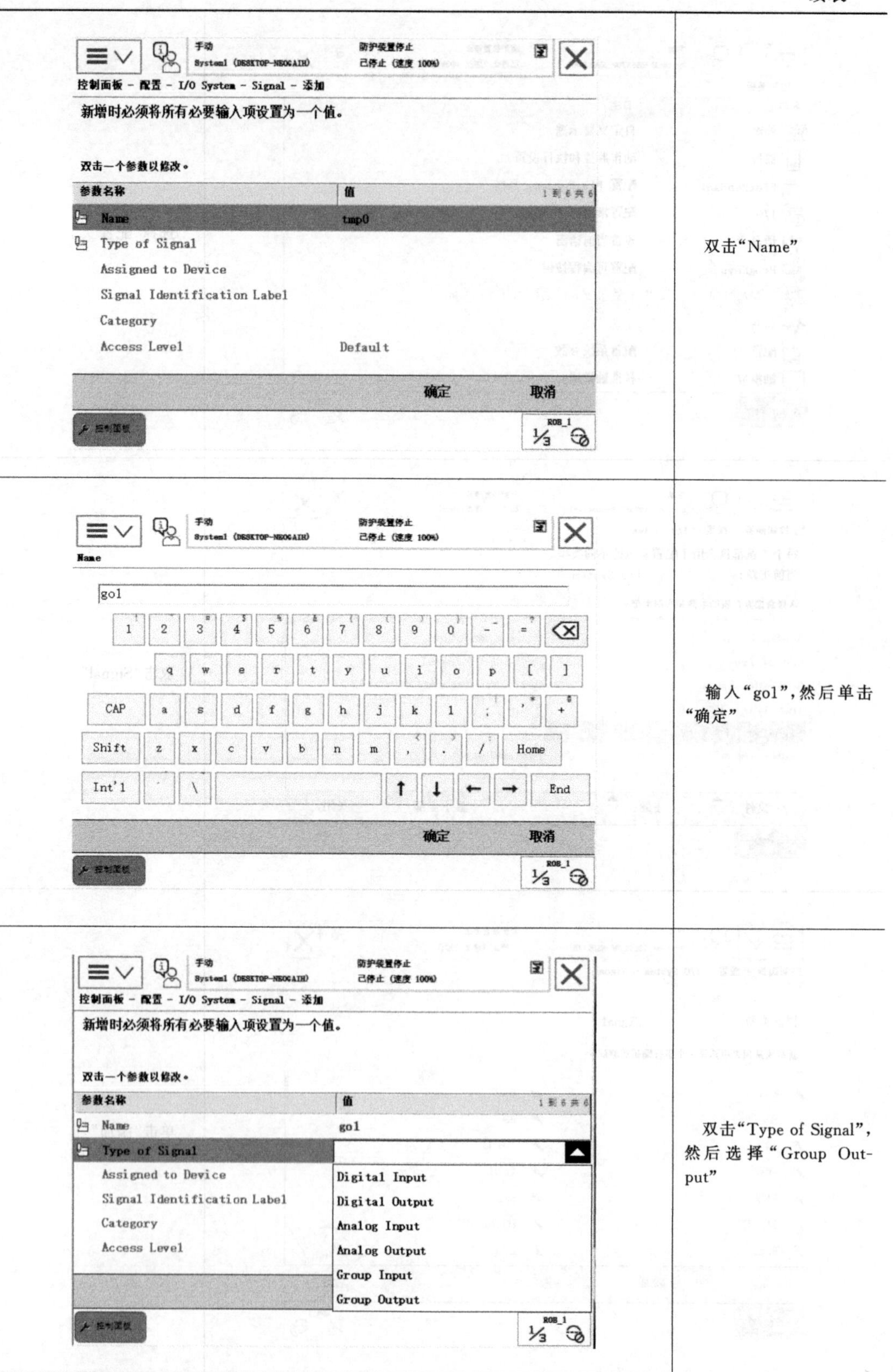
手动
System1 (DESKTOP-NEOGAIH)
防护装置停止
已停止 (速度 100%)
控制面板 - 配置 - I/O System - Signal - 添加
新增时必须将所有必要输入项设置为一个值。
双击一个参数以修改。
参数名称
值
1 到 6 共 6
Name
tmp0
Type of Signal
Assigned to Device
Signal Identification Label
Category
Access Level
Default
确定
取消
ROB_1
双击“Name”
Name
go1
CAP
Shift
Home
Int'l
End
输入“go1”，然后单击“确定”
Digital Input
Digital Output
Analog Input
Analog Output
Group Input
Group Output
双击“Type of Signal”，然后选择“Group Output”

续表

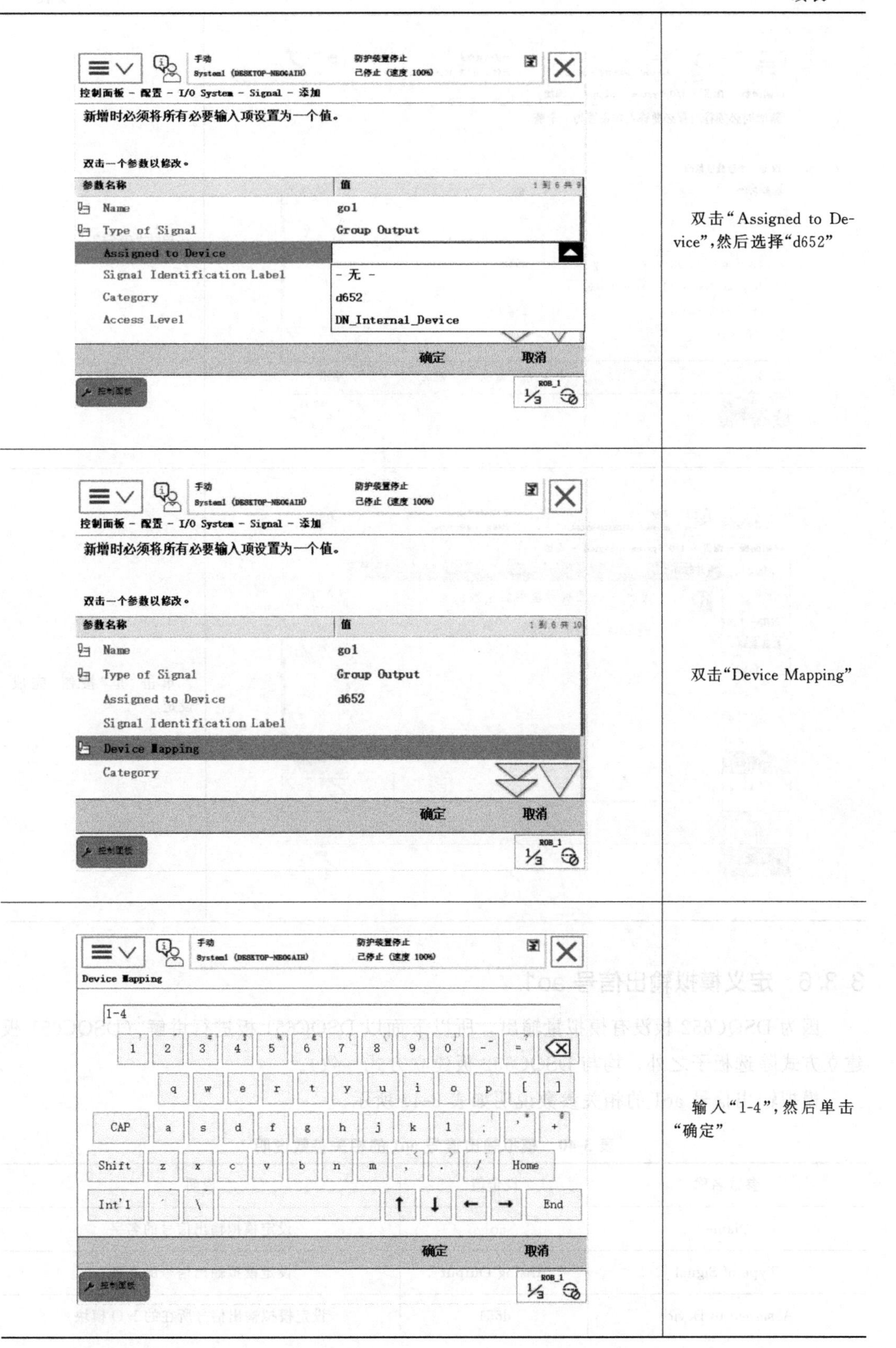

操作界面	说明
（见上图）	双击“Assigned to Device”，然后选择“d652”
（见上图）	双击“Device Mapping”
（见上图）	输入“1-4”，然后单击“确定”

续表

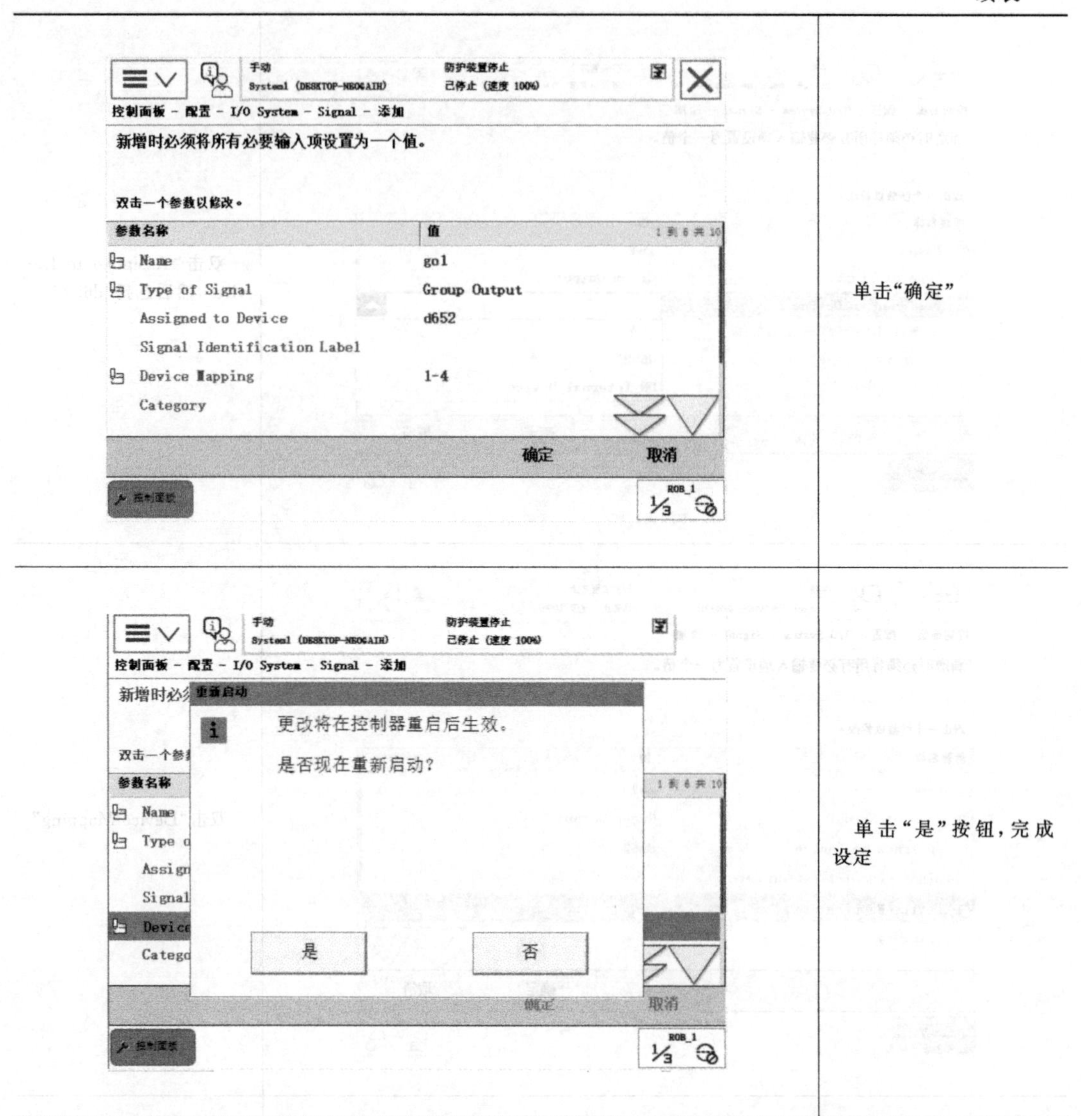

单击“确定”

单击“是”按钮，完成设定

3.3.6 定义模拟输出信号 ao1

因为 DSQC652 板没有模拟量输出，所以下面以 DSQC651 板进行讲解（DSQC651 板建立方式除选板子之外，均与 DSQC652 板建立方式一致）。

模拟输出信号 ao1 的相关参数说明如表 3-40 所示。

表 3-40 模拟输出信号 ao1 的相关参数说明

参数名称	设定值	说明
Name	ao1	设定模拟输出信号的名字
Type of Signal	Analog Output	设定模拟输出信号的类型
Assigned to Device	d651	设定模拟输出信号所在的 I/O 模块

续表

参数名称	设定值	说明
Device Mapping	0-15	设定模拟输出信号所占用的地址
Analog Encoding Type	Unsigned	设定模拟输出信号属性
Maximum Logical Value	10	设定最大逻辑值
Maximum Physical Value	10	设定最大物理值
Maximum Bit Value	65535	设定最大位值

模拟输出信号 ao1 的相关参数操作如表 3-41 所示。

表 3-41　模拟输出信号 ao1 的相关参数操作

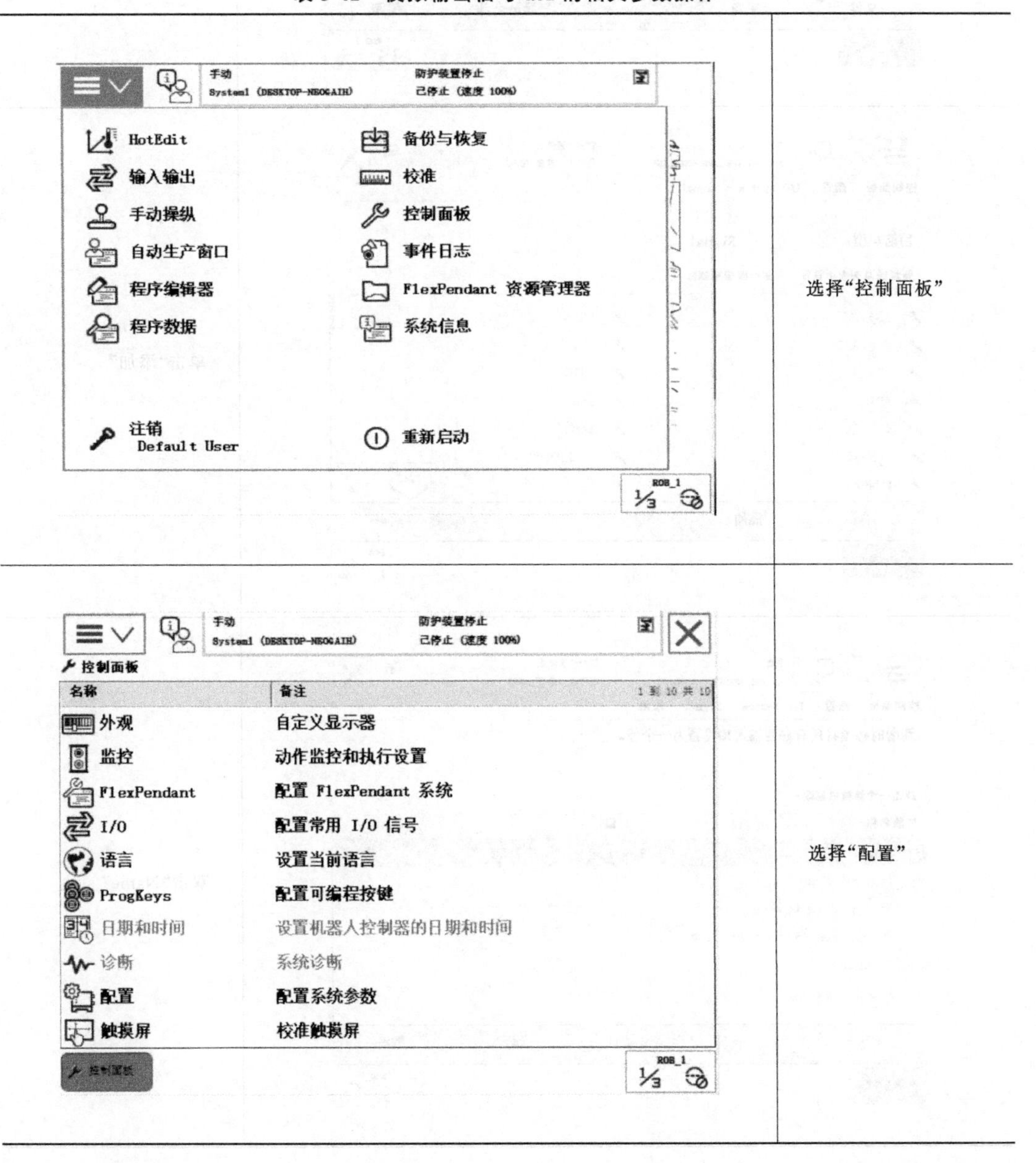

续表

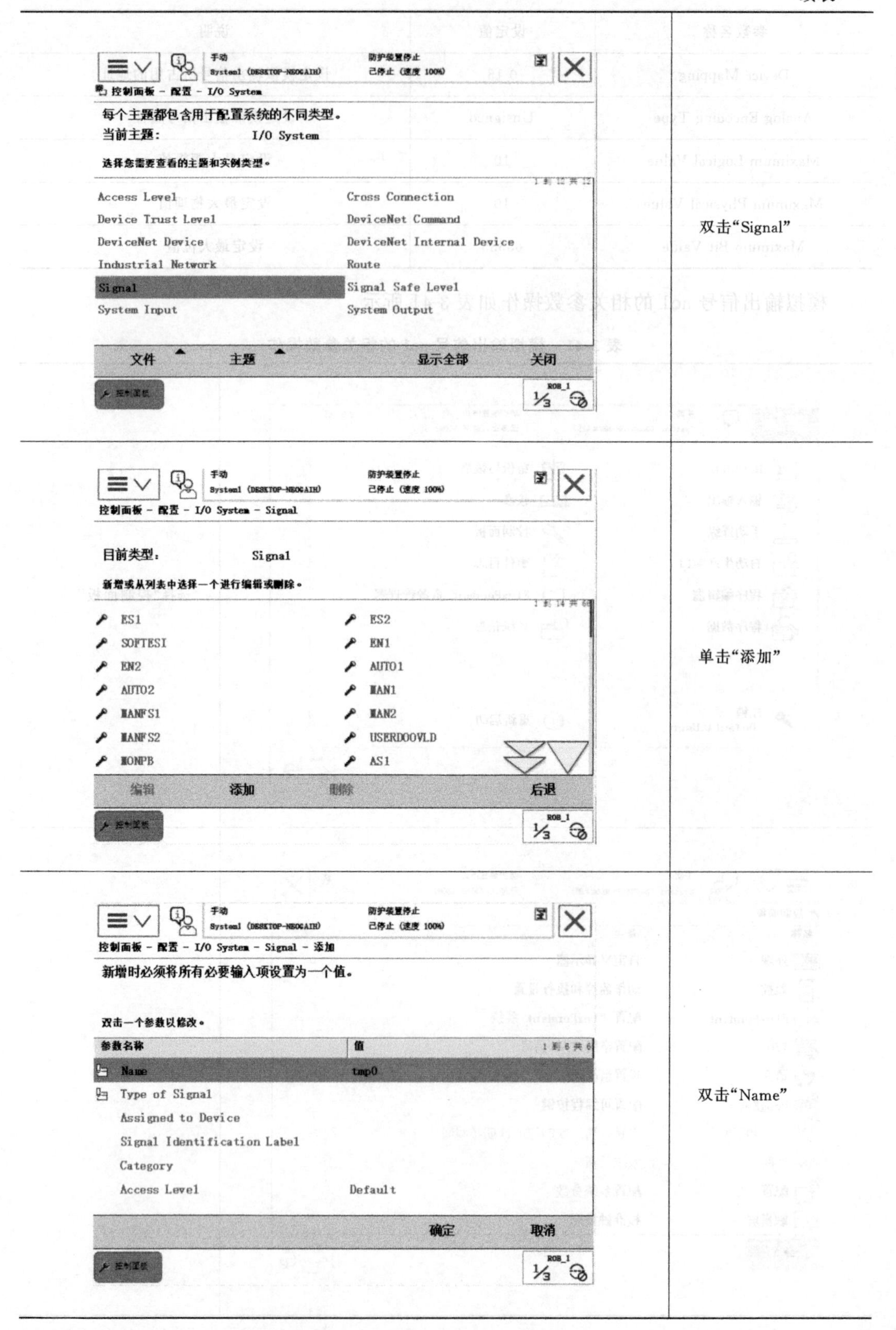
手动
System1 (DESKTOP-NEOGAIH)
防护装置停止
已停止 (速度 100%)
控制面板 - 配置 - I/O System
每个主题都包含用于配置系统的不同类型。
当前主题: I/O System
选择您需要查看的主题和实例类型。
Access Level
Cross Connection
Device Trust Level
DeviceNet Command
DeviceNet Device
DeviceNet Internal Device
Industrial Network
Route
Signal
Signal Safe Level
System Input
System Output
文件
主题
显示全部
关闭
ROB_1
双击“Signal”
手动
System1 (DESKTOP-NEOGAIH)
防护装置停止
已停止 (速度 100%)
控制面板 - 配置 - I/O System - Signal
目前类型: Signal
新增或从列表中选择一个进行编辑或删除。
ES1
ES2
SOFTESI
EN1
EN2
AUTO1
AUTO2
MAN1
MANFS1
MAN2
MANFS2
USERDOOVLD
MONPB
AS1
编辑
添加
删除
后退
ROB_1
单击“添加”
手动
System1 (DESKTOP-NEOGAIH)
防护装置停止
已停止 (速度 100%)
控制面板 - 配置 - I/O System - Signal - 添加
新增时必须将所有必要输入项设置为一个值。
双击一个参数以修改。
参数名称
值
1 到 6 共 6
Name
tmp0
Type of Signal
Assigned to Device
Signal Identification Label
Category
Access Level
Default
确定
取消
ROB_1
双击“Name”

续表

操作界面	说明
	输入“aol”，然后单击“确定”
	双击“Type of Signal”，然后选择“Analog Output”
	双击“Assigned to Device”，然后选择“d651”

续表

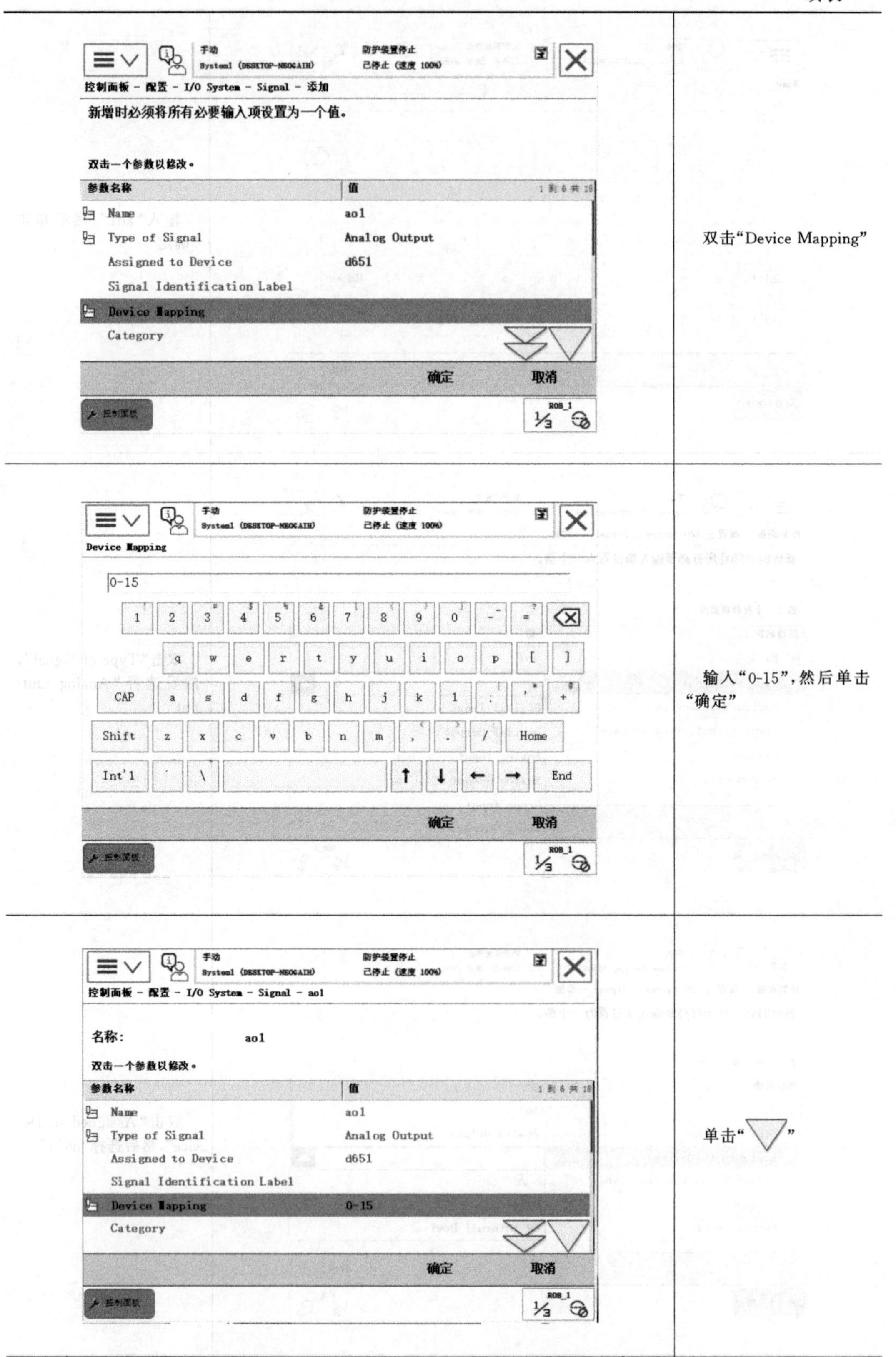

双击“Device Mapping”

输入“0-15”，然后单击“确定”

单击“▽”

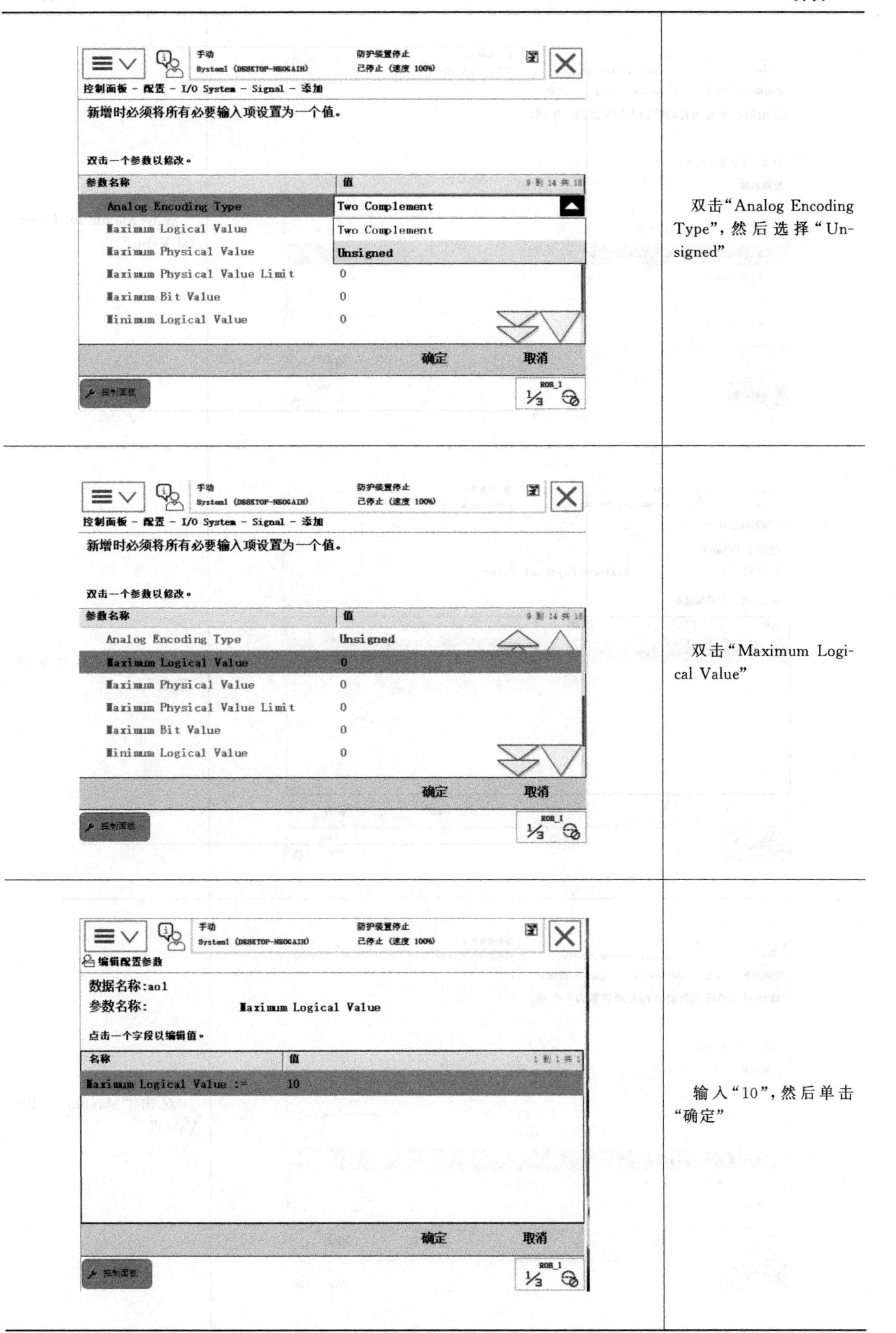

双击“Analog Encoding Type”，然后选择“Unsigned”

双击“Maximum Logical Value”

输入“10”，然后单击“确定”

续表

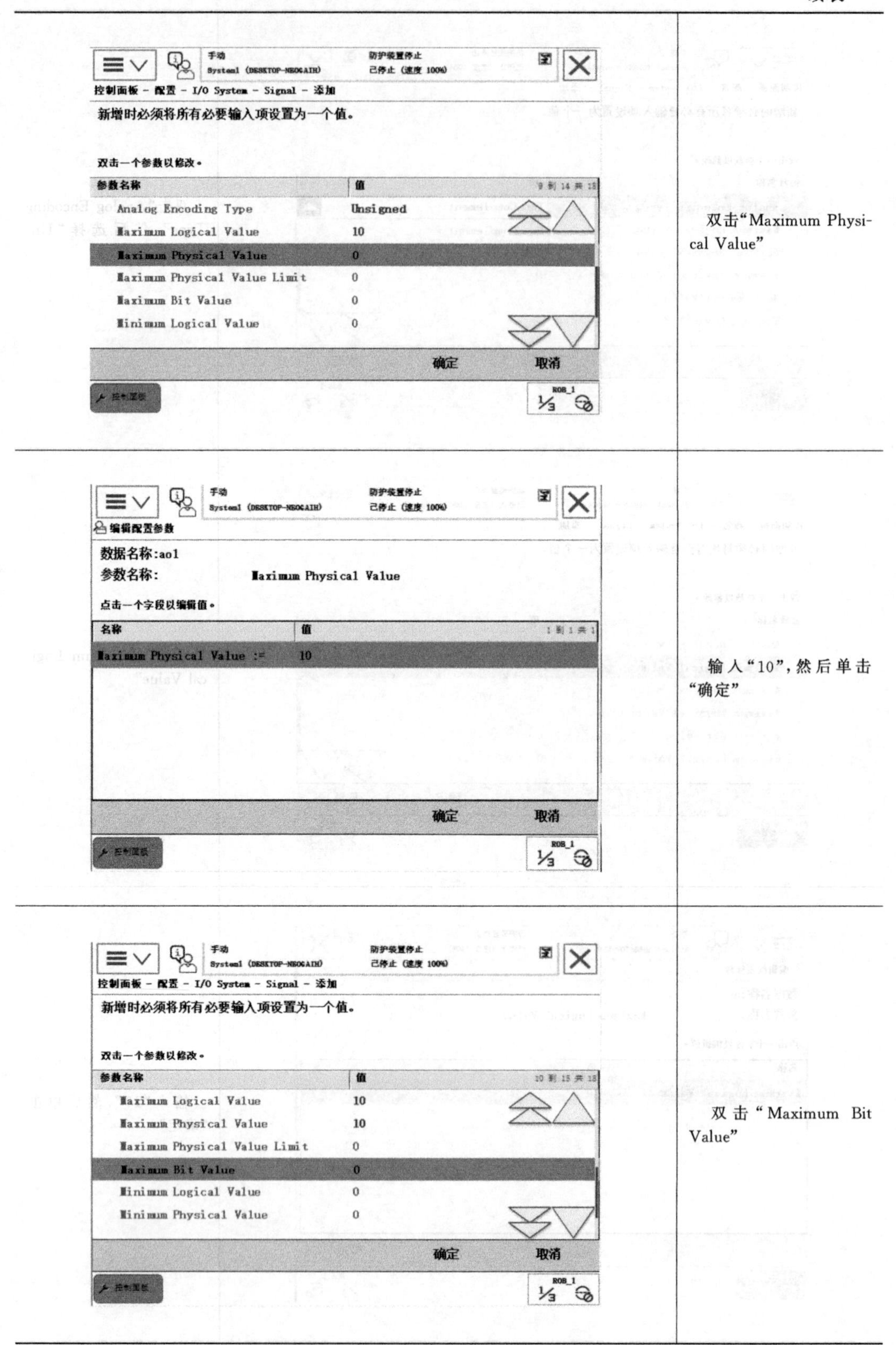

双击“Maximum Physical Value”

输入“10”，然后单击“确定”

双击“Maximum Bit Value”

续表

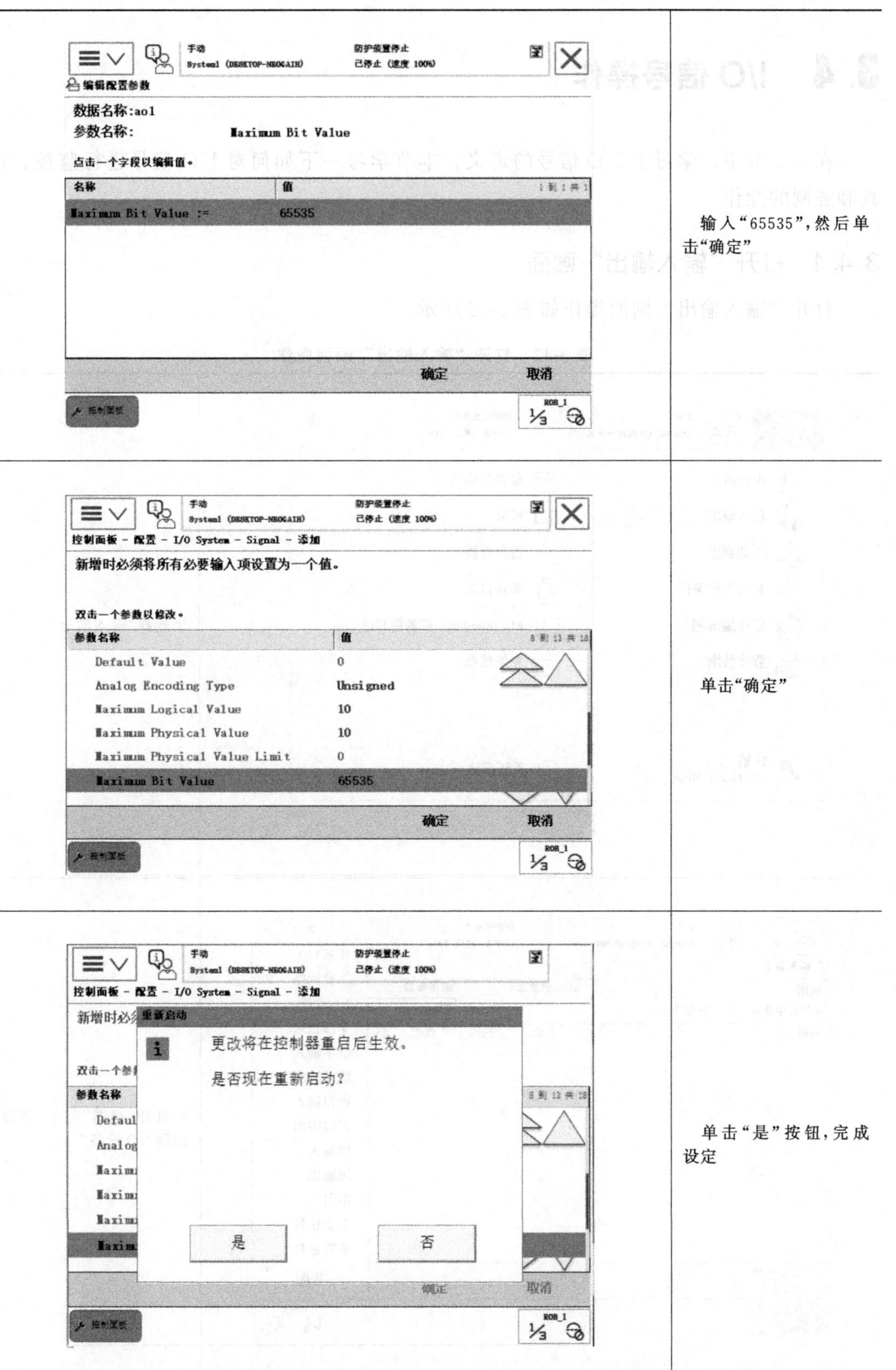

	输入“65535”，然后单击“确定”
	单击“确定”
	单击“是”按钮，完成设定

3.4 I/O 信号操作

在 3.3 节中，学习了 I/O 信号的定义。本节学习一下如何对 I/O 信号进行监控、仿真和强制的操作。

3.4.1 打开“输入输出”画面

打开“输入输出”画面操作如表 3-42 所示。

表 3-42 打开“输入输出”画面操作

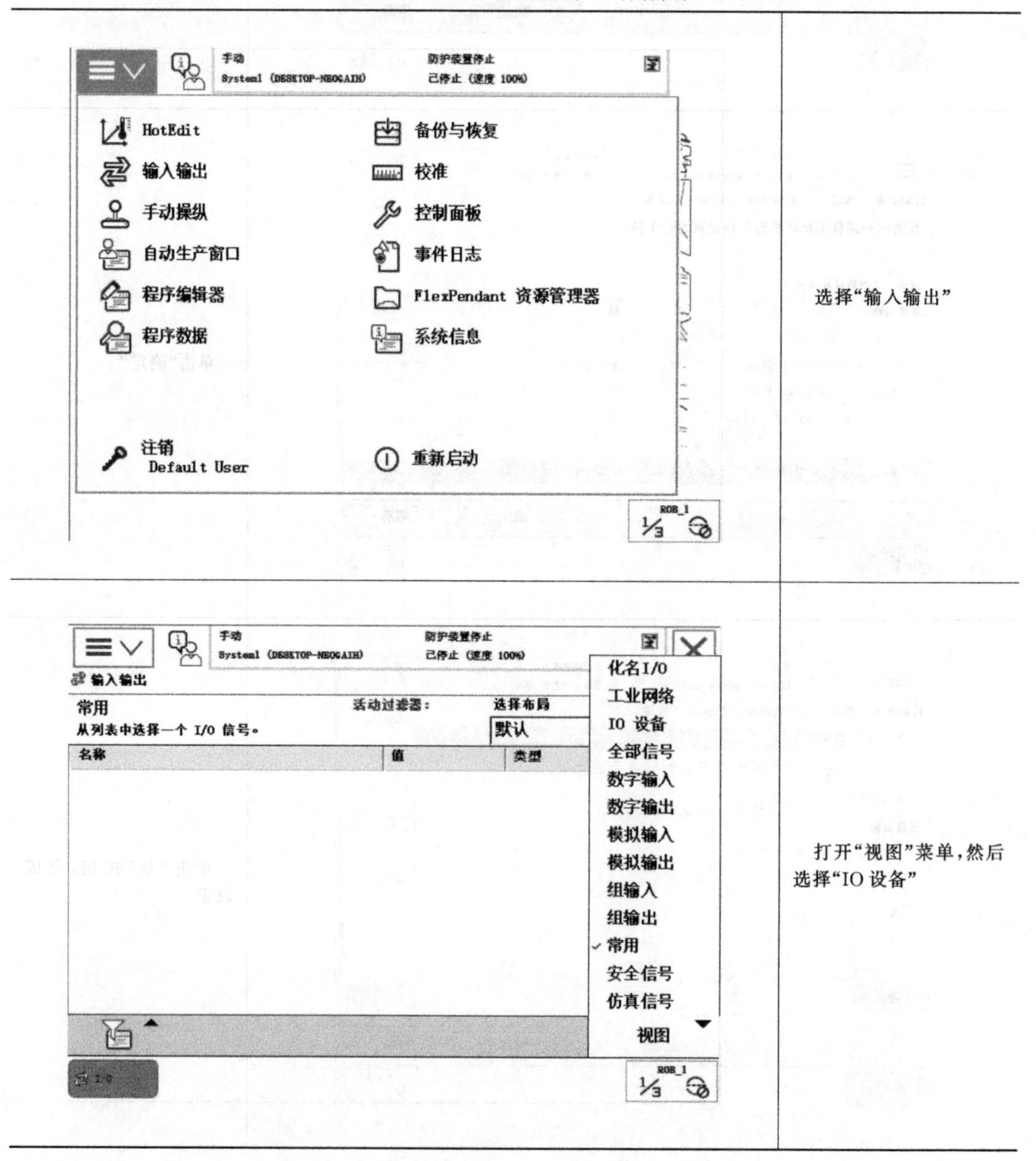	选择“输入输出”
	打开“视图”菜单，然后选择“IO 设备”

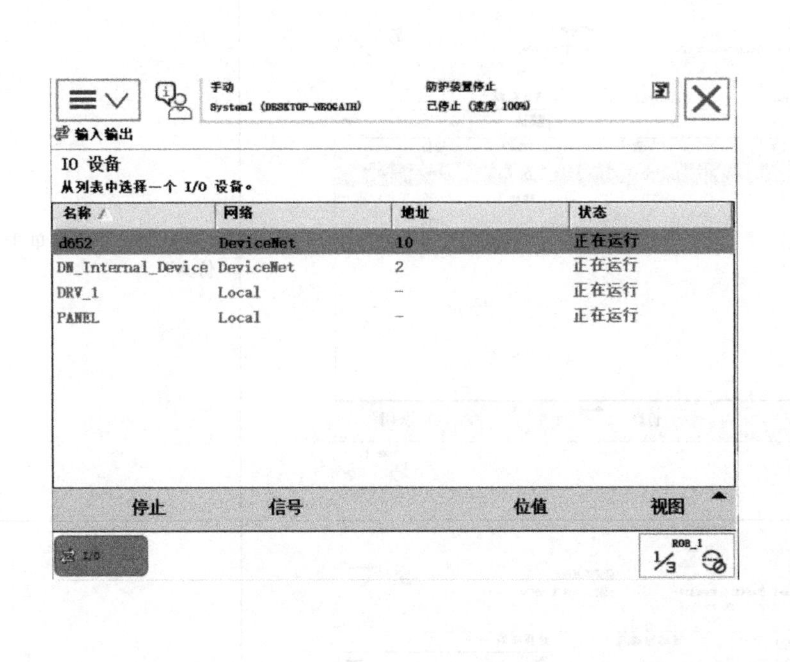	选择“d652”，然后单击“信号”
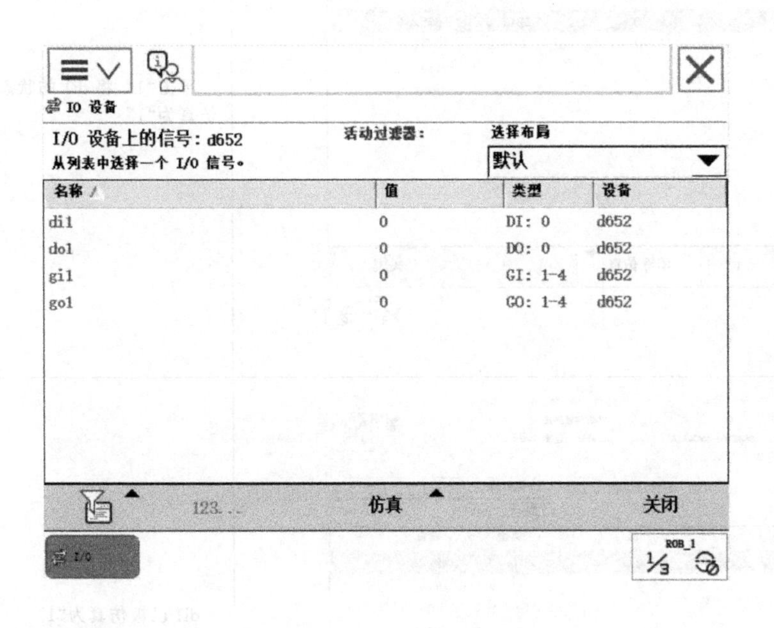	在这个画面中，可看到在前面所定义的信号，从而可对各信号进行监控、仿真和强制的操作

3.4.2 对 I/O 信号的仿真和强制操作

对 I/O 信号的状态或者数值进行仿真和强制的操作，以便在机器人调试和检修时使用。

① 对 di1 的仿真操作如表 3-43 所示。

表 3-43 对 di1 的仿真操作

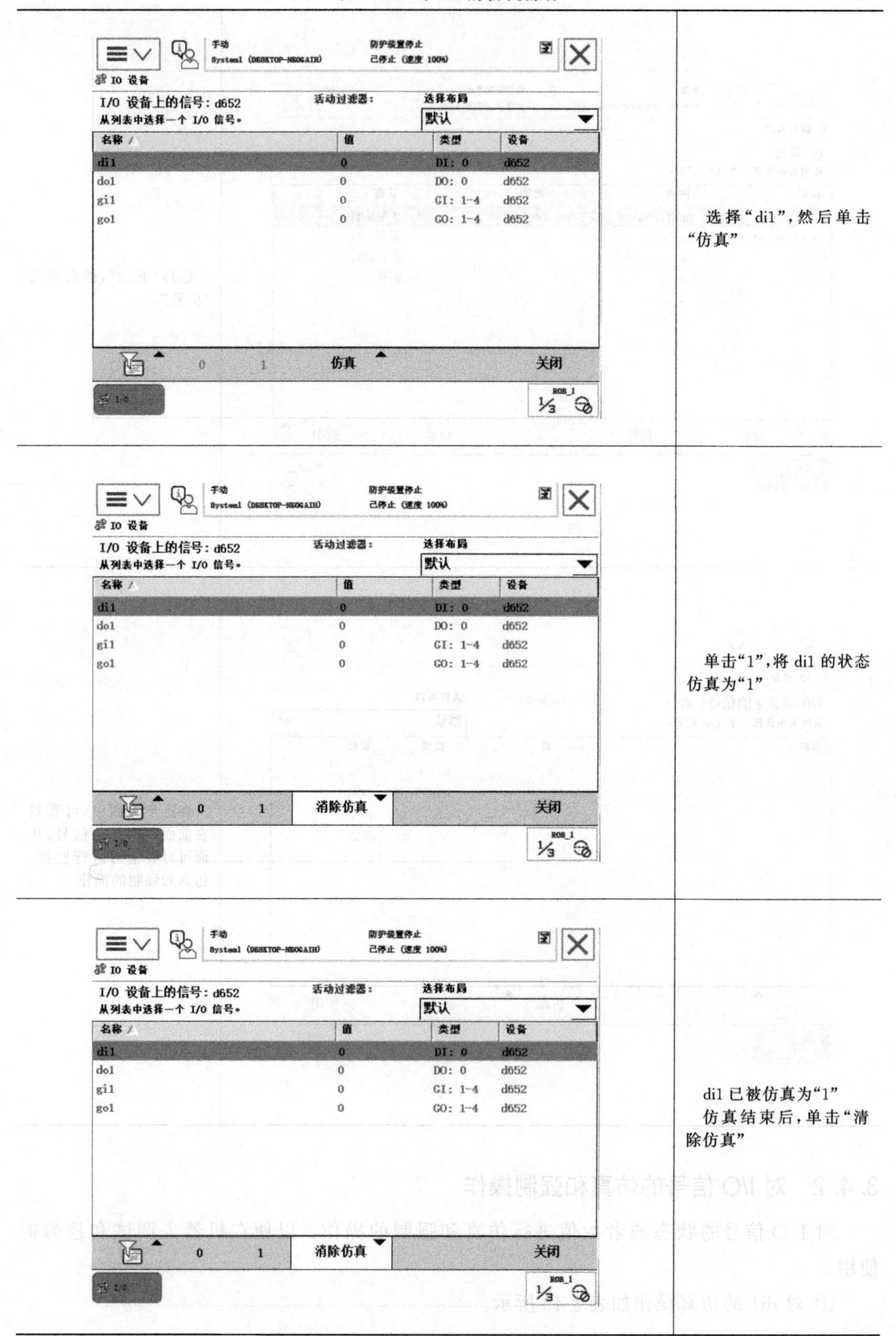

选择“di1”，然后单击“仿真”

单击“1”，将 di1 的状态仿真为“1”

di1 已被仿真为“1”
仿真结束后，单击“清除仿真”

② 对 do1 的强制操作如表 3-44 所示。

表 3-44　对 do1 的强制操作

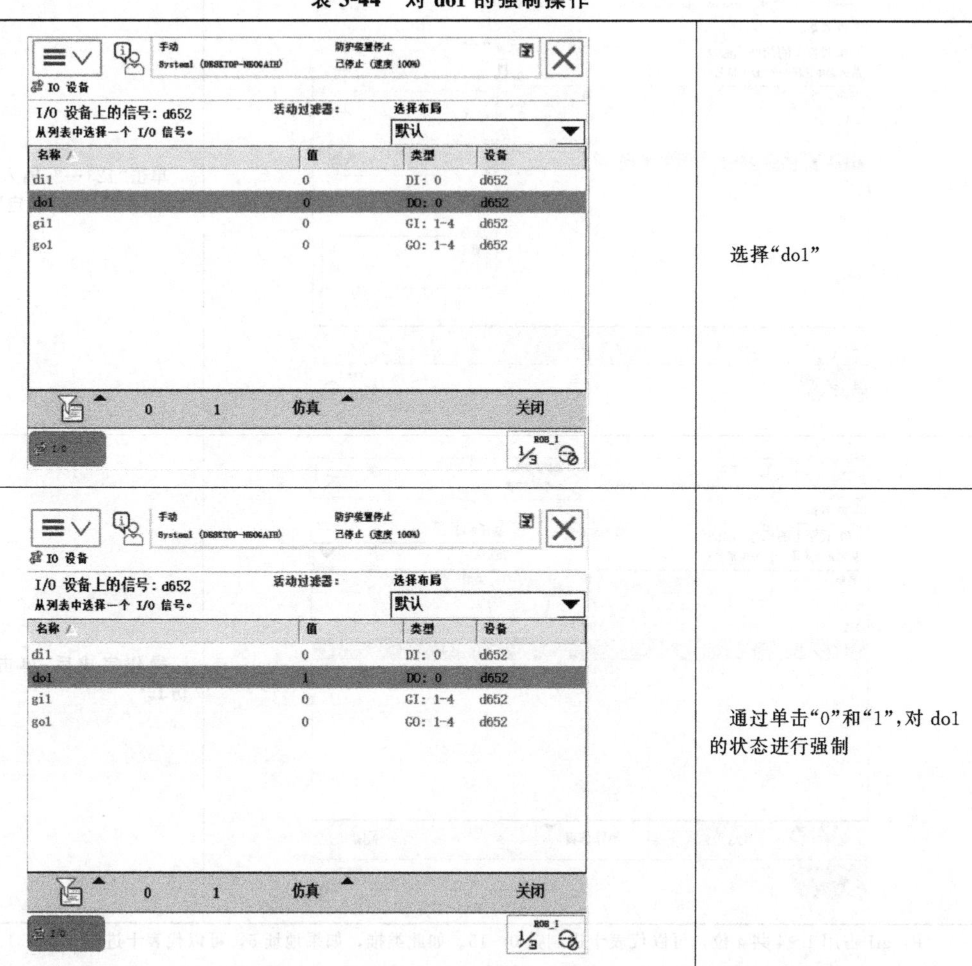	选择“do1”
	通过单击“0”和“1”，对 do1 的状态进行强制

③ 对 gi1 的仿真操作如表 3-45 所示。

表 3-45　对 gi1 的仿真操作

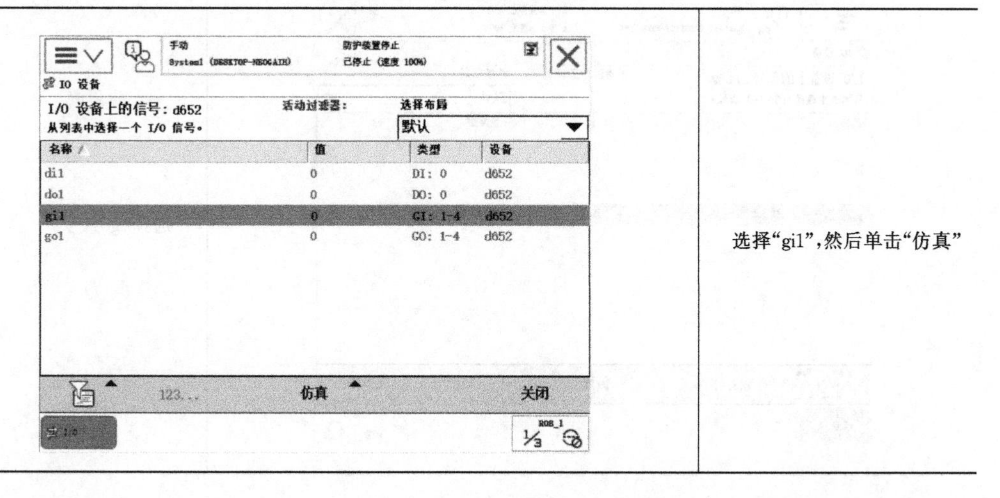	选择“gi1”，然后单击“仿真”

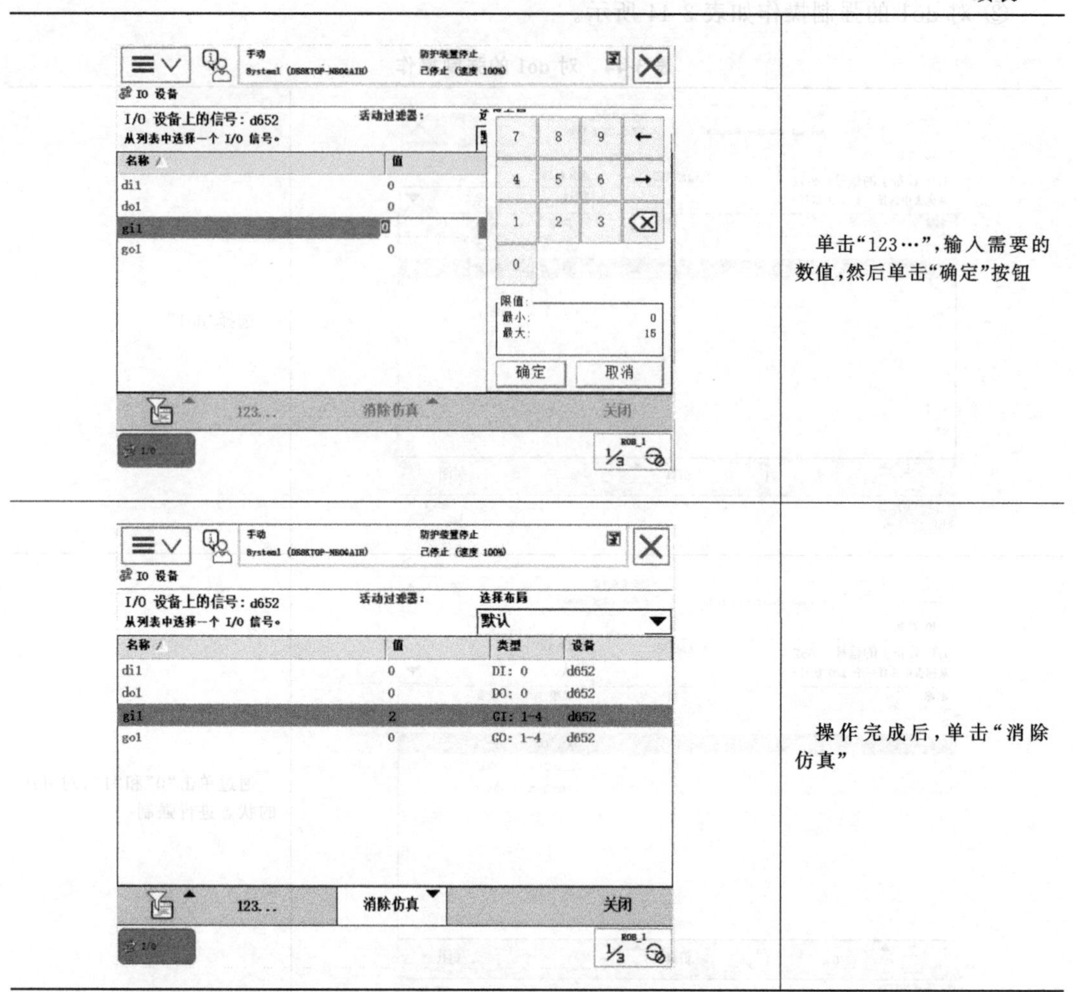	单击“123…”，输入需要的数值，然后单击“确定”按钮
	操作完成后，单击“消除仿真”

注：gi1 占用 1～4 共 4 位，可以代表十进制数 0～15。如此类推，如果地址 5，可以代表十进制数 0～31。

④ 对 go1 的强制操作如表 3-46 所示。

表 3-46 对 go1 的强制操作

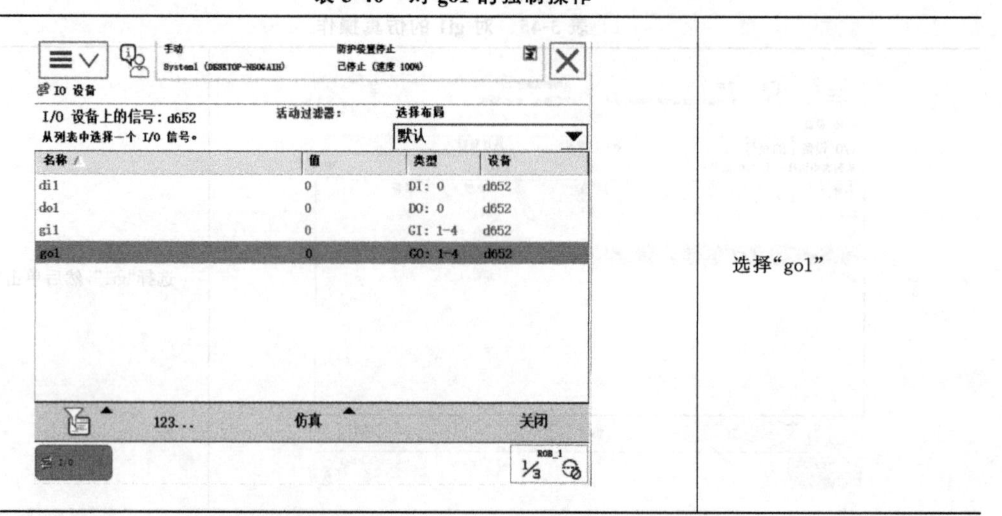	选择“go1”

续表

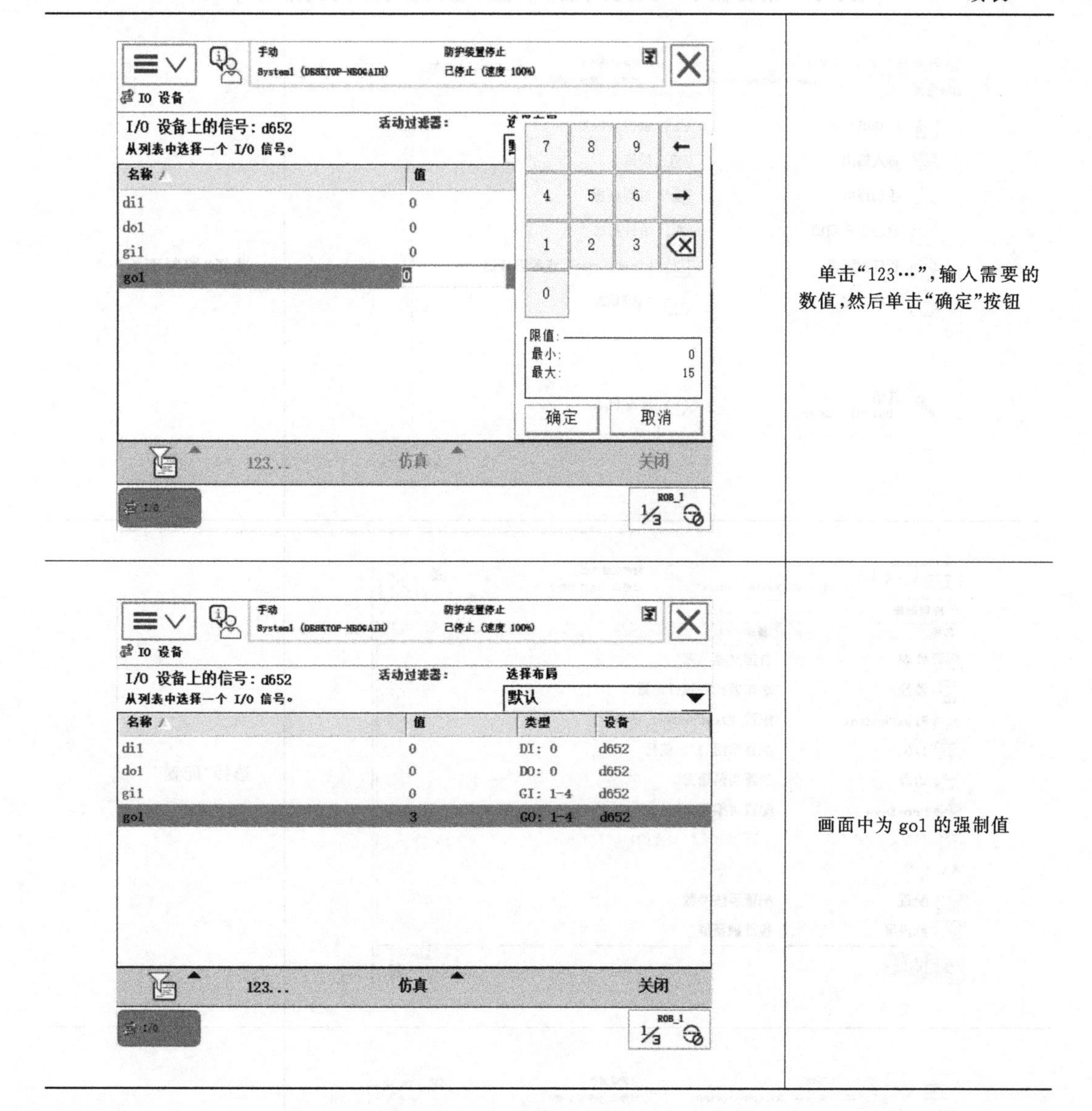

	单击“123…”,输入需要的数值,然后单击“确定”按钮
	画面中为 go1 的强制值

3.5 系统输入/输出与 I/O 信号的关联

将数字输入信号与系统的控制信号关联起来，就可以对系统进行控制（如电动机的开启、程序启动等）。系统的状态信号也可以与数字输出信号关联起来，将系统的状态输出给外围设备，以作控制之用。下面介绍建立系统输入/输出与 I/O 信号关联的操作。

3.5.1 建立系统输入“电动机开启”与数字输入信号 di1 的关联

系统输入“电动机开启”与数字输入信号 di1 关联的操作如表 3-47 所示。

表 3-47　系统输入“电动机开启”与数字输入信号 di1 关联的操作

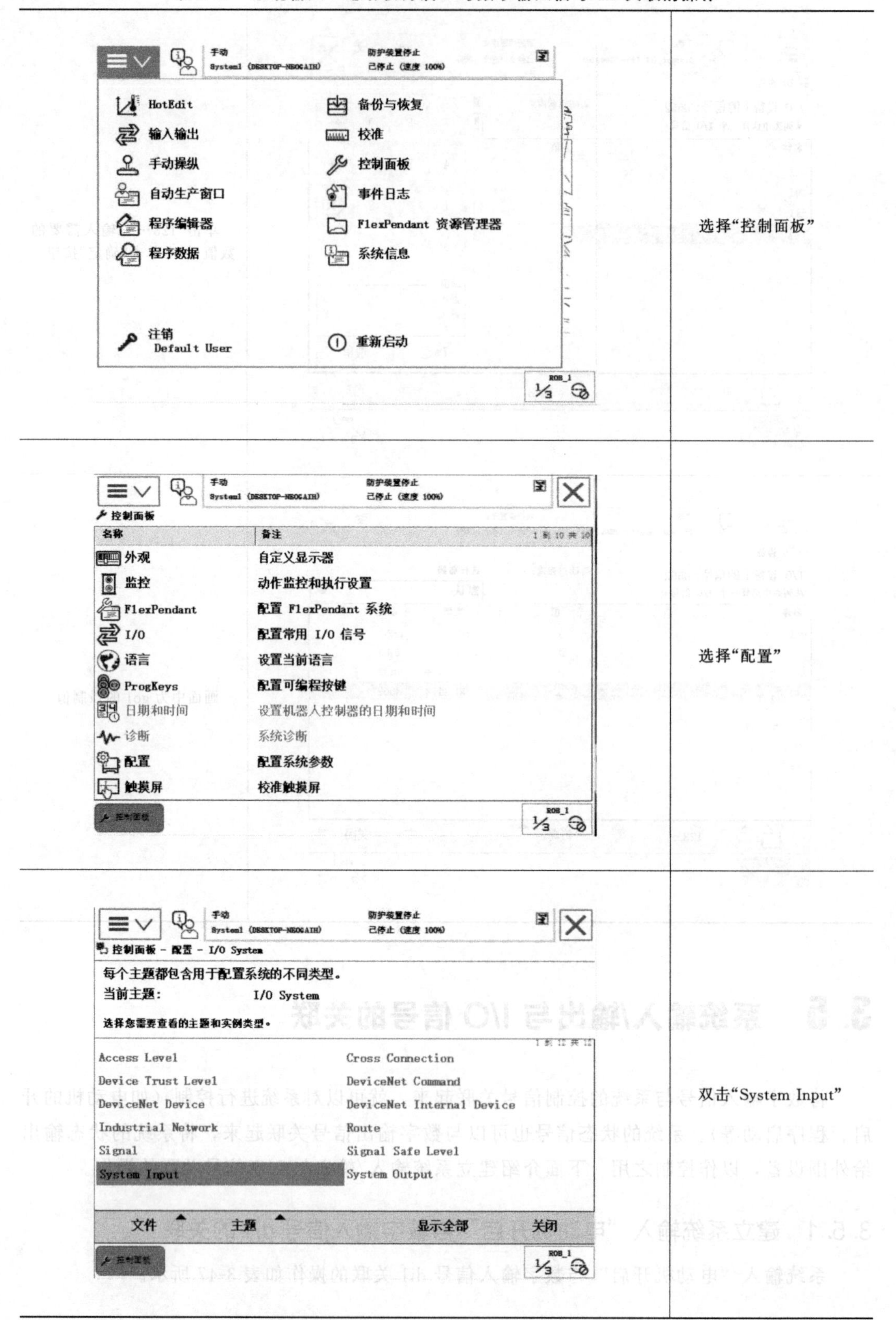

操作界面	说明
（见上图第一幅）	选择“控制面板”
（见上图第二幅）	选择“配置”
（见上图第三幅）	双击“System Input”

续表

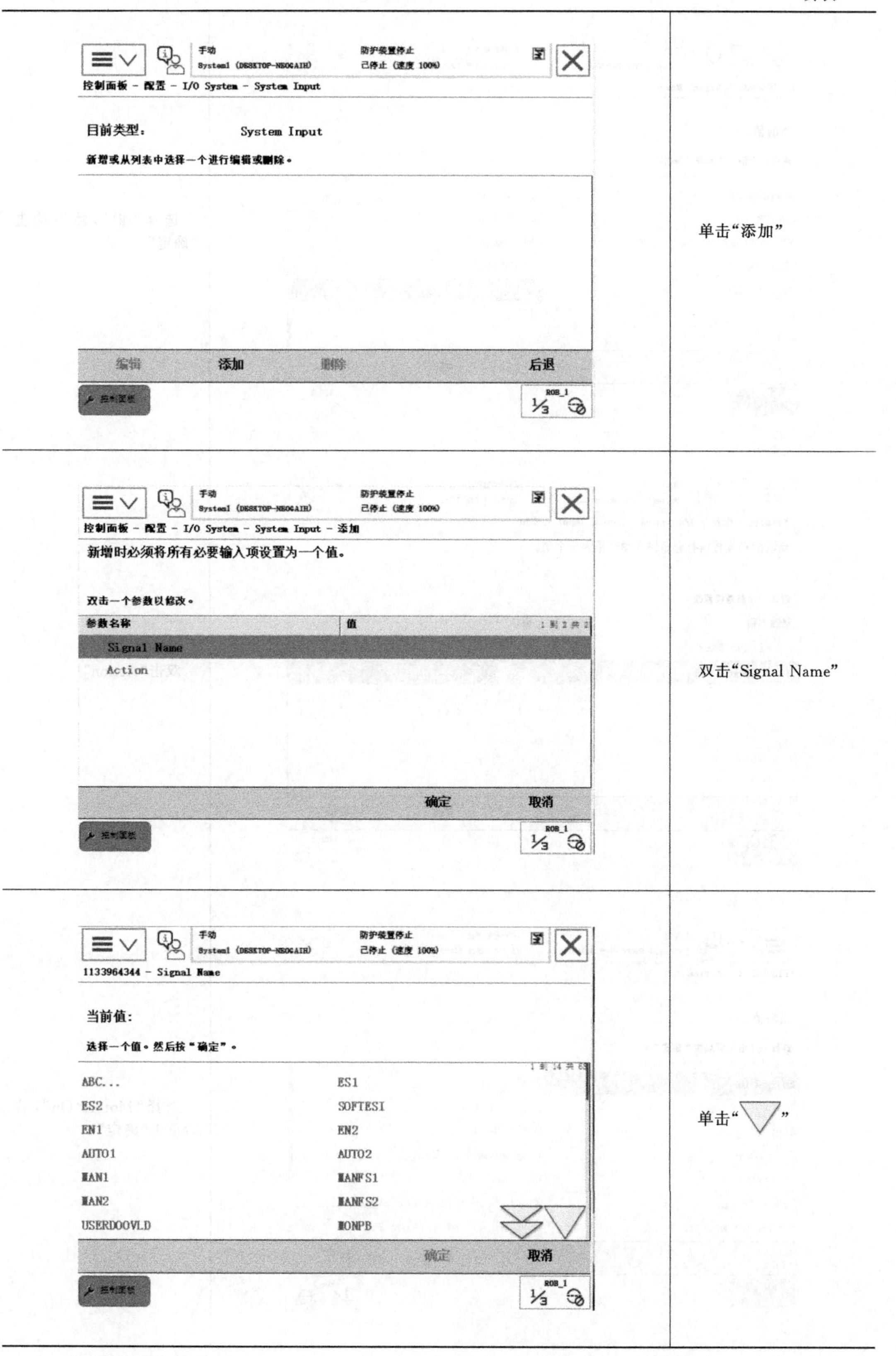

手动
System1 (DESKTOP-NSOGAIH)
防护装置停止
已停止 (速度 100%)
控制面板 - 配置 - I/O System - System Input
目前类型:
System Input
新增或从列表中选择一个进行编辑或删除。
编辑
添加
删除
后退
ROB_1
单击“添加”
控制面板 - 配置 - I/O System - System Input - 添加
新增时必须将所有必要输入项设置为一个值。
双击一个参数以修改。
参数名称
值
Signal Name
Action
确定
取消
双击“Signal Name”
1133964344 - Signal Name
当前值:
选择一个值。然后按“确定”。
ABC...
ES1
ES2
SOFTESI
EN1
EN2
AUTO1
AUTO2
MAN1
MANFS1
MAN2
MANFS2
USERDOOVLD
MONPB
单击“ ”

续表

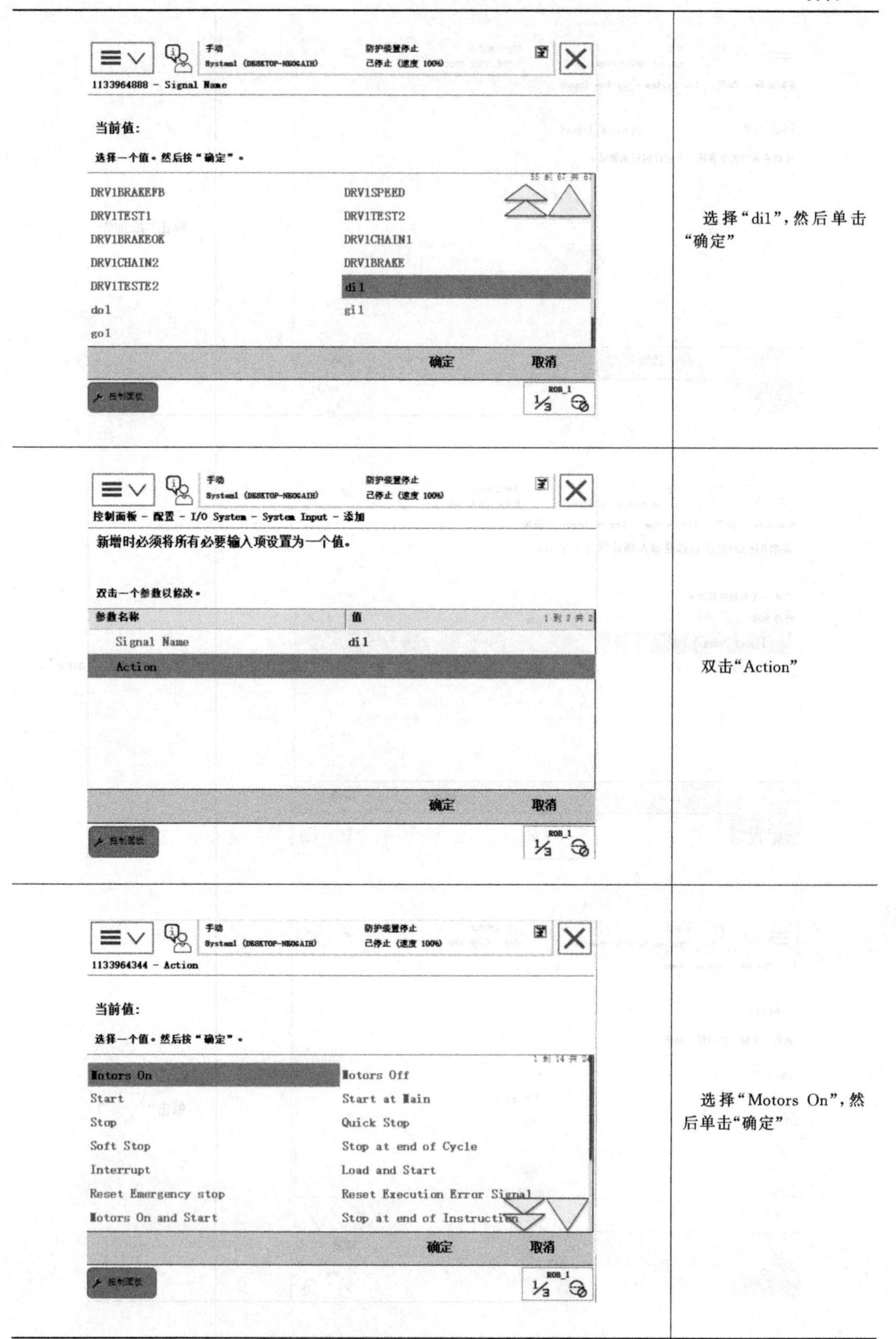

选择“di1”,然后单击“确定”

双击“Action”

选择“Motors On”,然后单击“确定”

续表

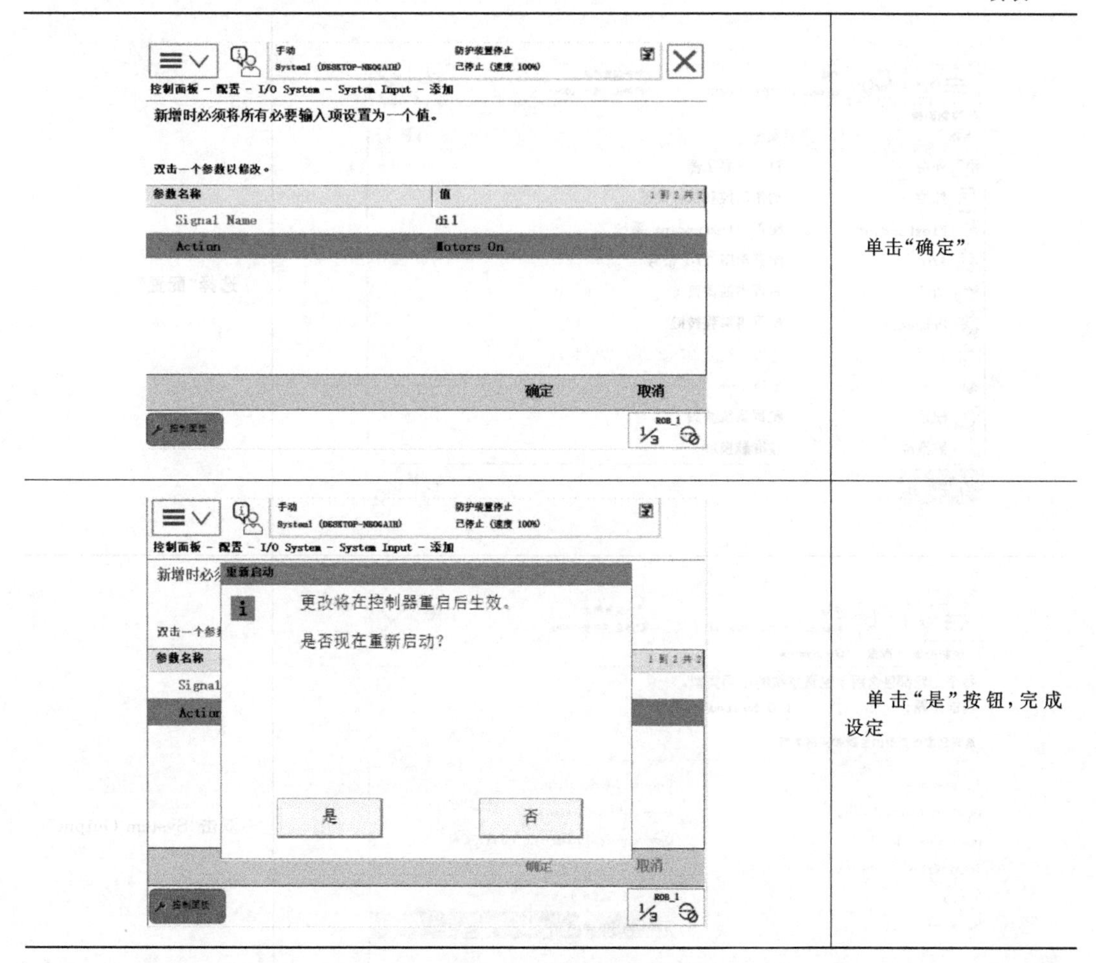	单击“确定”
	单击“是”按钮，完成设定

3.5.2 建立系统输出“电动机开启”与数字输出信号 do1 的关联

系统输出“电动机开启”与数字输出信号关联的操作如表 3-48 所示。

表 3-48 系统输出“电动机开启”与数字输出信号关联的操作

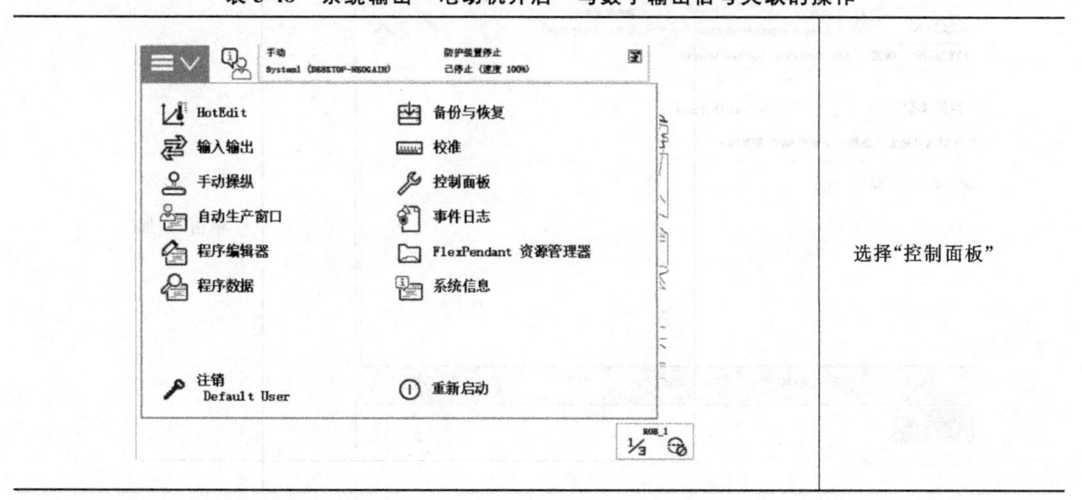	选择“控制面板”

续表

操作界面	说明
	选择“配置”
	双击“System Output”
	单击“添加”

续表

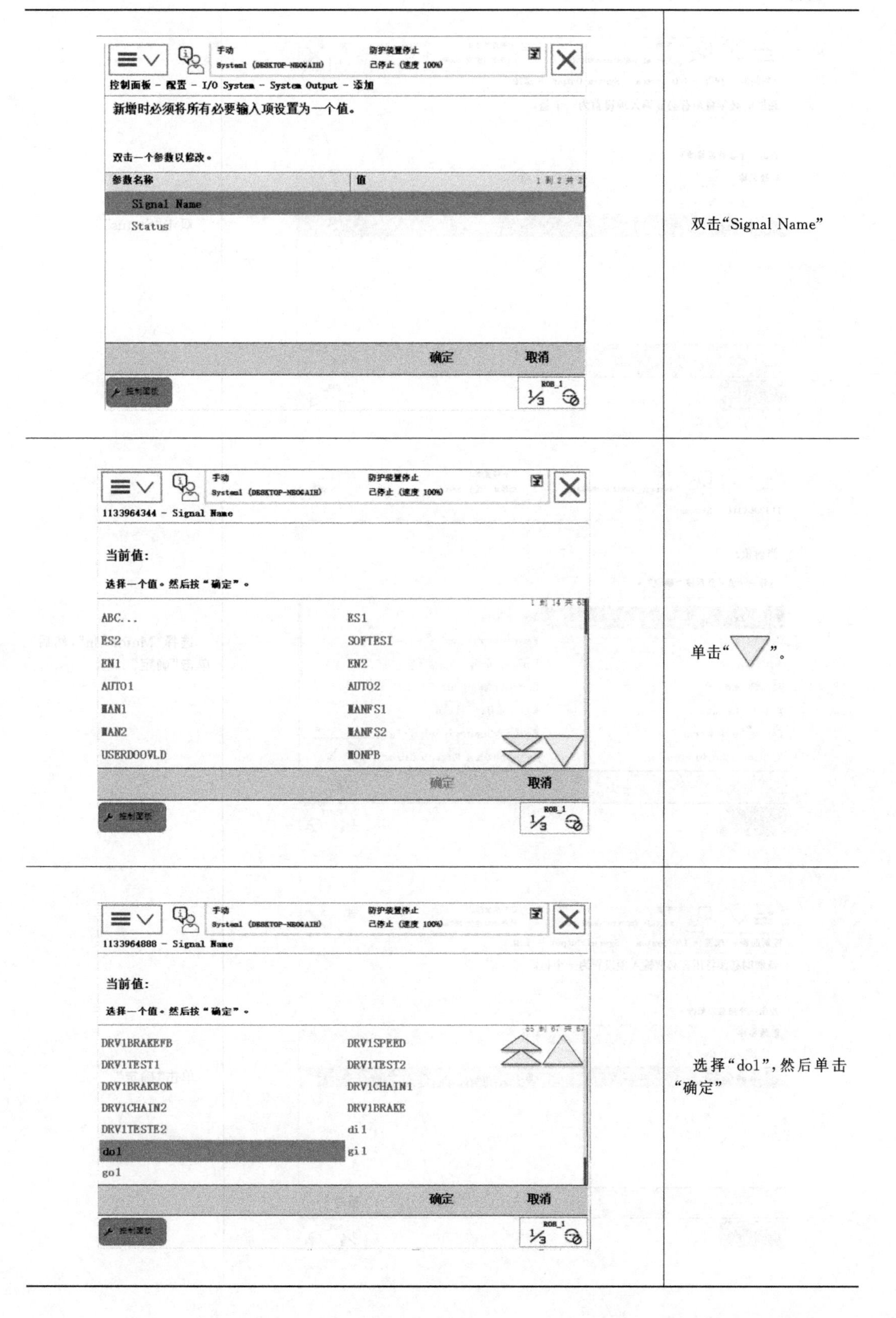

双击“Signal Name”

单击“▽”。

选择“do1”，然后单击“确定”

续表

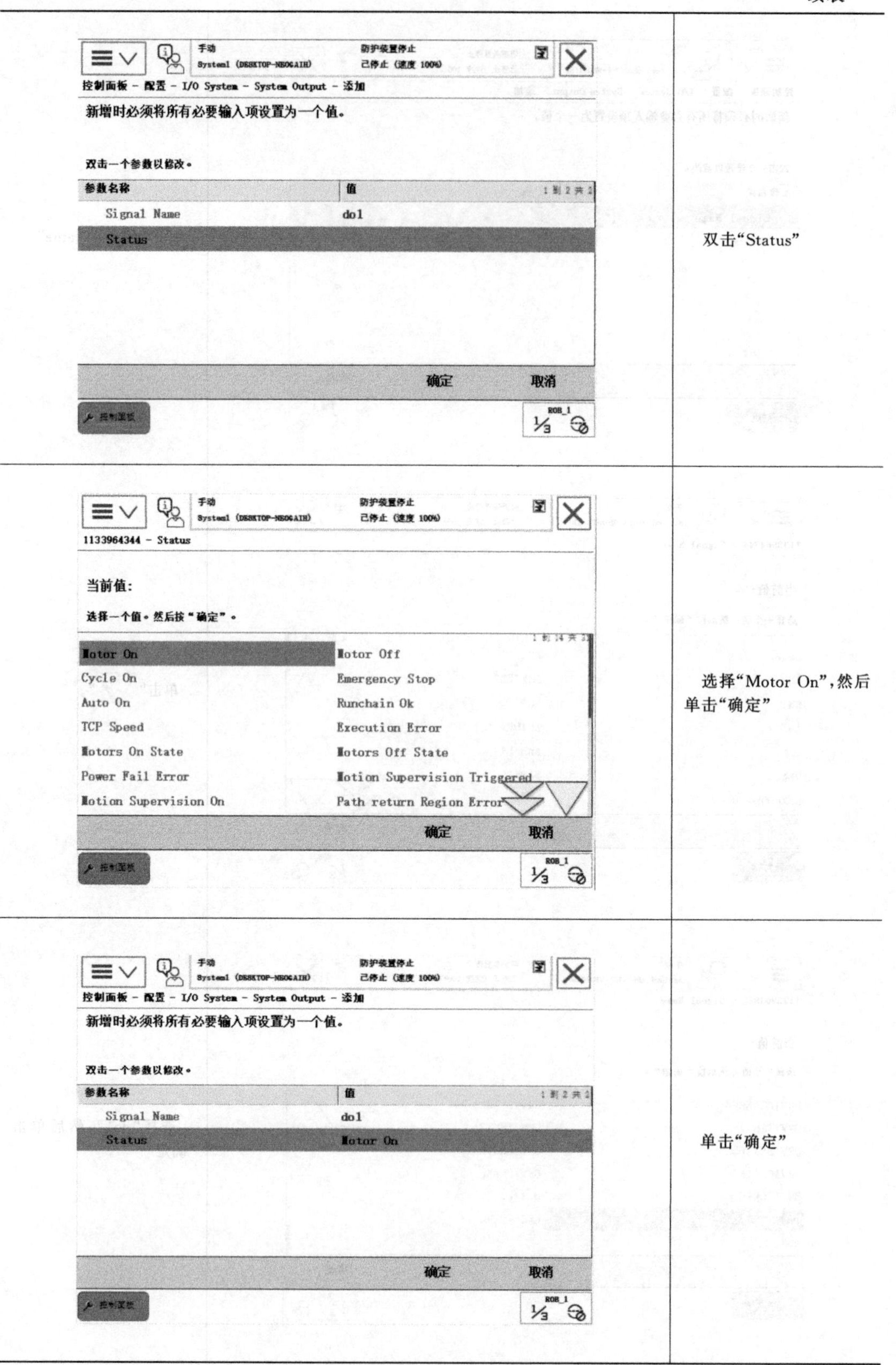

双击“Status”

选择“Motor On”，然后单击“确定”

单击“确定”

续表

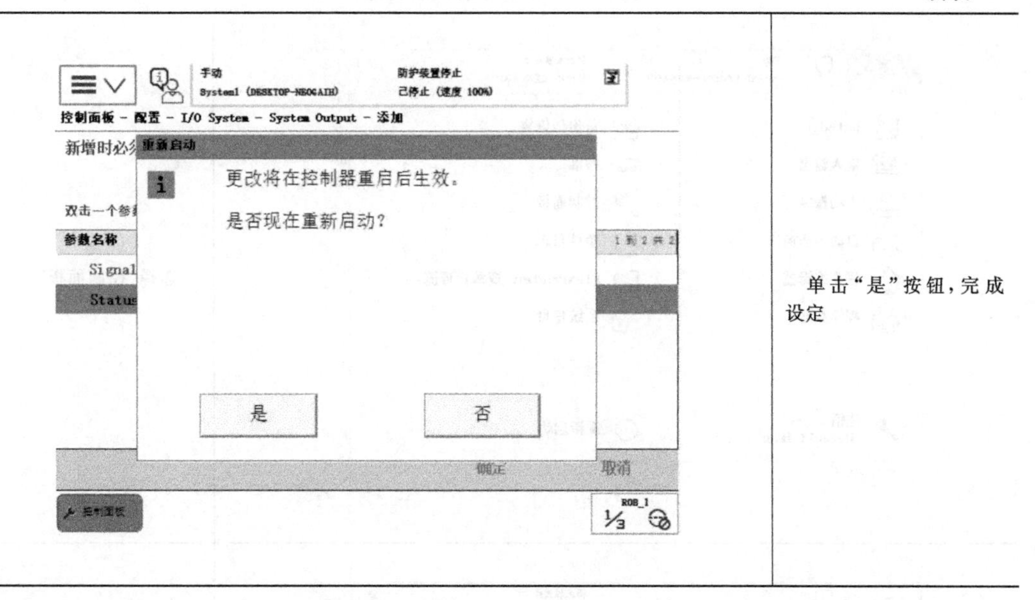	单击"是"按钮，完成设定

3.6 示教器可编程按键的设定

在示教器上的可编程按键（图 3-8），可以分配想快捷控制的 I/O 信号，以方便对 I/O 信号进行强制与仿真操作。

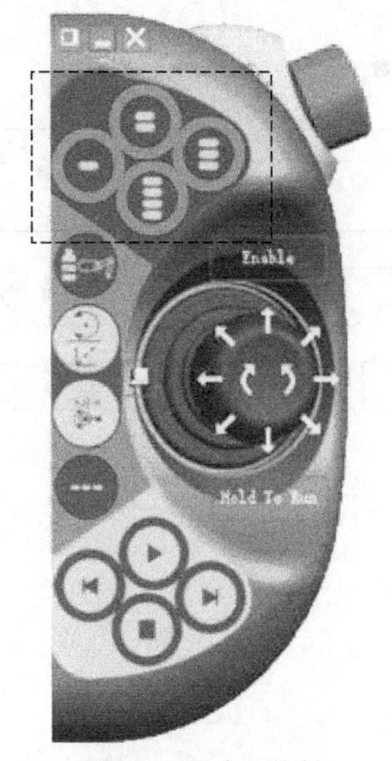

图 3-8 可编程按键

分配可编程按键操作如表 3-49 所示。

表 3-49　分配可编程按键操作

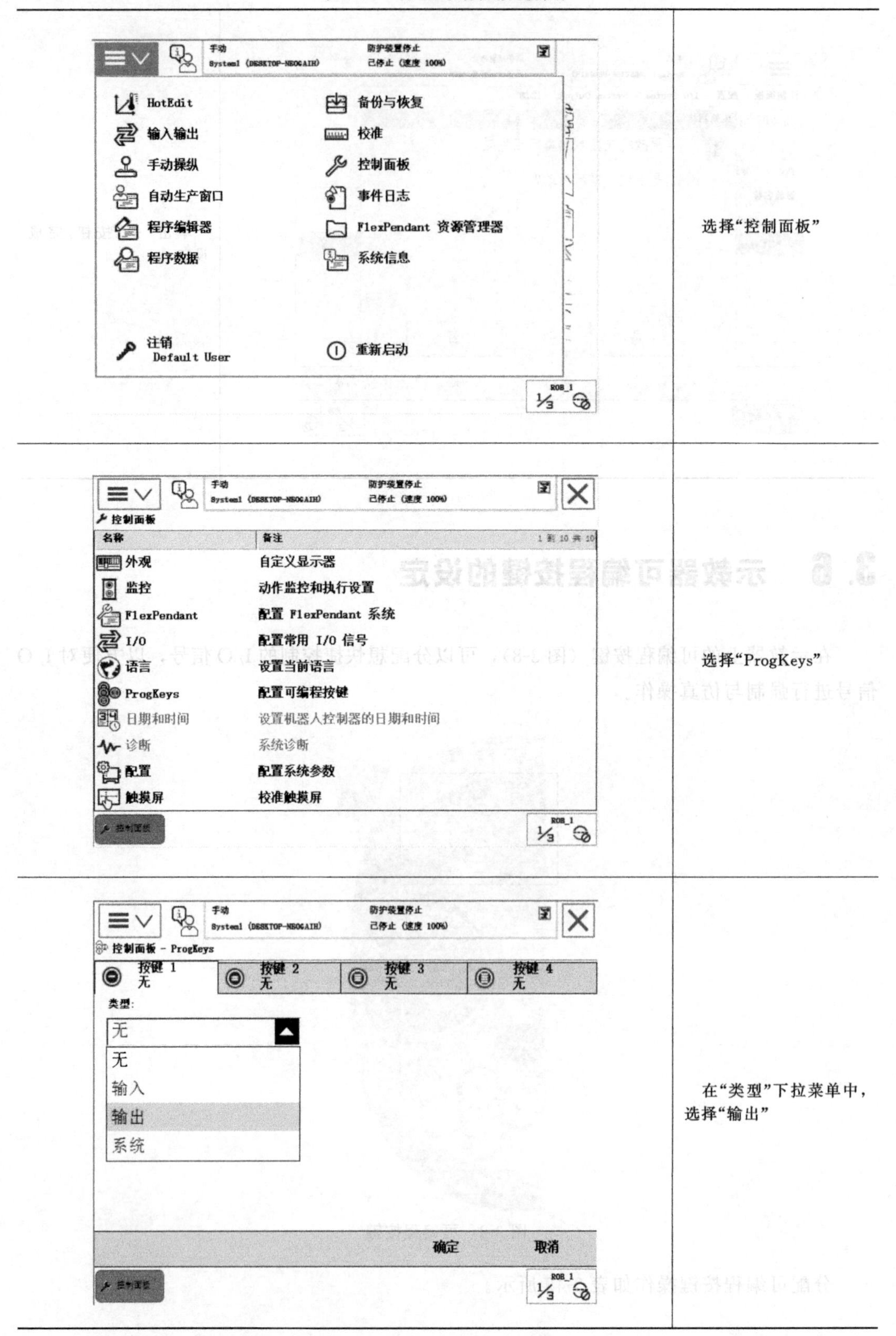

操作画面	说明
	选择“控制面板”
	选择“ProgKeys”
	在“类型”下拉菜单中，选择“输出”

续表

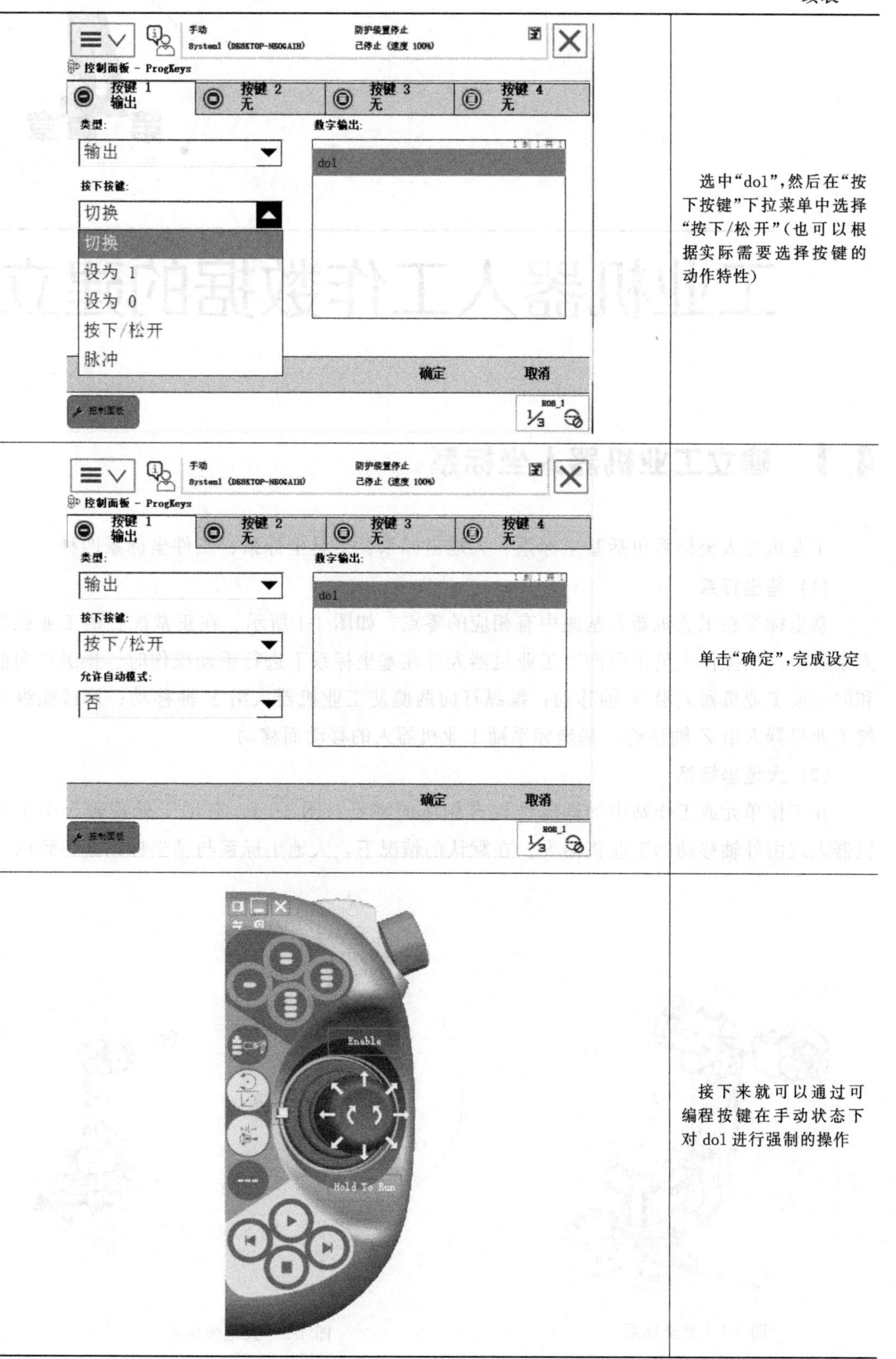

选中“do1”，然后在“按下按键”下拉菜单中选择“按下/松开”（也可以根据实际需要选择按键的动作特性）

单击“确定”，完成设定

接下来就可以通过可编程按键在手动状态下对do1进行强制的操作

工业机器人工作数据的建立

4.1 建立工业机器人坐标系

工业机器人坐标系包括基坐标系、大地坐标系、工具坐标系、工件坐标系四种。

(1) 基坐标系

基坐标系在工业机器人基座中有相应的零点，如图 4-1 所示。在正常配置的工业机器人系统中，当操作人员正向面对工业机器人并在基坐标系下进行手动操作时，操纵杆向前和向后使工业机器人沿 X 轴移动；操纵杆向两侧使工业机器人沿 Y 轴移动；旋转操纵杆使工业机器人沿 Z 轴移动。基坐标系随工业机器人的移动而移动。

(2) 大地坐标系

在工作单元或工作站中的固定位置有相应的零点（图 4-2），有助于处理若干个工业机器人或由外轴移动的工业机器人。在默认的情况下，大地坐标系与基坐标系是一致的。

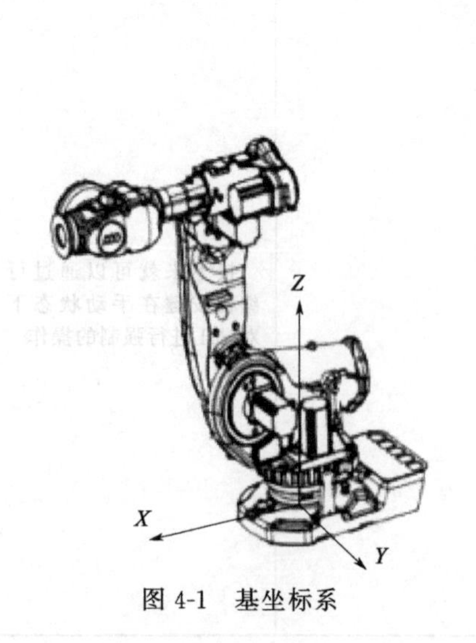

图 4-1　基坐标系

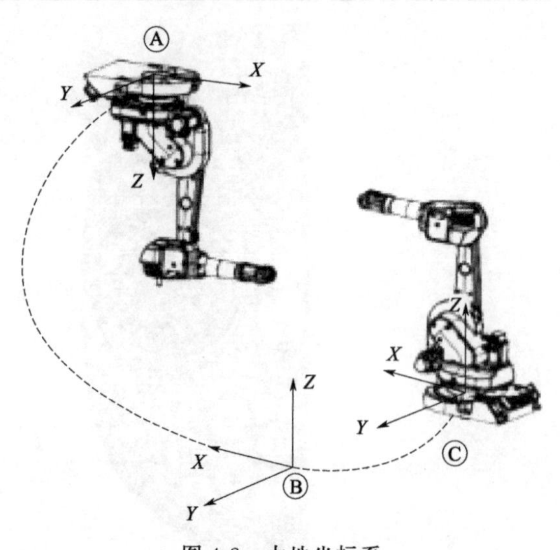

图 4-2　大地坐标系

A—基坐标；B—大地坐标；C—基坐标

(3) 工具坐标系

工具坐标系 Tool Center Point Frame，TCPF 将工具中心设为零点，如图 4-3 所示。当没有工具时，系统默认 TCP（Tool Center Point，工具坐标系中心点）为 6 轴中心点。

(4) 工件坐标系

工件坐标系与工件相关，适用于工作台移动后快速定位，坐标数据按相对位置存储。它的定义位置是相对于大地坐标系（或其他坐标系）的位置。如图 4-4 所示，工业机器人可以拥有若干工件坐标系，或者表示不同工件，或者表示同一工件在不同位置的若干副本。

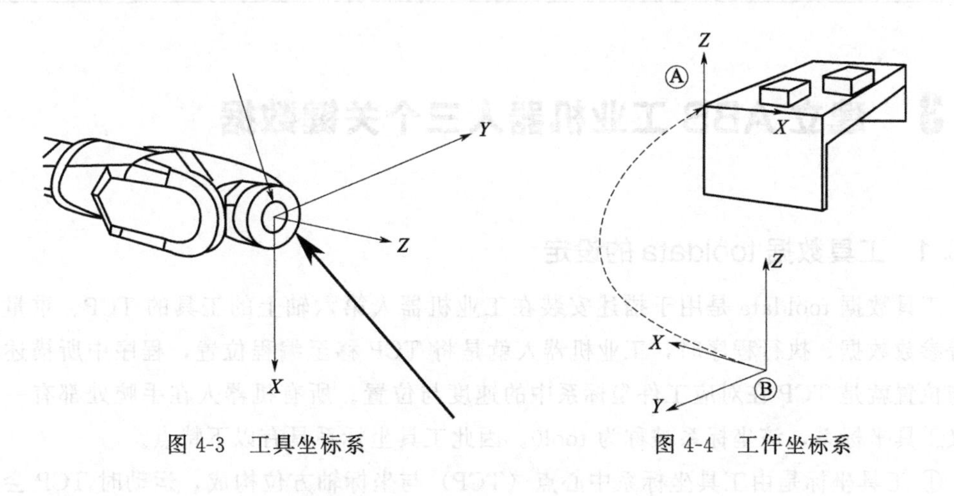

图 4-3 工具坐标系　　图 4-4 工件坐标系

4.2 建立工业机器人基本程序数据

程序数据是在程序模块或系统模块中设定的值和定义的一些环境数据。创建的程序数据由同一个模块或其他模块中的指令进行引用。如图 4-5 所示，一条常用的机器人关节运动的指令（MoveJ）调用了 4 个程序数据，这 4 个程序数据的含义如表 4-1 所示。

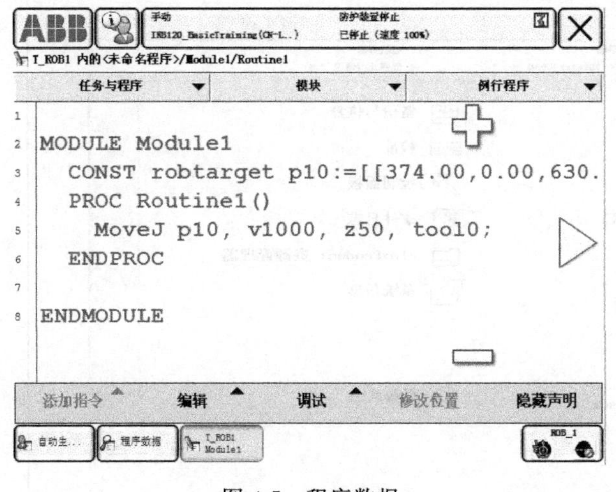

图 4-5 程序数据

表 4-1　4 个程序数据含义

程序数据	数据类型	说明
p10	robtarget	机器人运动目标位置数据
v1000	speeddata	机器人运动速度数据
z50	zonedata	机器人运动转弯数据
tool0	tooldata	机器人工具数据 TCP

4.3　建立 ABB 工业机器人三个关键数据

4.3.1　工具数据 tooldata 的设定

工具数据 tooldata 是用于描述安装在工业机器人第六轴上的工具的 TCP、重量、重心等参数数据。执行程序时，工业机器人就是将 TCP 移至编程位置，程序中所描述的速度与位置就是 TCP 在对应工件坐标系中的速度与位置。所有机器人在手腕处都有一个预定义工具坐标系，该坐标系被称为 tool0。因此工具坐标系具有以下特点。

① 工具坐标是由工具坐标系中心点（TCP）与坐标轴方位构成，运动时 TCP 会严格按程序指定路径和速度运动。

② 默认的工具 tool0 中心点位于工业机器人第六轴安装法兰盘的中心。

③ 工业机器人联动运行时，TCP 是必须的。

④ 程序中支持多个工具，可根据当前工作状态进行变换。

⑤ 工具被更换后，重新定义工具即可直接运行程序。

工具数据 tooldata 的设定如表 4-2 所示。

表 4-2　工具数据 tooldata 的设定

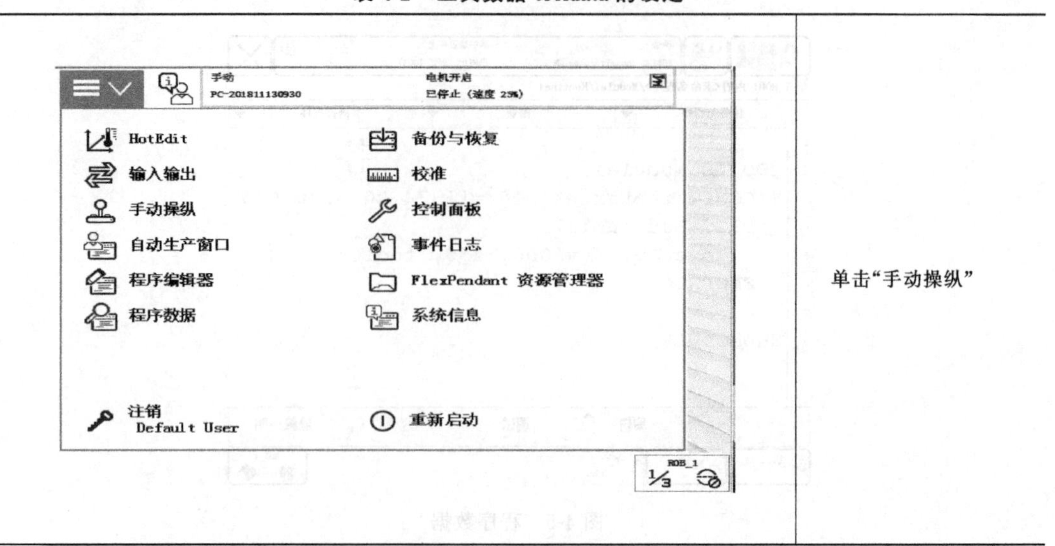	单击“手动操纵”

续表

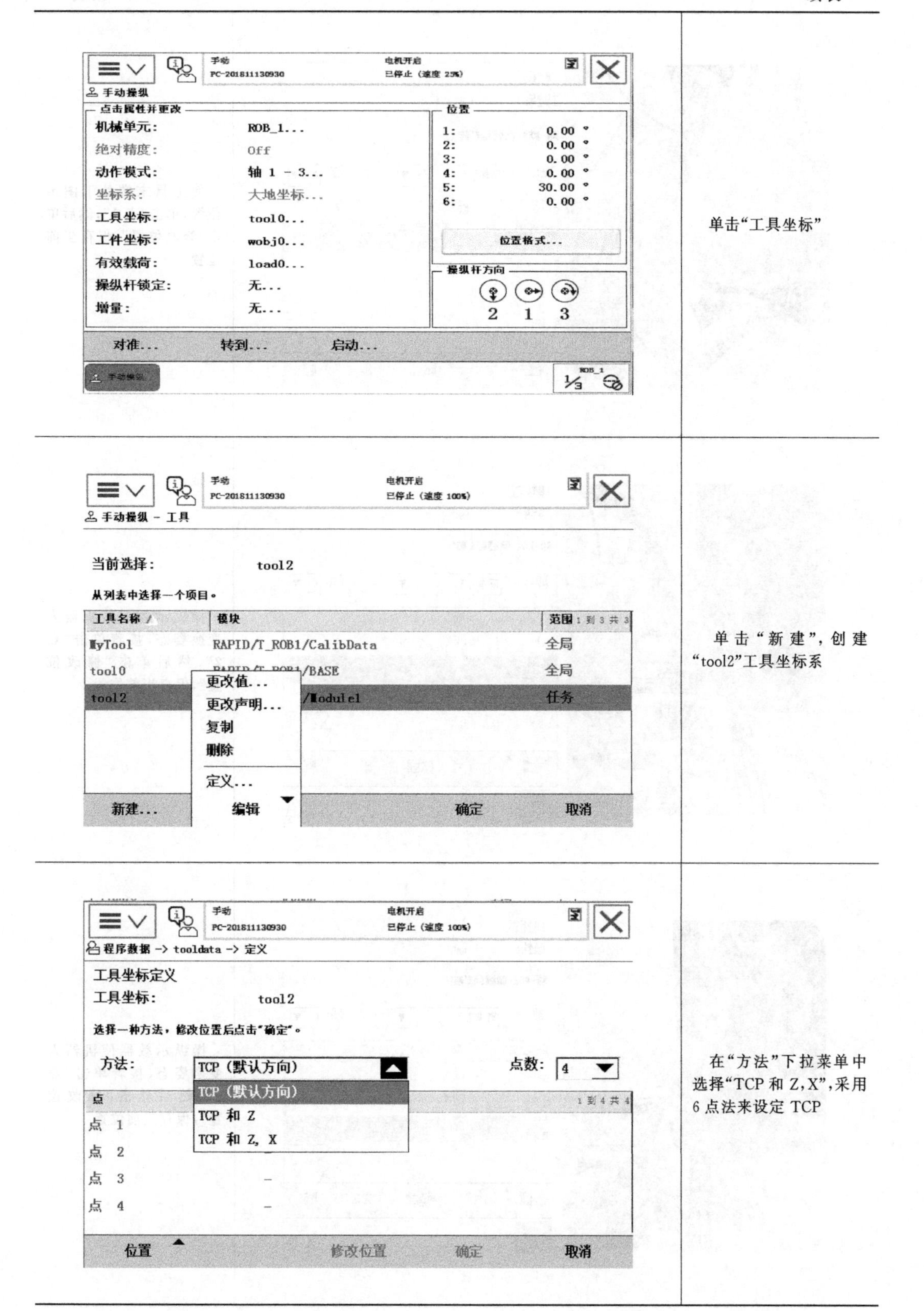

单击“工具坐标”

单击“新建”，创建“tool2”工具坐标系

在“方法”下拉菜单中选择“TCP 和 Z，X”，采用 6 点法来设定 TCP

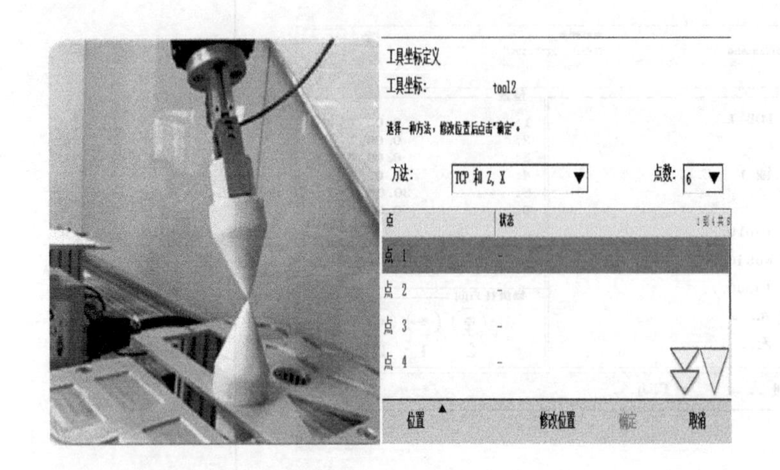	使工具末端处于图示位置，单击“点 1”，然后单击“修改位置”，保存当前位置
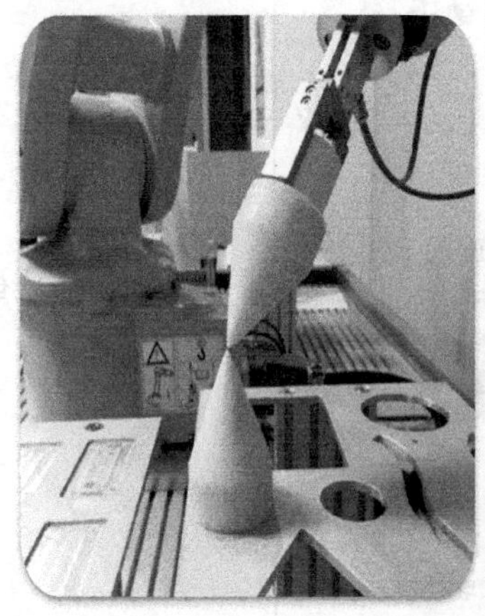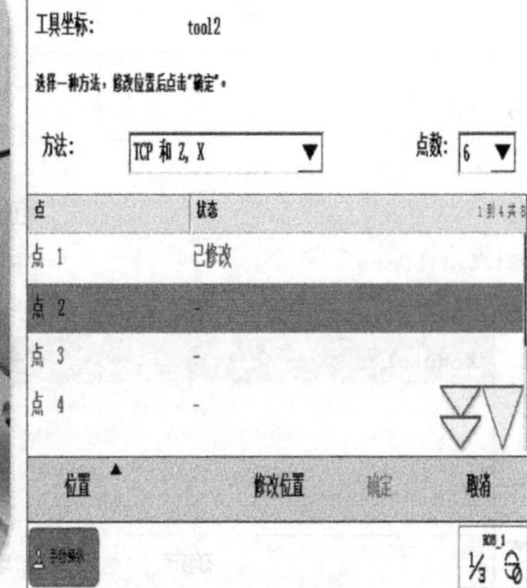	操纵示教器使机器人变换姿态，接着单击“点 2”，然后单击“修改位置”，保存当前位置
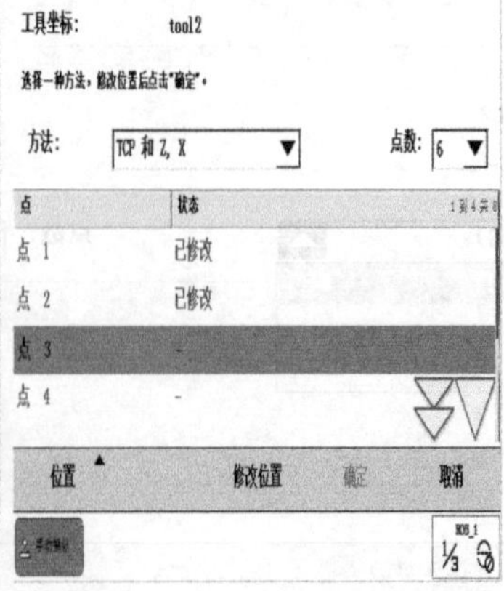	操纵示教器使机器人变换姿态，接着单击“点 3”，然后单击“修改位置”，保存当前位置

续表

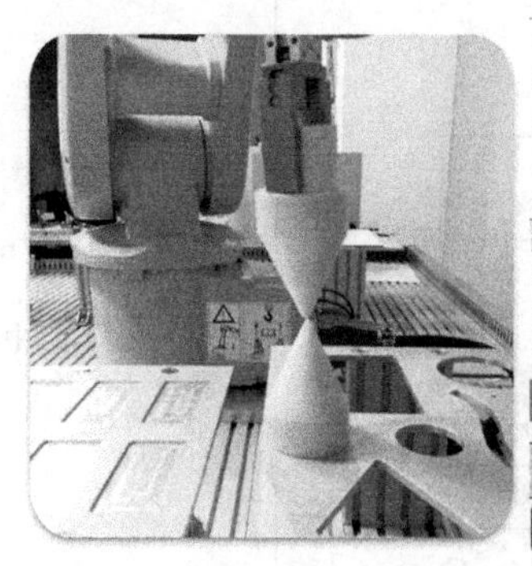 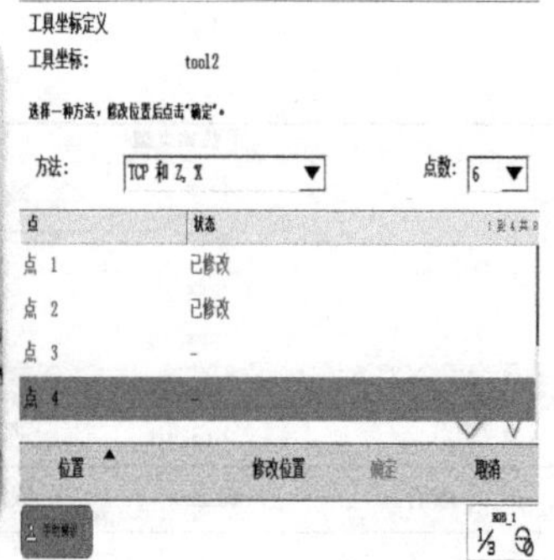	操纵示教器使机器人变换姿态，垂直于 Z 向参考点 单击“点 4”，然后单击“修改位置”，保存当前位置
 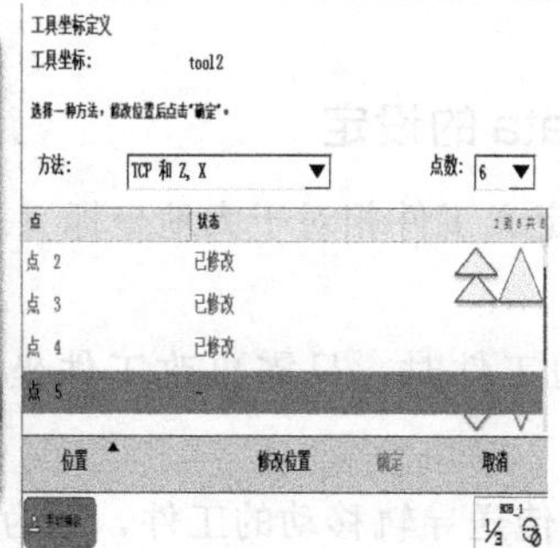	操纵示教器使机器人变换姿态，平行于 X 向参考点 单击“点 5”，然后单击“修改位置”，保存当前位置
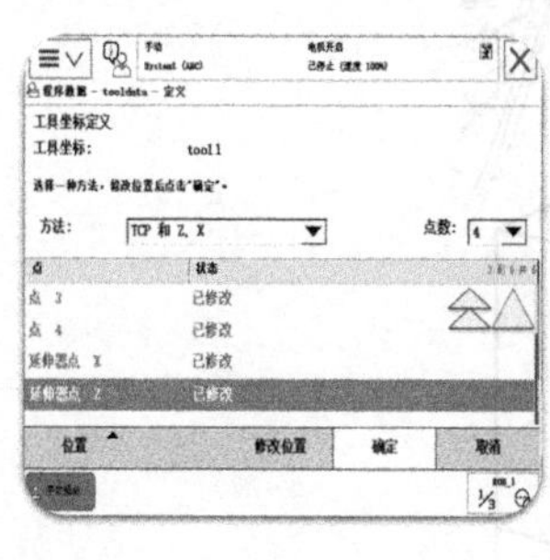 	单击“确定”，机器人自动计算 TCP 的标定误差。当平均误差在 0.5mm 以内时，才可单击“确定”进入下一步，完成 TCP 定义
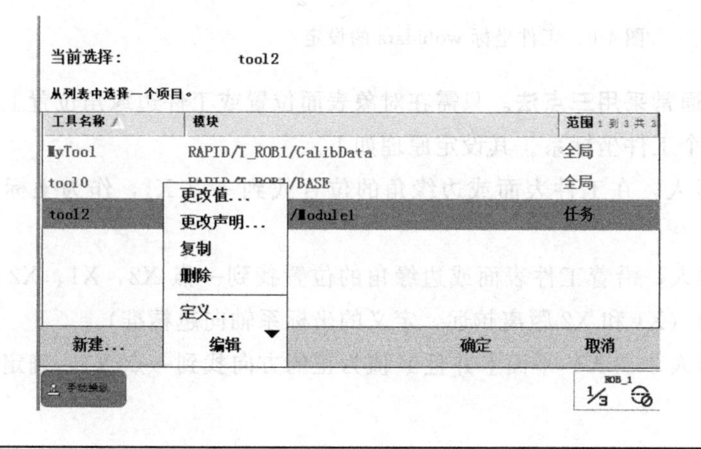	单击“tool2”，接着单击“编辑”菜单，然后单击“更改值...”进入下一步

续表

名称: tool2 点击一个字段以编辑值。 名称 | 值 | 数据类型 14 到 19 共 26 mass := | 1 | num cog: | [0,0,2] | pos x := | 0 | num y := | 0 | num z := | 2 | num aom: | [1,0,0,0] | orient 撤消 确定 取消 手动操纵 ROB_1 1/3	根据实际，在“mass”中修改工具重量，单位为“KG”；在“cog”中修改工具重心

4.3.2 工件坐标 wobjdata 的设定

工件坐标对应工件，它定义工件相对于大地坐标（或其他坐标）的位置，如图 4-6 所示。它的优点有以下两个。

① 重新定位工作站中的工件时，只需更改工件坐标的位置，所有路径将立即随之更新。

② 允许操作以外部轴或传送导轨移动的工件，因为整个工件可连同其路径一起移动。

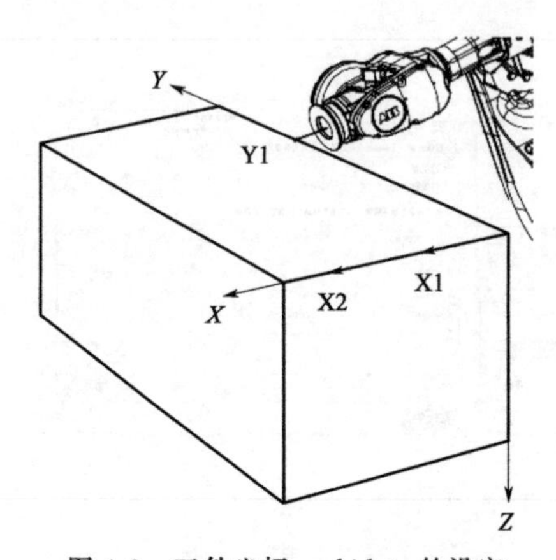

图 4-6 工件坐标 wobjdata 的设定

工件坐标系设定时，通常采用三点法。只需在对象表面位置或工件边缘角位置上，定义三个点位置，来创建一个工件坐标系。其设定原理如下。

① 手动操纵工业机器人，在工件表面或边缘角的位置找到一点 X1，作为坐标系的原点。

② 手动操纵工业机器人，沿着工件表面或边缘角的位置找到一点 X2，X1、X2 确定工件坐标系的 X 轴正方向（X1 和 X2 距离越远，定义的坐标系轴向越精准）。

③ 手动操纵工业机器人，在 XY 平面上并且 Y 值为正的方向找到一点 Y1，确定坐标系的 Y 轴正方向。

工件坐标 wobjdata 的设定如表 4-3 所示。

表 4-3　工件坐标 wobjdata 的设定

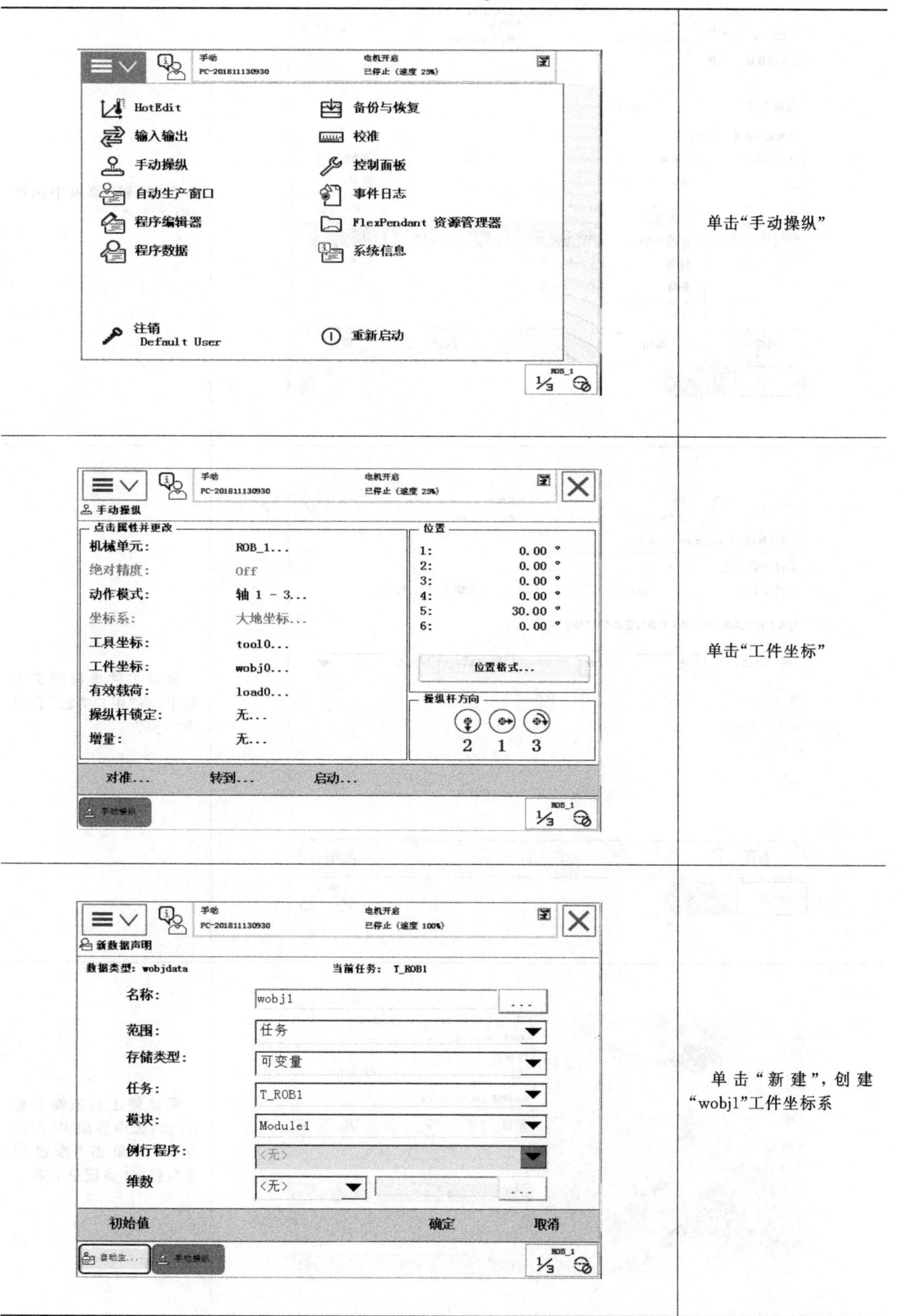

操作画面	说明
（见上图第一幅）	单击“手动操纵”
（见上图第二幅）	单击“工件坐标”
（见上图第三幅）	单击“新建”，创建“wobj1”工件坐标系

续表

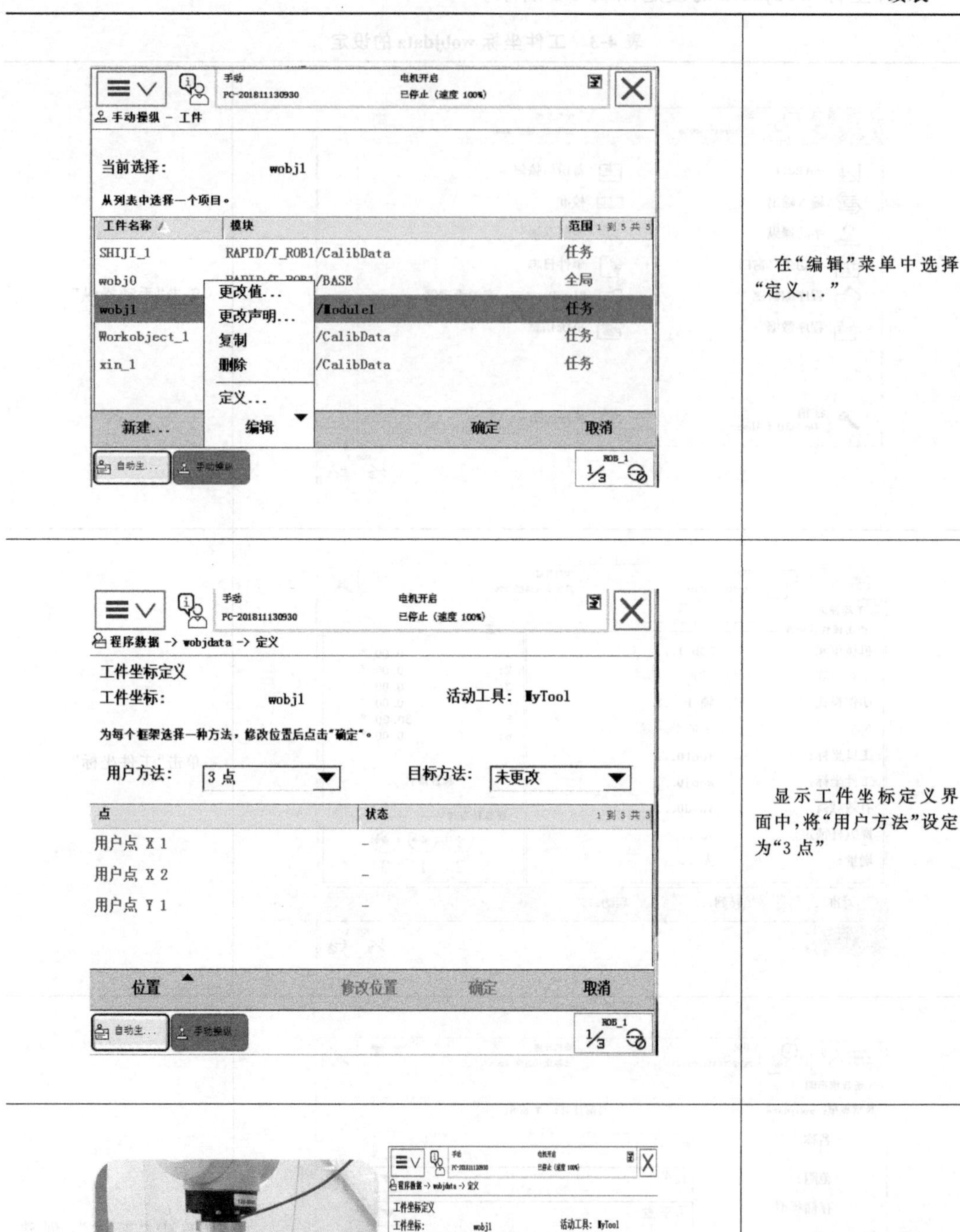

在“编辑”菜单中选择“定义...”

显示工件坐标定义界面中，将“用户方法”设定为“3 点”

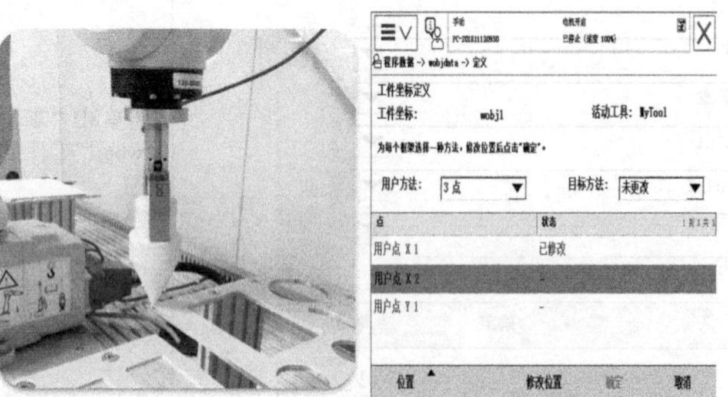

手动使工具末端靠近 X1 点；选中界面中“用户点 X1”，单击“修改位置”，将 X1 点记录下来

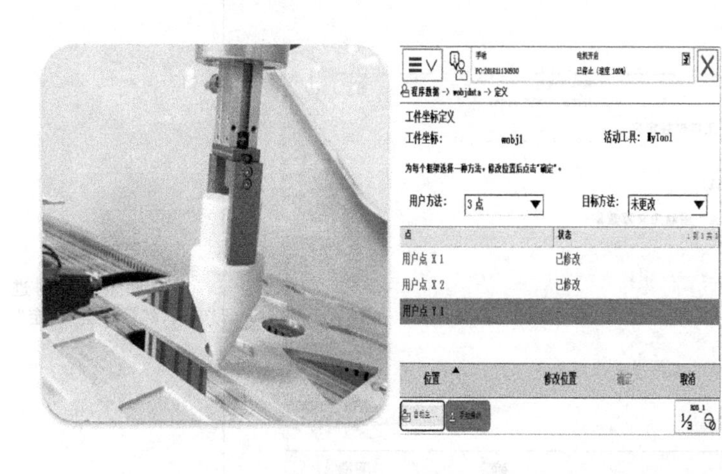	手动使工具末端靠近X2点；选中界面中"用户点 X2"，单击"修改位置"，将X2点记录下来
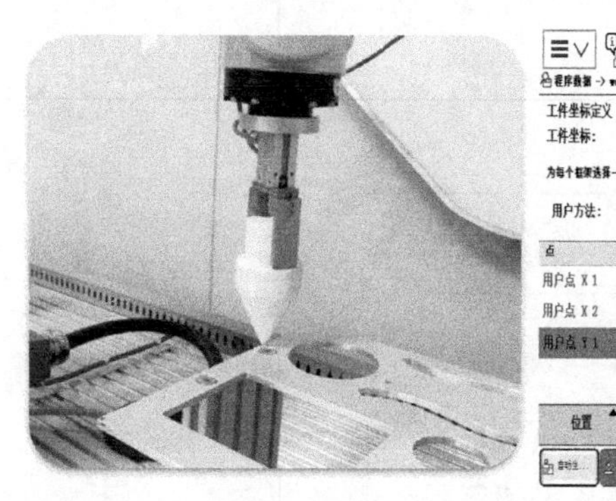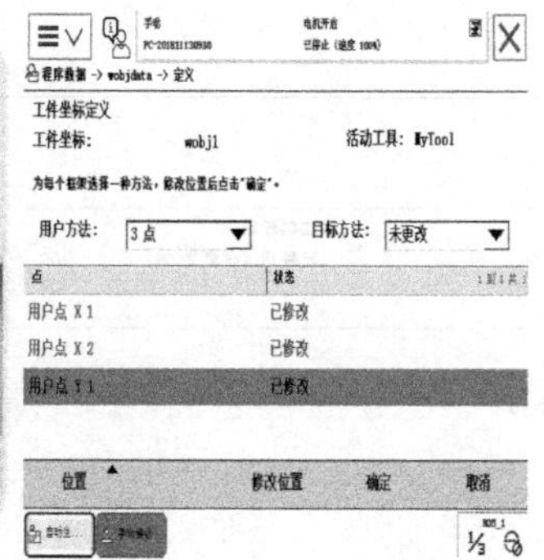	手动使工具末端靠近Y1点；选中界面中"用户点 Y1"，单击"修改位置"，将Y1点记录下来
手动 PC-201811130930 电机开启 已停止 (速度 100%) 程序数据 -> wobjdata -> 定义 工件坐标定义 工件坐标: wobj1 活动工具: MyTool 为每个框架选择一种方法，修改位置后点击"确定"。 用户方法: 3 点 目标方法: 未更改 点 | 状态 | 1 到 3 共 3 用户点 X 1 | 已修改 用户点 X 2 | 已修改 用户点 Y 1 | 已修改 位置 | 修改位置 | 确定 | 取消 自动生... | 手动操纵 ROB_1	完成3点位置修改，单击"确定"

<table>
<tr>
<td>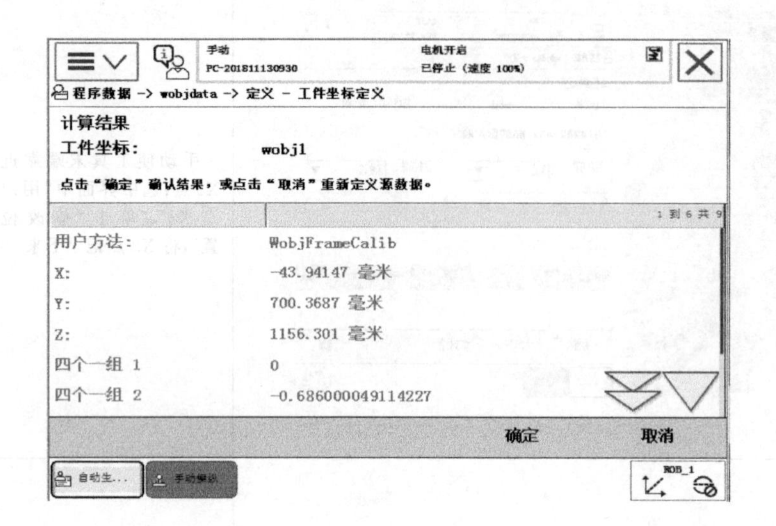
</td>
<td>对自动生成数据进行确认，然后单击“确定”</td>
</tr>
<tr>
<td>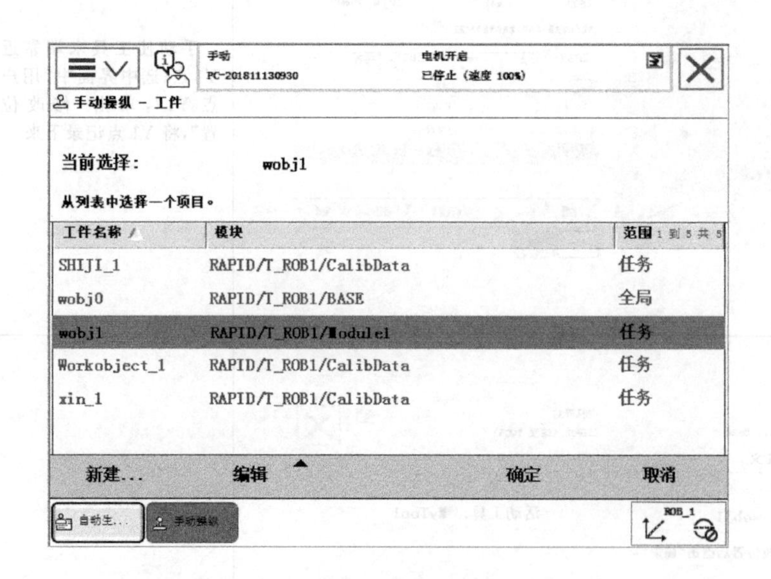
</td>
<td>工件坐标系“wobj1”创建成功</td>
</tr>
</table>

4.3.3 有效载荷 loaddata 的设定

当工业机器人用于搬运时，就需要设置有效载荷 loaddata，因为对于搬运机器人，手臂承受的重量是不断变化的，所以不仅要正确设定夹具的重量和重心数据 tooldata，还要设置搬运对象的重量和重心数据 loaddata。有效载荷数据 loaddata 就记录了搬运对象的重量、重心数据。如果工业机器人不用于搬运，则 loaddata 设置就是默认的 load0。

有效载荷 loaddata 的设定如表 4-4 所示。

表 4-4　有效载荷 loaddata 的设定

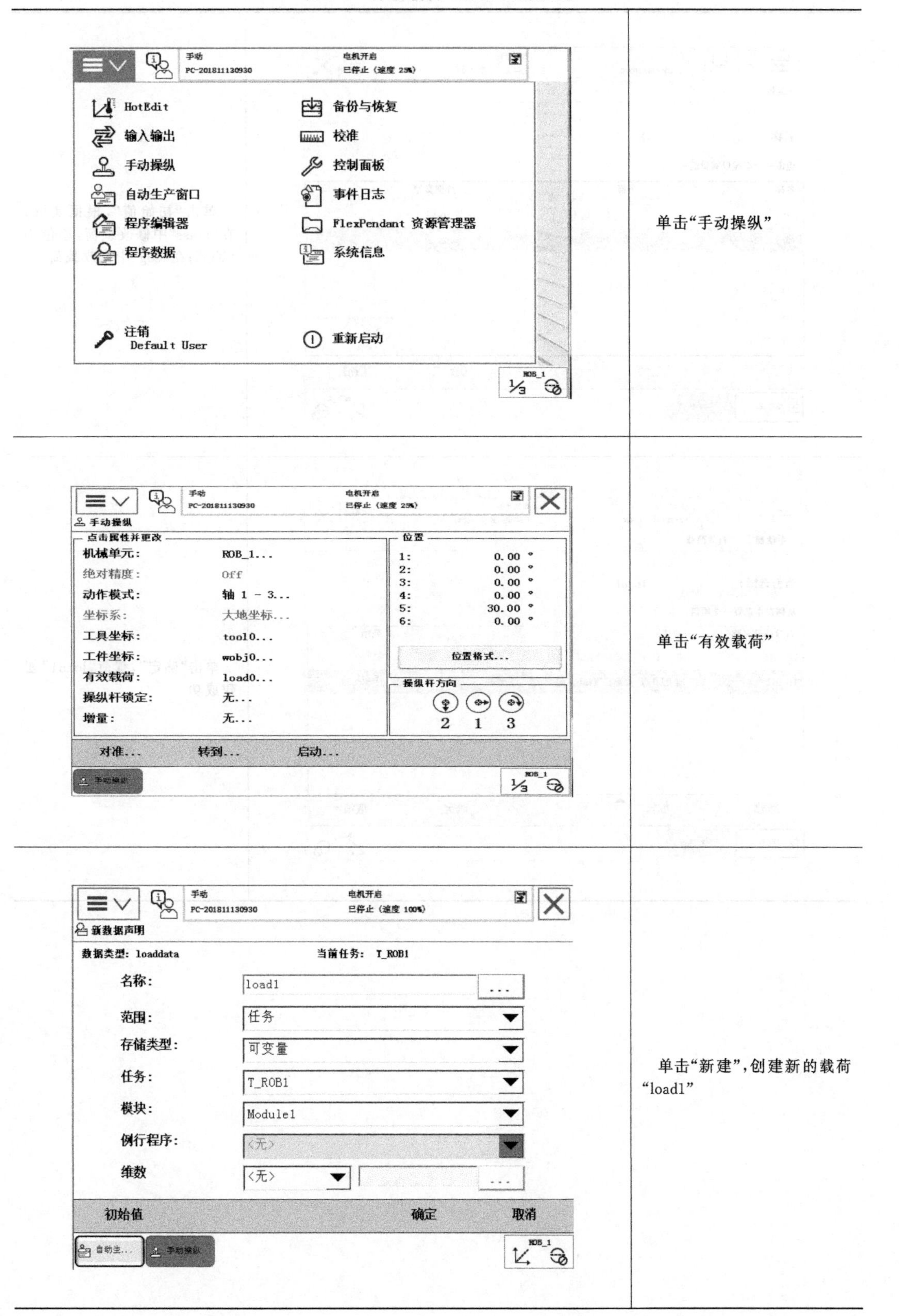

操作界面	说明
	单击“手动操纵”
	单击“有效载荷”
	单击“新建”，创建新的载荷“load1”

续表

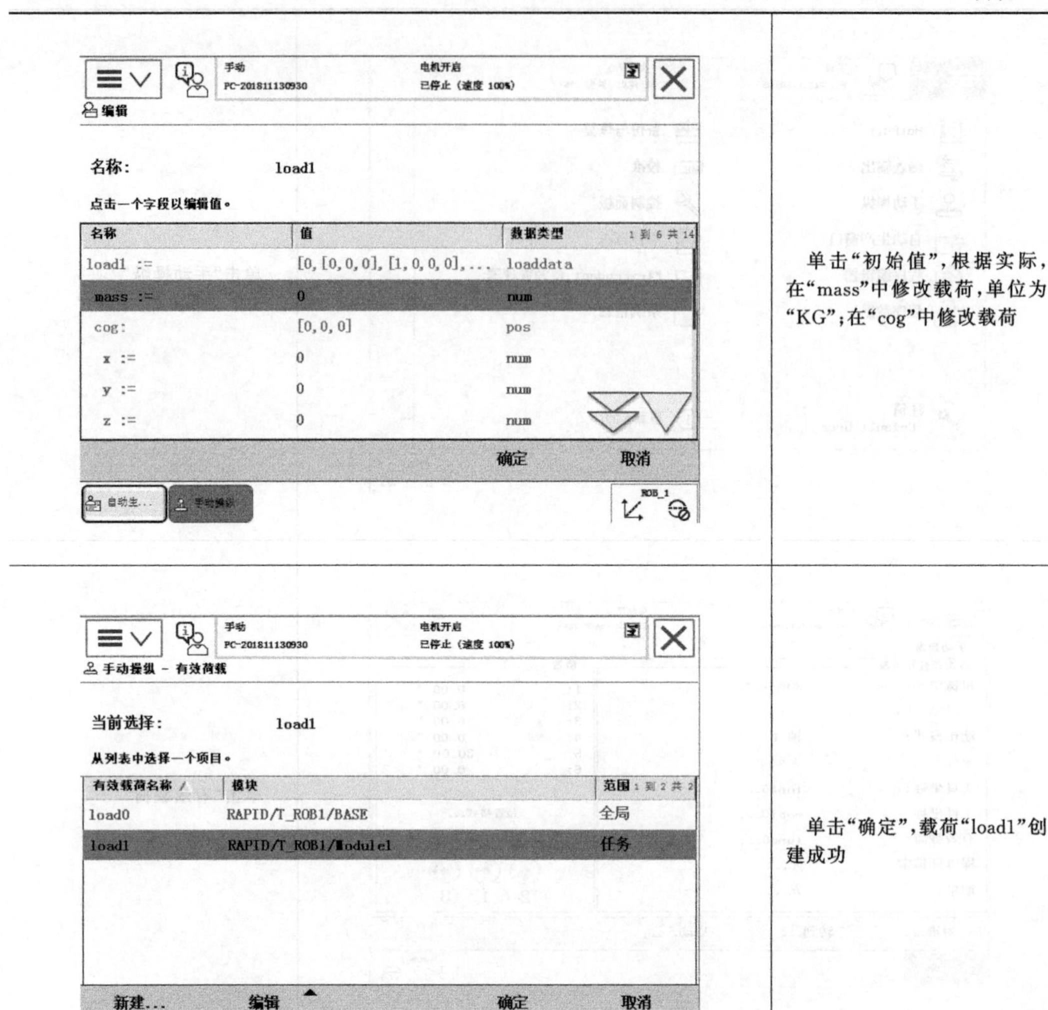

单击“初始值”，根据实际，在“mass”中修改载荷，单位为“KG”；在“cog”中修改载荷

单击“确定”，载荷“load1”创建成功

工业机器人程序的编写

5.1 RAPID 程序及指令

RAPID 程序中包含了一连串控制机器人的指令，执行这些指令可以实现对机器人的控制操作。

应用程序是使用称为 RAPID 编程语言的特定词汇和语法编写而成的。RAPID 是一种英文编程语言，所包含的指令可以移动机器人、读取输入、设置输出，还能实现决策、重复其他指令和构造程序，以及与系统操作员交流等功能。RAPID 程序的基本构架如表 5-1 所示。

表 5-1 RAPID 程序的基本构架

RAPID 程序			
程序模块 1	程序模块 2	程序模块 3	系统模块
主程序 main 程序数据 例行程序 中断程序 功能程序	程序数据 例行程序 中断程序 功能程序	…… …… …… ……	程序数据 例行程序 中断程序 功能程序

(1) RAPID 程序的架构说明

① RAPID 程序是由程序模块与系统模块组成的。一般地，只通过新建程序模块来构建机器人的程序，而系统模块多用于系统方面的控制。

② 可以根据不同的用途创建多个程序模块，如专门用于主控制的程序模块，用于位置计算的程序模块，用于存放数据的程序模块，这样便于归类管理不同用途的例行程序与数据。

③ 每一个程序模块包含了程序数据、例行程序、中断程序和功能程序四种对象，但不一定在一个模块中都有这四种情况，程序模块之间的程序数据、例行程序、中断程序和功能程序是可以通过更改范围相互调用的。

④ 在 RAPID 程序中，只能有一个主程序 main，并且存在于任意一个程序模块中，是作为整个 RAPID 程序执行的起点。

（2）认识 RAPID 程序

RAPID 程序模块的四种对象如表 5-2 所示。

表 5-2　RAPID 程序模块的四种对象

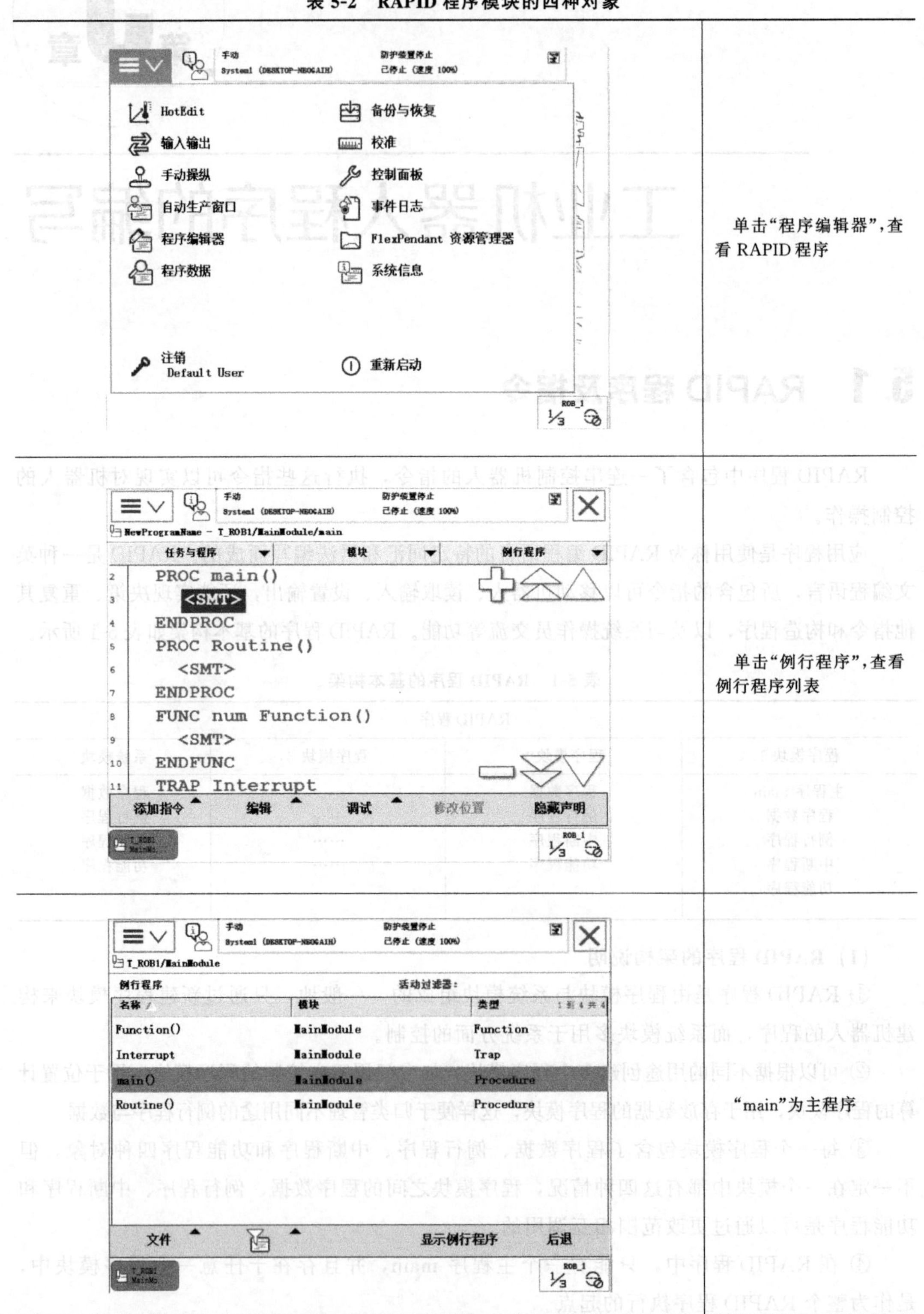

	单击“程序编辑器”，查看 RAPID 程序
	单击“例行程序”，查看例行程序列表
	“main”为主程序

续表

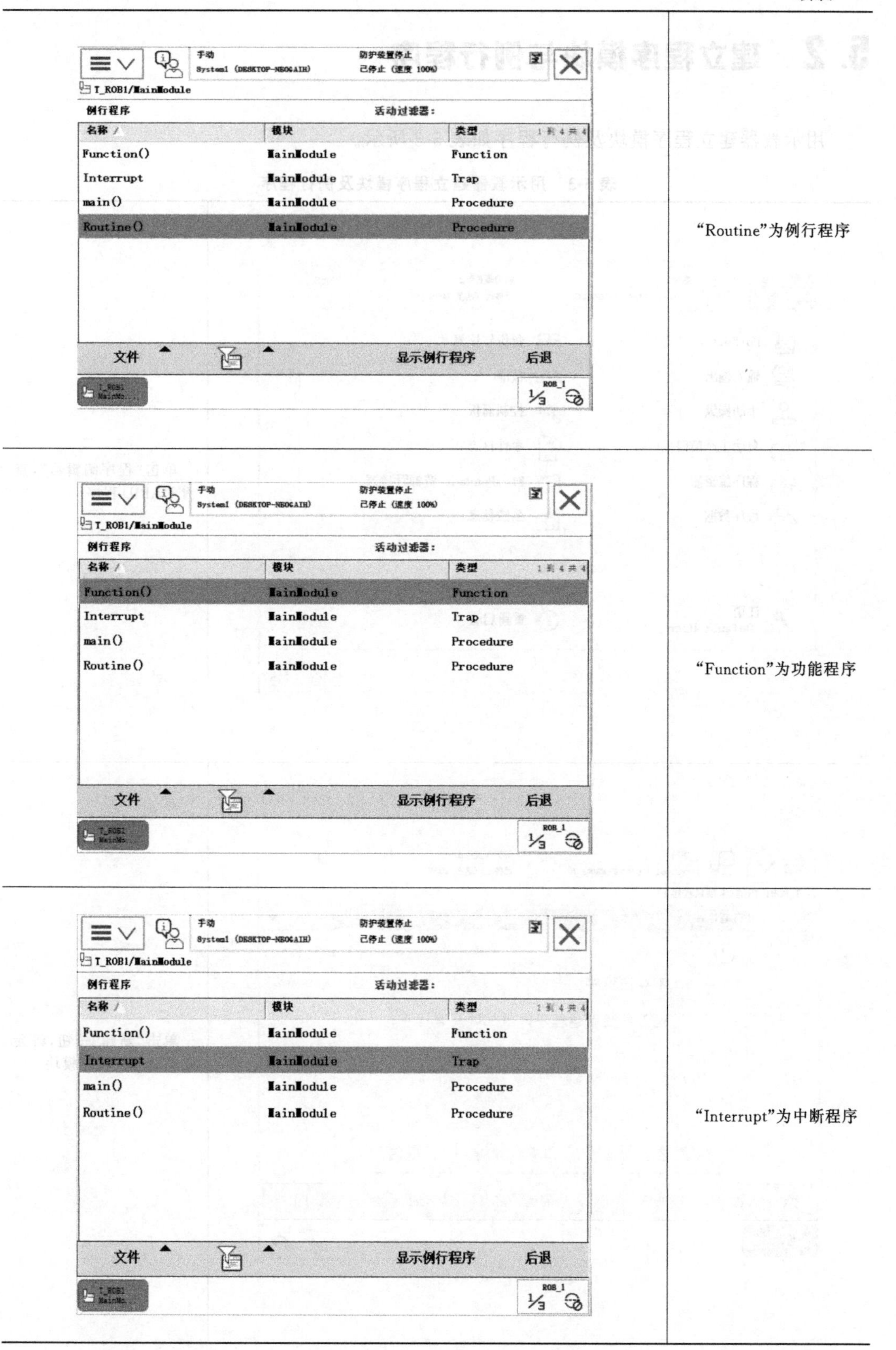

"Routine"为例行程序

"Function"为功能程序

"Interrupt"为中断程序

5.2 建立程序模块与例行程序

用示教器建立程序模块及例行程序如表 5-3 所示。

表 5-3 用示教器建立程序模块及例行程序

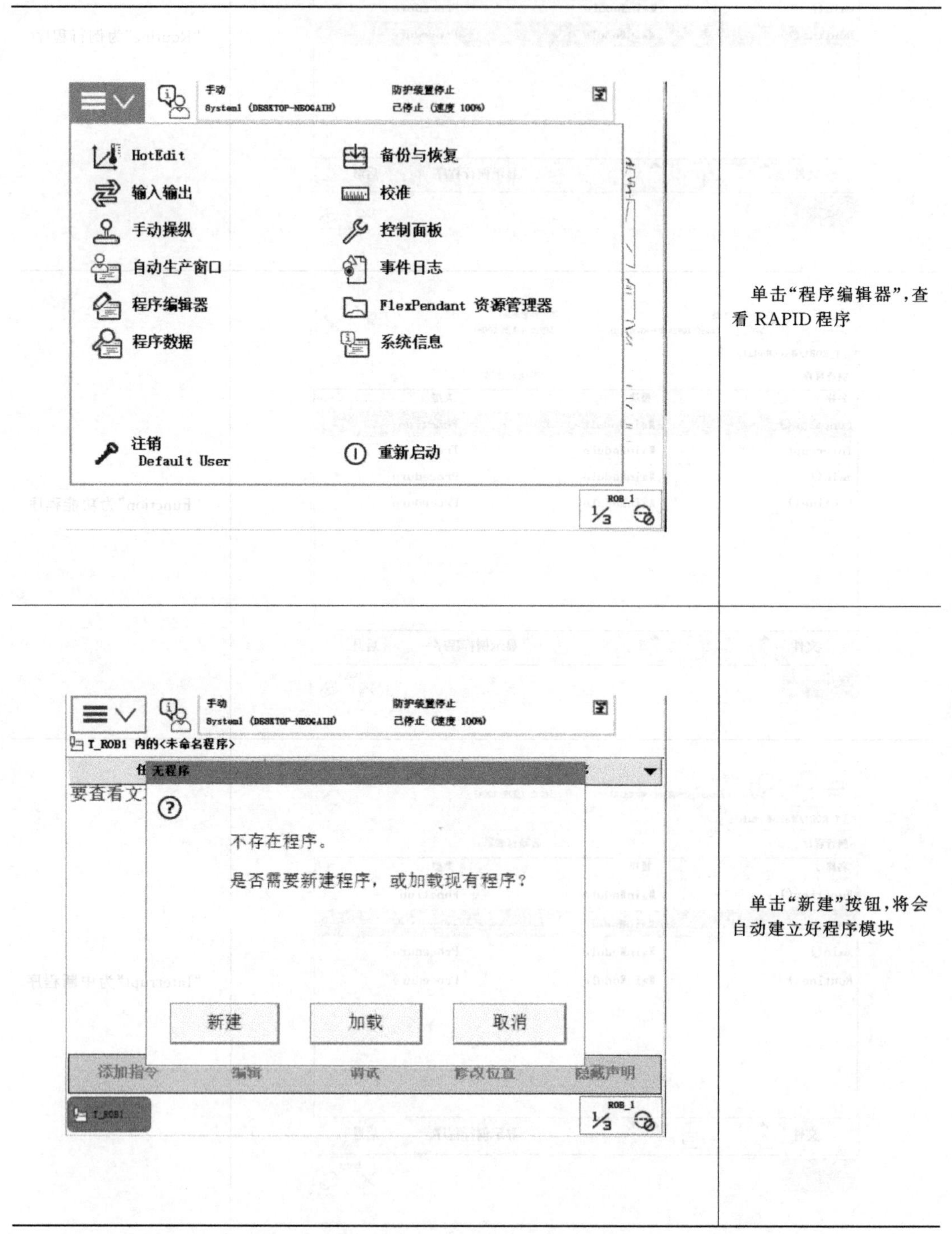

	单击“程序编辑器”，查看 RAPID 程序
	单击“新建”按钮，将会自动建立好程序模块

续表

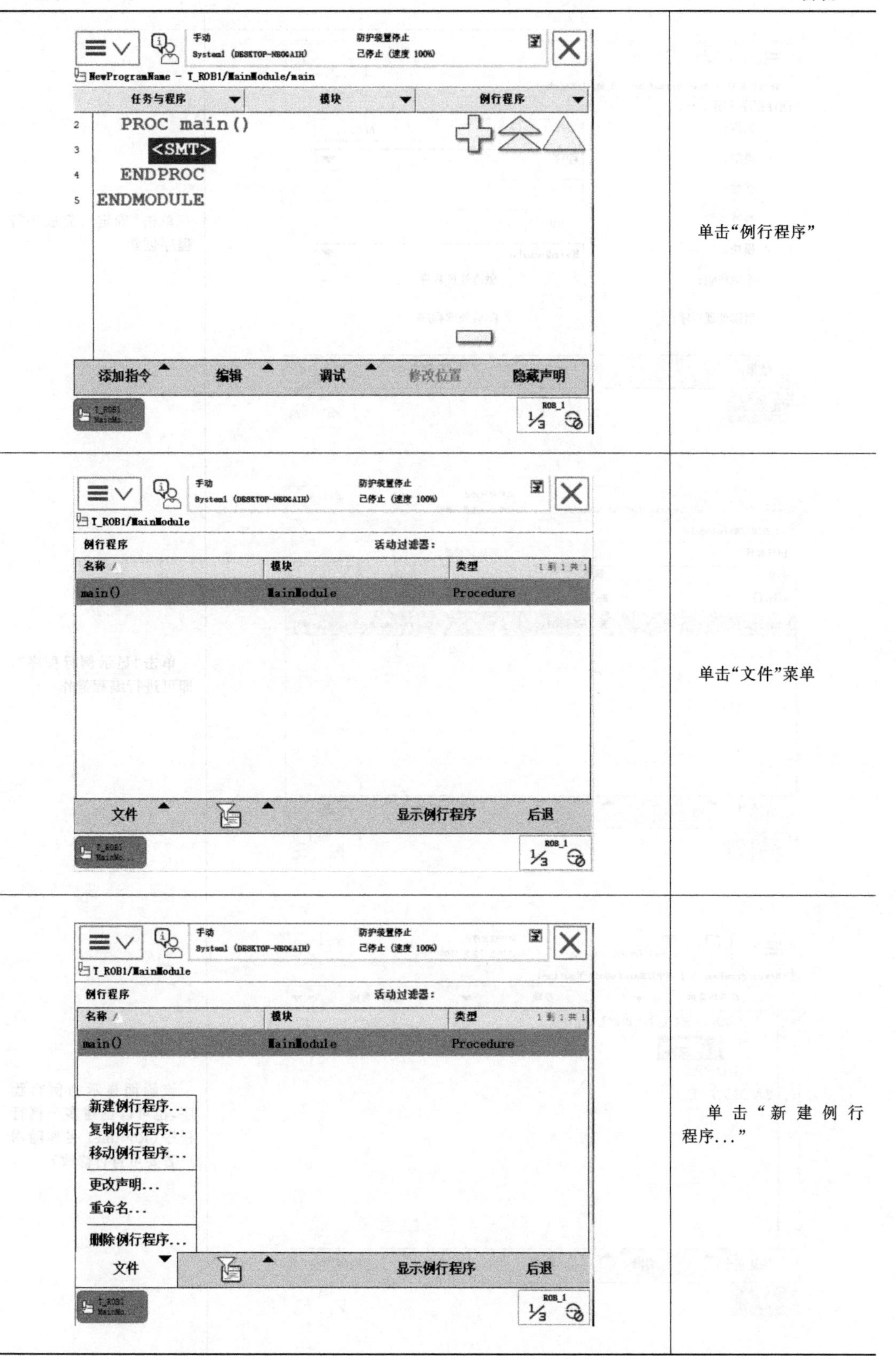

	单击“例行程序”
	单击“文件”菜单
	单击“新建例行程序...”

续表

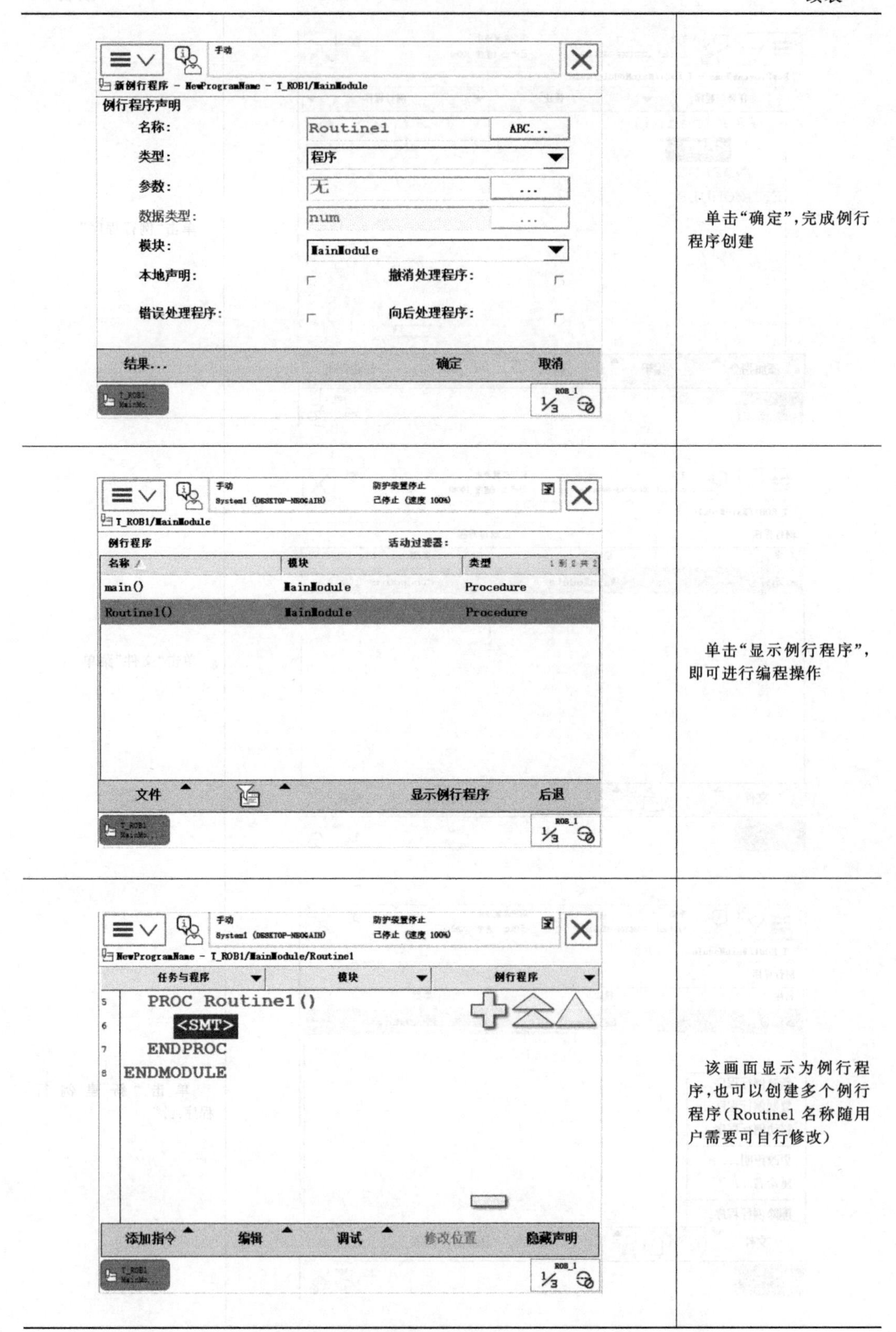

	单击“确定”，完成例行程序创建
	单击“显示例行程序”，即可进行编程操作
	该画面显示为例行程序，也可以创建多个例行程序（Routine1 名称随用户需要可自行修改）

5.3 常用的 RAPID 程序指令

ABB 工业机器人的 RAPID 编程提供了丰富的指令来完成各种简单与复杂的应用。下面从较常用的指令来学习 RAPID 程序，如表 5-4 所示。

表 5-4 常用 RAPID 程序指令

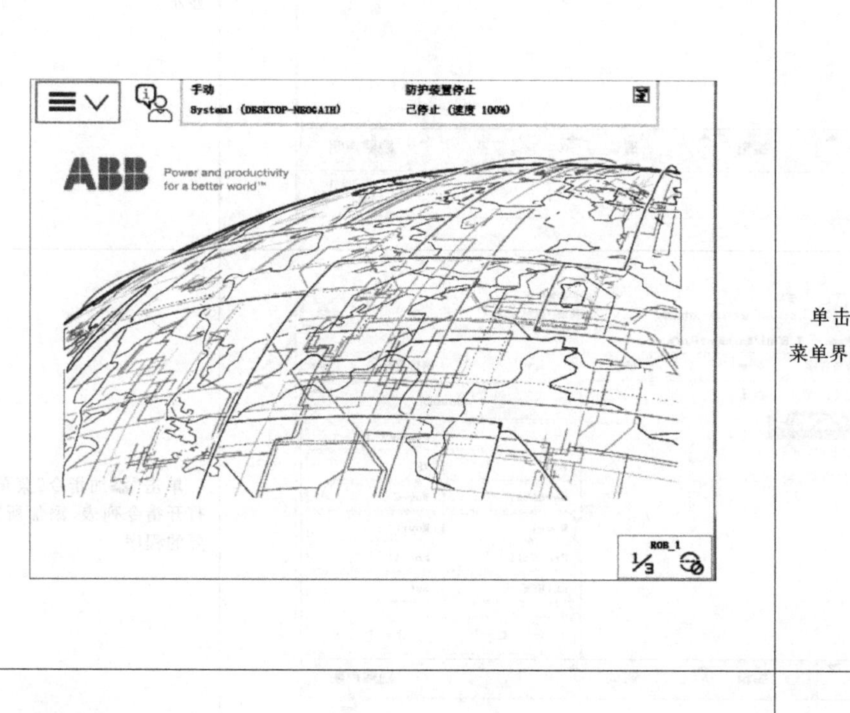	单击“≡∨”，进入菜单界面
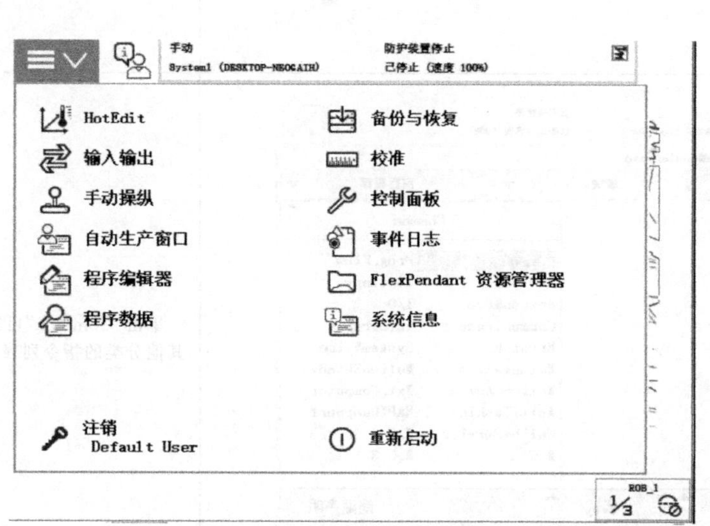	单击“程序编辑器”，进入程序编程界面

续表

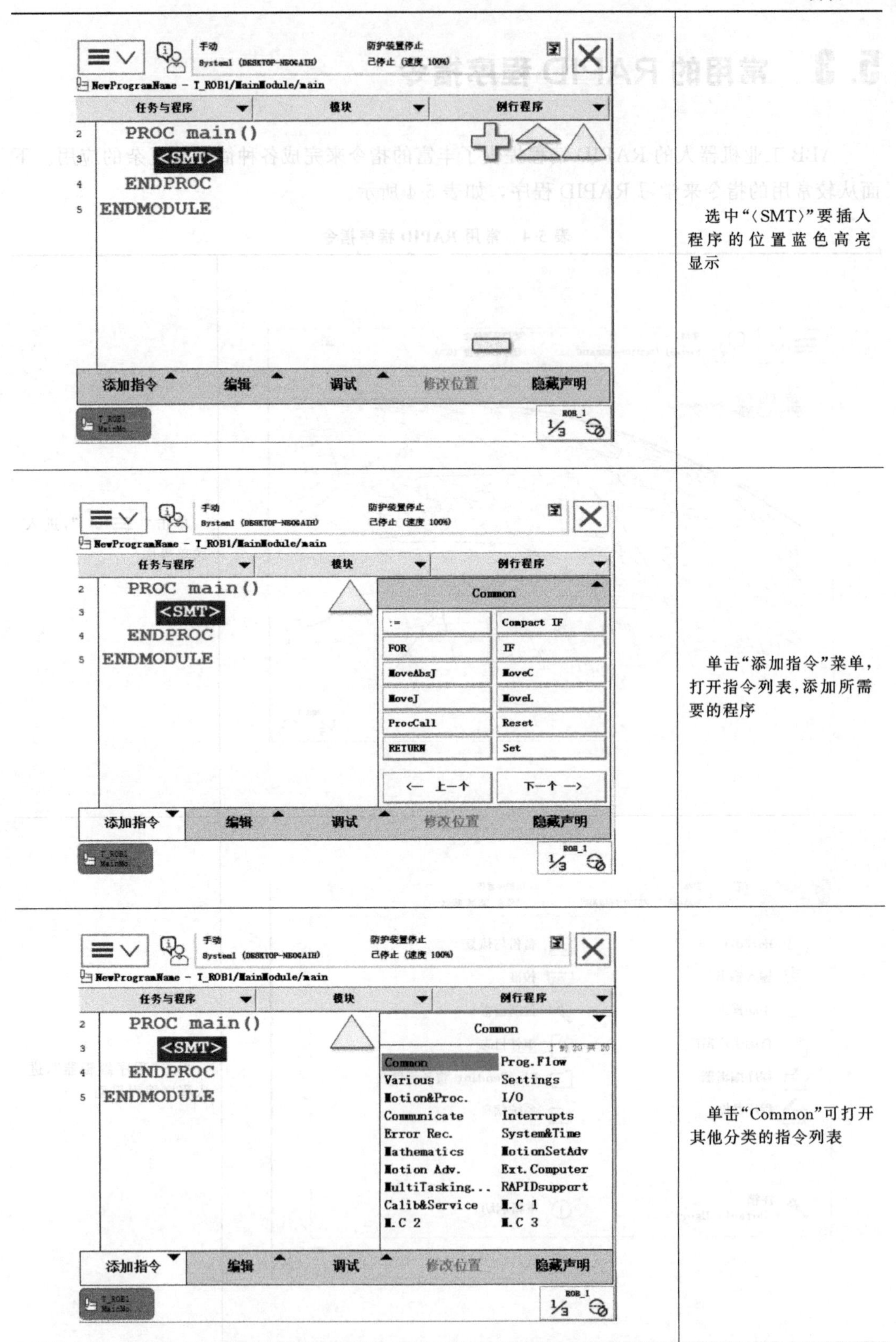

操作步骤	说明
	选中“〈SMT〉”要插入程序的位置蓝色高亮显示
	单击“添加指令”菜单，打开指令列表，添加所需要的程序
	单击“Common”可打开其他分类的指令列表

5.3.1 机器人运动指令

机器人在空间中的运动主要有关节运动（MoveJ）、线性运动（MoveL）、圆弧运动（MoveC）和绝对位置运动（MoveAbsJ）四种方式。

(1) MoveJ 关节运动指令

MoveJ 关节运动指令：由机器人自行规划一个尽量接近直线的最合适的路线，但不一定是直线，因此不容易走到极限位置，主要用于精度要求不高的情况，适合于大范围运动。关节运动示意图如图 5-1 所示，其指令应用如表 5-5 所示。

指令格式：

```
MoweJ[\Conc,]ToPint,Speed[\V][\T],Zone[\Z][\Inpos],Tool[\Wobj];
```

指令格式说明：

[\Conc,]　协作运动开关

ToPint　目标点，默认为 *

Speed　运行速度数据

[\V]　特殊运行速度，mm/s

[\T]　运行时间控制，s

Zone　运行转角数据

[\Z]　特殊运行转角，mm

[\Inpos]　运行停止点数据

Tool　工具坐标系中心点（TCP）

[\Wobj]　工件坐标系

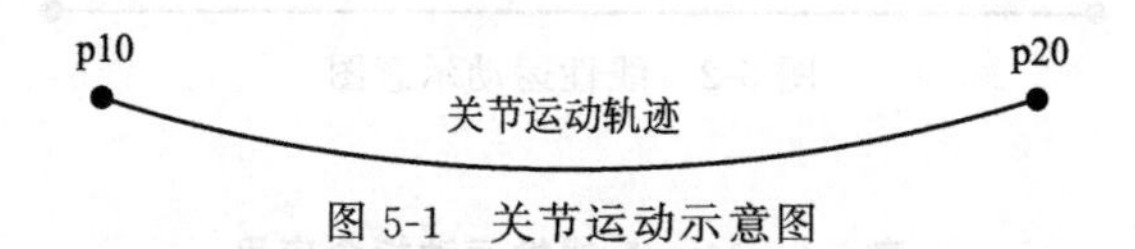

图 5-1　关节运动示意图

表 5-5　MoveJ 关节运动指令应用

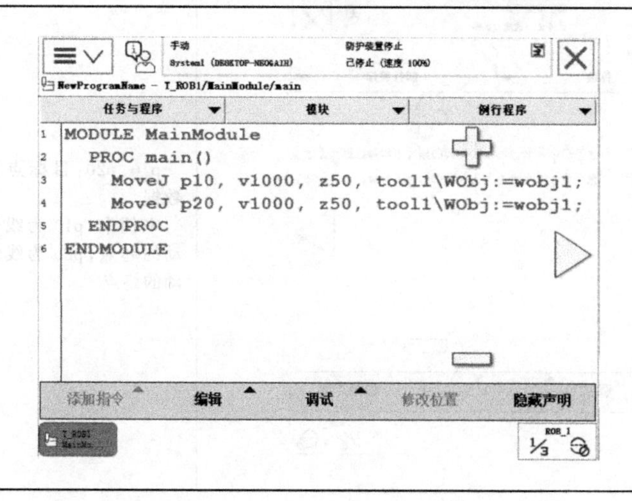	p10、p20：目标点位置数据 本例中，p10 为关节运动的起点，p20 为关节运动的终点

(2) MoveL 线性运动指令

MoveL 线性运动指令，用于对轨迹精度要求较高的情况。该指令可使机器人的 TCP 从起点到终点之间的路径始终保持为直线。一般如焊接、涂胶等应用对路径要求高的场合使用此指令。在应用此指令时应注意，直线长度不能太长，否则机器人容易走到死点位置。如果走到死点位置，可以在两点之间插入一个中间点，把路径分成两部分。线性运动示意图如图 5-2 所示，其指令应用如表 5-6 所示。

指令格式：

```
MoweL[\Conc,]ToPint,Speed[\V][\T],Zone[\Z][\Inpos],Tool[\Wobj][\Corr];
```

指令格式说明：

[\Conc,]　协作运动开关
ToPint　目标点，默认为 *
Speed　运行速度数据
[\V]　特殊运行速度，mm/s
[\T]　运行时间控制，s
ZoneV　运行转角数据
[\Z]　特殊运行转角，mm
[\Inpos]　运行停止点数据
Tool　工具坐标系中心点（TCP）
[\Wobj]　工件坐标系
[\Corr]　修正目标点开关

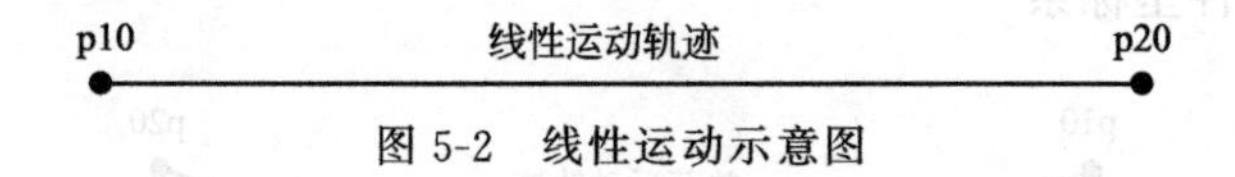

图 5-2　线性运动示意图

表 5-6　MoveL 线性运动指令应用

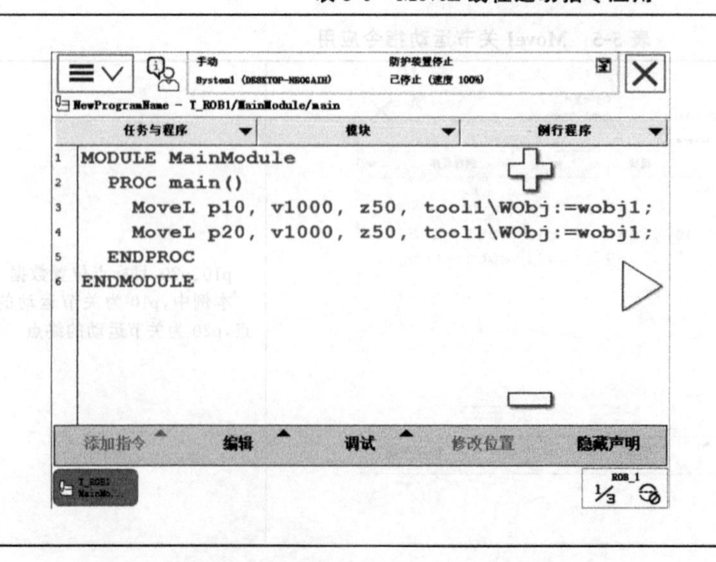	p10、p20：目标点位置数据 本例中，p10 为线性运动的起点，p20 为线性运动的终点

(3) MoveC 圆弧运动指令

MoveC 圆弧运动指令：在机器人可达到的空间范围内定义三个位置点完成一个圆弧运动（第一个点是圆弧的起点，第二个点用于圆弧的曲率，第三个点是圆弧的终点）。若要完成一个整圆加工，必须通过两个圆弧指令完成。圆弧运动示意图如图 5-3 所示，其指令应用如表 5-7 所示。

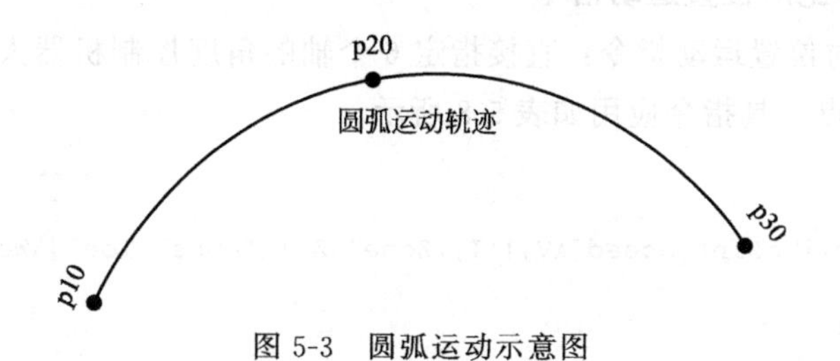

图 5-3 圆弧运动示意图

表 5-7 MoveC 圆弧运动指令应用

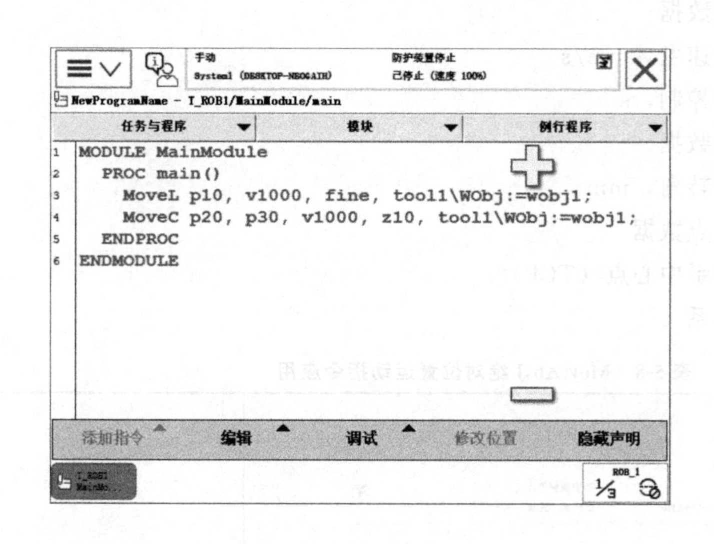	p10：圆弧的第一个点 p20：圆弧的第二个点 p30：圆弧的第三个点

指令格式：

```
MoweL[\Conc,]CirPoint,ToPint,Speed[\V][\T],Zone[\Z][\Inpos],Tool[\Wobj][\Corr];
```

指令格式说明：

[\Conc,] 协作运动开关

CirPoint 中间点，默认为 *

ToPint 目标点，默认为 *

Speed 运行速度数据

[\V] 特殊运行速度，mm/s

[\T] 运行时间控制，s

Zone 运行转角数据

[\Z]　　特殊运行转角，mm
[\Inpos]　运行停止点数据
Tool　　工具坐标系中心点（TCP）
[\Wobj]　工件坐标系
[\Corr]　修正目标点开关

(4）MoveAbsJ 绝对位置运动指令

MoveAbsJ 绝对位置运动指令：直接指定 6 个轴的角度控制机器人运动，常用于将机器人 6 个轴回归原点。具指令应用如表 5-8 所示。

指令格式：

```
MoweAbsJ[\Conc,]ToPint,Speed[\V][\T],Zone[\Z][\Inpos],Tool[\Wobj];
```

指令格式说明：

[\Conc,]　协作运动开关
ToPint　　目标点，默认为 *
Speed　　运行速度数据
[\V]　　特殊运行速度，mm/s
[\T]　　运行时间控制，s
Zone　　运行转角数据
[\Z]　　特殊运行转角，mm
[\Inpos]　运行停止点数据
Tool　　工具坐标系中心点（TCP）
[\Wobj]　工件坐标系

表 5-8　MoveAbsJ 绝对位置运动指令应用

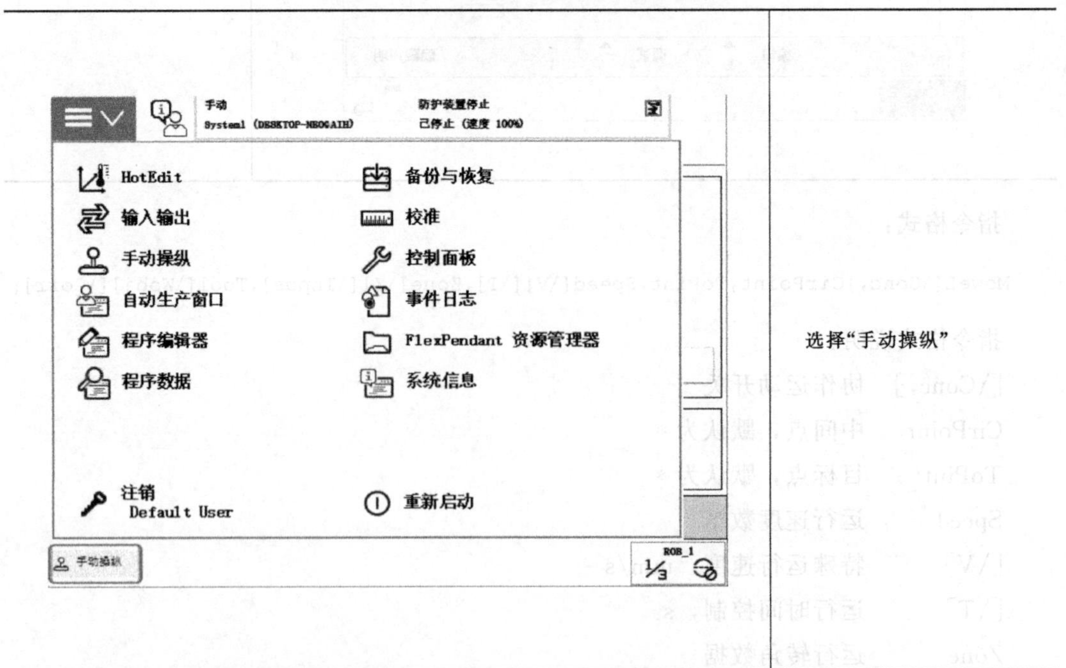	选择“手动操纵”

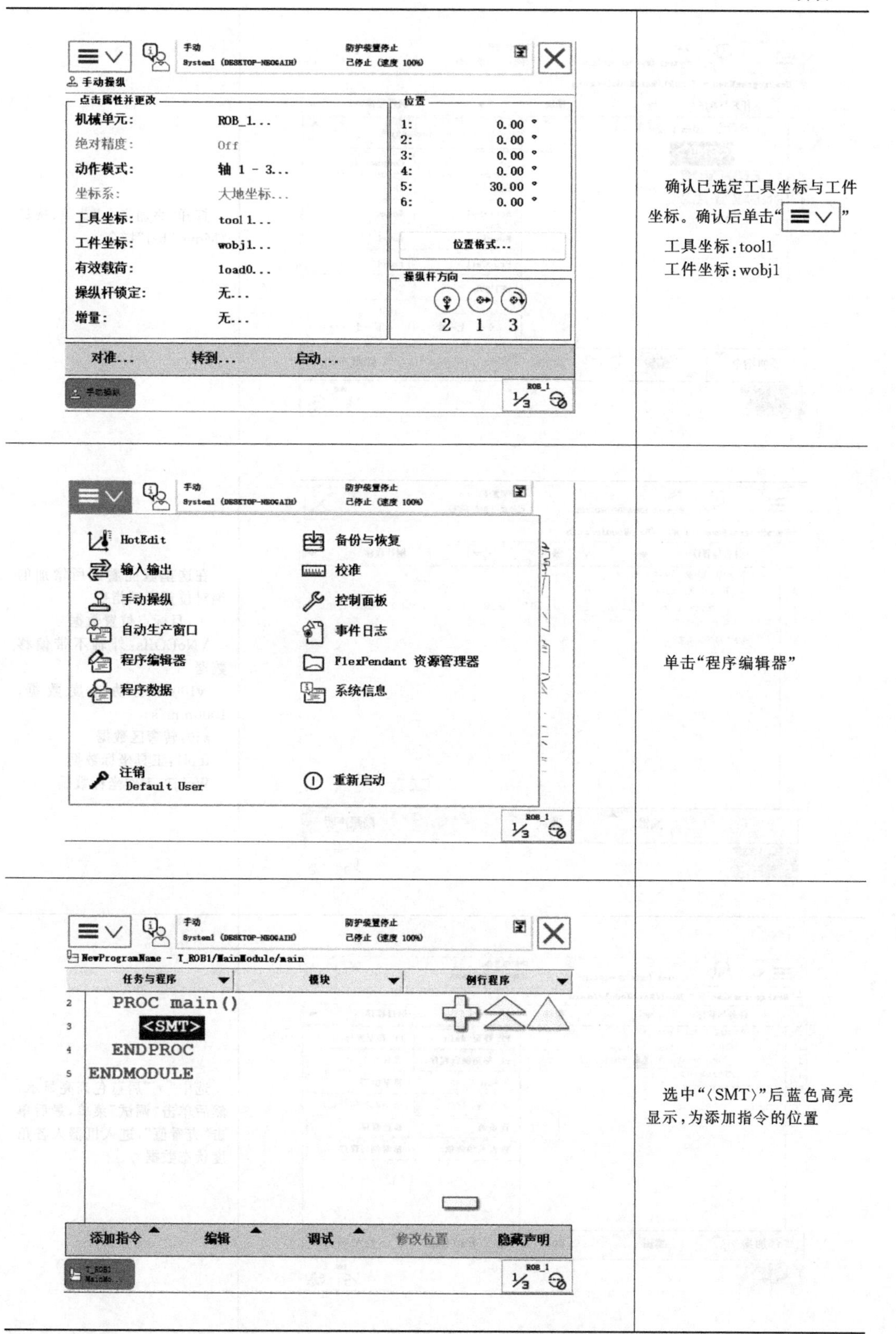

确认已选定工具坐标与工件坐标。确认后单击"≡∨"

工具坐标：tool1

工件坐标：wobj1

单击"程序编辑器"

选中"〈SMT〉"后蓝色高亮显示，为添加指令的位置

续表

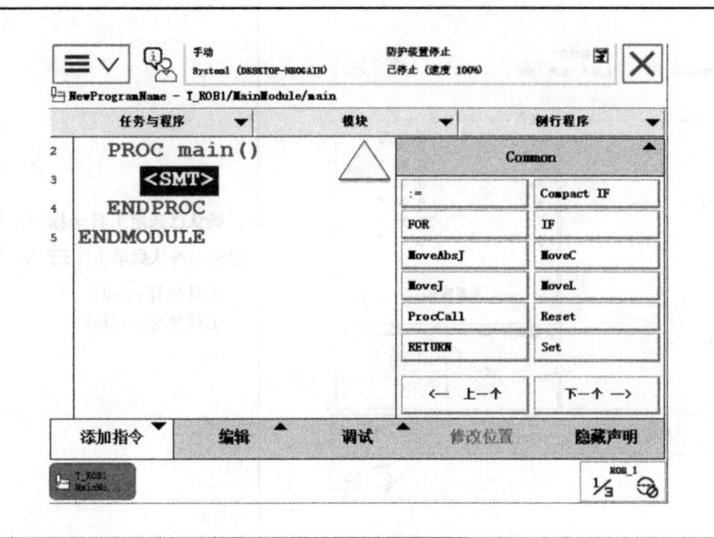

打开“添加指令”菜单，选择“MoveAbsJ”指令

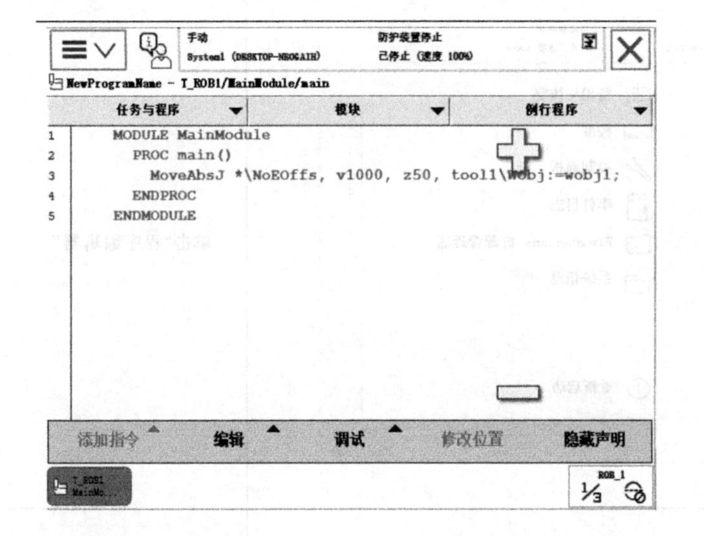

在这里就能看到所增加的绝对位置运动指令

*：目标点位置数据

\NoEOffs：外轴不带偏移数据

v1000：运动速度数据，1000mm/s

z50：转弯区数据

tool1：工具坐标数据

Wobj1：工件坐标数据

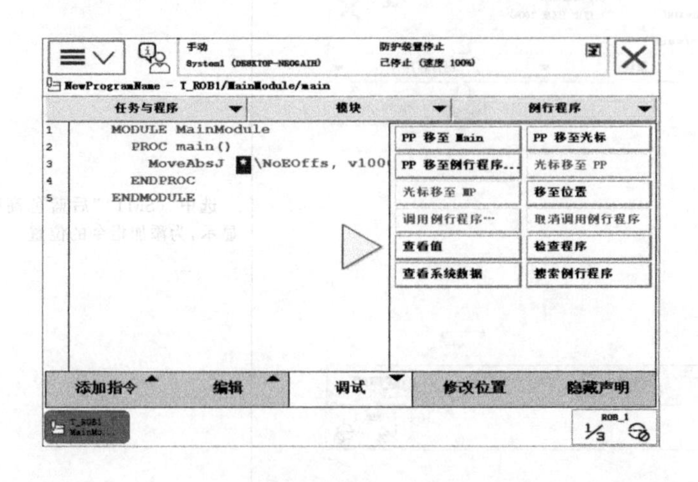

选中“*”后蓝色高亮显示，然后单击“调试”菜单，最后单击“查看值”，进入机器人各角度状态数据

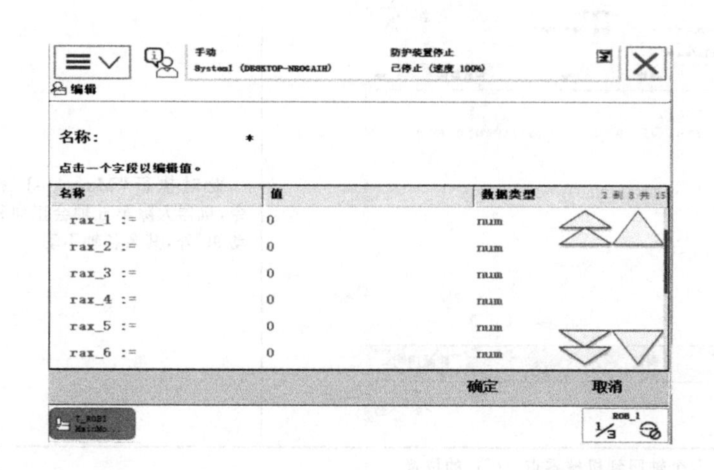	在这里就能看到机器人各角度数据的参数 示例：将机器人第五轴改为90°
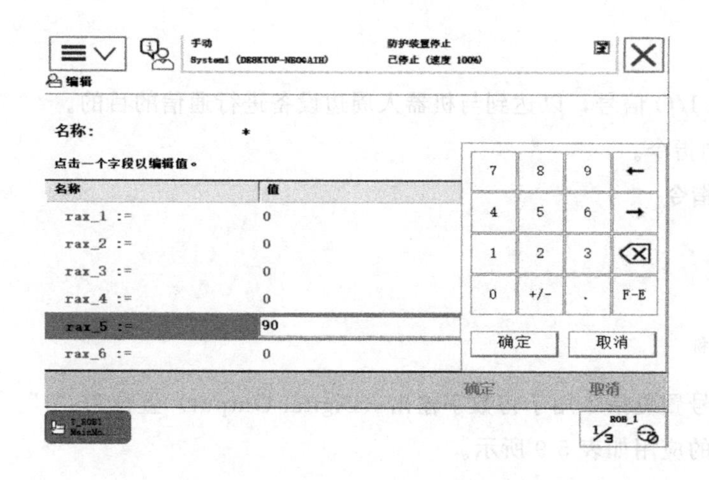	选中“rax_5”，接着通过软键盘输入数字“90”，然后单击“确定”
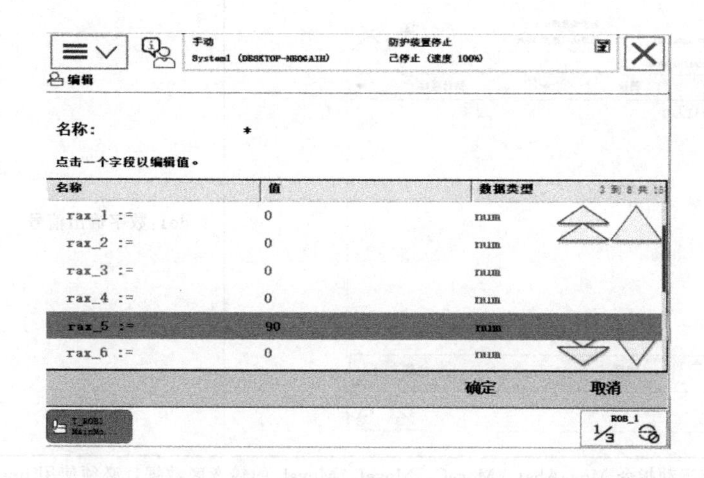	单击“确定”

续表

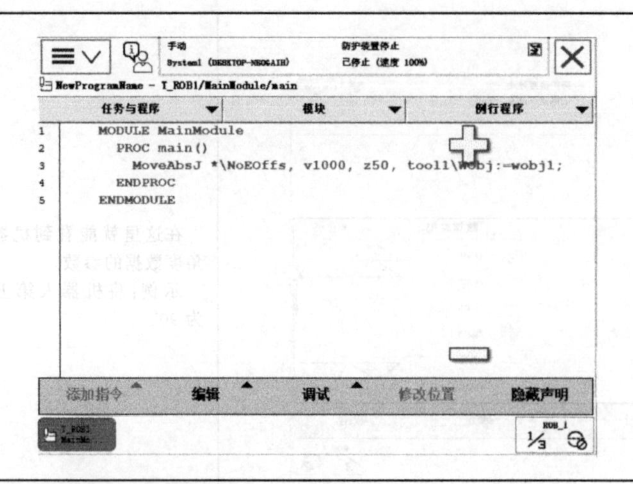	此时执行“MoveAbsJ”指令，机器人除第五轴会正向移动 90°外，其余各轴不动

注：1. MoveAbsJ 常用于机器人六个轴回到机械零点（0°）的位置。

2. 指令最大角度不能超过 240°。

5.3.2 I/O 控制指令

I/O 控制指令用于控制 I/O 信号，以达到与机器人周边设备进行通信的目的。下面介绍基本 I/O 控制指令。

(1) Set 数字信号置位指令

指令格式：

```
Set Signal;
```

Signal 机器人输出信号名称

指令应用：Set 数字信号置位指令用于将数字输出（Digital Output）置位为“1”。Set 数字信号置位指令的应用如表 5-9 所示。

表 5-9 Set 数字信号置位指令应用

手动 System1 (DESKTOP-NBOGAIH) 防护装置停止 已停止（速度 100%） NewProgramName - T_ROB1/MainModule/main 任务与程序 模块 例行程序 1 MODULE MainModule 2 PROC main() 3 Set do1; 4 ENDPROC 5 ENDMODULE 添加指令 编辑 调试 修改位置 隐藏声明 T_ROB1 MainMo... ROB_1 1/3	do1：数字输出信号

注：如果在 Reset、Set 指令前有运动指令 MoveAbsJ、MoveC、MoveJ、MoveL 的转弯区数据，必须使用 fine 才可以准确地输出 I/O 信号状态变化。这是因为机器人的光标比机器人运动到位置要快。

（2）Reset 数字信号复位指令

指令格式：`Reset Signal;`

指令格式说明：Signal 机器人输出信号名称。

指令应用：Reset 数字信号复位指令用于将数字输出（Digital Output）置为“0”。Reset 数字信号复位指令的应用如表 5-10 所示。

表 5-10　Reset 数字信号复位指令的应用

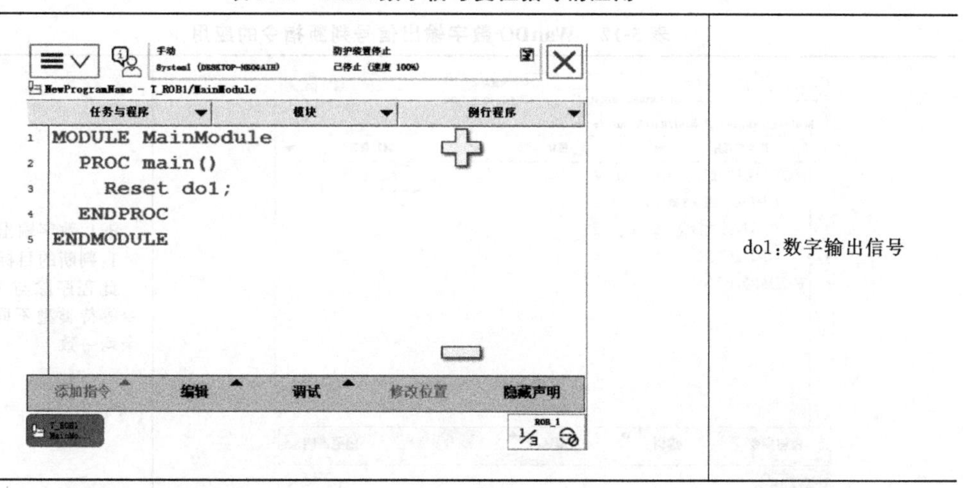	do1:数字输出信号

（3）WaitDI 数字输入信号判断指令

指令格式：`WaitDI Signal,Value;`

指令格式说明：Signal 输入信号名称。

Value 输入信号值

指令应用：WaitDI 数字输入信号判断指令用于判断数字输入信号的值是否与目标一致。WaitDI 数字输入信号判断指令的应用如表 5-11 所示。

表 5-11　WaitDI 数字输入信号判断指令的应用

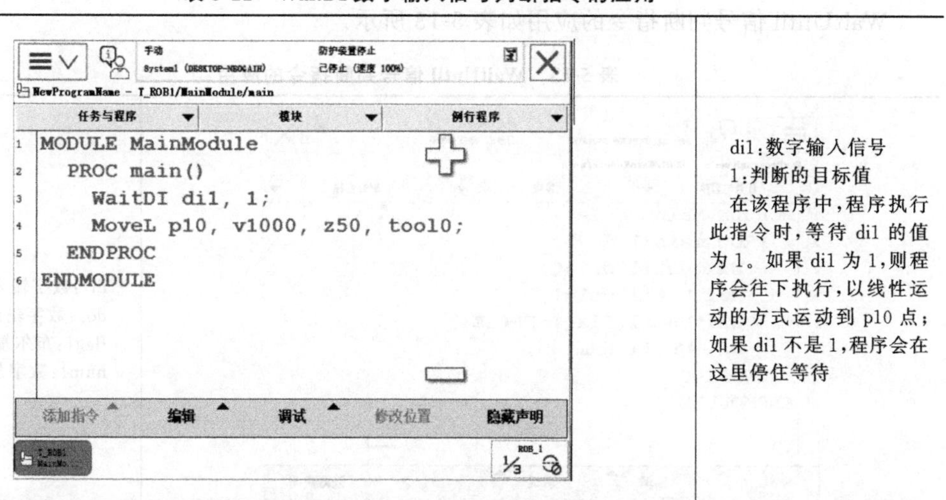	di1:数字输入信号 1:判断的目标值 在该程序中，程序执行此指令时，等待 di1 的值为 1。如果 di1 为 1，则程序会往下执行，以线性运动的方式运动到 p10 点；如果 di1 不是 1，程序会在这里停住等待

注：最大等待时间为 300s（此时间可自行设定）。超过最大等待时间，di1 的值还是不为 1，则机器人报警或者进入出错处理程序。

(4) WaitDO 数字输出信号判断指令

指令格式：`WaitDO Signal,Value;`

指令格式说明：Signal 输出信号名称。

Value　输出信号值

指令应用：WaitDO 数字输出信号判断指令用于判断数字输出信号的值是否与目标一致。WaitDO 数字输出信号判断指令的应用如表 5-12 所示。

表 5-12　WaitDO 数字输出信号判断指令的应用

<table>
<tr>
<td>
手动
System1 (DESKTOP-NEOGAIH)
防护装置停止
已停止 (速度 100%)
NewProgramName - T_ROB1/MainModule/main
任务与程序　模块　例行程序
1 MODULE MainModule
2 　PROC main()
3 　　WaitDO do1, 1;
4 　ENDPROC
5 ENDMODULE
添加指令　编辑　调试　修改位置　隐藏声明
T_ROB1 MainMo...　ROB_1 1/3
</td>
<td>do1:数字输出信号
1:判断的目标值
此程序除与 WaitDI 指令等待类型不同之外,其余均一致</td>
</tr>
</table>

(5) WaitUntil 信号判断指令

指令格式：`WaitUntil [\InPos,] Cond;`

指令格式说明：[\ InPos,] 提前量开关

Cond 判断条件

指令应用：WaitUntil 信号判断指令可用于布尔量、数字量和 I/O 信号值的判断，如果条件达到指令中的设定值，程序继续往下执行，否则就一直等待，除非设定了最大等待时间。

WaitUntil 信号判断指令的应用如表 5-13 所示。

表 5-13　WaitUntil 信号判断指令的应用

<table>
<tr>
<td>
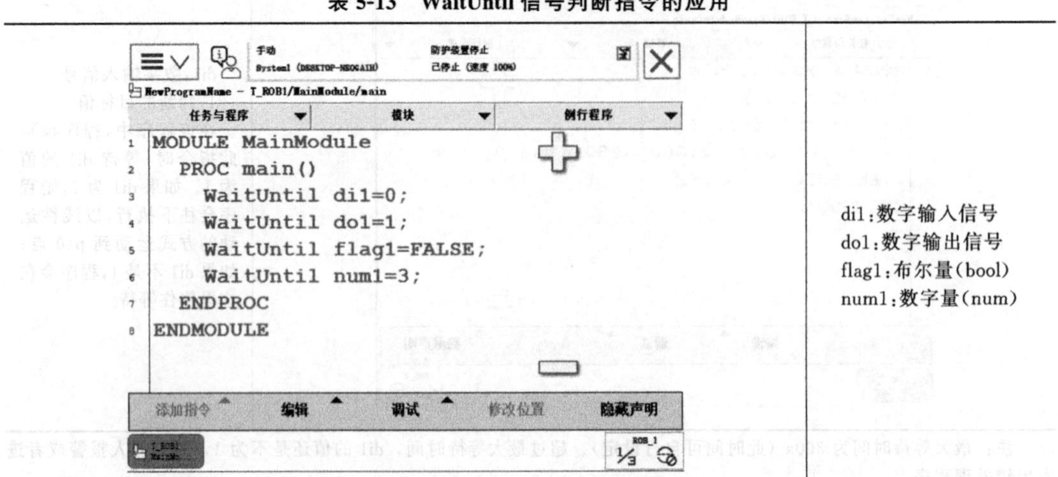

</td>
<td>di1:数字输入信号
do1:数字输出信号
flag1:布尔量(bool)
num1:数字量(num)</td>
</tr>
</table>

5.3.3 赋值指令

指令格式：变量:=表达式

指令格式说明：赋值指令左边必须是单个变量，右边的表达式可以是常量、变量或普通表达式。其作用是将赋值指令右边表达式的值赋给左边的变量。

下面就以添加常量赋值与数字表达式赋值说明此指令的使用。

常量赋值:reg6:=4;

数字表达式赋值:reg7:=reg6+6;

(1) 添加常量赋值指令的操作（表 5-14）

表 5-14 添加常量赋值指令的操作

<table>
<tr><td>
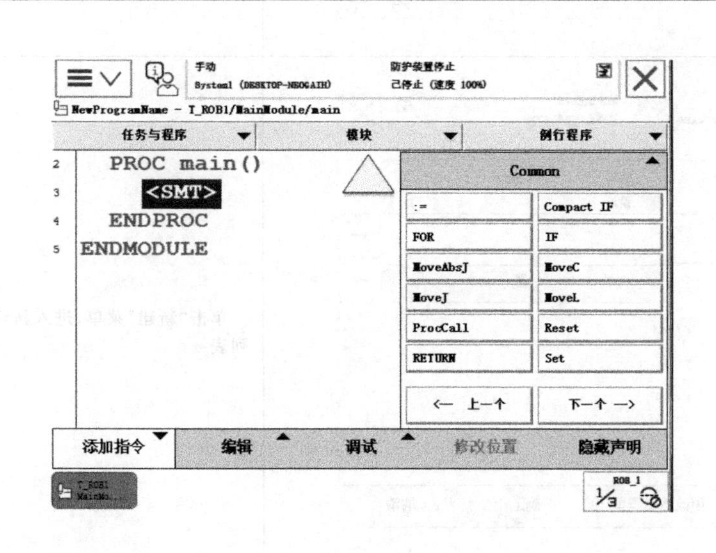

</td><td>选中“〈SMT〉”后蓝色高亮显示，为添加指令的位置，然后打开“添加指令”菜单，最后在指令列表中选择“:=”</td></tr>
<tr><td>
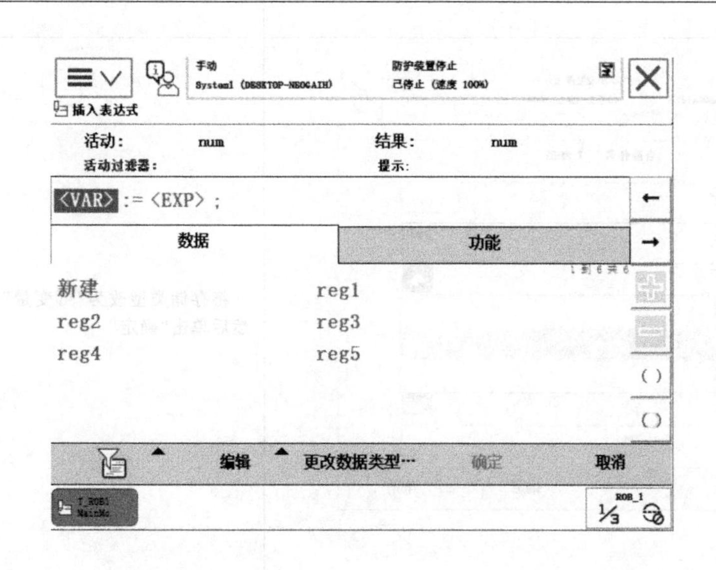

</td><td>单击“更改数据类型…”。（一般情况下，系统会默认为num数据类型，可根据实际情况进行选择，在这里重头选择）</td></tr>
</table>

续表

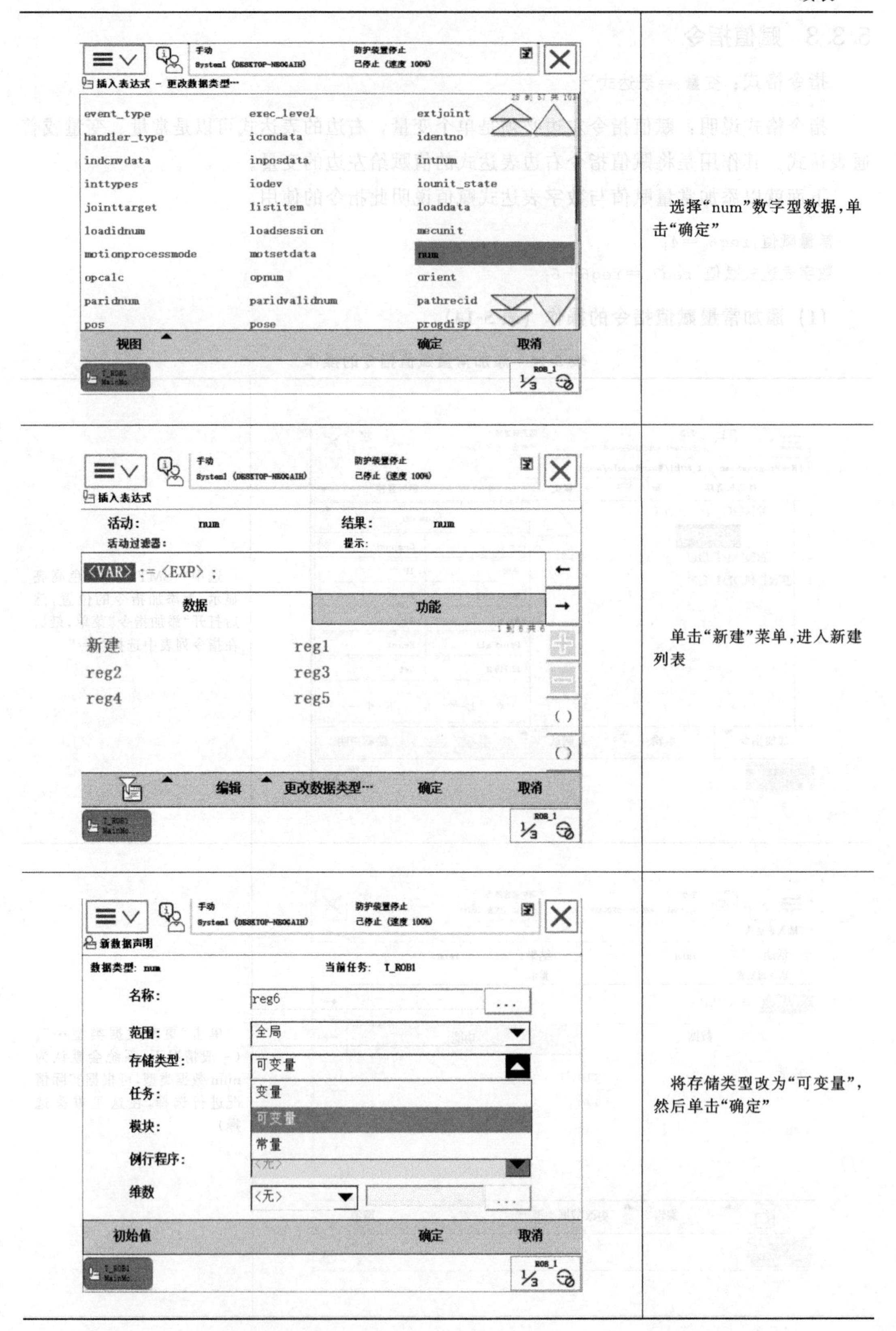

操作	说明
(图)	选择“num”数字型数据，单击“确定”
(图)	单击“新建”菜单，进入新建列表
(图)	将存储类型改为“可变量”，然后单击“确定”

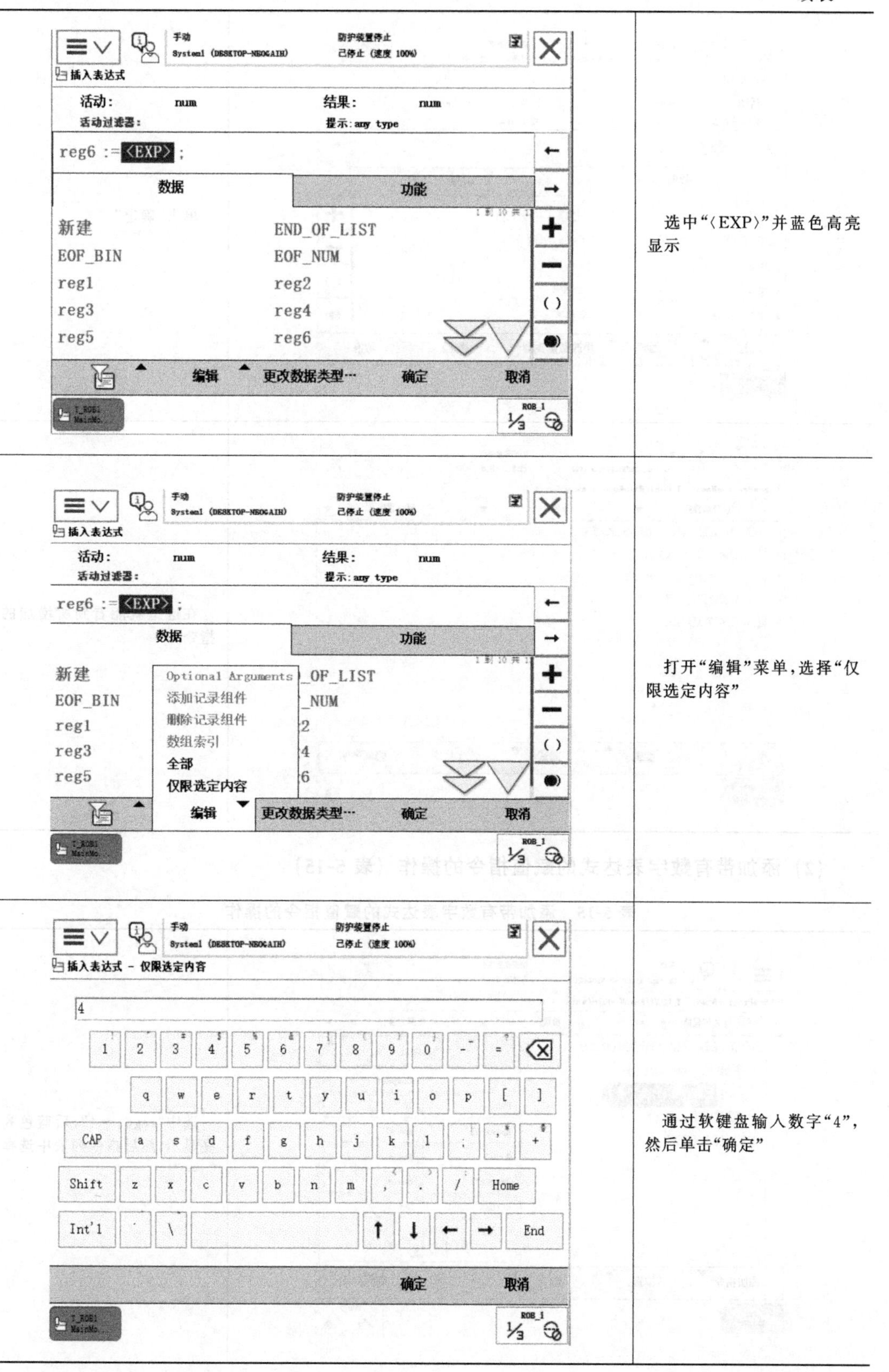

选中“〈EXP〉”并蓝色高亮显示

打开“编辑”菜单，选择“仅限选定内容”

通过软键盘输入数字“4”，然后单击“确定”

续表

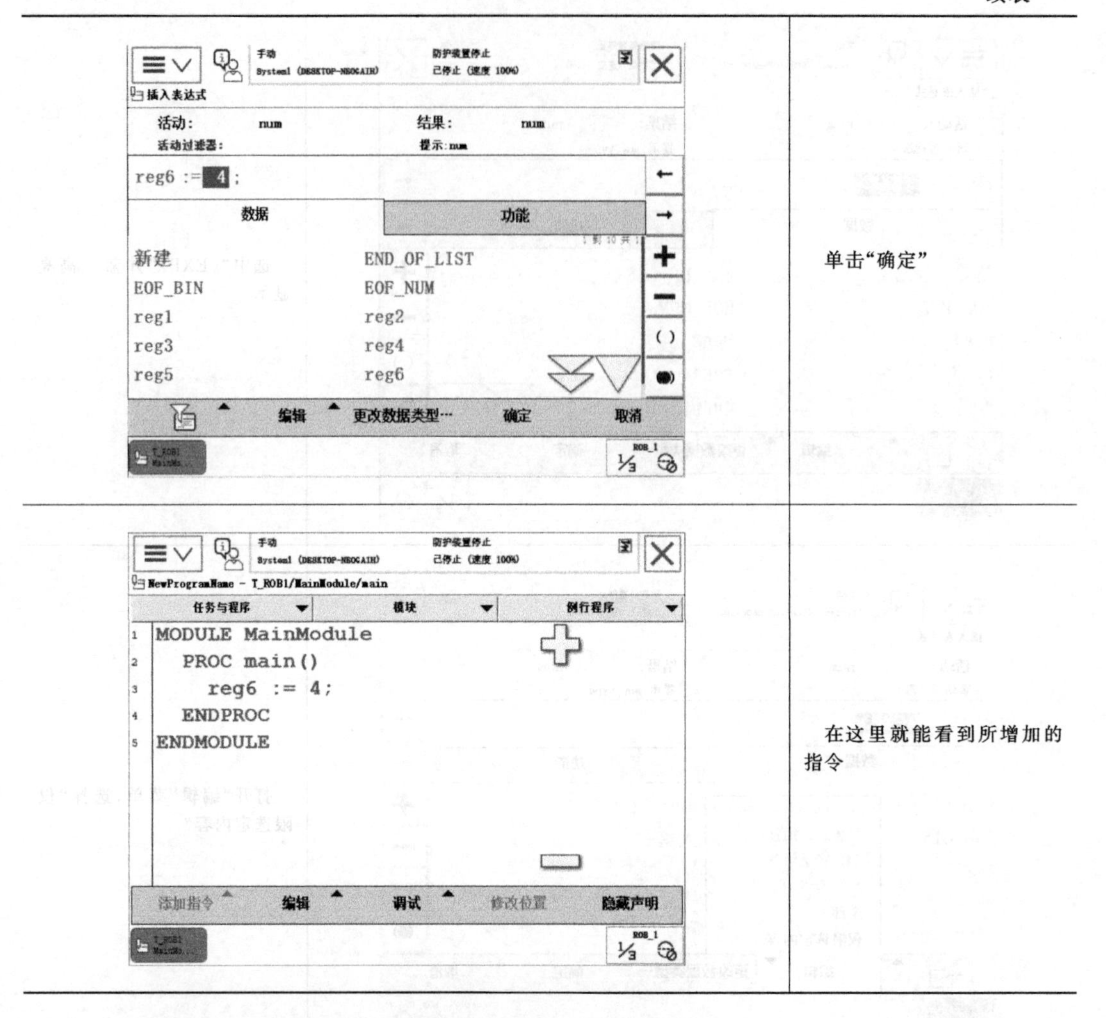	单击“确定”
	在这里就能看到所增加的指令

(2) 添加带有数字表达式的赋值指令的操作（表 5-15）

表 5-15 添加带有数字表达式的赋值指令的操作

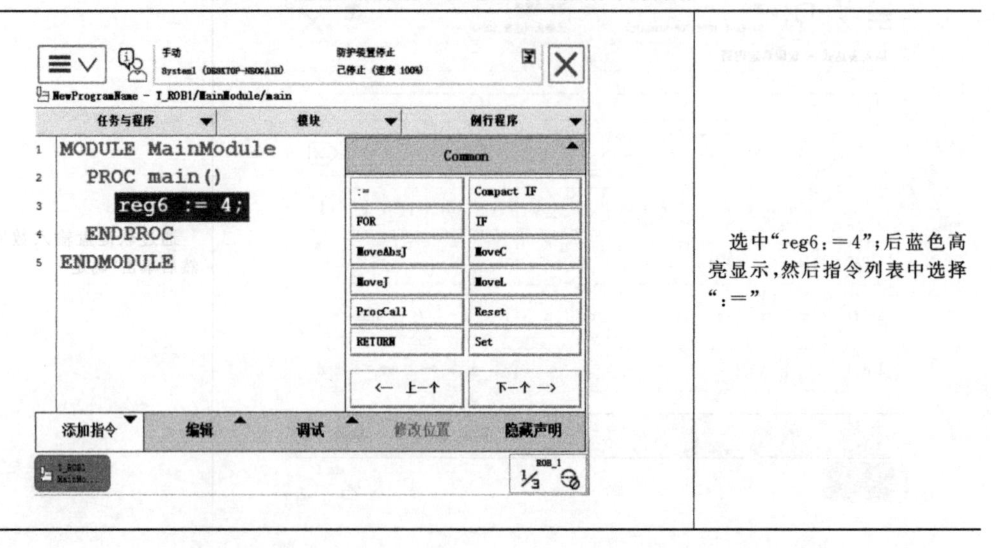	选中“reg6:=4”;后蓝色高亮显示，然后指令列表中选择“:=”

续表

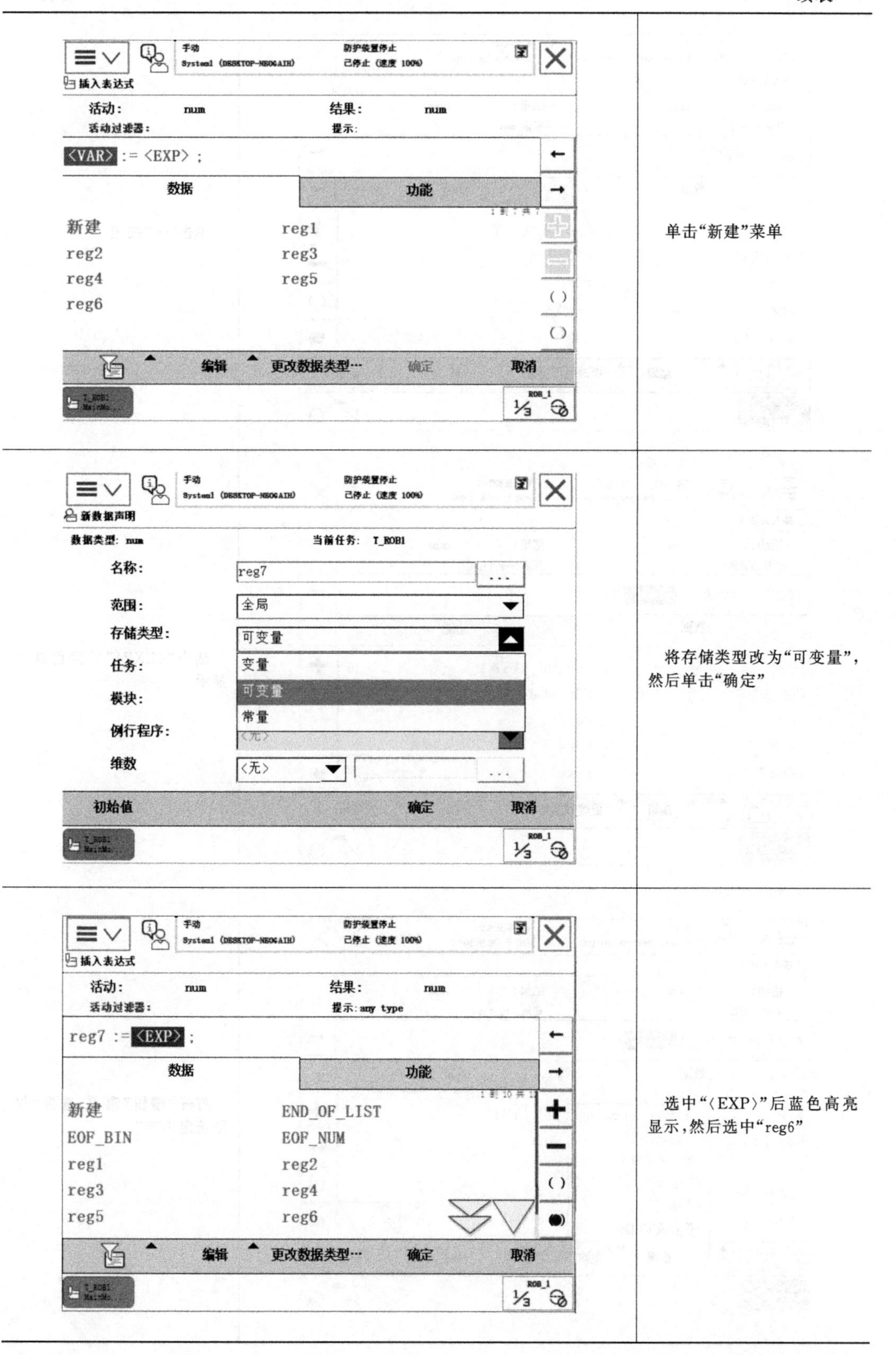

操作界面	说明
	单击“新建”菜单
	将存储类型改为“可变量”，然后单击“确定”
	选中“〈EXP〉”后蓝色高亮显示，然后选中“reg6”

续表

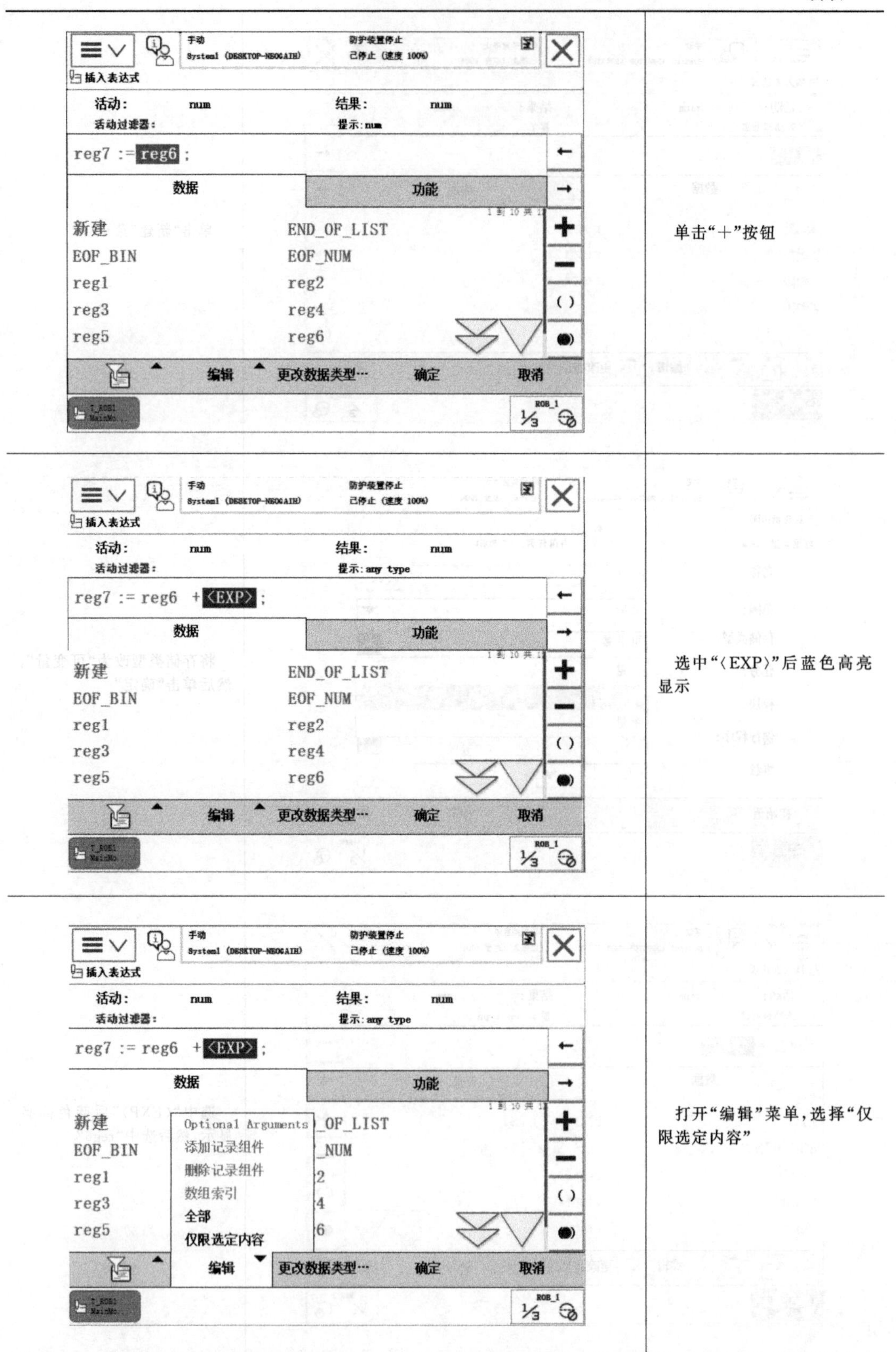

单击“+”按钮

选中“〈EXP〉”后蓝色高亮显示

打开“编辑”菜单，选择“仅限选定内容”

续表

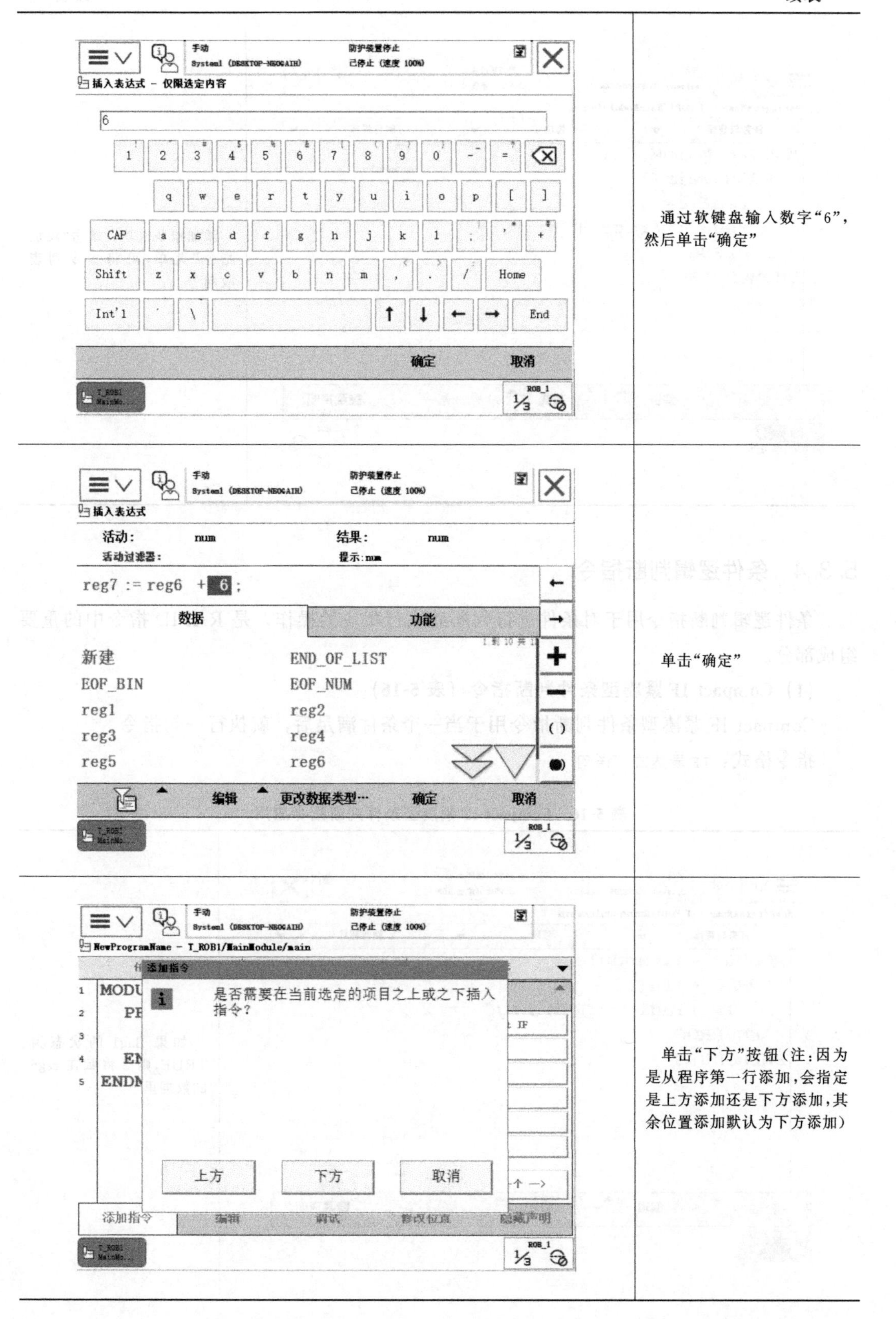

	通过软键盘输入数字“6”，然后单击“确定”
	单击“确定”
	单击“下方”按钮（注：因为是从程序第一行添加，会指定是上方添加还是下方添加，其余位置添加默认为下方添加）

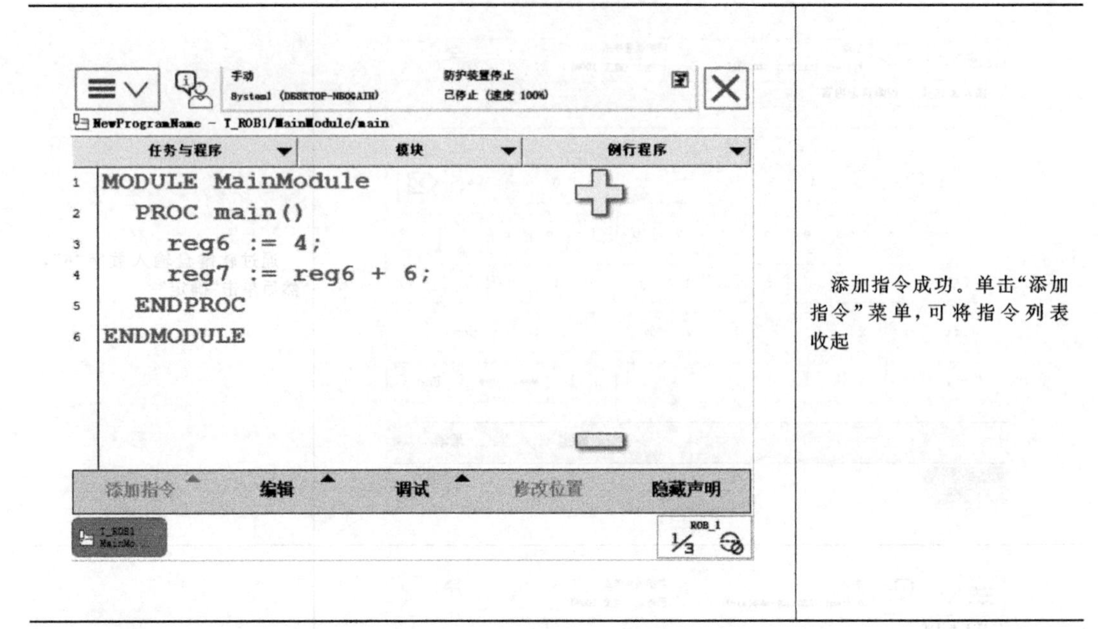	添加指令成功。单击“添加指令”菜单，可将指令列表收起

5.3.4 条件逻辑判断指令

条件逻辑判断指令用于对条件进行判断后执行相应的操作，是 RAPID 指令中的重要组成部分。

（1）Compact IF 紧凑型条件判断指令（表 5-16）

Compact IF 紧凑型条件判断指令用于当一个条件满足后，就执行一句指令。

指令格式：`IF 表达式 语句`

表 5-16 Compact IF 紧凑型条件判断指令应用

手动 System1 (DESKTOP-NEO6AIH) 防护装置停止 已停止 (速度 100%) NewProgramName - T_ROB1/MainModule/main 任务与程序 模块 例行程序 1 MODULE MainModule 2 PROC main() 3 IF flag1 = TRUE reg6 := 2; 4 ENDPROC 5 ENDMODULE 添加指令 编辑 调试 修改位置 隐藏声明 ROB_1	如果 flag1 的状态为 TRUE，则 2 将赋在 reg6 的数据里

（2）IF 条件判断指令

指令格式 1：IF 表达式 THEN

```
IF 表达式 THEN
    语句
ENDIF
```

IF 条件判断指令的应用如表 5-17 所示。

表 5-17　IF 条件判断指令的应用（一）

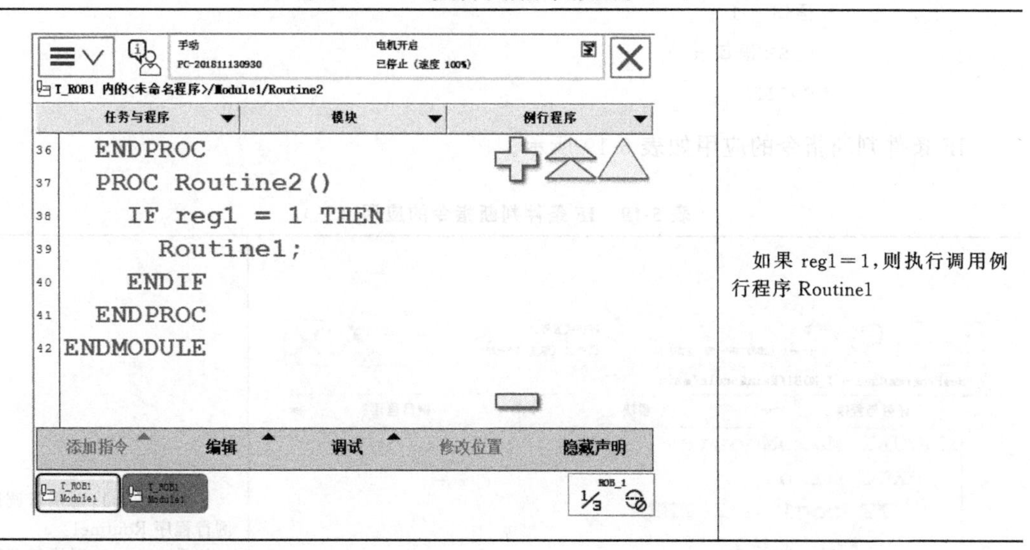	如果 reg1＝1，则执行调用例行程序 Routine1

指令格式 2：IF 表达式 THEN

```
IF 表达式 THEN
    语句 1
ELSE
    语句 2
ENDIF
```

IF 条件判断指令的应用如表 5-18 所示。

表 5-18　IF 条件判断指令的应用（二）

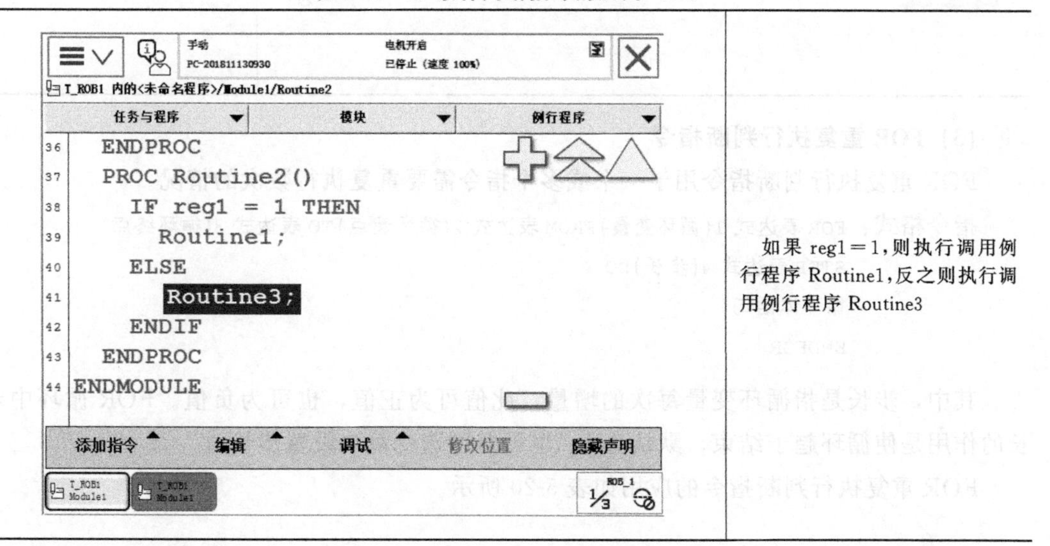	如果 reg1＝1，则执行调用例行程序 Routine1，反之则执行调用例行程序 Routine3

指令格式 3：IF 表达式 1　THEN

　　　　　语句 1

　　　　　ELSEIF 表达式 2　THEN

　　　　　语句 2

　　　　　⋮

　　　　　ELSEIF 表达式 n-1　THEN

　　　　　语句 n-1

　　　　　ELSE 语句 n

　　　　　ENDIF

IF 条件判断指令的应用如表 5-19 所示。

表 5-19　IF 条件判断指令的应用（三）

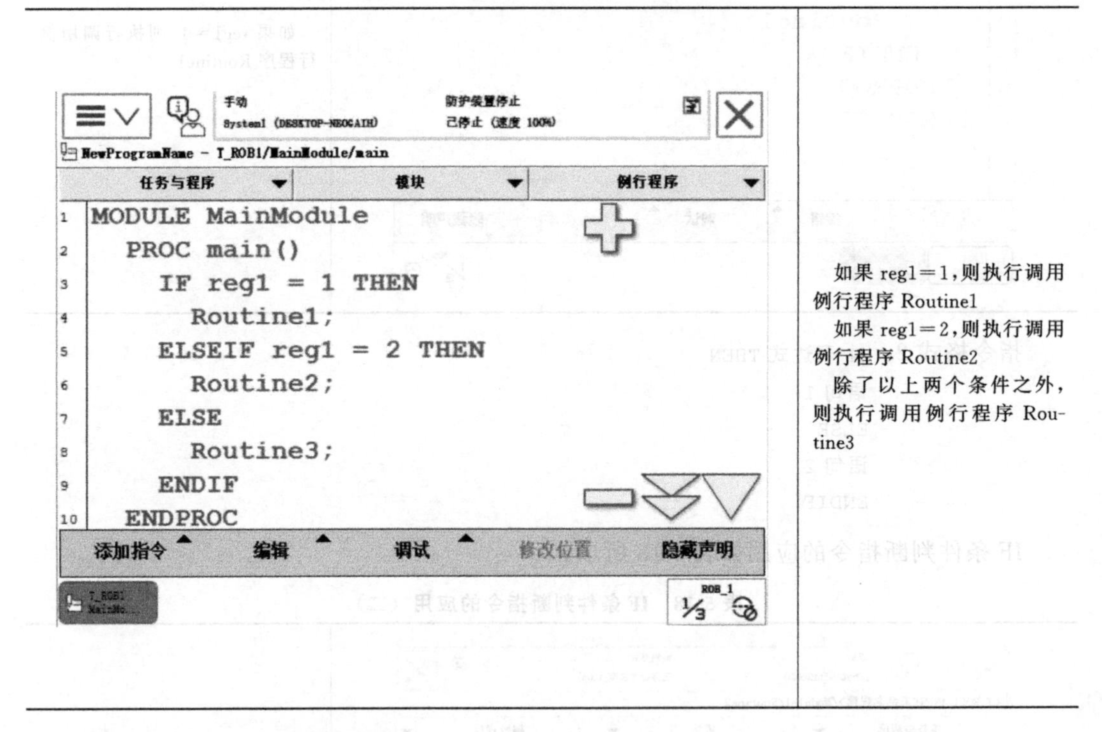

如果 reg1＝1，则执行调用例行程序 Routine1

如果 reg1＝2，则执行调用例行程序 Routine2

除了以上两个条件之外，则执行调用例行程序 Routine3

(3) FOR 重复执行判断指令

FOR 重复执行判断指令用于一个或多个指令需要重复执行数次的情况。

指令格式：FOR 表达式 1(循环变量)FROM 表达式 2(循环起点)TO 表达式 3(循环终点)

　　　　　STEP 表达式 4(步长)DO

　　　　　循环体语句

　　　　　ENDFOR

其中，步长是指循环变量每次的增量，此值可为正值，也可为负值。FOR 循环中步长的作用是使循环趋于结束，默认为 1，也可在可选变量中设置步长值。

FOR 重复执行判断指令的应用如表 5-20 所示。

表 5-20　FOR 重复执行判断指令的应用

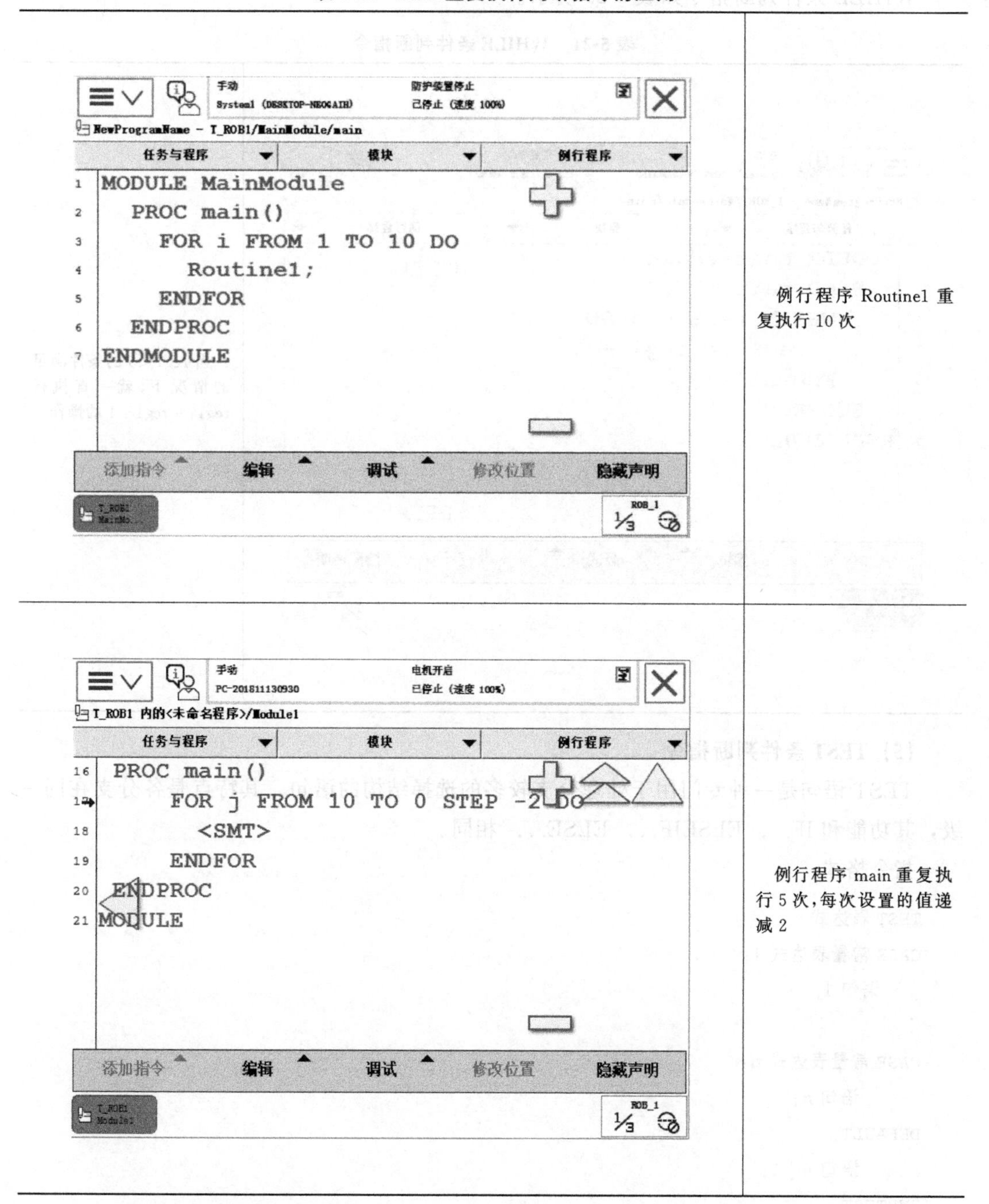

（见上图第一个界面）	例行程序 Routine1 重复执行 10 次
（见上图第二个界面）	例行程序 main 重复执行 5 次，每次设置的值递减 2

(4) WHILE 条件判断指令

WHILE 条件判断指令用于在给定条件满足的情况下，一直重复执行对应的指令。它的特点是先判断循环条件，后执行循环体。

指令格式：

```
WHILE 循环条件表达式 DO
    循环体语句
ENDWHILE
```

WHILE 条件判断指令如表 5-21 所示。

表 5-21 WHILE 条件判断指令

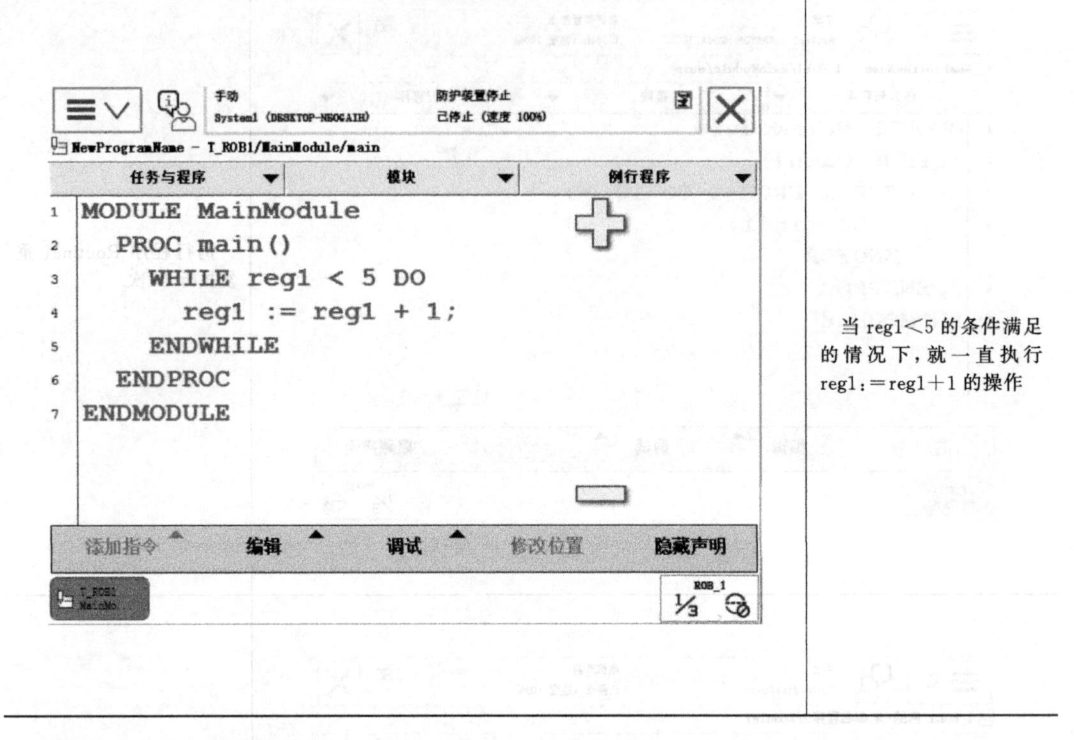	当 reg1＜5 的条件满足的情况下，就一直执行 reg1：＝reg1＋1 的操作

（5）TEST 条件判断指令

TEST 语句是一种专门用于处理分支较多的选择结构的语句。其特点是各分支在同一级，其功能和 IF... ELSEIF... ELSE... 相同。

指令格式：

```
TEST 表达式
CASE 常量表达式 1:
    语句 1;
⋮
CASE 常量表达式 n:
      语句 n;
DEFAULT:
      语句 n+1;
ENDTEST
```

在执行中，首先判断表达式的值，然后判断 CASE 后面的常量表达式的值是否与 TEST 后面的表达式的值相同，如相同则执行值相同的 CASE 语句。如果没有一个 CASE 后面的常量表达式的值和 TEST 后面的表达式相同，则执行 DEFAULT 后面的语句。

TEST 条件判断指令的应用如表 5-22 所示。

表 5-22　TEST 条件判断指令的应用

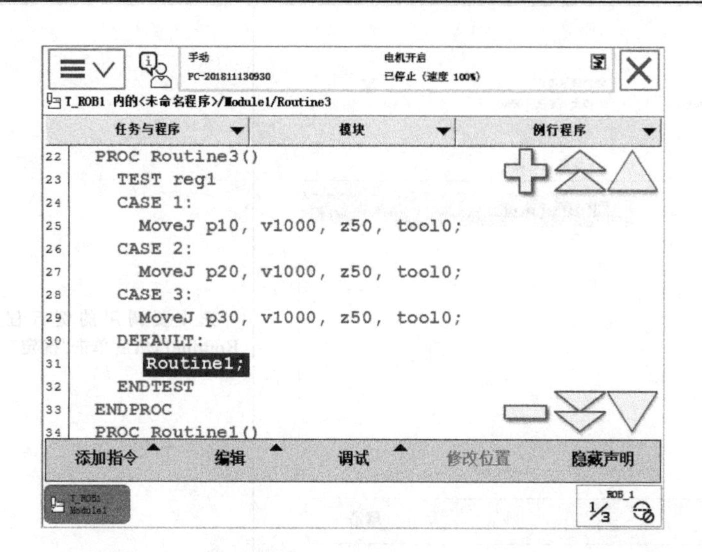

当 reg1＝1 时，执行 CASE1 设置的状态；当 reg1＝2 时，执行 CASE2 设置的状态；当 reg1＝3 时，执行 CASE3 设置的状态；当 reg1 中的值不满足 1、2、3 时，执行例行程序 Routine1

5.3.5　其他常用指令

下面介绍一些其他常用指令。

(1) ProcCall 调用例行程序指令

指令格式：`Procedure{Argument};`

指令格式说明：Procedure 例行程序名称

{Argument} 例行程序参数

指令应用：通过使用此指令在指定的位置调用例行程序。

ProcCall 调用例行程序指令的应用如表 5-23 所示。

表 5-23　ProcCall 调用例行程序指令的应用

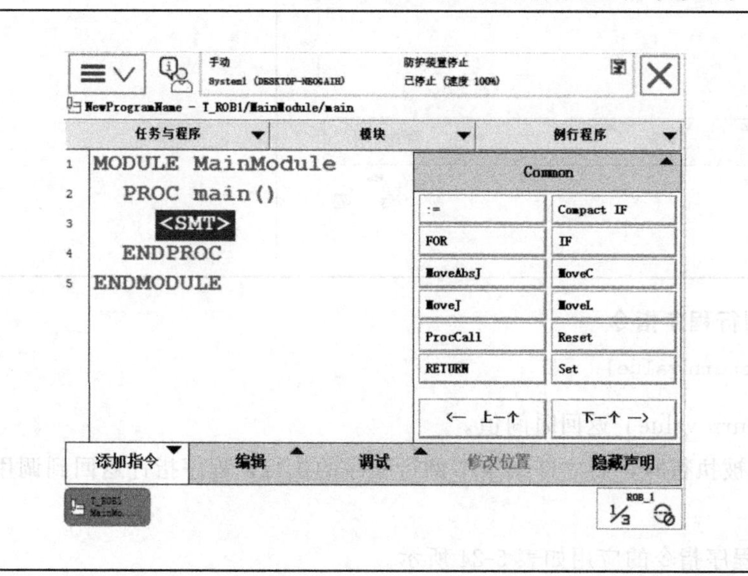

选中“<SMT>”并显示蓝色高亮，此为要调用例行程序的位置

打开“添加指令”菜单，选择“ProcCall”指令

续表

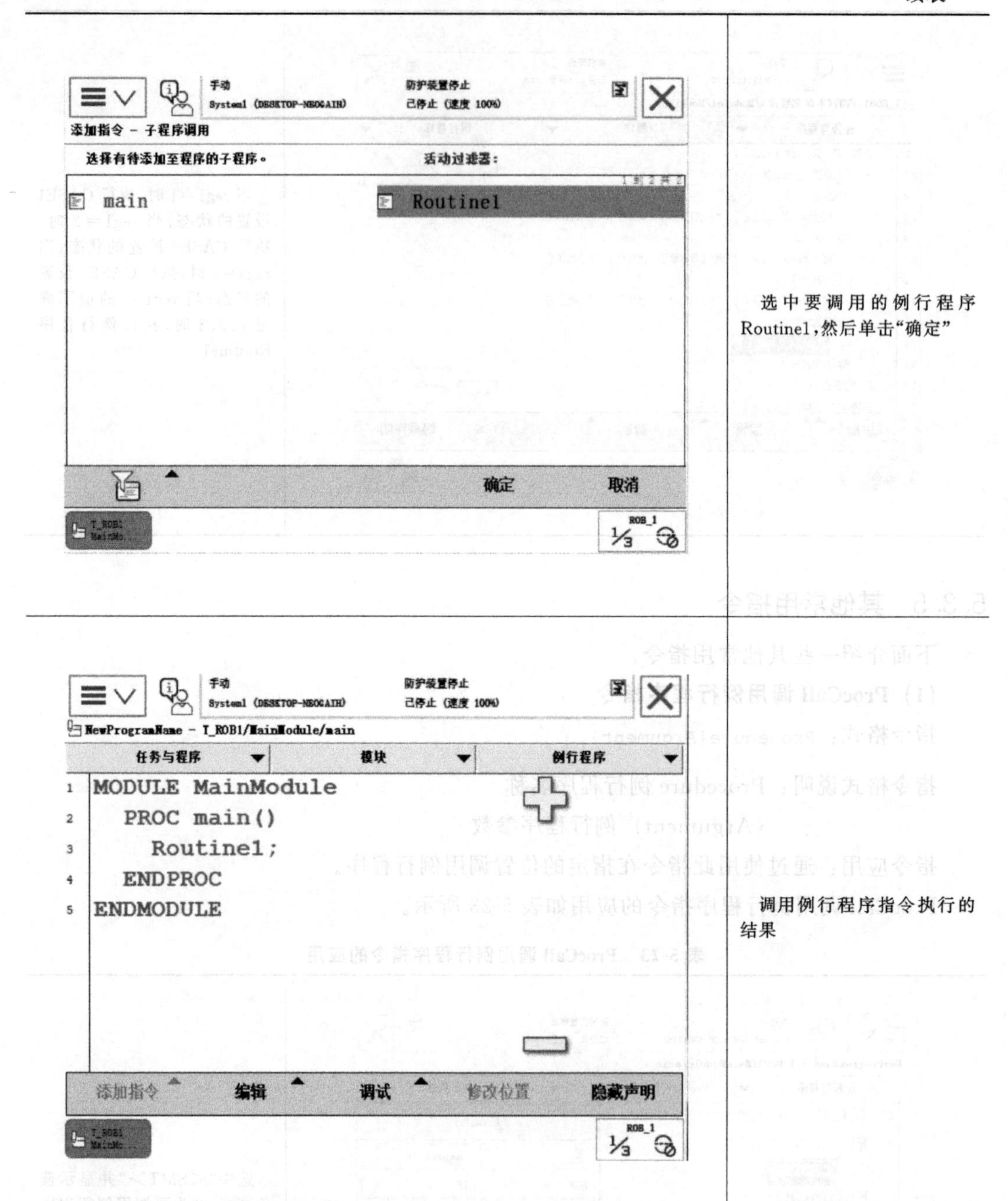

	选中要调用的例行程序Routine1,然后单击“确定”
	调用例行程序指令执行的结果

(2) RETURN 返回例行程序指令

指令格式:RETURN[Return value];

指令格式说明:[Return value] 返回时间值。

指令应用:当此指令被执行时,则立即结束本例行程序的执行,程序指针返回到调用此例行程序的位置。

RETURN 返回例行程序指令的应用如表 5-24 所示。

表 5-24　RETURN 返回例行程序指令的应用

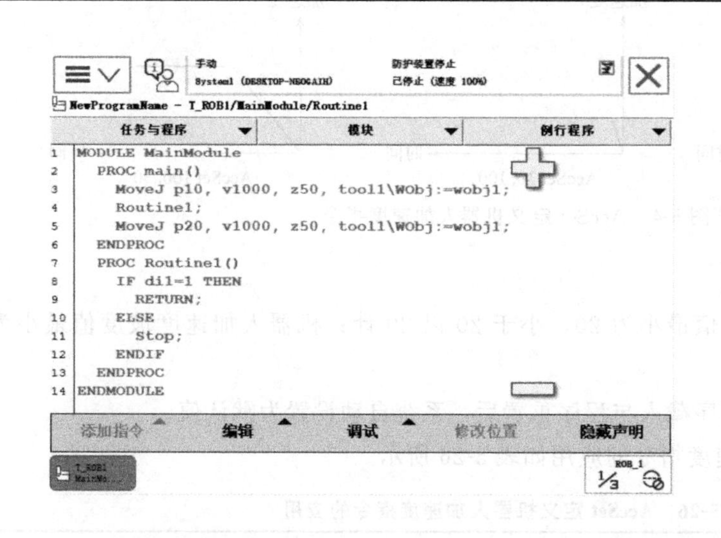	当 di1＝1 时，执行 RETURN 指令，程序指针返回到调用 Routine 的位置，并继续向下执行关节运动的方式运动到 p20 点位的这个指令

(3) WaitTime 时间等待指令

WaitTime 时间等待指令用于程序在等待一个指定时间以后，再继续向下执行。WaitTime 时间等待指令的应用如表 5-25 所示。

表 5-25　WaitTime 时间等待指令的应用

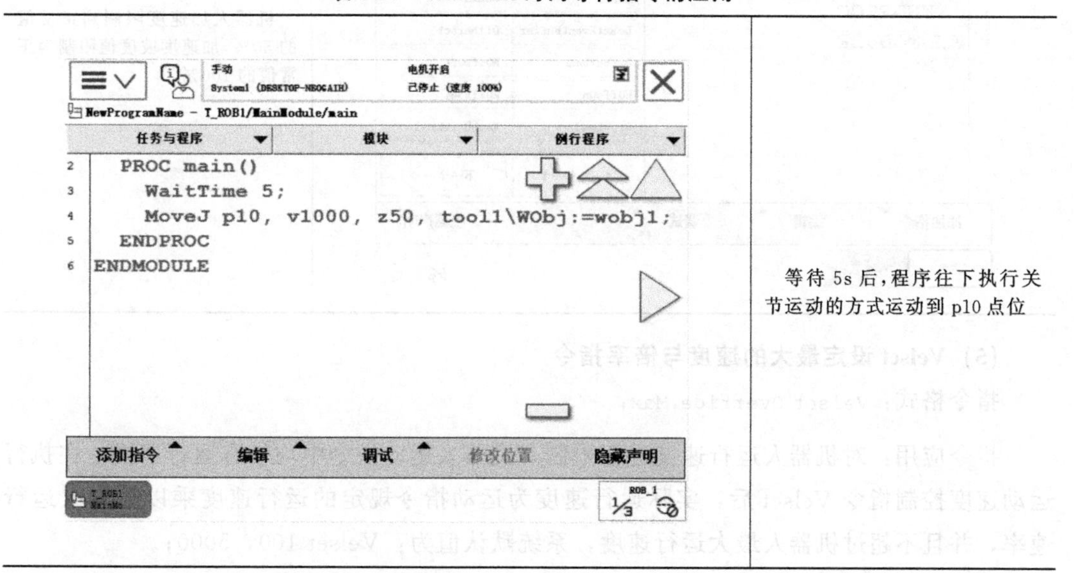	等待 5s 后，程序往下执行关节运动的方式运动到 p10 点位

(4) AccSet 定义机器人加速度指令

指令格式：AccSet Acc,Ramp;

指令格式说明：Acc 机器人加速度百分率（num）

Ramp 机器人加速度坡度（num）

指令应用：当机器人运行速度改变时，对所产生的相应加速度进行限制，使机器人高速运行时更平缓，但会延长循环时间，系统默认值为 AccSet100，100;，如图 5-4 所示。

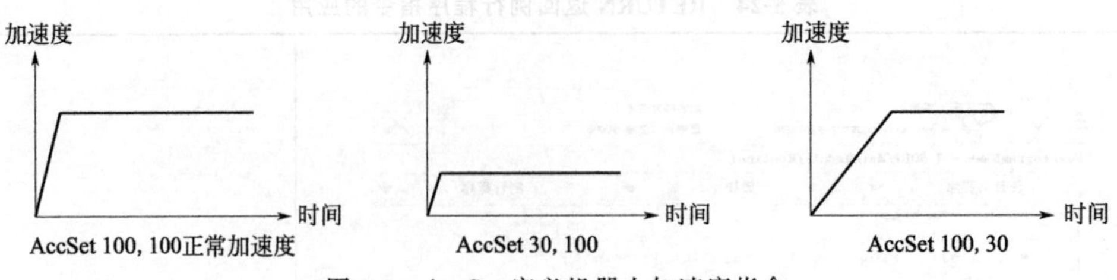

图 5-4　AccSet 定义机器人加速度指令

指令限制：

• 机器人加速度百分率值最小为 20，小于 20 以 20 计；机器人加速度坡度值最小为 10，小于 10 以 10 计。

• 机器人冷启动，新程序载入与程序重置后，系统自动设置为默认值。

AccSet 定义机器人加速度指令的应用如表 5-26 所示。

表 5-26　AccSet 定义机器人加速度指令的应用

<table>
<tr>
<td>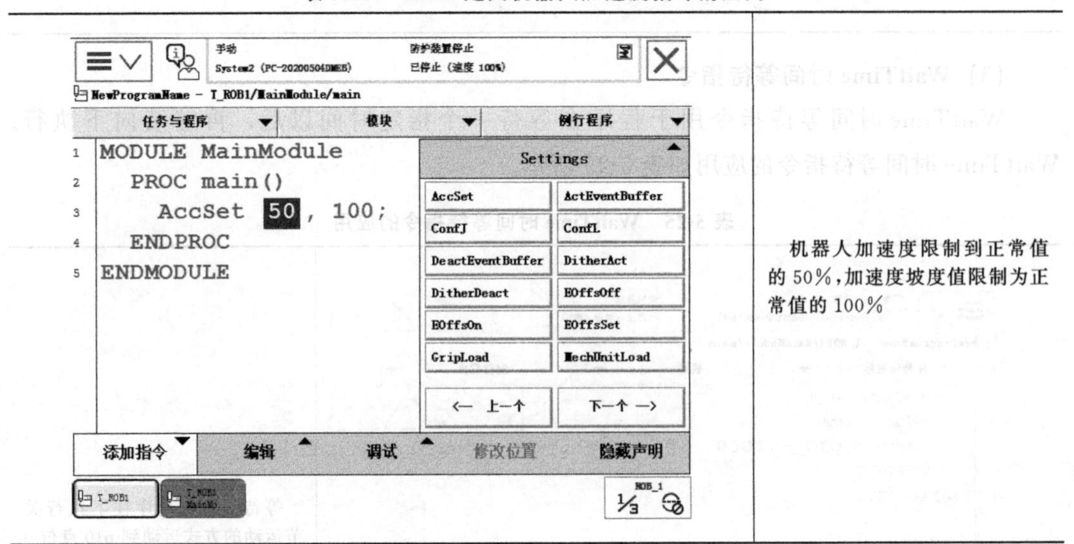
</td>
<td>机器人加速度限制到正常值的 50%，加速度坡度值限制为正常值的 100%</td>
</tr>
</table>

(5) Velset 设定最大的速度与倍率指令

指令格式：`Velset Override,Max;`

指令应用：对机器人运行速度进行限制，机器人运动指令中均带有运行速度。在执行运动速度控制指令 Velset 后，实际运行速度为运动指令规定的运行速度乘以机器人运行速率，并且不超过机器人最大运行速度，系统默认值为：Velset 100，5000；。

实例：

Velset 50，800；

Movel p1，v1000，z10，tool1；　　　　　　　　----500mm/s

Movel p2，v1000 \ V：=2000，z10，tool1；　　　----800mm/s

Movel p2，v1000 \ T：=5，z10，tool1；　　　　----10s

Velset 80，1000

MoveL p1，v1000，z10，tool1；　　　　　　　----800mm/s

```
MoveL p2, v5000, z10, tool1;                  ----1000mm/s
MoveL p3, v1000 \ V: =2000, z10, tool1;       ----1000mm/s
MoveL p3, v1000 \ T: =5, z10, tool1;          ----6.25 s
```

指令限制：

• 机器人冷启动，新程序载入与程序重置后，系统自动设置为默认值。

• 机器人运动使用参变量［\T］时，最大运行速度将不起作用。

• Override 对速度数据（speeddata）内所有项都起作用，例如：TCP. 方位及外轴。但对焊接参数 welddata 与 Seamdata 内机器人运行速度不起作用。

• Max 只对速度数据（speeddata）内 TCP 这项起作用。

Velset 设定最大的速度与倍率指令如表 5-27 所示。

表 5-27 Velset 设定最大的速度与倍率指令

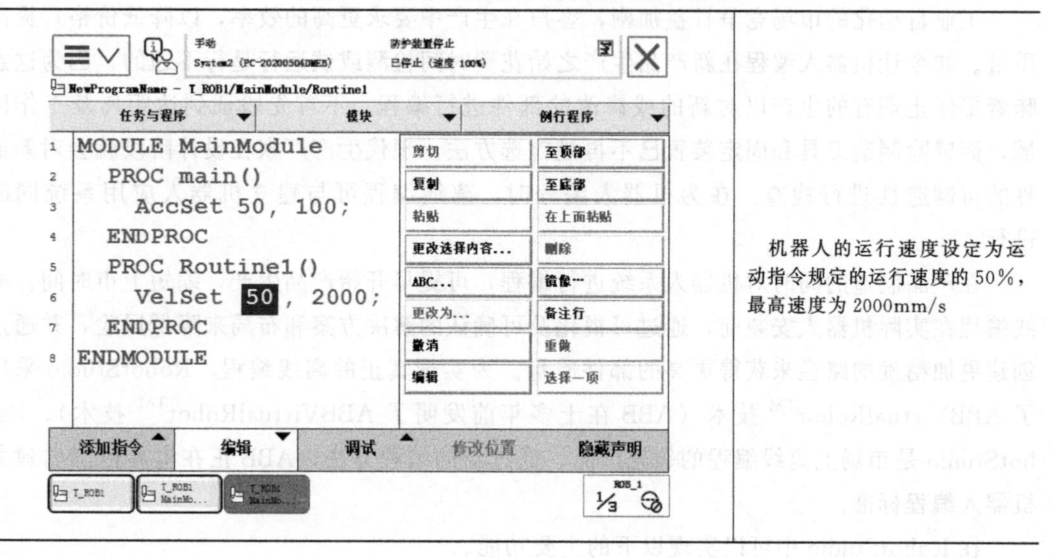

机器人的运行速度设定为运动指令规定的运行速度的 50%，最高速度为 2000mm/s

工业机器人的典型应用

工业自动化的市场竞争日益加剧，客户在生产中要求更高的效率，以降低价格，提高质量。如今让机器人编程在新产品生产之始花费时间检测或试运行是行不通的，因为这意味着要停止现有的生产以对新的或修改的部件进行编程。不首先验证到达距离及工作区域，而冒险制造刀具和固定装置已不再是首选方法。现代生产厂家在设计阶段就会对新部件的可制造性进行检查。在为机器人编程时，离线编程可与建立机器人应用系统同时进行。

在产品制造的同时对机器人系统进行编程，可提早开始产品生产，缩短上市时间。离线编程在实际机器人安装前，通过可视化及可确认的解决方案和布局来降低风险，并通过创建更加精确的路径来获得更高的部件质量。为实现真正的离线编程，RobotStudio 采用了 ABBVirtualRobot™ 技术（ABB 在十多年前发明了 ABBVirtualRobot™ 技术）。RobotStudio 是市场上离线编程的领先产品。通过新的编程方法，ABB 正在世界范围内建立机器人编程标准。

在 RobotStudio 中可以实现以下的主要功能。

① CAD 导入。RobotStudio 可轻易地以各种主要的 CAD 格式导入数据，包括 IGES、STEP、VRML、VDAFS、ACIS、和 CATIA。通过使用此类非常精确的 3D 模型数据，程序设计员可以生成更为精确的机器人程序，从而提高产品质量。

② 自动路径生成。这是 RobotStudio 最节省时间的功能之一。通过使用待加工部件的 CAD 模型，可在短短几分钟内自动生成跟踪曲线所需要的机器人位置。如果人工执行此项任务，则可能需要数小时或数天。

③ 自动分析伸展能力。此便捷功能可让操作者灵活移动机器人或工件，直至所有位置均可达到。可在短短几分钟内验证和优化工作单元布局。

④ 碰撞检测。在 RobotStudio 中，可以对机器人在运动过程中是否可能与周边设备发生碰撞进行一个验证与确认，以确保机器人离线编程得出的程序的可用性。

⑤ 在线作业。使用 RobotStudio 与真实的机器人进行连接通信，对机器人进行便捷的监控、程序修改、参数设定、文件传送及备份恢复的操作，使调试与维护工作更轻松。

⑥ 模拟仿真。根据设计，在 RobotStudio 中进行机器人工作站的动作模拟仿真以及

周期节拍，为工程的实施提供真实的验证。

⑦ 应用功能包。针对不同的应用推出功能强大的工艺数据包，使机器人更好地与工艺应用进行有效融合。

⑧ 二次开发。提供功能强大的二次开发平台，使机器人应用实现更多的可能，满足工业机器人的科研需要。

6.1 空间轨迹模拟

利用 RobotStudio 软件，在软件中涂胶板上自动生成轨迹，然后设置好参数后，在现场进行测试。

6.1.1 现场设备介绍

现场设备介绍如表 6-1 所示。

表 6-1 现场设备介绍

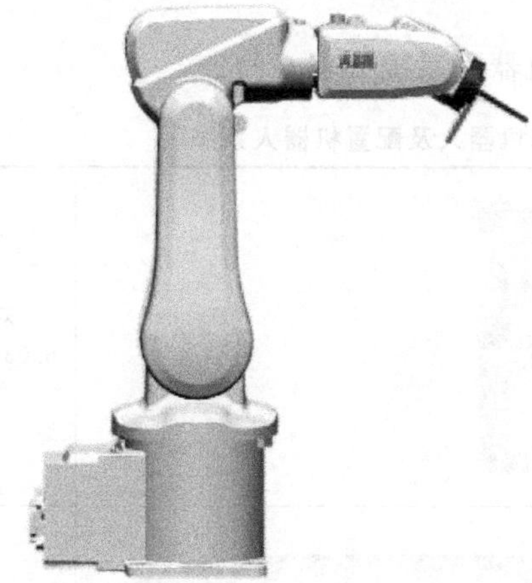	ABB 机器人 IRB-120
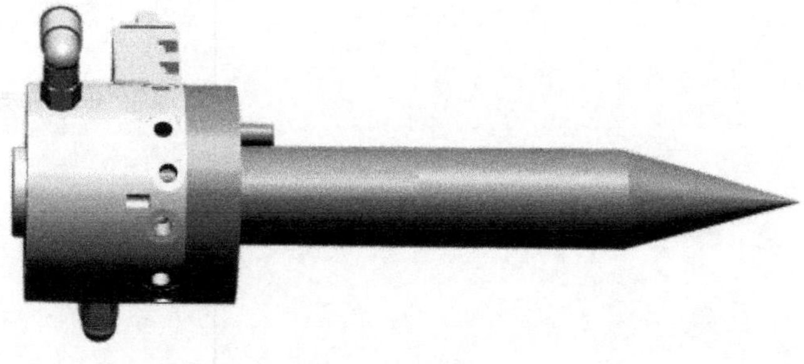	机器人工具

续表

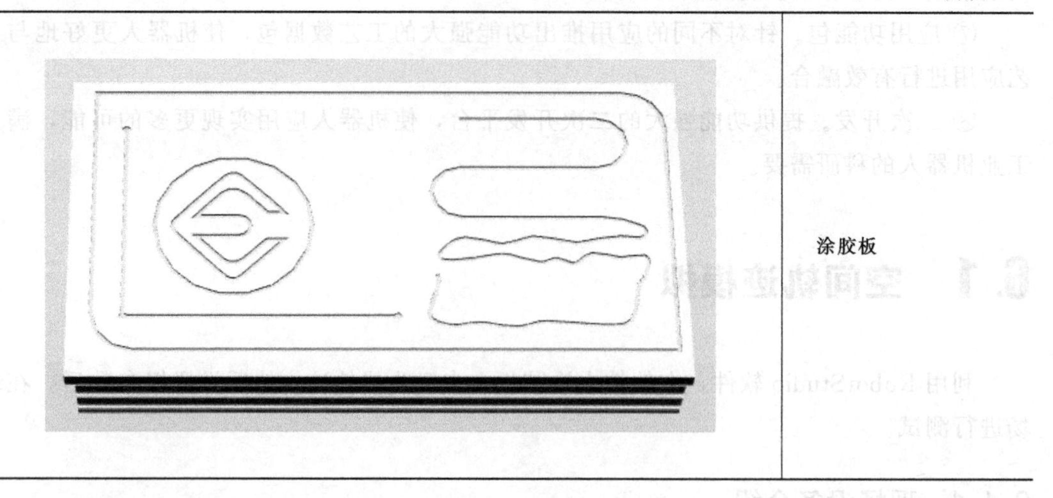	涂胶板

6.1.2 仿真模拟

首先在软件中配置机器人系统、安装工具及摆放涂胶板位置，确保涂胶板在机器人的工作范围；然后进行轨迹仿真模拟，仿真模拟完成后，将程序导出；最后在实机上进行检测。具体步骤如下。

① 打开软件并选择机器人及配置机器人系统（表 6-2）。

表 6-2 选择机器人及配置机器人系统

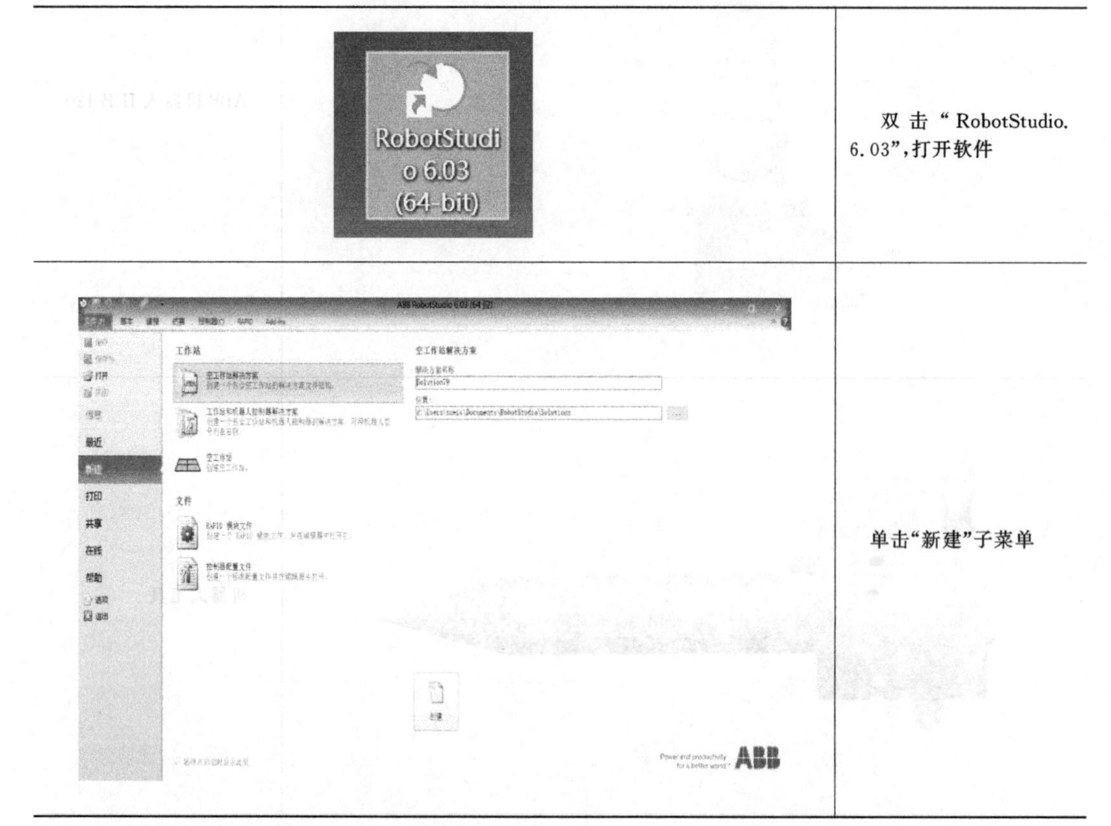	双击“RobotStudio. 6.03”，打开软件
	单击“新建”子菜单

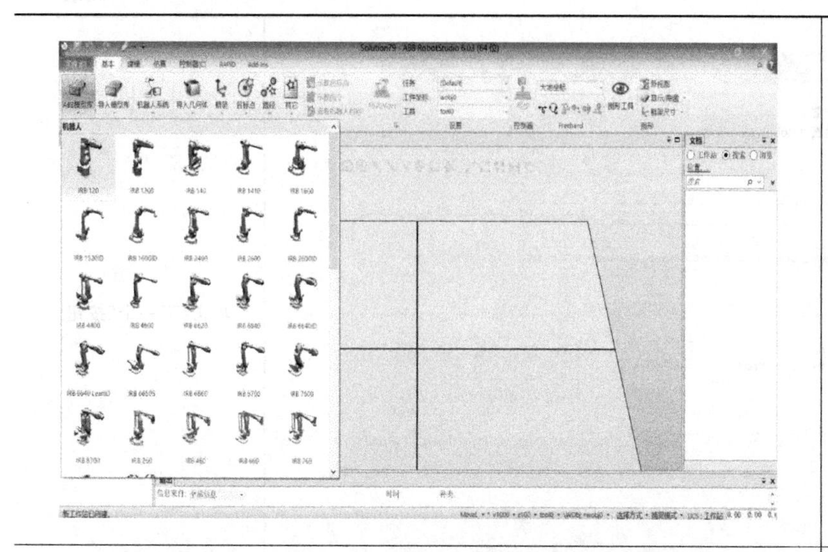	单击“ABB模型库”，选择并单击“IRB 120”
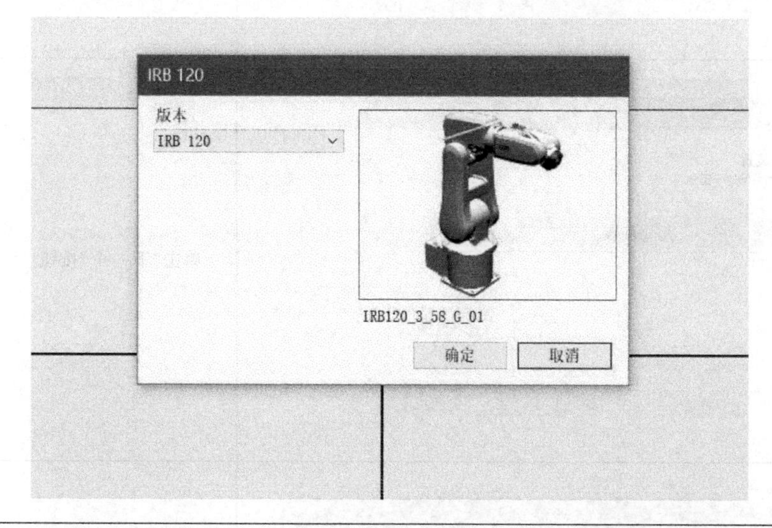	单击“确定”按钮
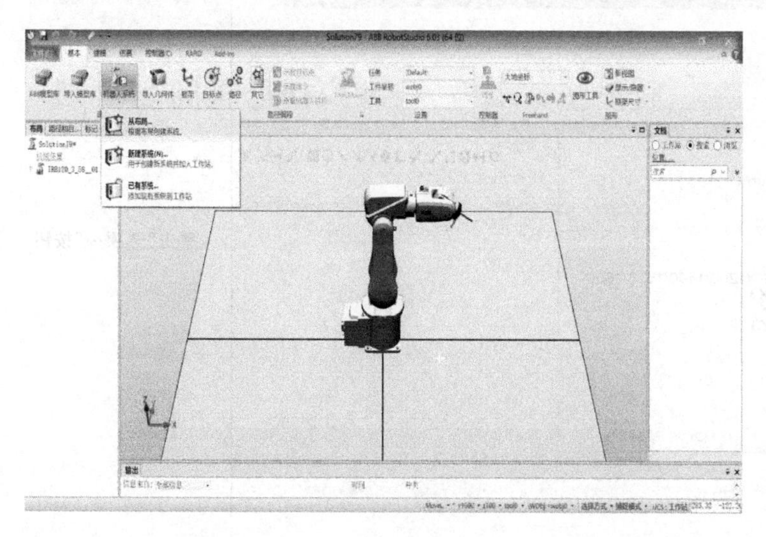	单击“机器人系统”，选择并单击“从布局...”

续表

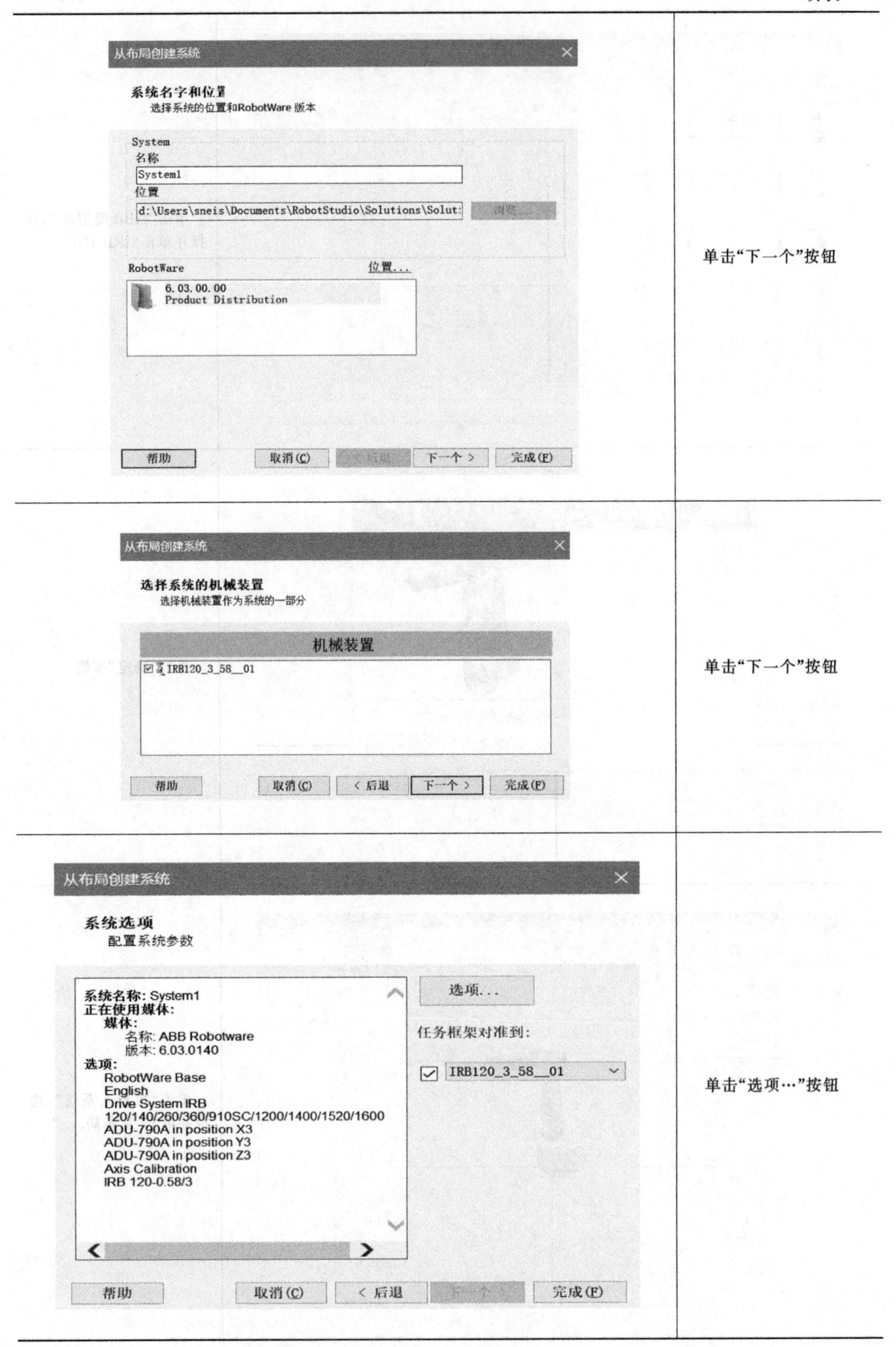

从布局创建系统
系统名字和位置
选择系统的位置和RobotWare 版本
System
名称
System1
位置
d:\Users\sneis\Documents\RobotStudio\Solutions\Solut:
RobotWare
位置...
6.03.00.00
Product Distribution
帮助
取消(C)
下一个 >
完成(F)
单击“下一个”按钮
从布局创建系统
选择系统的机械装置
选择机械装置作为系统的一部分
机械装置
IRB120_3_58__01
帮助
取消(C)
< 后退
下一个 >
完成(F)
单击“下一个”按钮
从布局创建系统
系统选项
配置系统参数
系统名称: System1
正在使用媒体:
媒体:
名称: ABB Robotware
版本: 6.03.0140
选项:
RobotWare Base
English
Drive System IRB
120/140/260/360/910SC/1200/1400/1520/1600
ADU-790A in position X3
ADU-790A in position Y3
ADU-790A in position Z3
Axis Calibration
IRB 120-0.58/3
选项...
任务框架对准到:
IRB120_3_58__01
帮助
取消(C)
< 后退
完成(F)
单击“选项…”按钮

续表

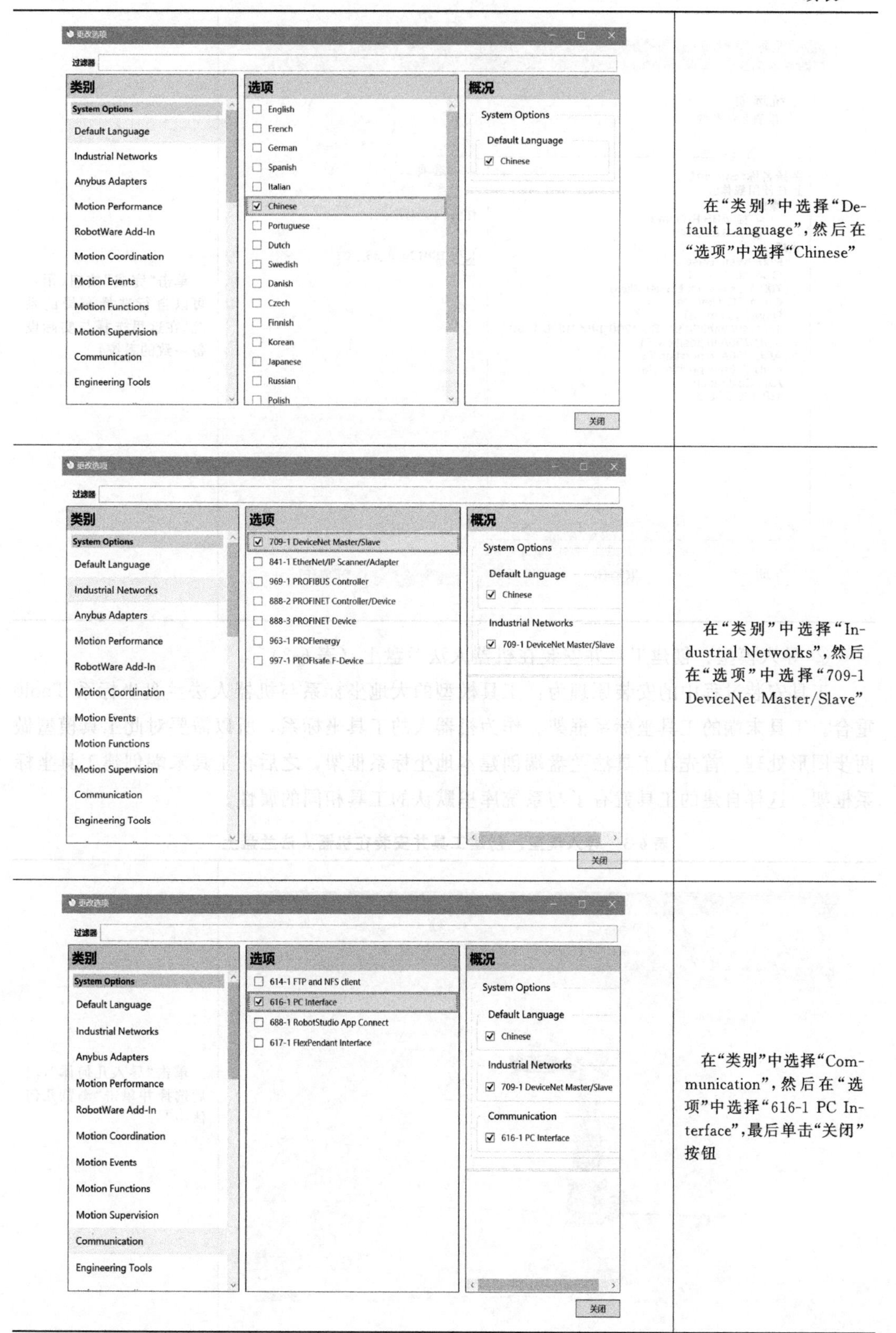

在“类别”中选择“Default Language”，然后在“选项”中选择“Chinese”

在“类别”中选择“Industrial Networks”，然后在“选项”中选择“709-1 DeviceNet Master/Slave”

在“类别”中选择“Communication”，然后在“选项”中选择“616-1 PC Interface”，最后单击“关闭”按钮

续表

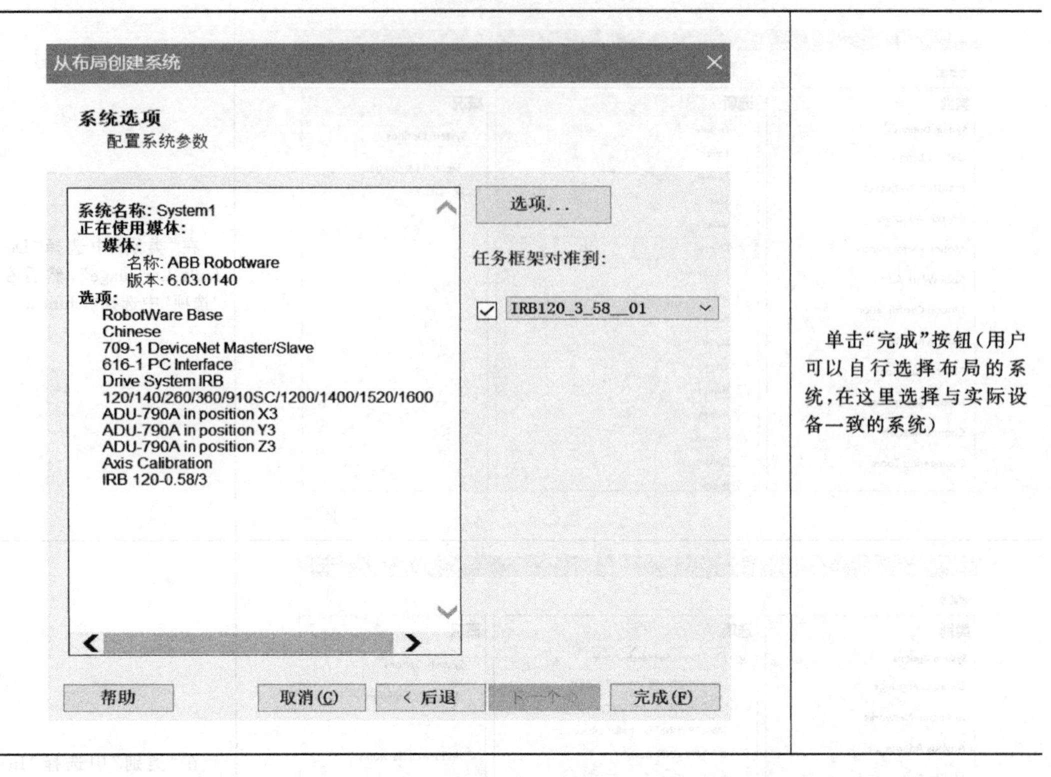

单击“完成”按钮(用户可以自行选择布局的系统,在这里选择与实际设备一致的系统)

② 导入模型、创建工具并安装在机器人法兰盘上（表 6-3）。

工具安装过程中的安装原理为：工具模型的大地坐标系与机器人法兰盘坐标系 Tool0 重合。工具末端的工具坐标系框架。作为机器人的工具坐标系，所以需要对此工具模型做两步图形处理。首先在工具法兰盘端创建本地坐标系框架，之后在工具末端创建工具坐标系框架。这样自建的工具就有了与系统库里默认的工具相同的属性。

表 6-3　导入模型、创建工具并安装在机器人法兰盘上

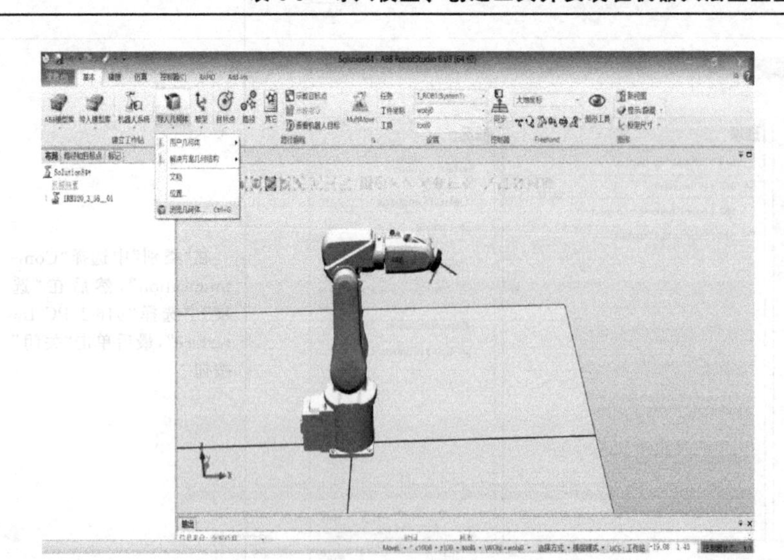

单击“导入几何体”,然后选择并单击“浏览几何体…”

续表

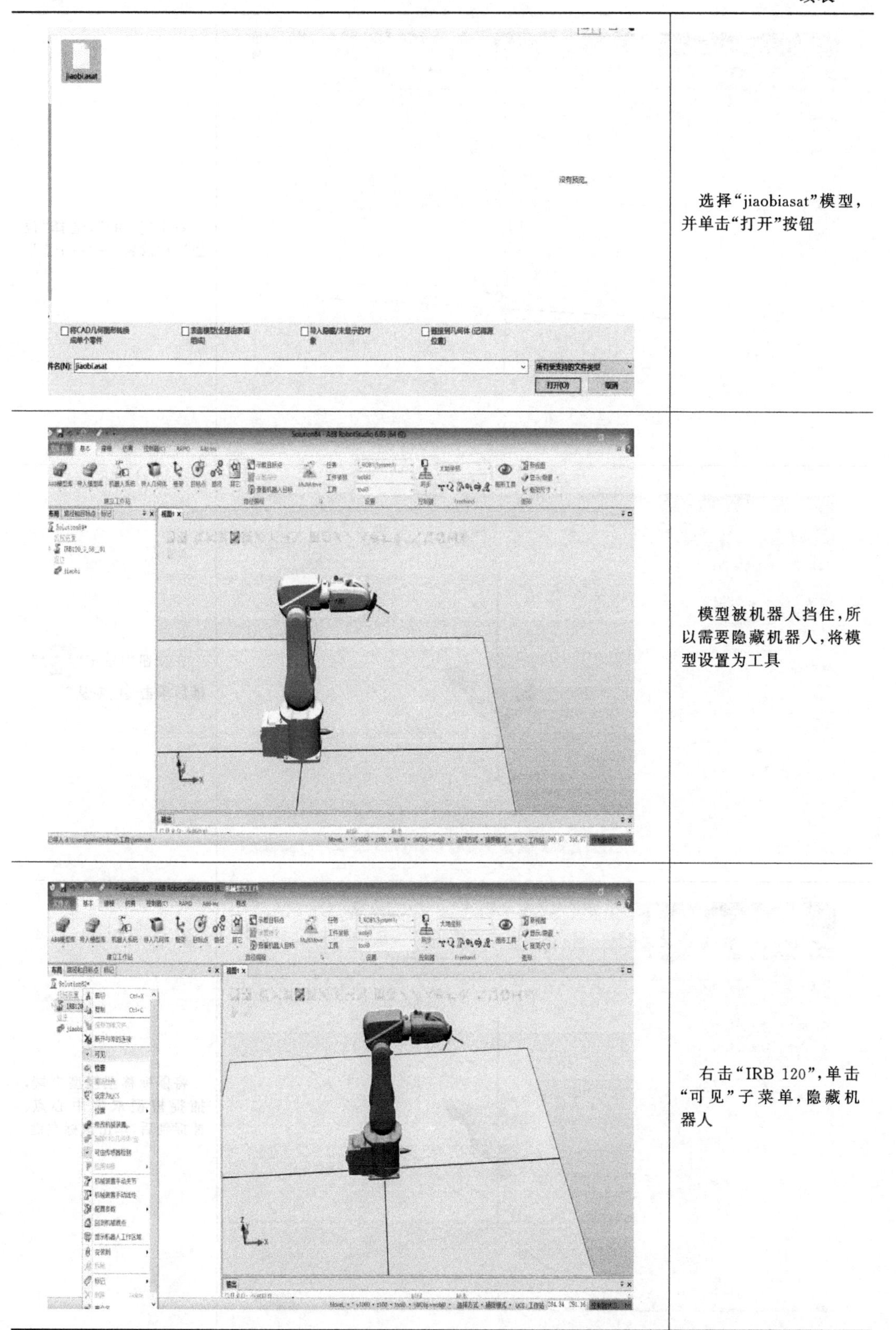

选择“jiaobiasat”模型，并单击“打开”按钮

模型被机器人挡住，所以需要隐藏机器人，将模型设置为工具

右击“IRB 120”，单击“可见”子菜单，隐藏机器人

续表

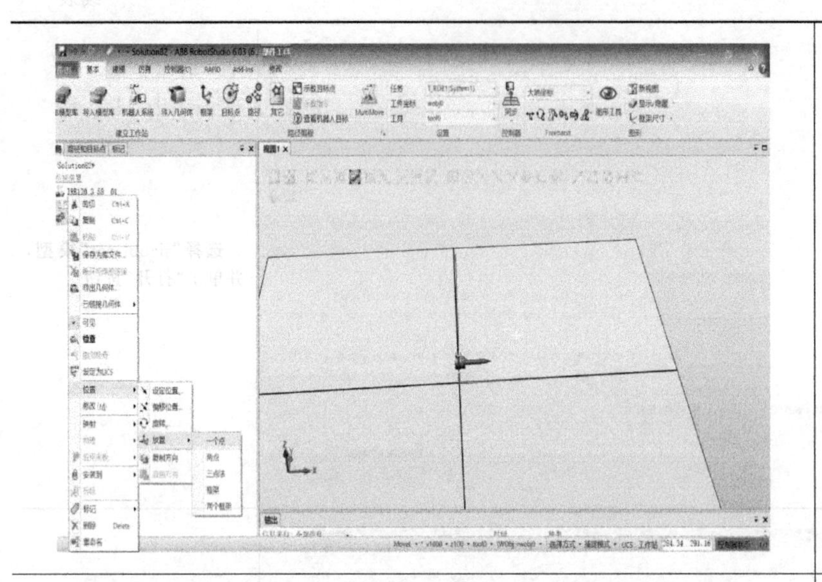	右击“jiaobi”，选择“位置”→“放置”→“一个点”
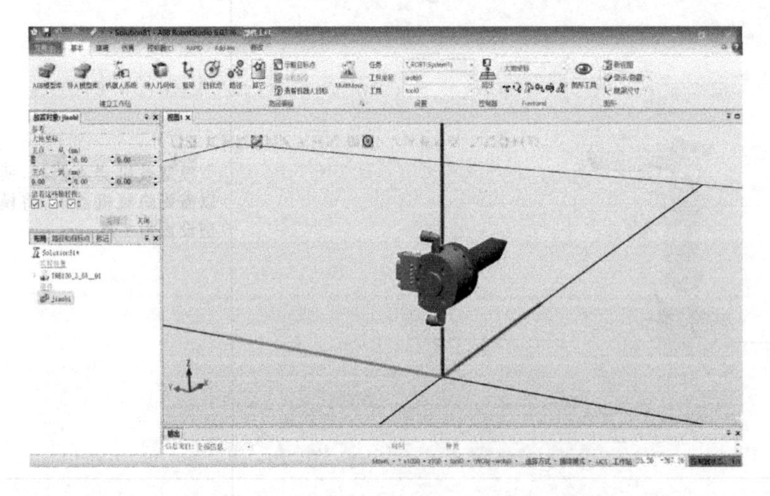	在按钮中单击“”，随后单击“主点-从”
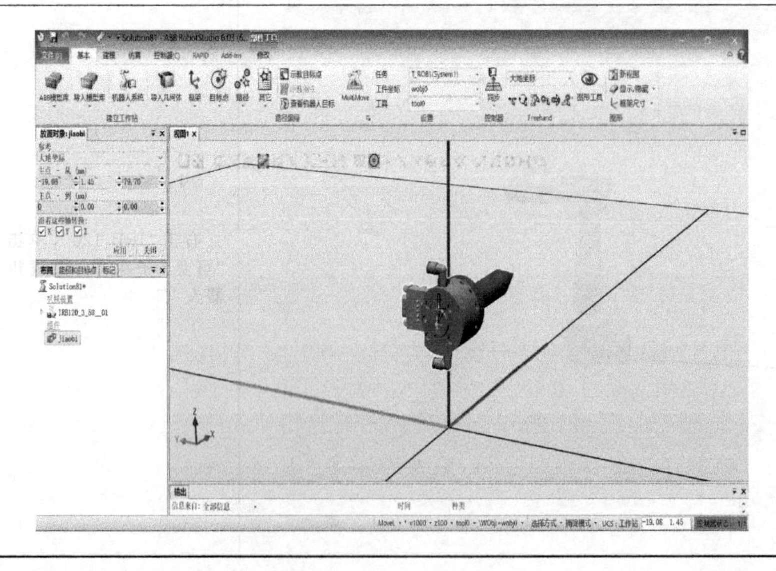	将鼠标移至模型末端，捕捉模型末端中心点。捕捉到后，单击鼠标左键

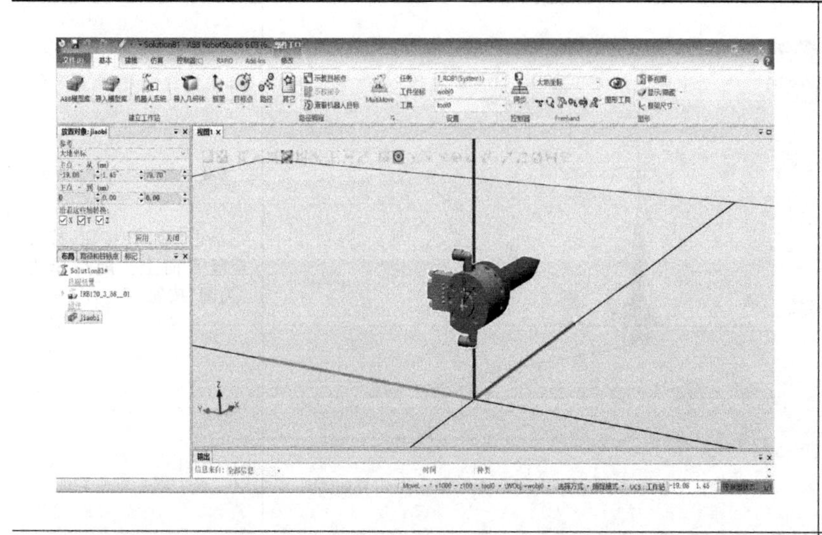	单击“应用”按钮，随后单击“关闭”按钮
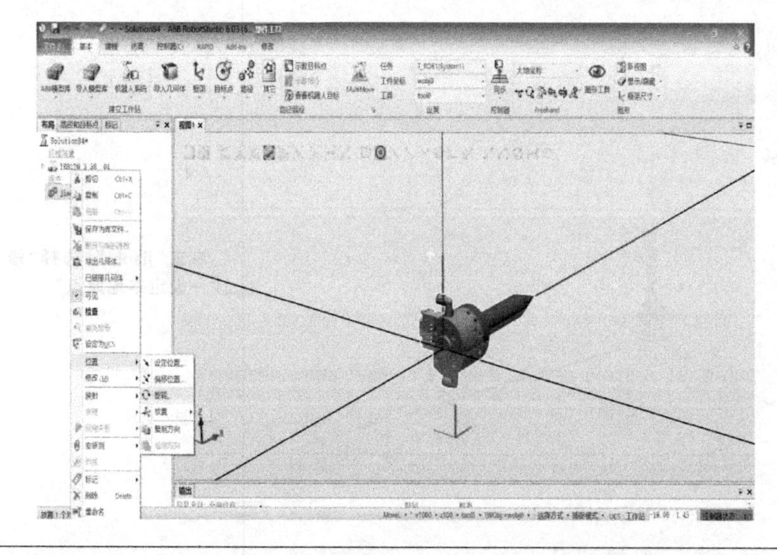	右击“jiaobi”，选择“位置”→“放置”→“旋转”
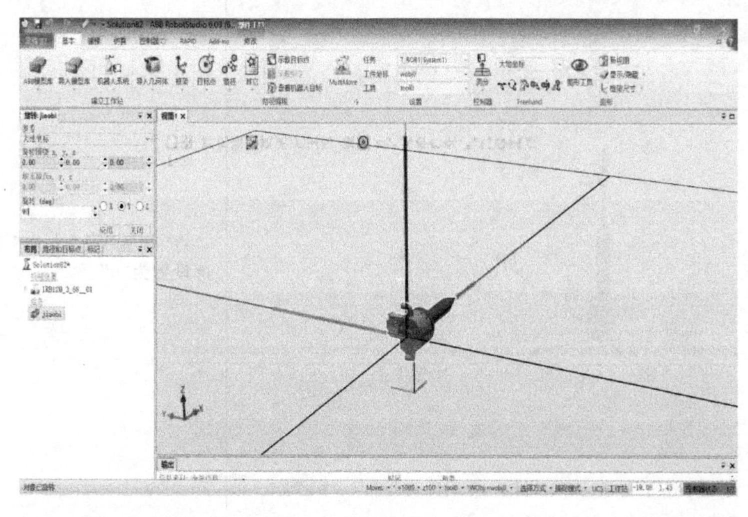	在“旋转(deg)”中输入“90”，并选择绕“Y”轴旋转

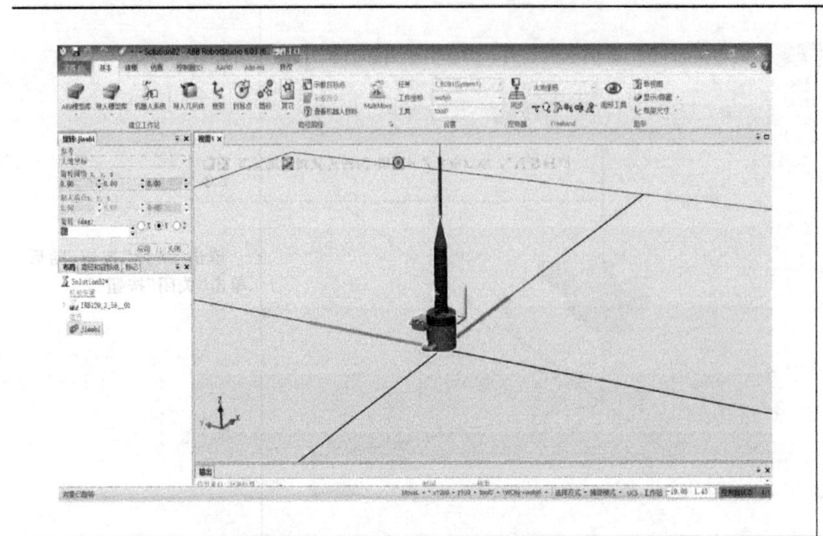	单击"应用"按钮，旋转至竖直向上。随后单击"关闭"按钮
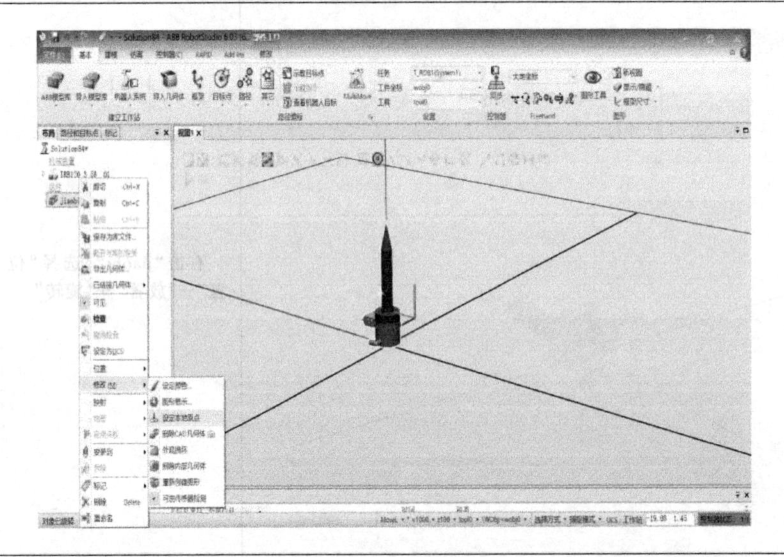	右击"jiaobi"，选择"修改→设定本地原点"
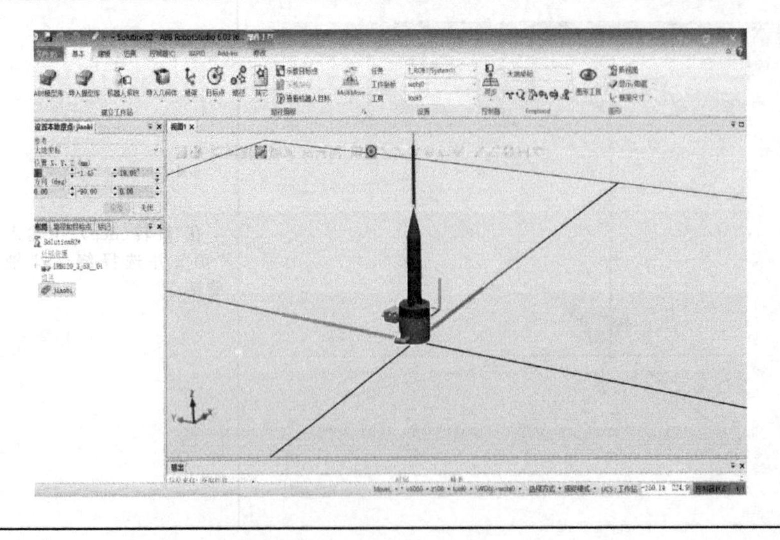	将"位置"及"方向"全部设置为"0"

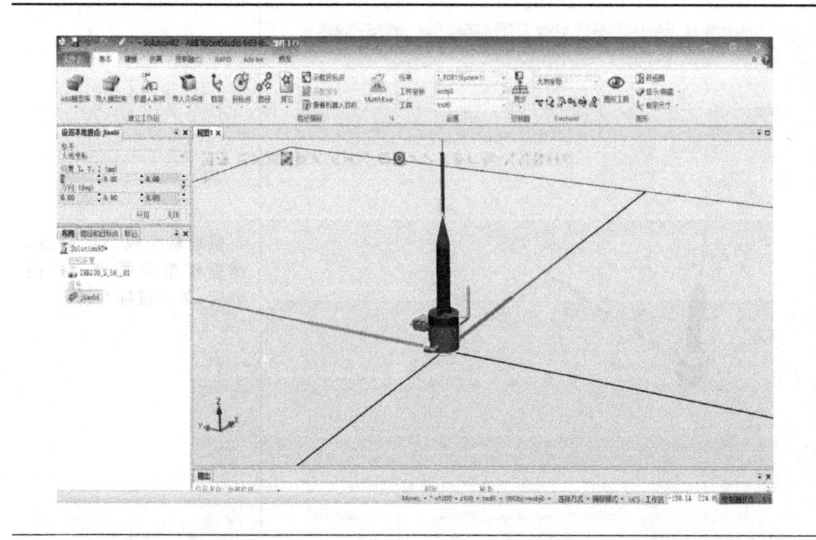	单击“应用”按钮，随后单击“关闭”按钮
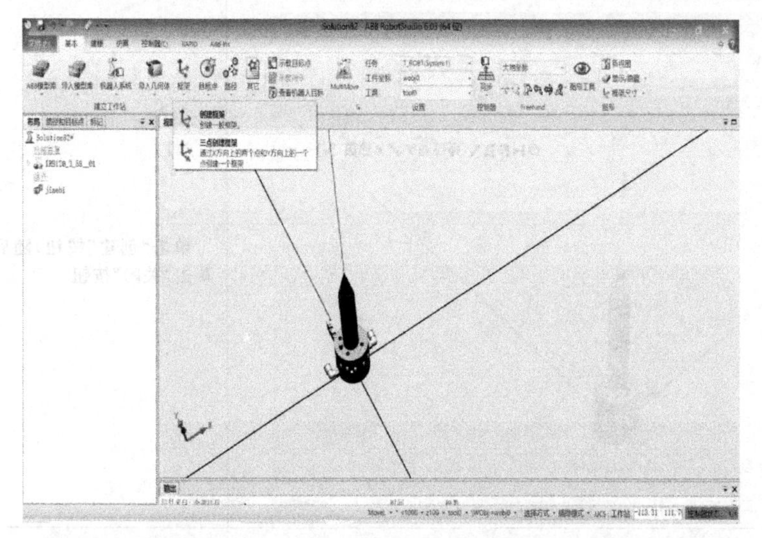	单击“框架”，选择“创建框架”
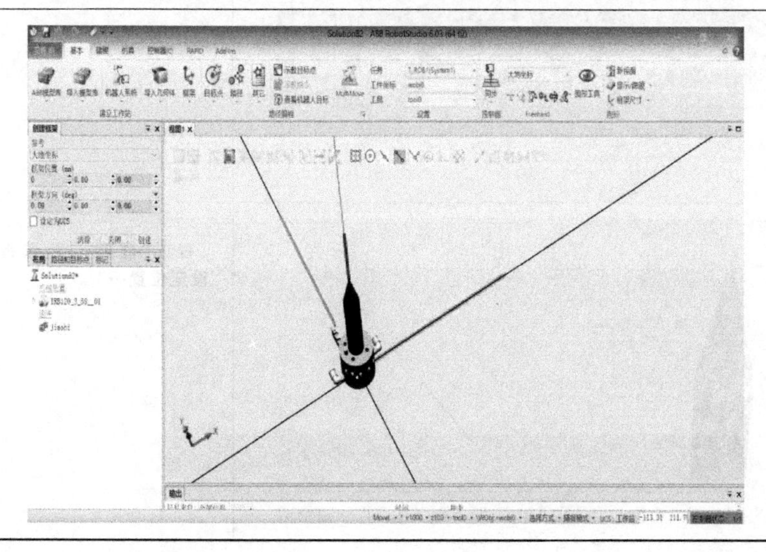	在按钮中单击“ ”，随后单击“框架位置”

续表

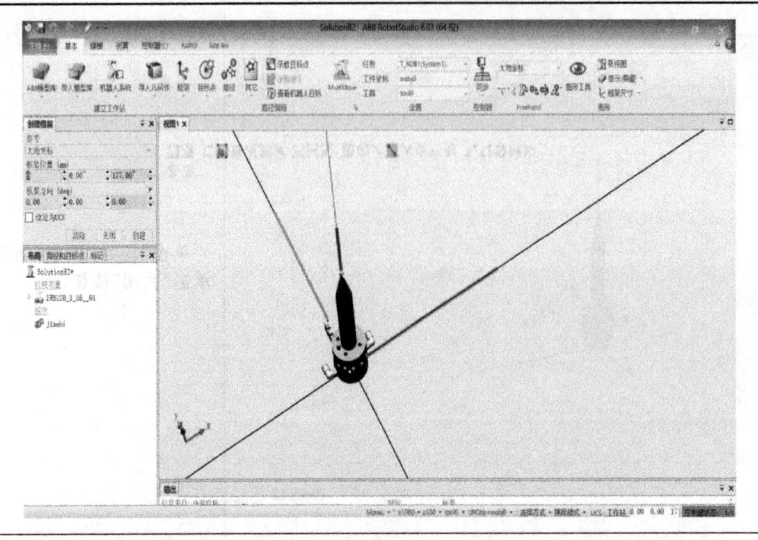	鼠标移至模型尖端点，捕捉模型尖端点。捕捉到后，单击鼠标左键
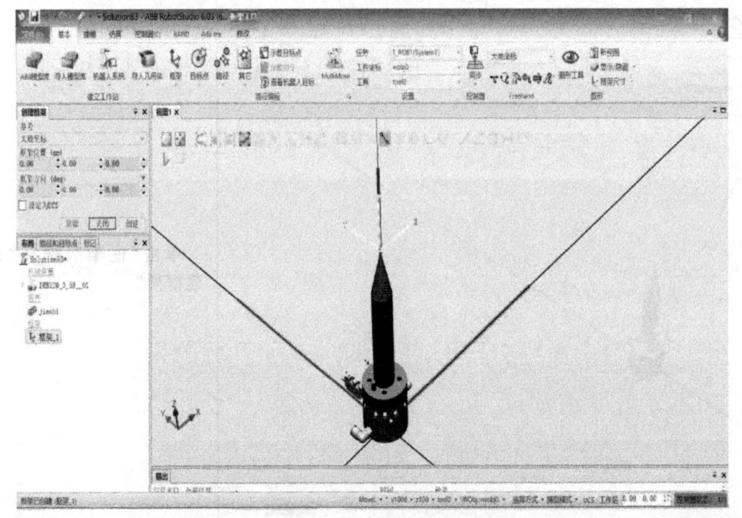	单击“创建”按钮，随后单击“关闭”按钮
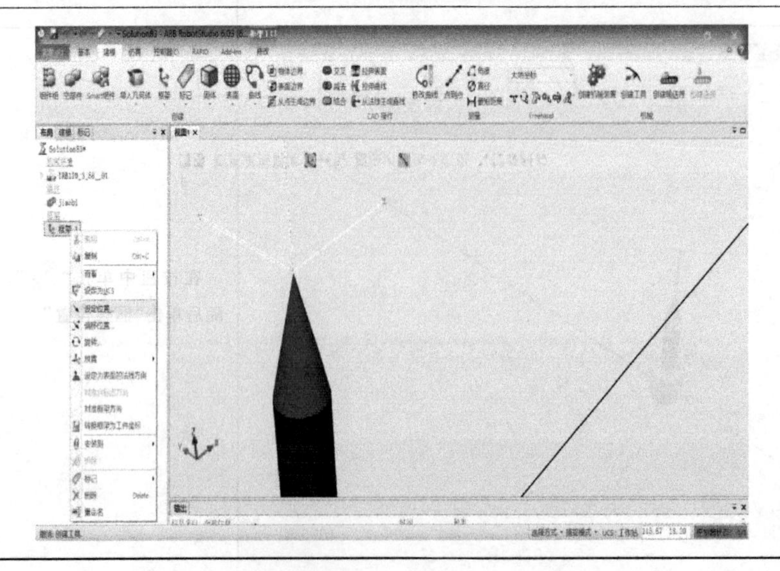	右击“框架_1”，选择“设定位置…”

续表

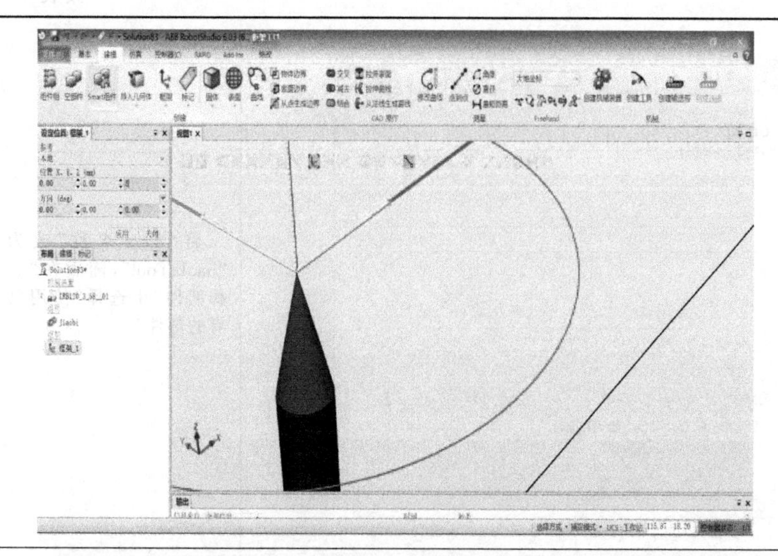	将“位置”的 Z 值设定为 5，单击“应用”按钮，随后单击“关闭”按钮
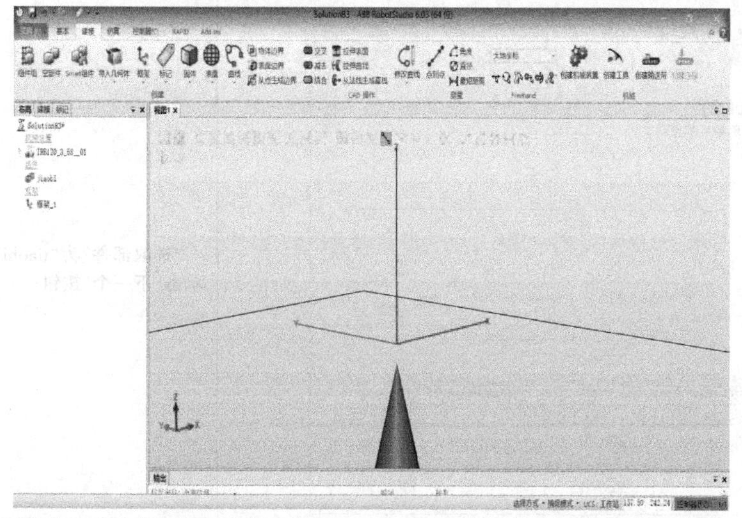	框架就在 Z 方向向外偏移了 5mm
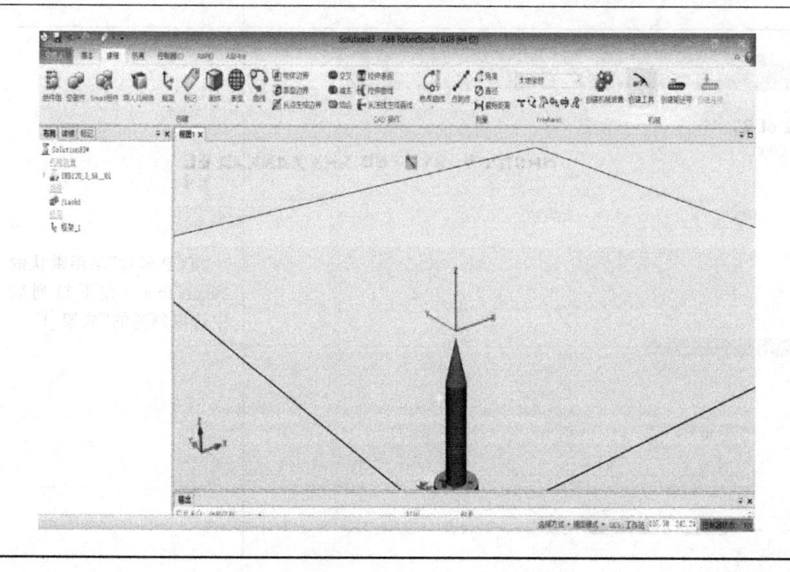	在“建模”功能选项卡中单击“创建工具”

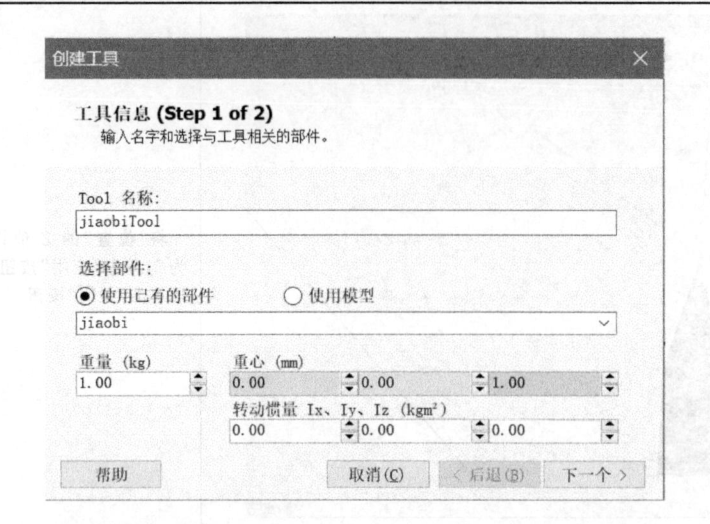

将“Tool 名称”改为“jiaobiTool”，随后在“选择部件”中选择“使用已有的部件”

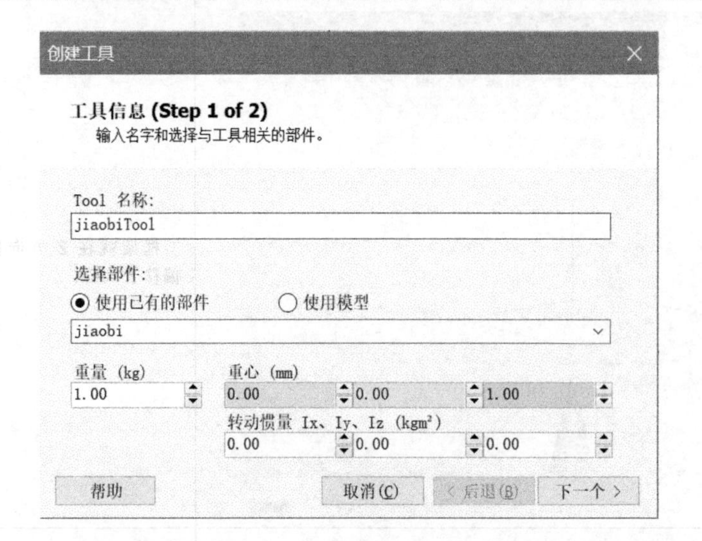

“选取部件”为“jiaobi”，单击“下一个”按钮

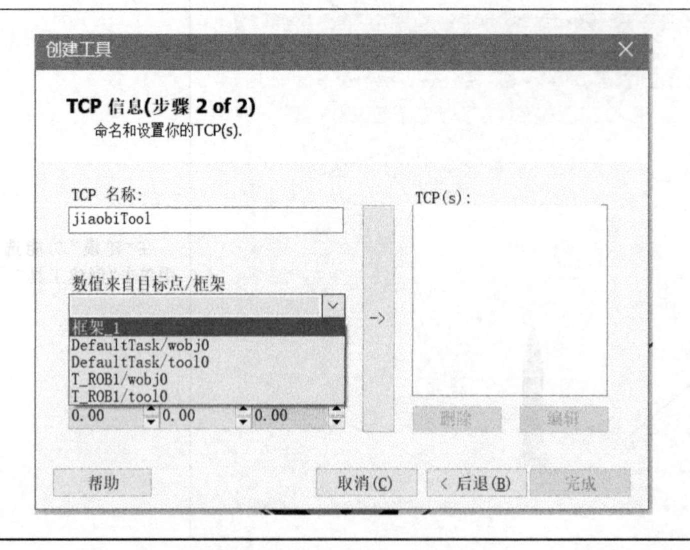

“TCP 名称”采用默认的“jiaobiTool”，在下拉列表中选取创建的“框架_1”

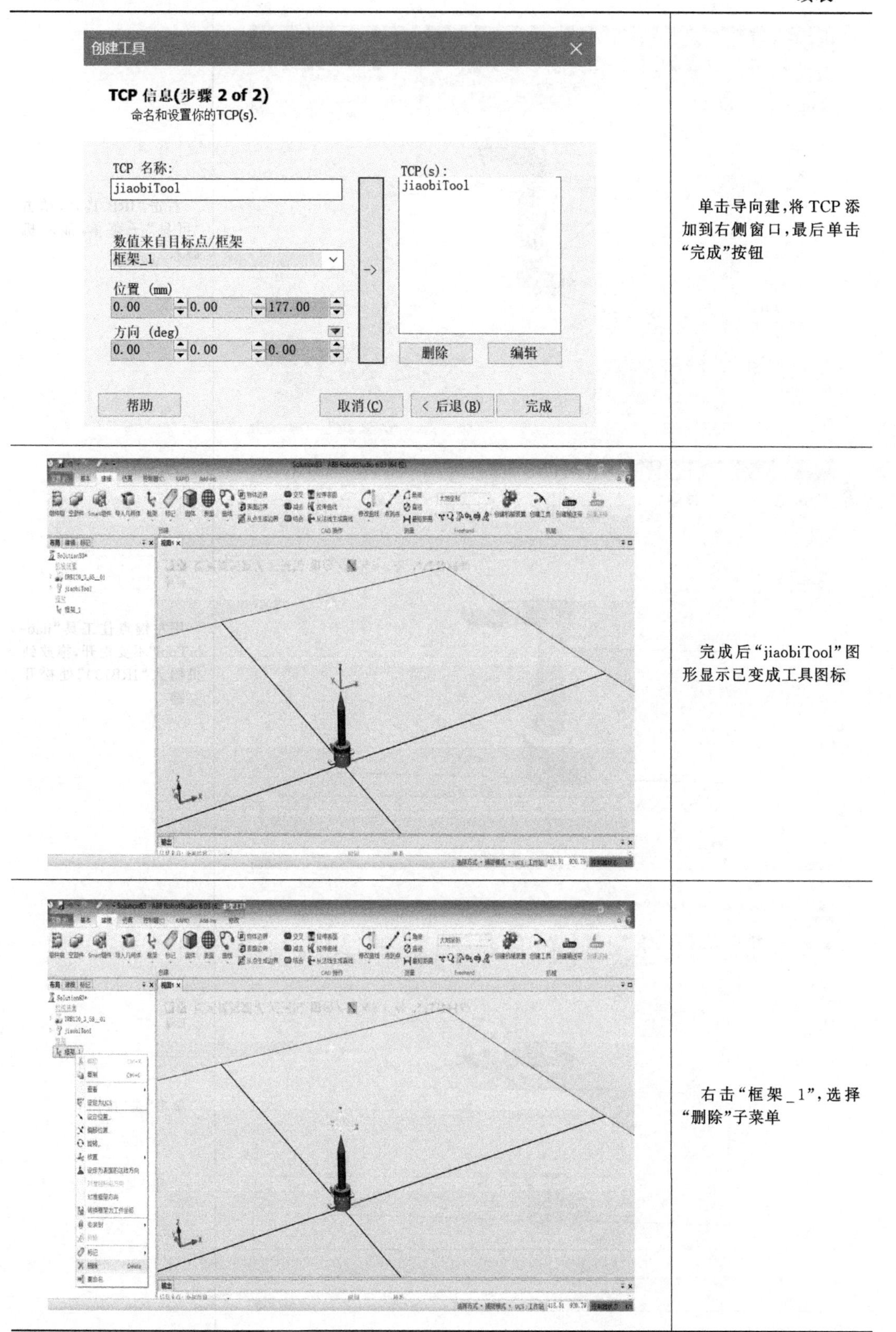

单击导向建,将 TCP 添加到右侧窗口,最后单击“完成”按钮

完成后“jiaobiTool”图形显示已变成工具图标

右击“框架_1”,选择“删除”子菜单

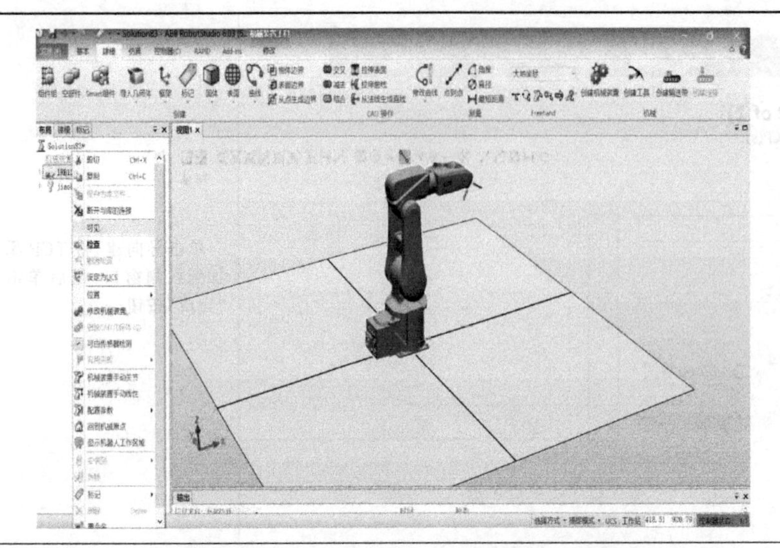	右击“IRB 120”，单击“可见”子菜单，显示机器人
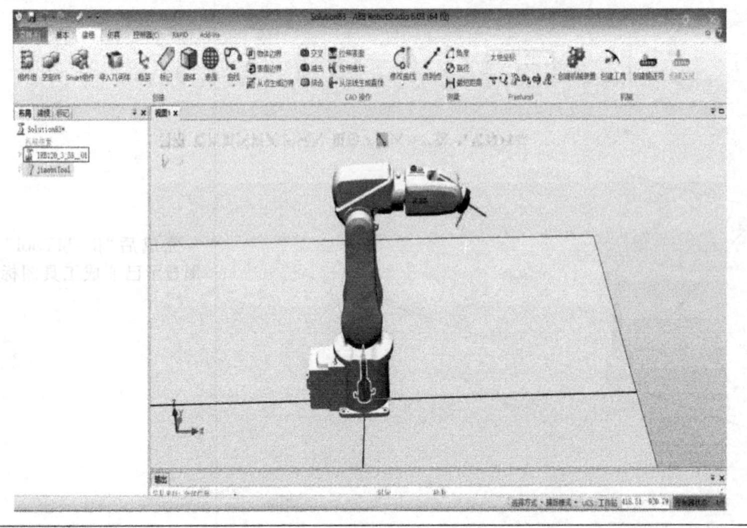	用左键点住工具“jiaobiTool”不要松开，拖放到机器人“IRB120”处松开左键
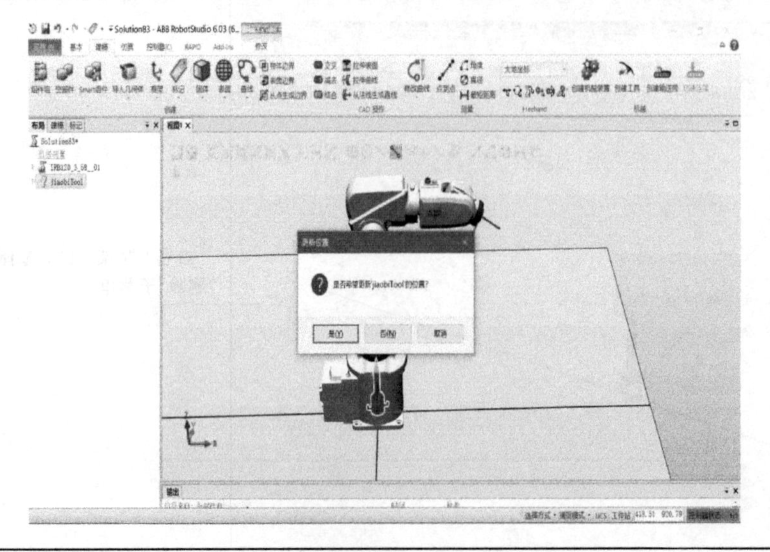	单击“是”按钮

续表

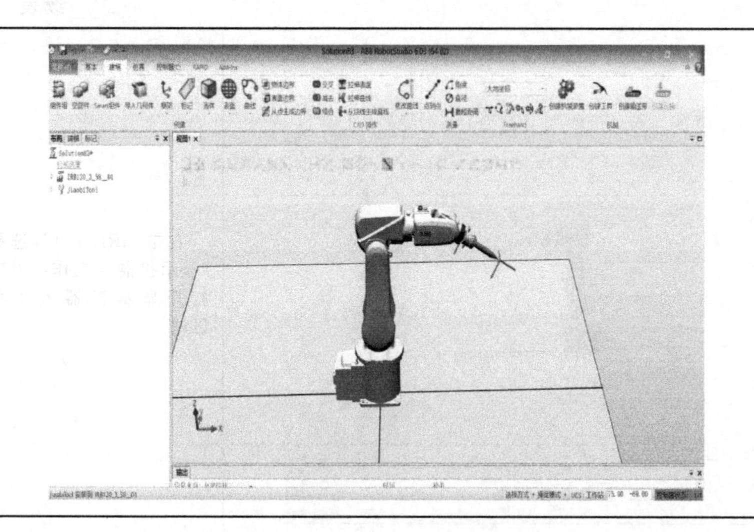	工具已安装到机器人法兰盘处

③ 导入涂胶板模型，放在机器人工作范围内并创建工件坐标系（表 6-4）。

表 6-4　导入涂胶板模型，放在机器人工作范围内并创建工件坐标系

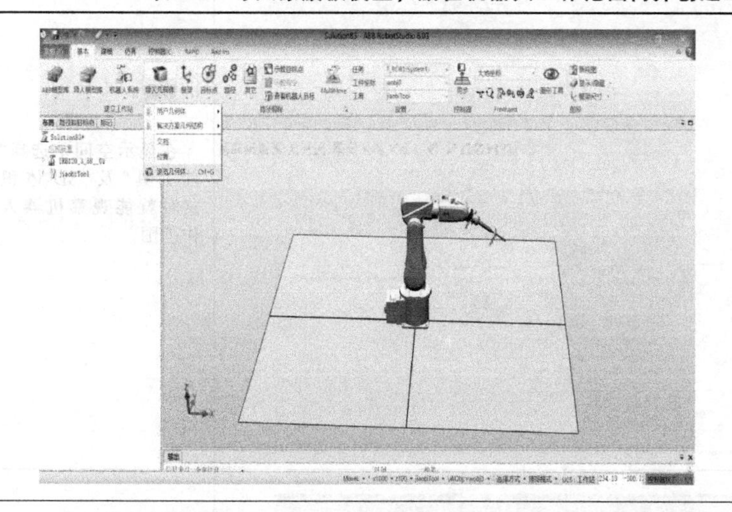	单击“导入几何体”，然后单击“浏览几何体...”
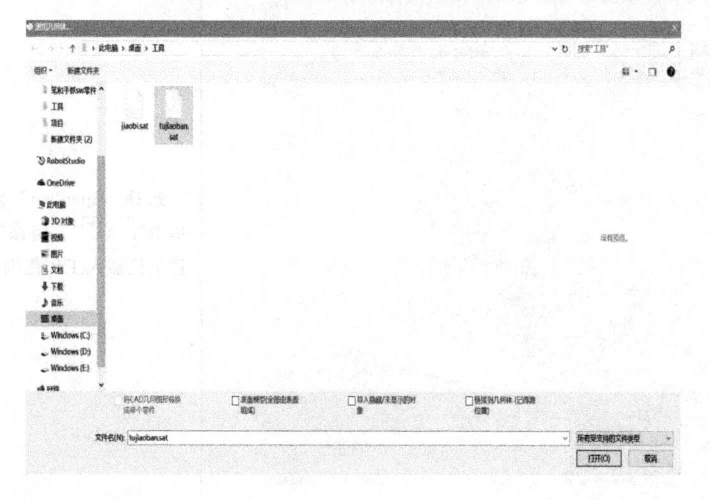	选择“tujiaoban. sat”模型，并单击“打开”按钮

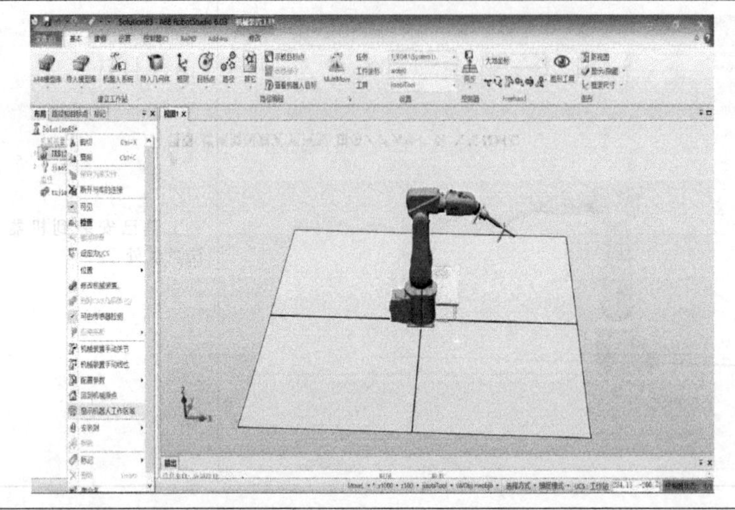	右击“IRB 120”，选择“显示机器人工作区域”。打开显示机器人工作区域
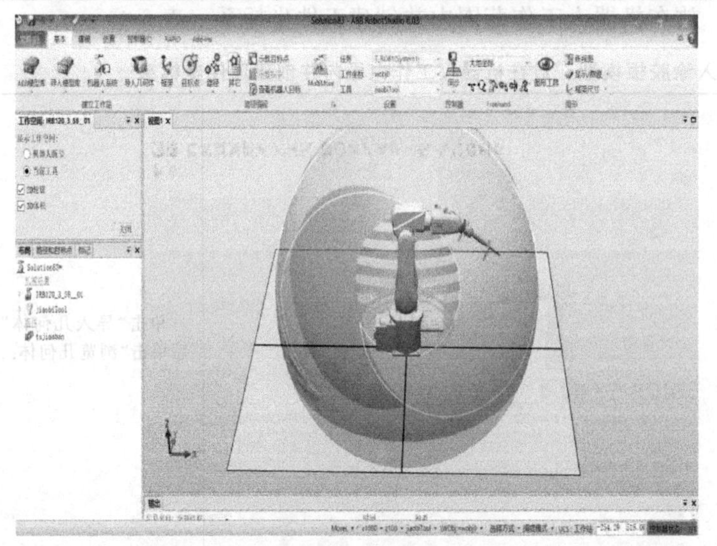	在显示空间中选择“当前工具”及“3D 体积”。这时就能观察机器人工作范围
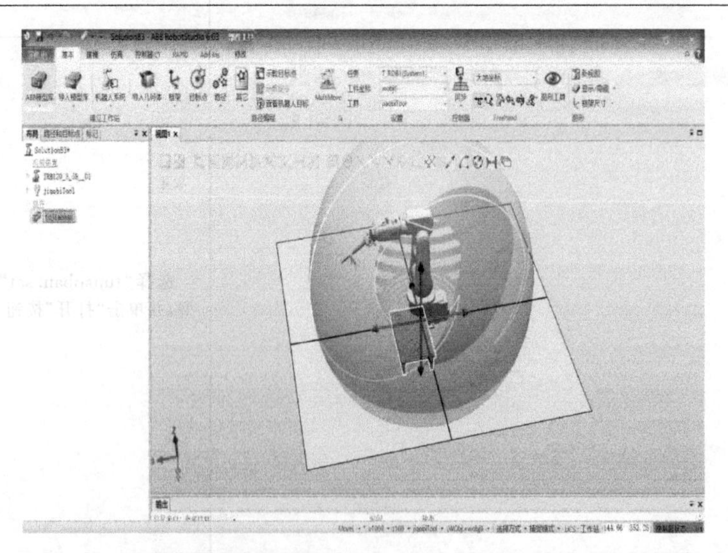	选择“tujiaoban”，随后单击“[icon]”。将涂胶板移至机器人工作范围内

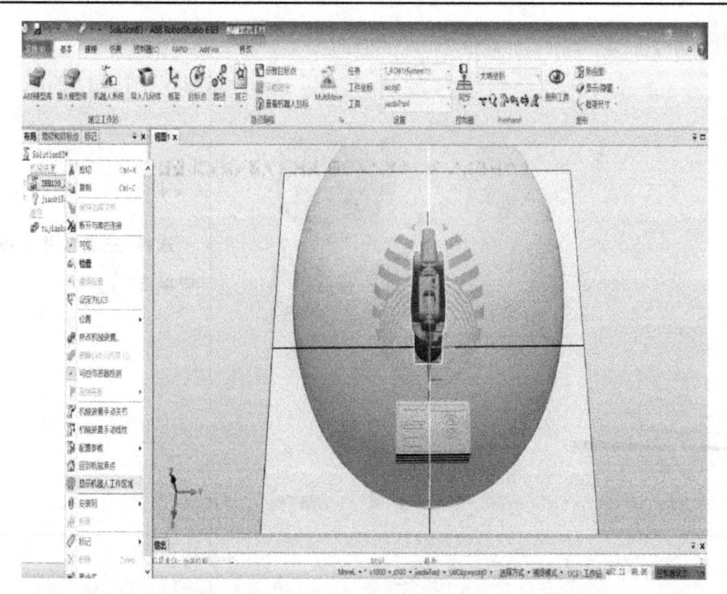	右击“IRB 120”，然后单击“显示机器人工作区域”。关闭显示机器人工作区域
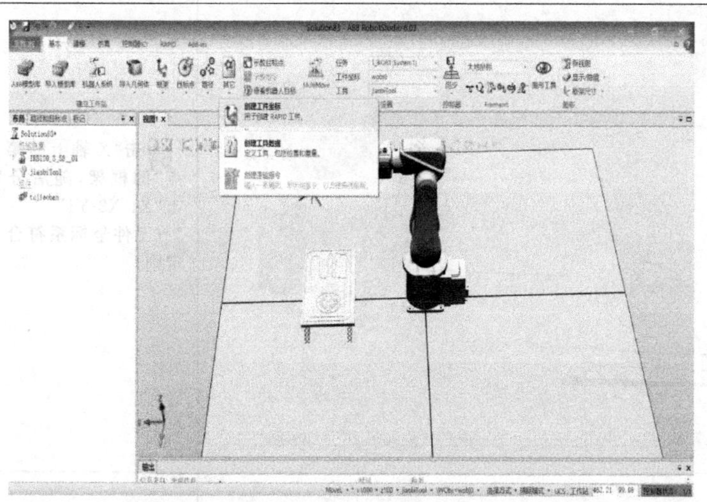	单击“其它”，然后选择并单击“创建工件坐标”
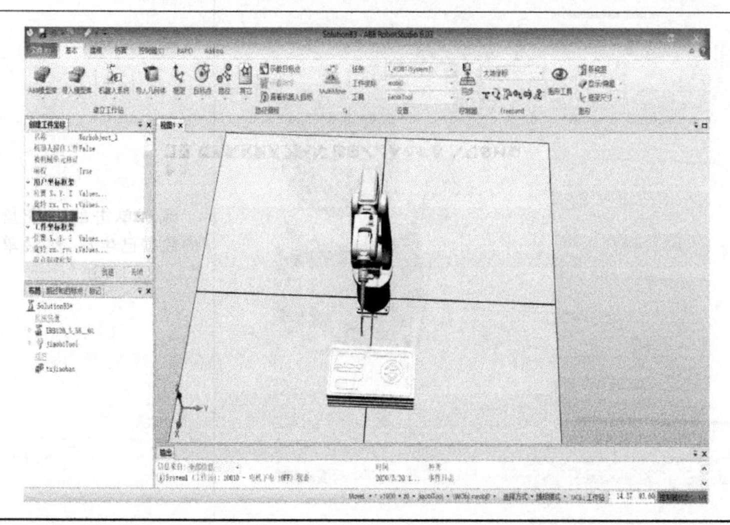	单击“用户坐标框架”中的“取点创建框架”的下拉箭头

续表

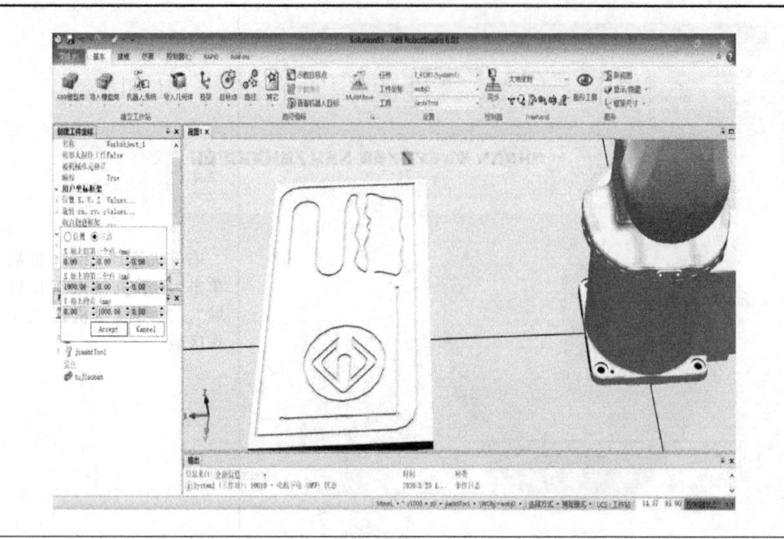	选择“三点”，并在按钮中单击“ ”
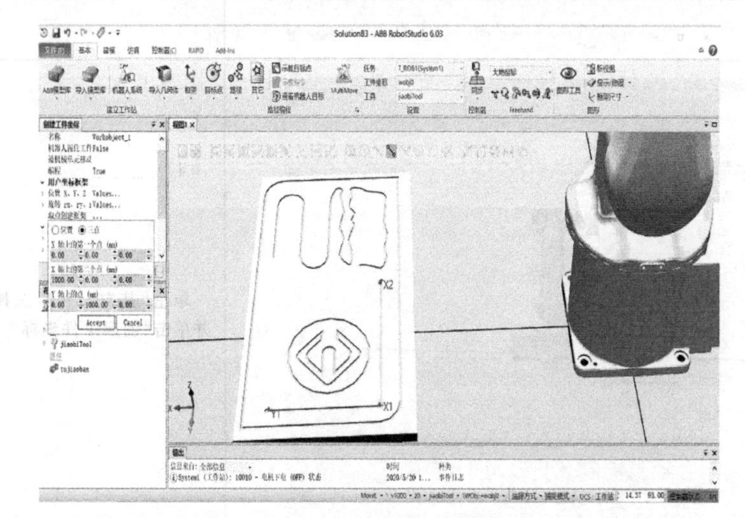	单击“X 轴上的第一个点”的框架，随后分别单击“X1-X2-Y1” （工件坐标系符合右手定则）
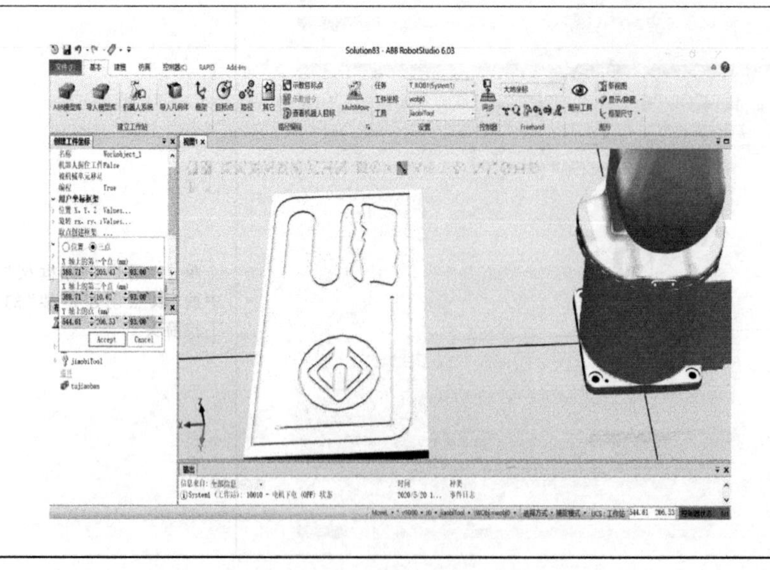	确认单击的三个角点的数据已生成，然后单击“Accept”按钮

续表

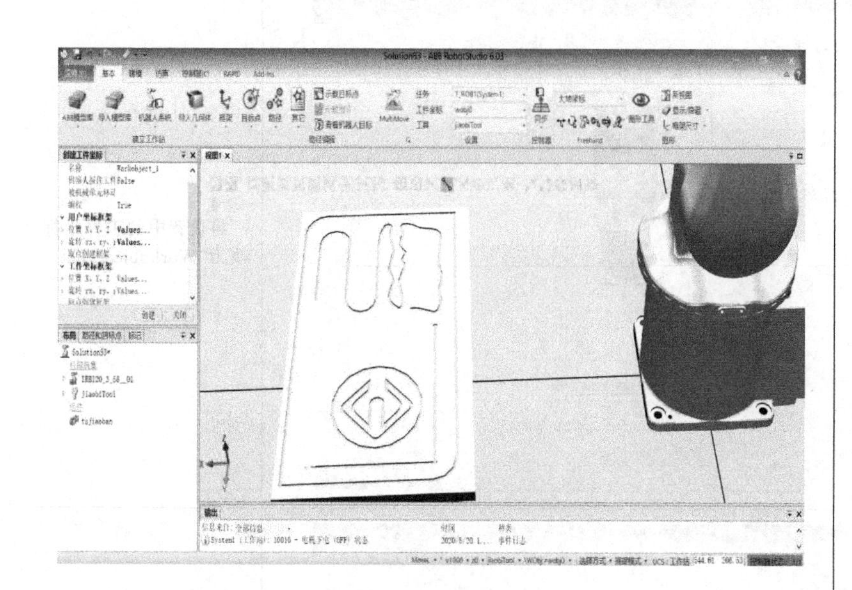	单击“创建”按钮
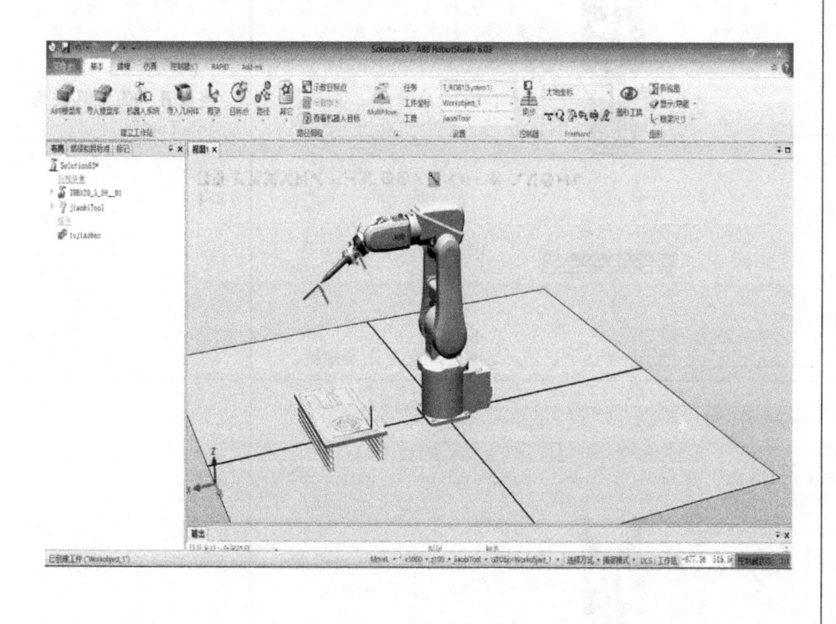	至此工件坐标系创建完成

④ 自动生成轨迹路径并导出（表 6-5）。

在工业机器人轨迹应用过程中，如切割、涂胶、焊接等常会需要处理一些不规则曲线，通常的做法是采用描点法，即根据工艺精度要求去示教相应数量的目标点，从而生成机器人轨迹。此种方法费时、费力且不容易保证轨迹精度。图形化编程即根据 3D 模型的曲线特征自动转换成机器人的运行轨迹，此种方法省时、省力且容易保证轨迹精度。

表 6-5　自动生成轨迹路径，并导出（以模拟涂胶为例）

<table>
<tr><td>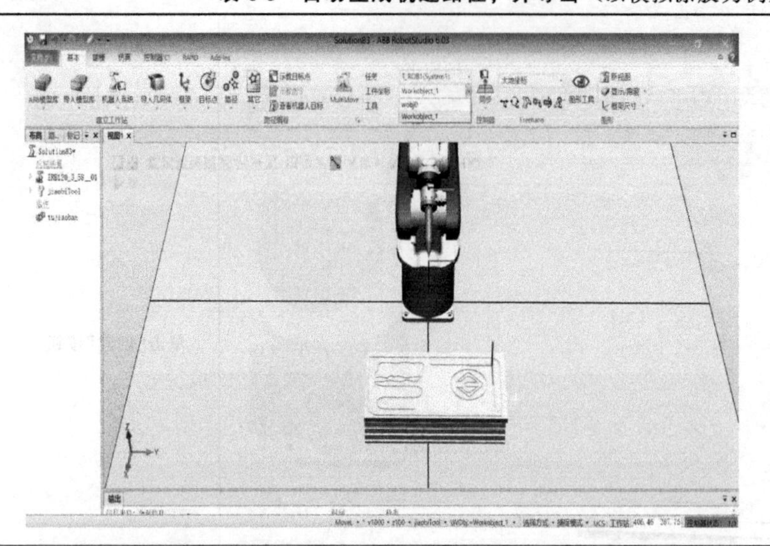</td><td>将设置中的工件坐标改为“Workobject_1”</td></tr>
<tr><td>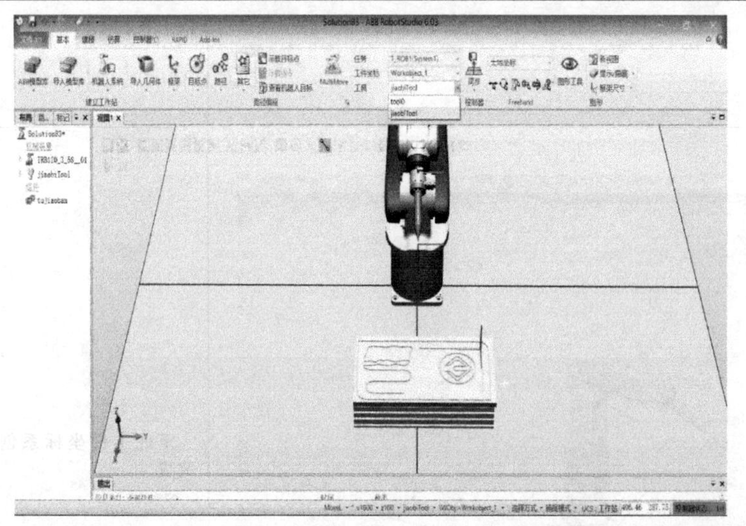</td><td>将设置中的工具改为“jiaobiTool”</td></tr>
<tr><td>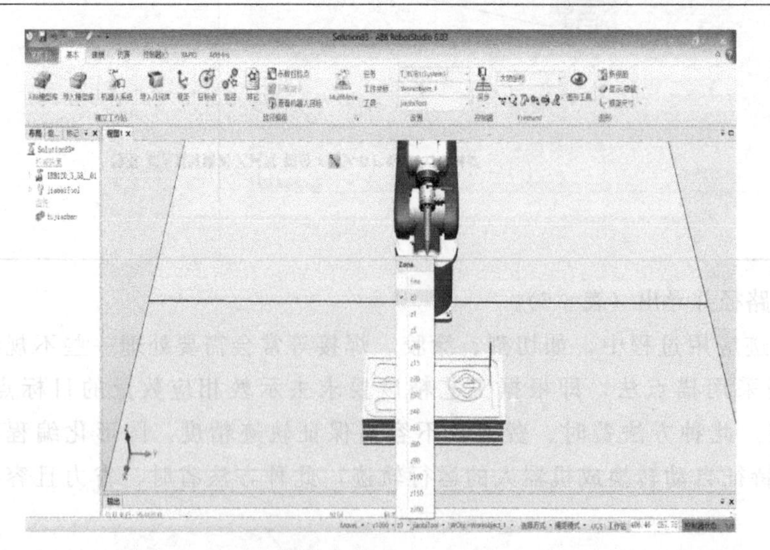</td><td>将下端程序的转角半径(Z 值)改为“z0”</td></tr>
</table>

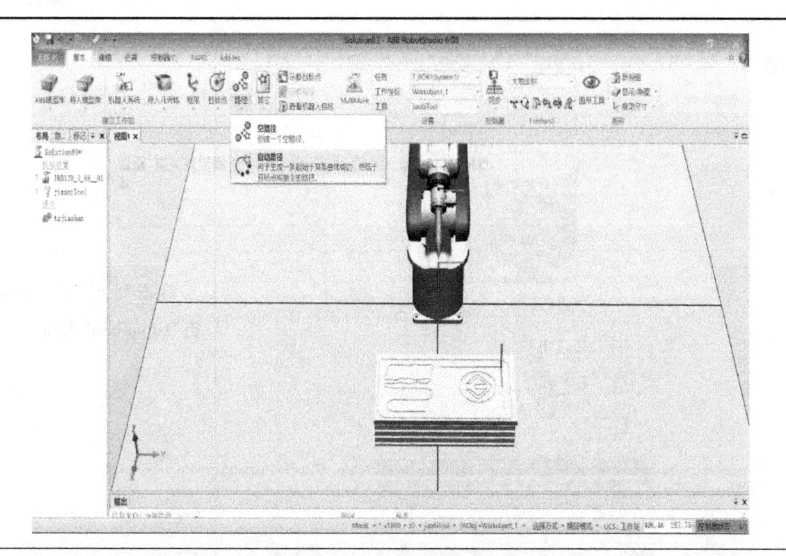	单击“路径”，随后单击“自动路径”
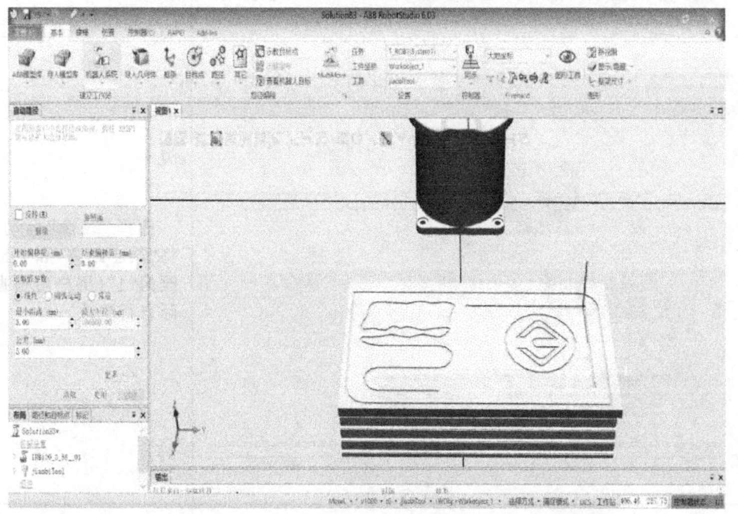	在按钮中单击“ ”和“ ”
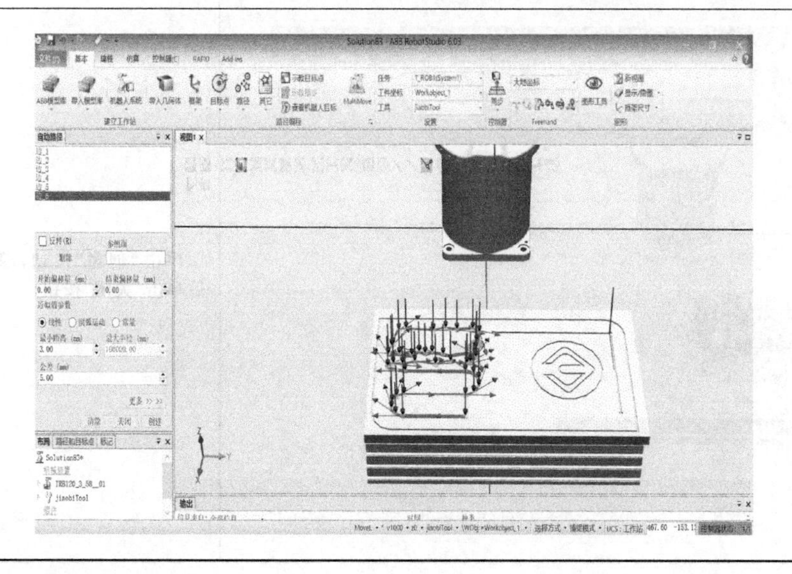	捕捉复杂轨迹，随后依次单击要仿真的轨迹路线（将自动生成运动轨迹）

续表

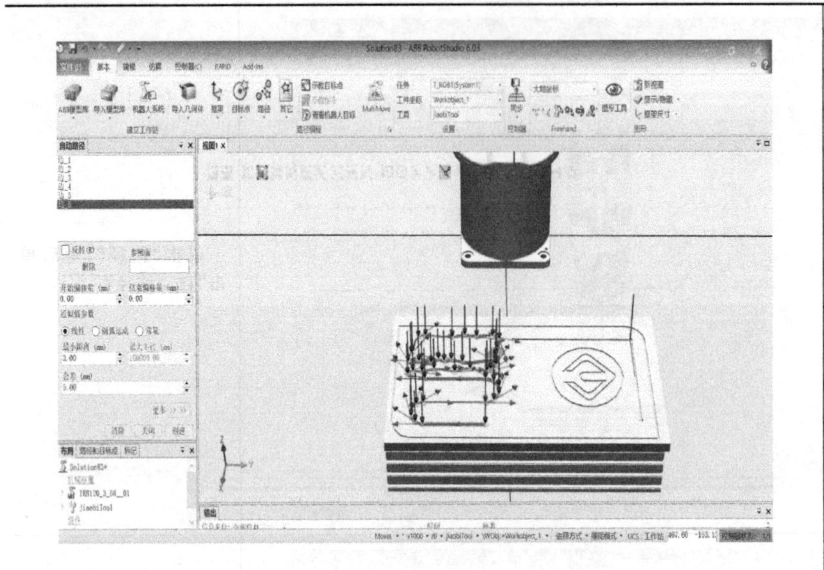	单击“ ”，随后单击“tujiaoban”表面
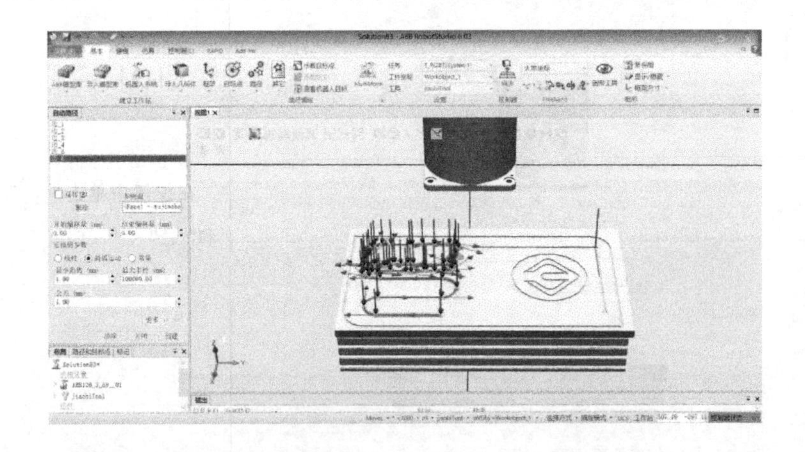	选择“线性”运动，并将“最小距离”和“公差”改为“1”(用户可根据实际自行更改)
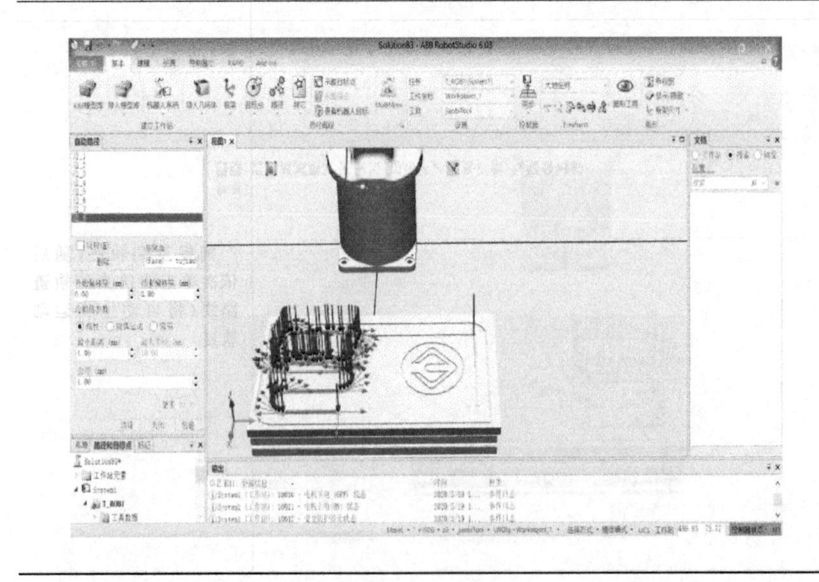	单击“创建”按钮，随后单击“关闭”按钮

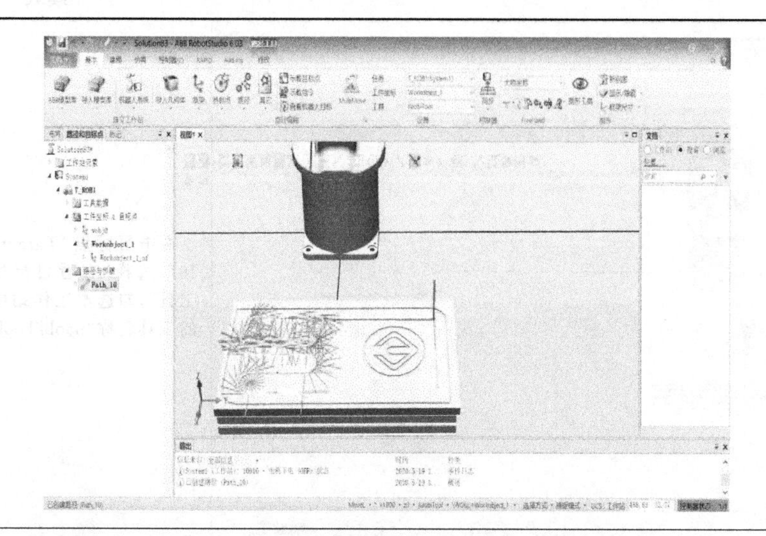	自动生成的机器人路径 Path_10
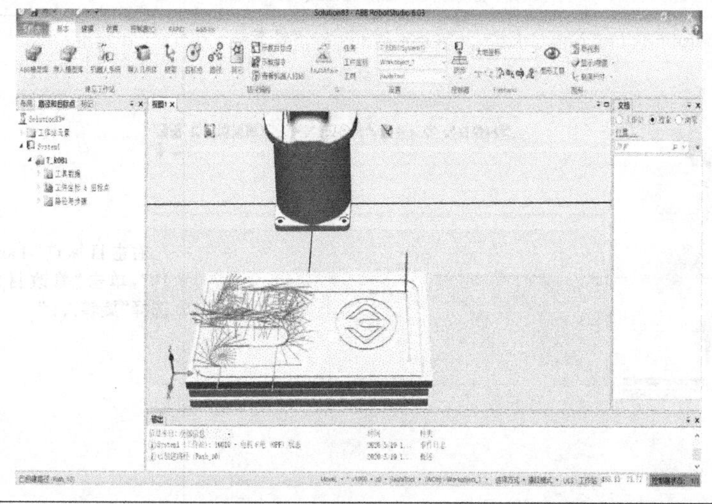	在“基本”功能选项卡中单击“路径和目标点”选项卡
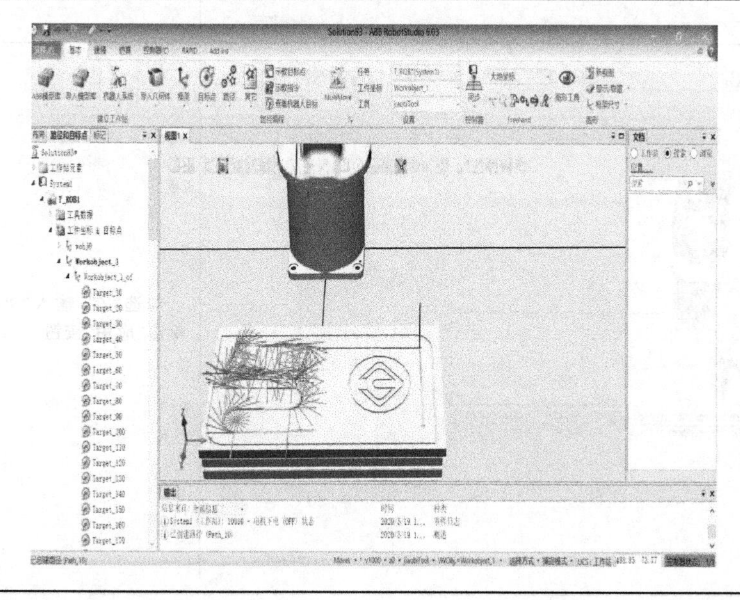	依次展开 T_ROB1、工件坐标 & 目标点、Workobject_1、Workobject_1_of，即可看到自动生成的各个目标点

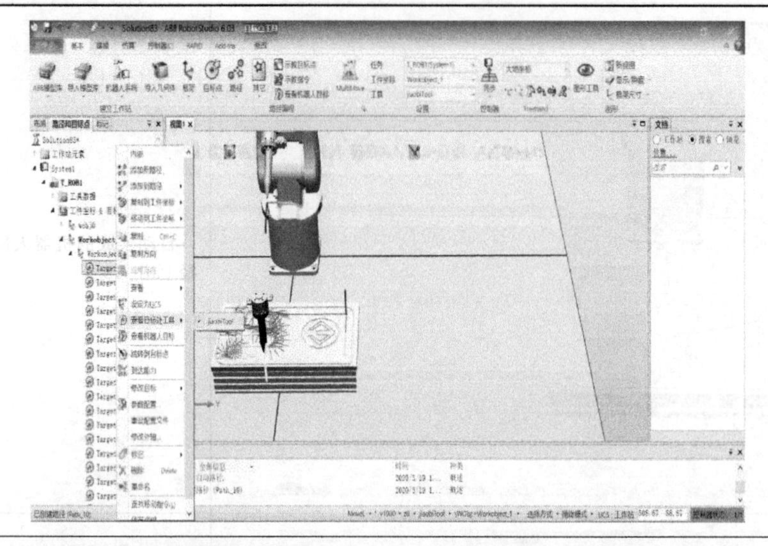	右击目标点“Target_10”，选择“查看目标处工具”，勾选本工作站中的工具名称“jiaobiTool”
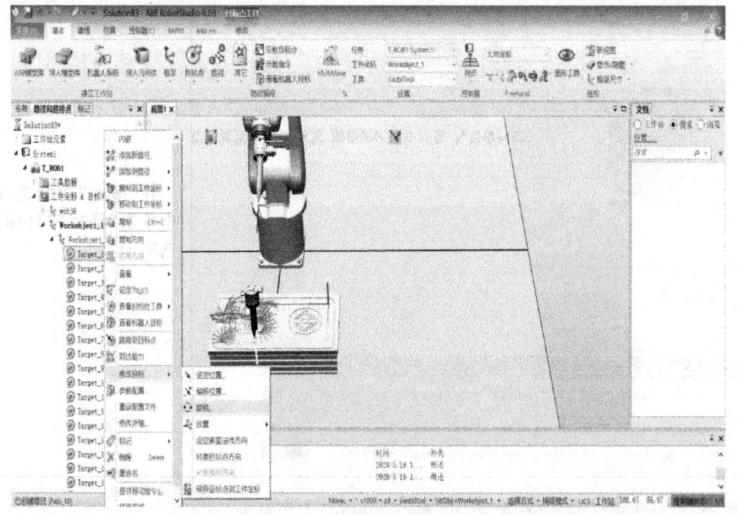	右击目标点“Target_10”，单击“修改目标”，选择“旋转...”
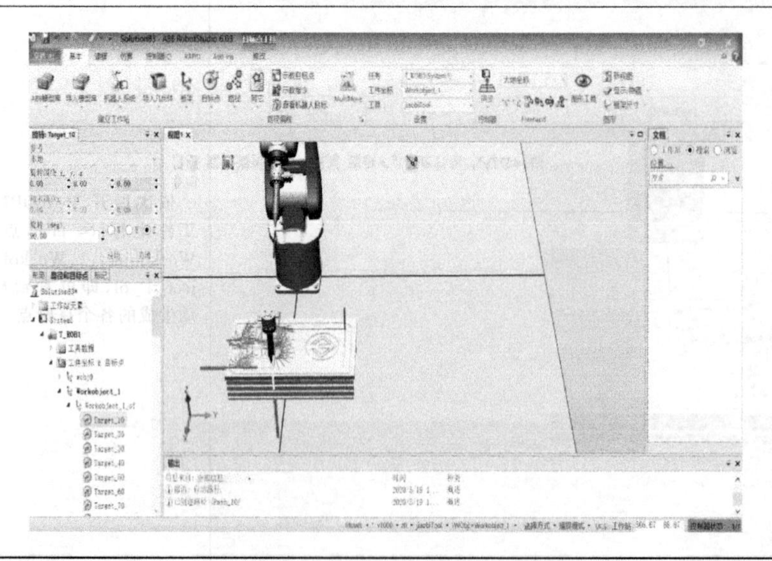	勾选“Z”，输入“90”，单击“应用”按钮

续表

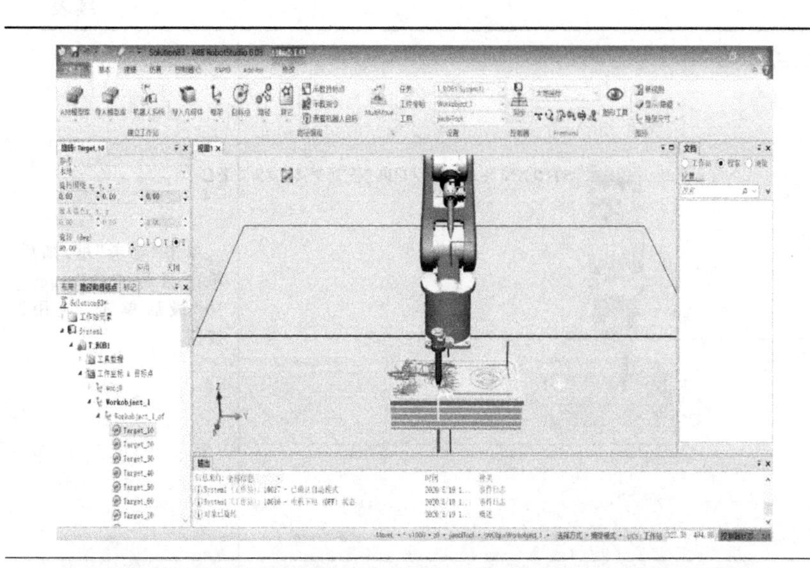	单击“关闭”按钮
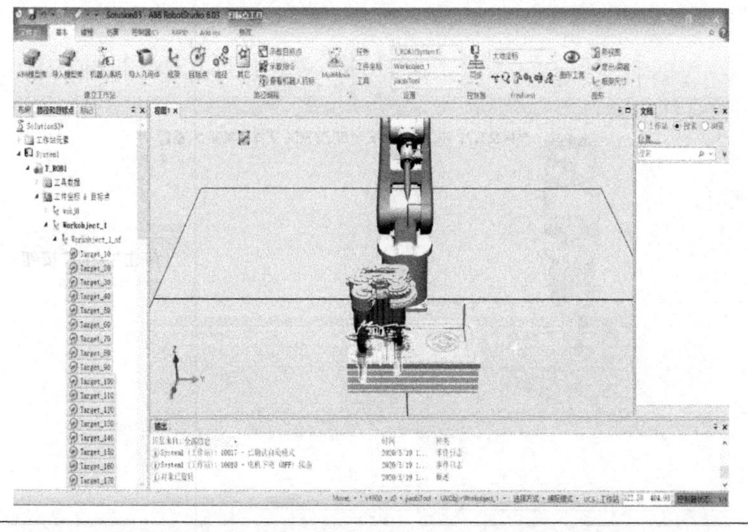	利用键盘 Shift 键以及鼠标左键，选中剩余的所有目标点
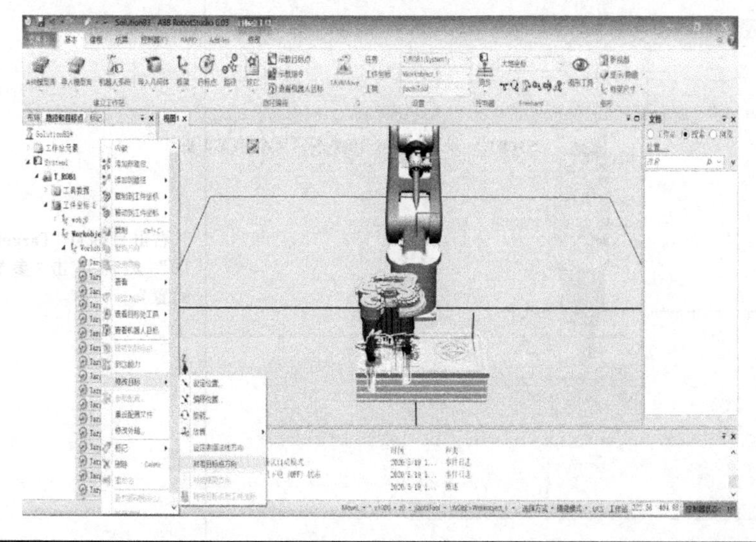	右击选中目标点，单击“修改目标”中的“对准目标点方向”

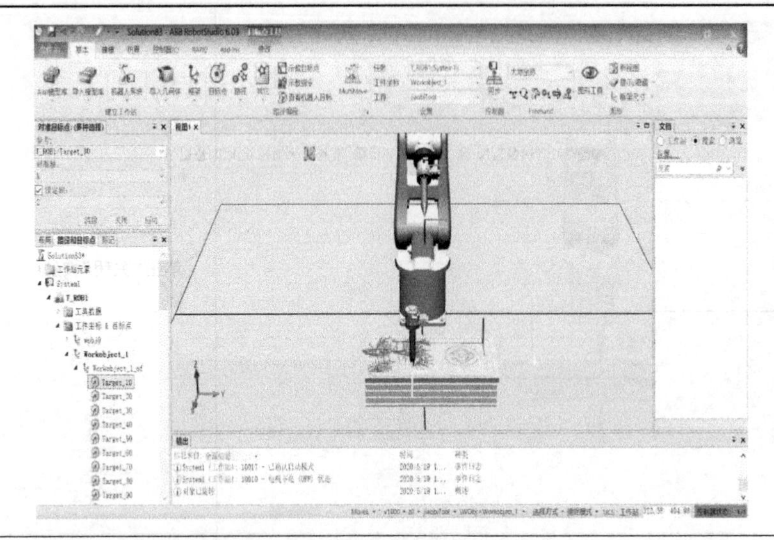	单击“参考”框，随后单击目标点“Target_10”最后单击“应用”按钮
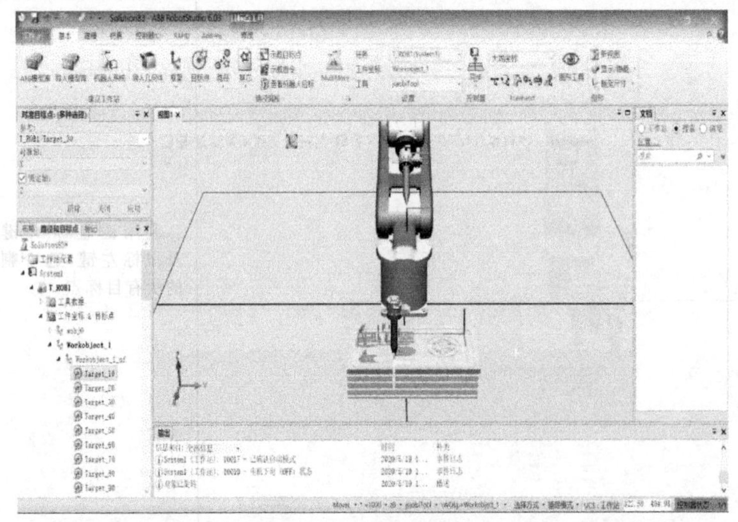	单击“关闭”按钮
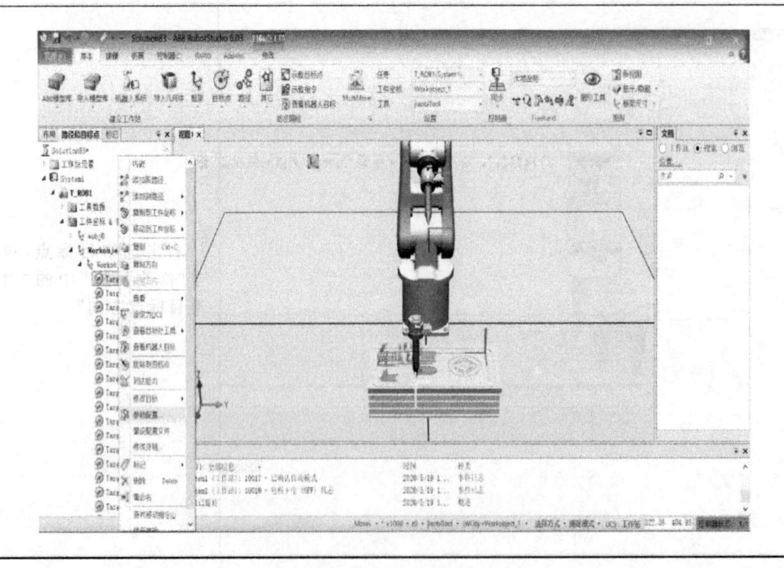	右击目标点“Target_10”，然后单击“参数配置”

续表

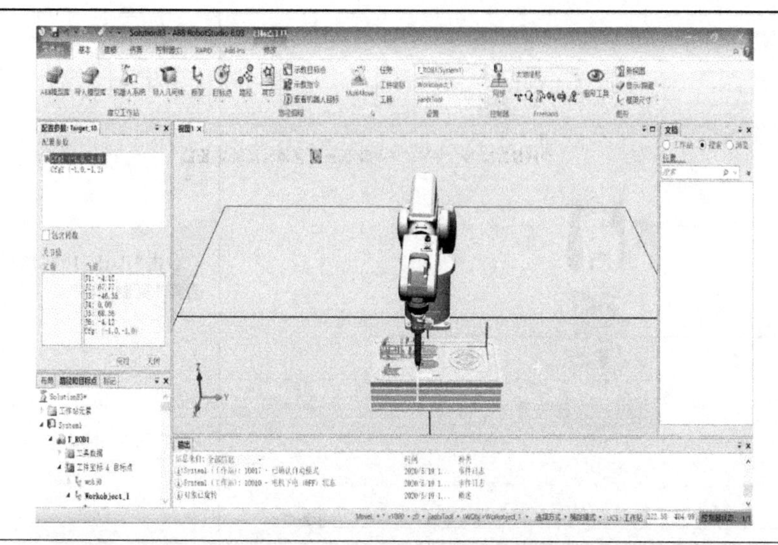	选择合适的轴配置参数,单击“应用”按钮,随后单击“关闭”按钮(一般选择浮动较小的参数)
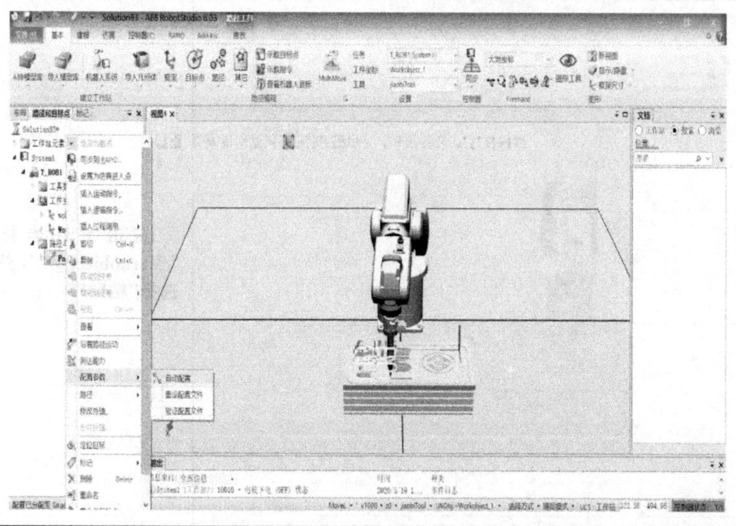	展开“路径与步骤”,右击“Path_10”,选择“配置参数”中的“自动配置”
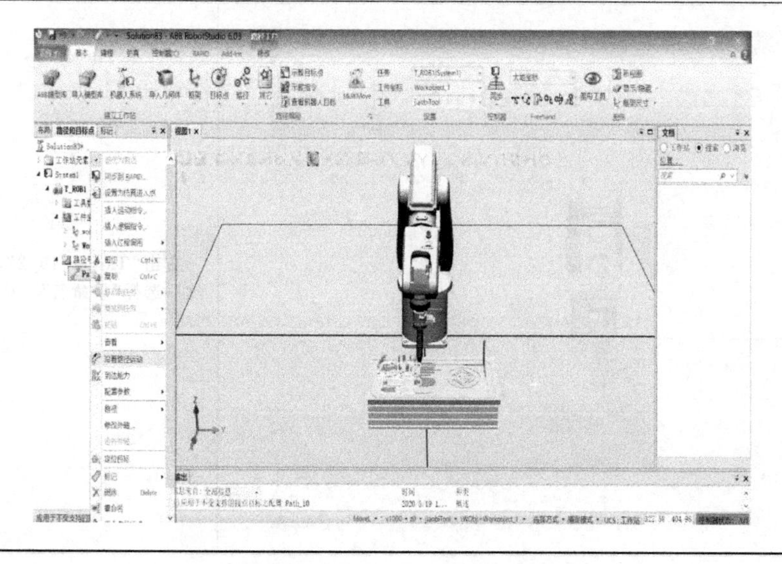	右击“Path_10”,然后单击“沿着路径运动”

<table>
<tr><td>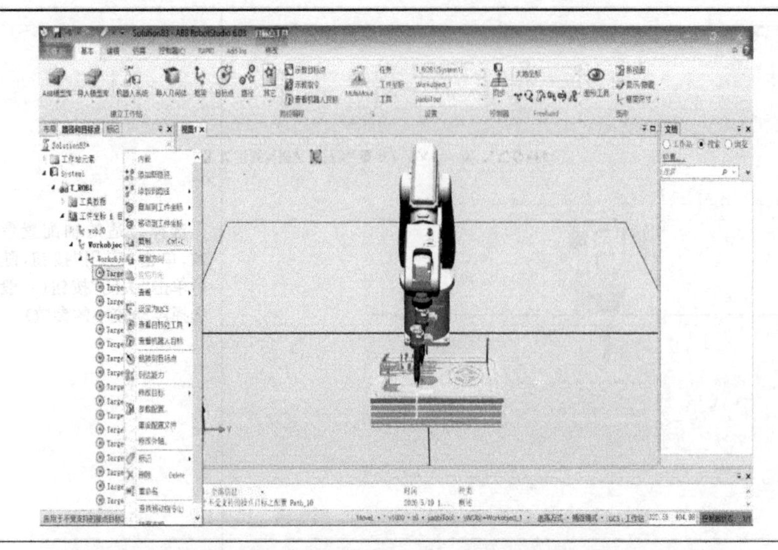</td><td>右击“Path_10”，然后选择“复制”</td></tr>
<tr><td>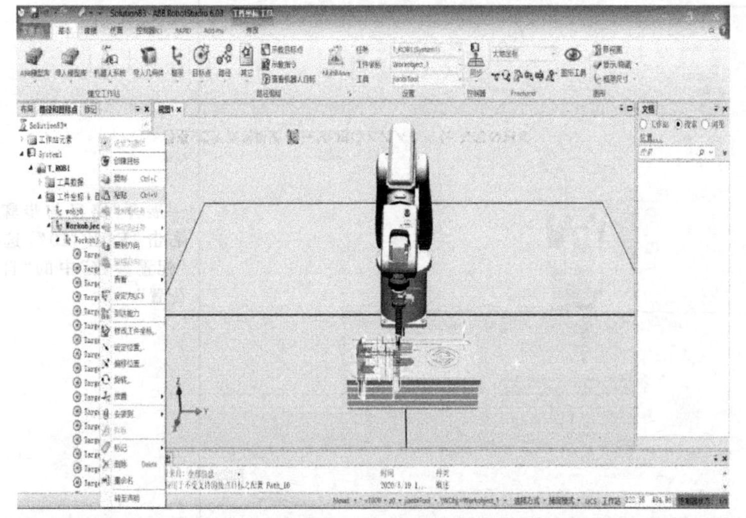</td><td>右击工件坐标系“Workobject_1”，然后选择“粘贴”</td></tr>
<tr><td>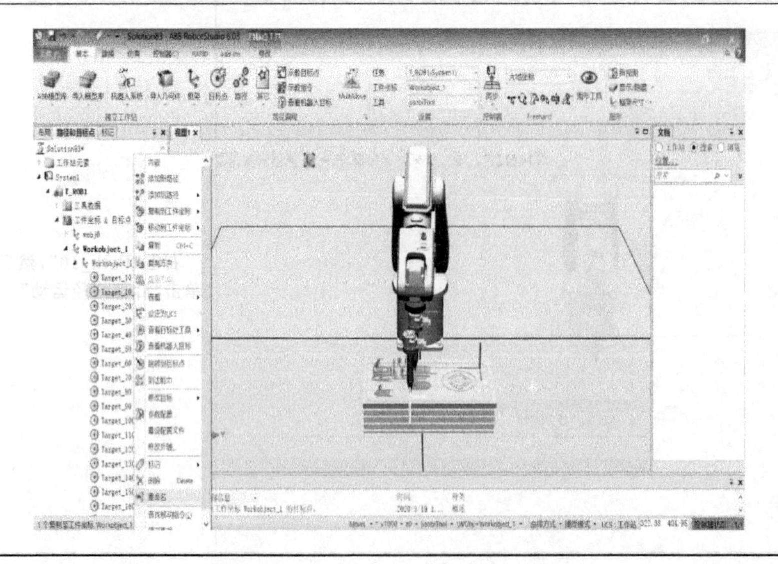</td><td>右击“Target_10_2”，然后选择“重命名”</td></tr>
</table>

续表

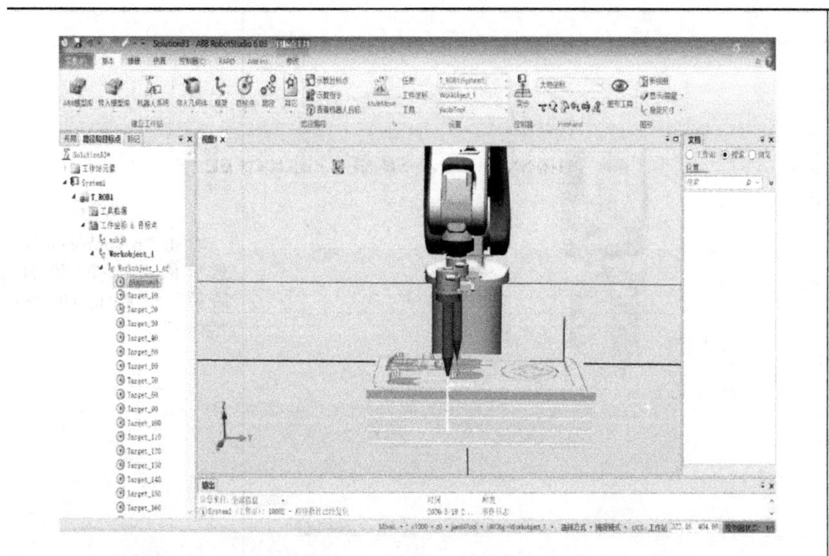	修改为“pApproach”
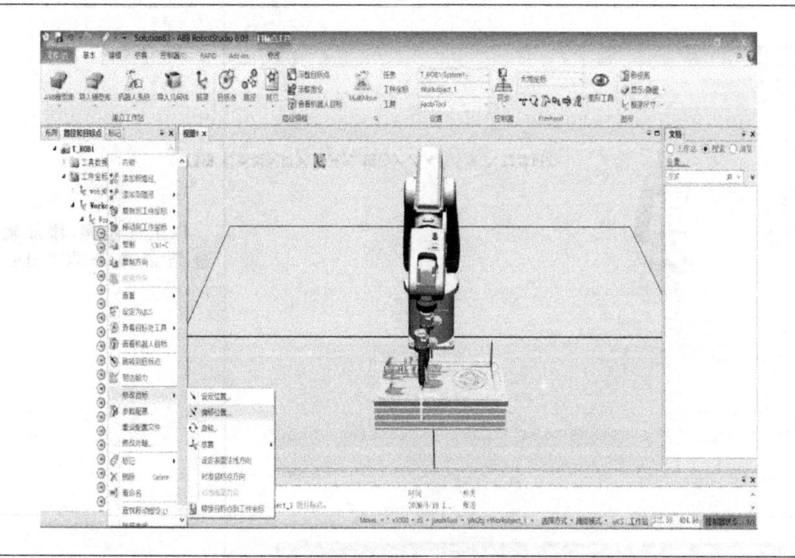	右击“pApproach”，然后选择“修改目标”中的“偏移位置...”
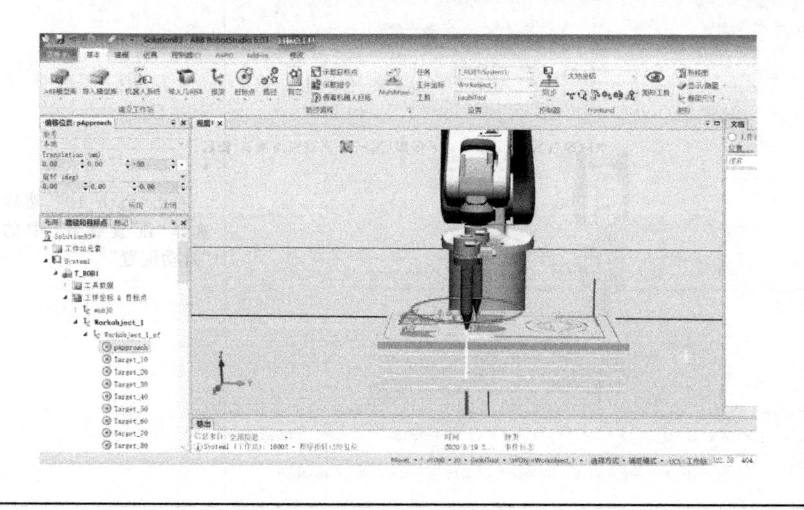	将转换的 Z 值输入“-50”，单击“应用”按钮，随后单击“关闭”按钮

续表

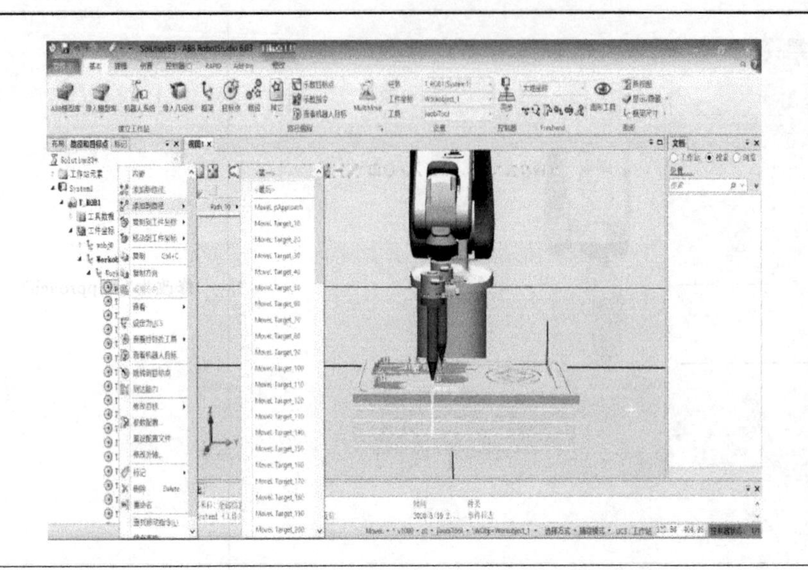	右击“pApproach”，然后依次选择“添加路径”→“Path_10”→“第一”
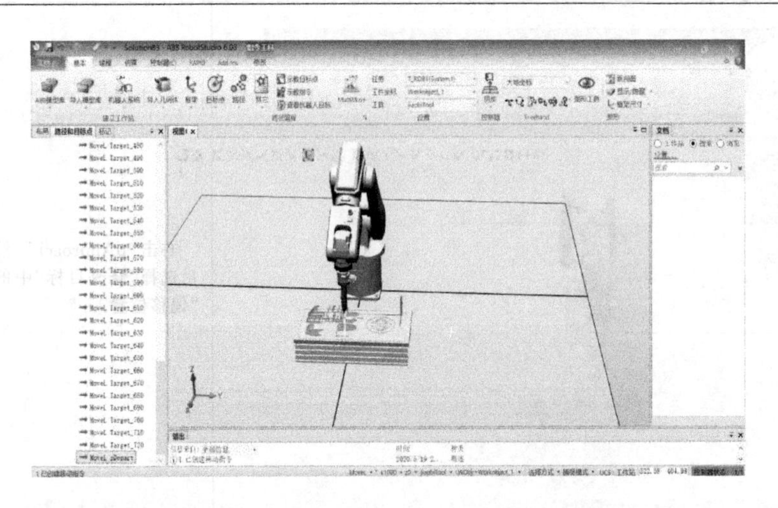	以上述步骤，添加轨迹结束离开点“pDepart”
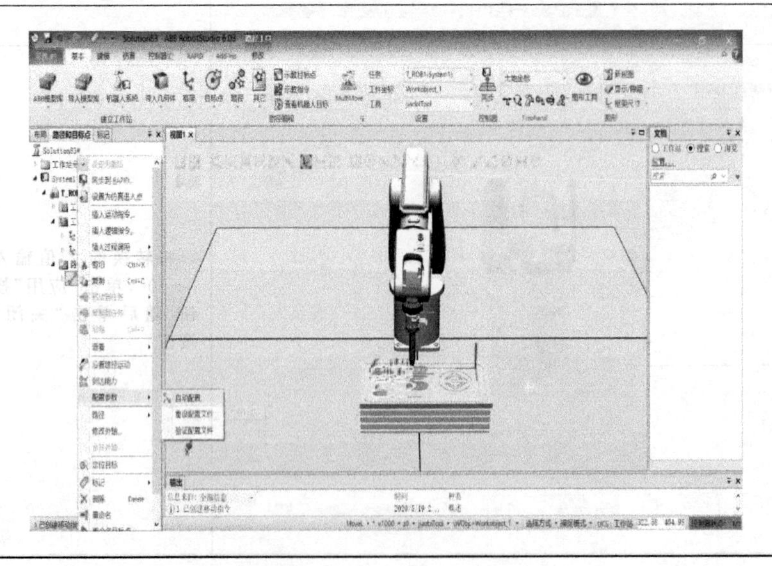	右击“Path_10”，然后选择“配置参数”中的“自动配置”

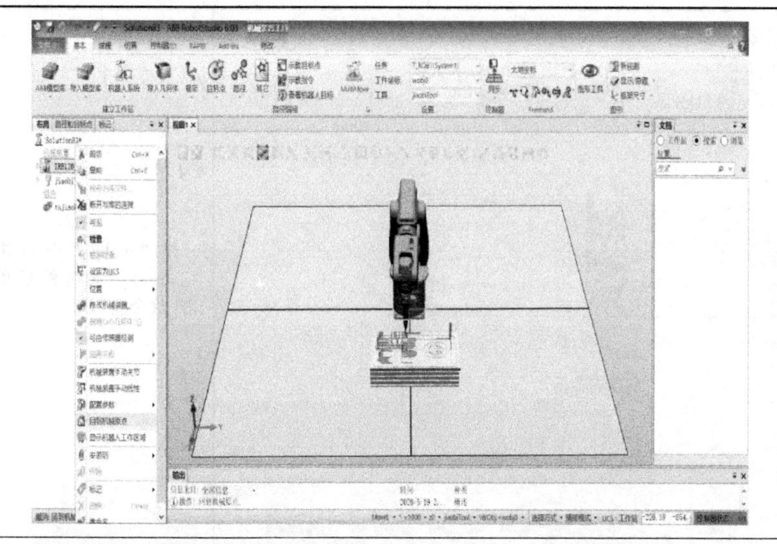	在“布局”选项卡中，右击“IRB120”，然后单击“回到机械原点”
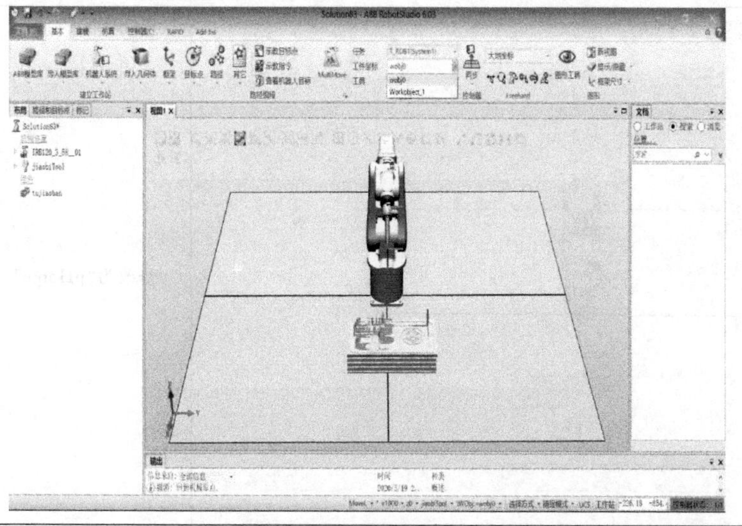	将工件坐标改为“wobj0”
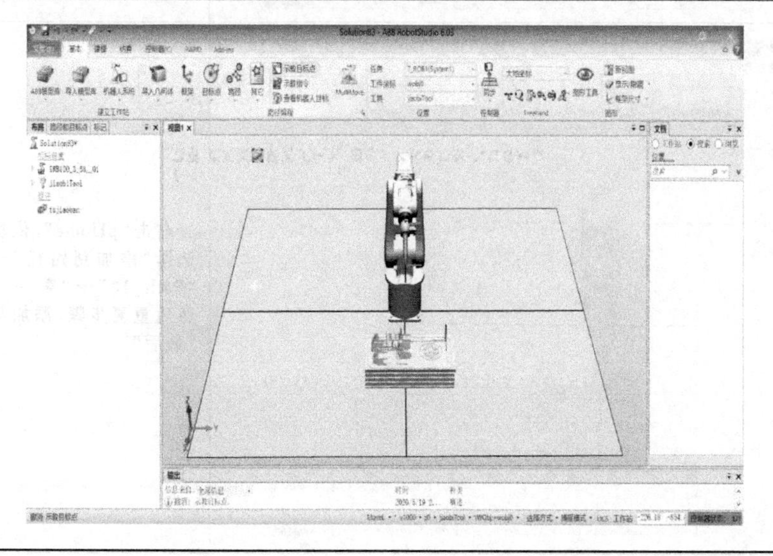	单击“示教目标点”

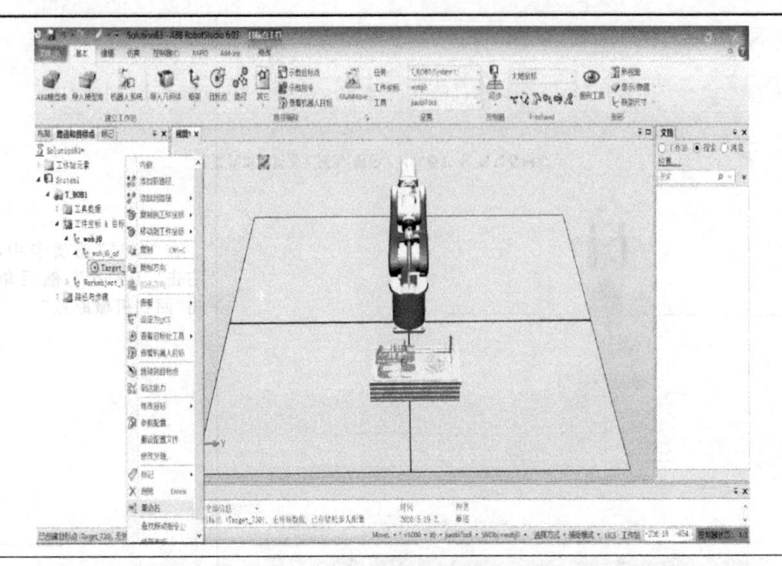	在“wobj0”中右击“Target_730”，然后单击“重命名”
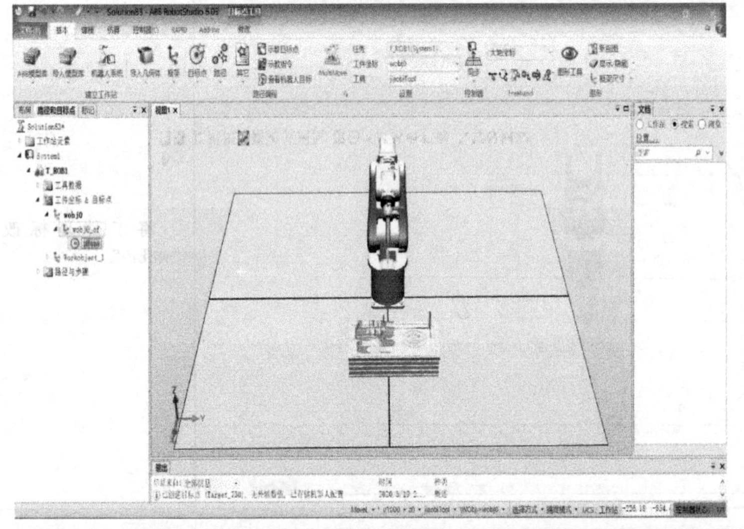	修改为“pHome”
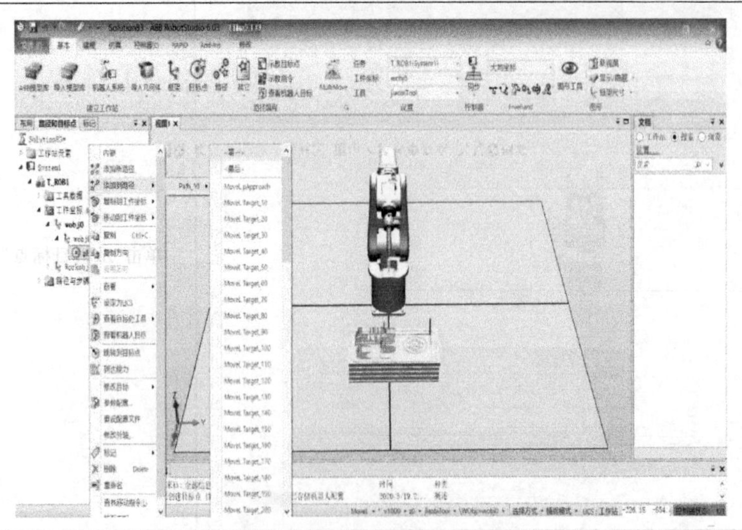	右击“pHome”，依次选择“添加到路径”→“Path_10”→“第一”；然后重复步骤，添加至“最后”

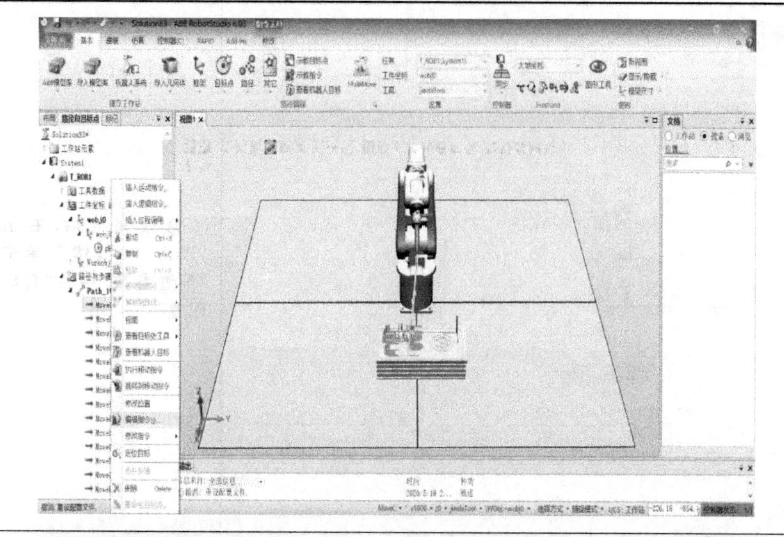	在“Path_10”中，右击“MoveL pHome”，然后选择“编辑指令”
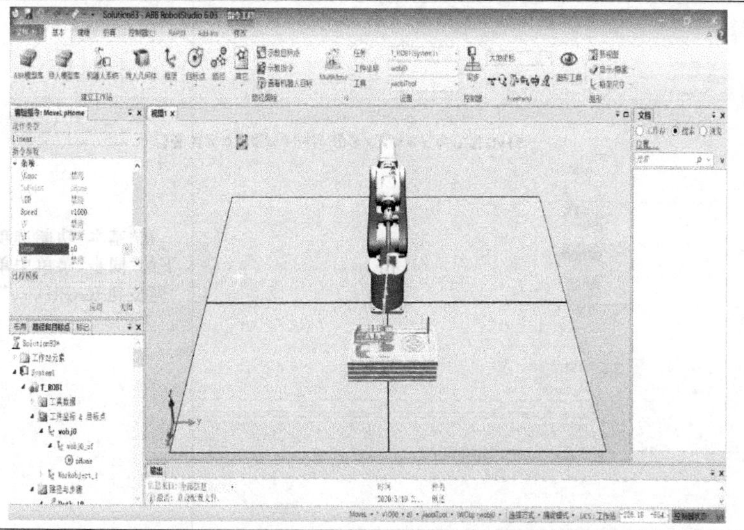	将“Z0”改为“z20”
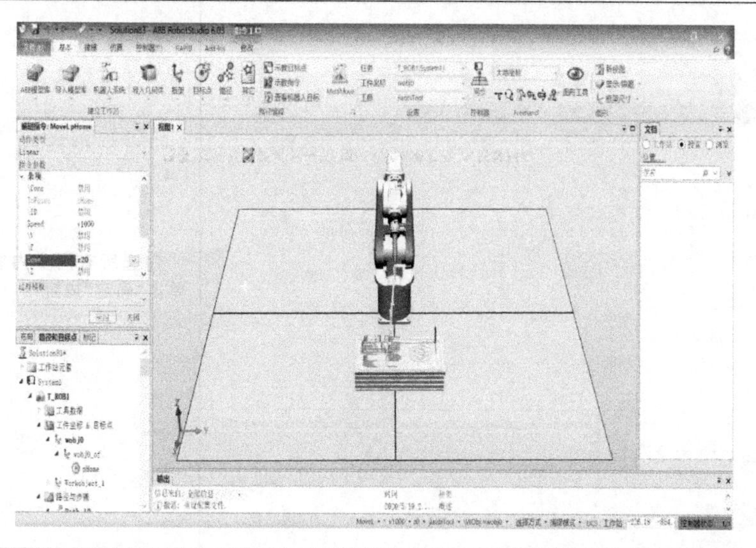	单击“应用”按钮，最后单击“关闭”按钮

续表

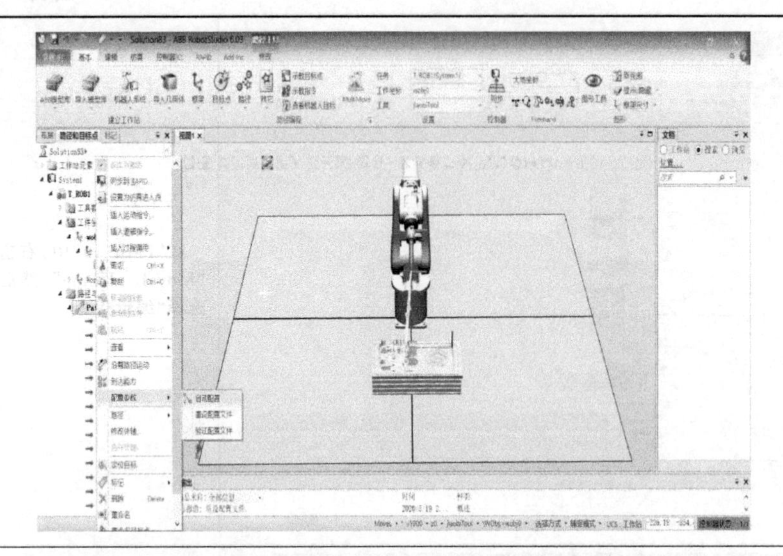	修改完成后，右击“Path_10”，然后单击“配置参数”中的“自动配置”
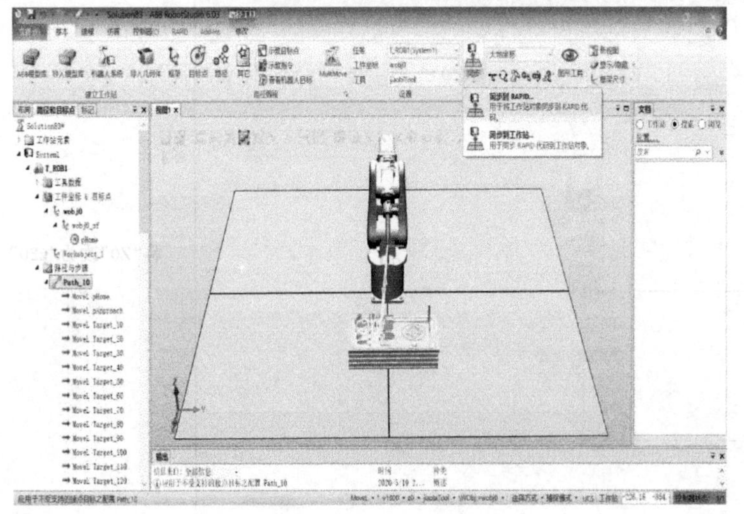	在“基本”功能选项卡下的“同步”菜单中单击“同步到 RAPID...”
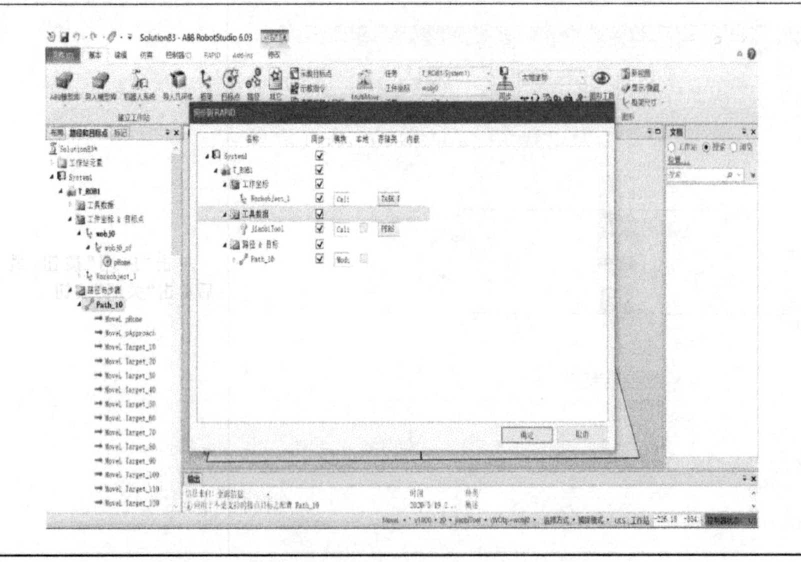	勾选所有同步内容，单击“确定”按钮

续表

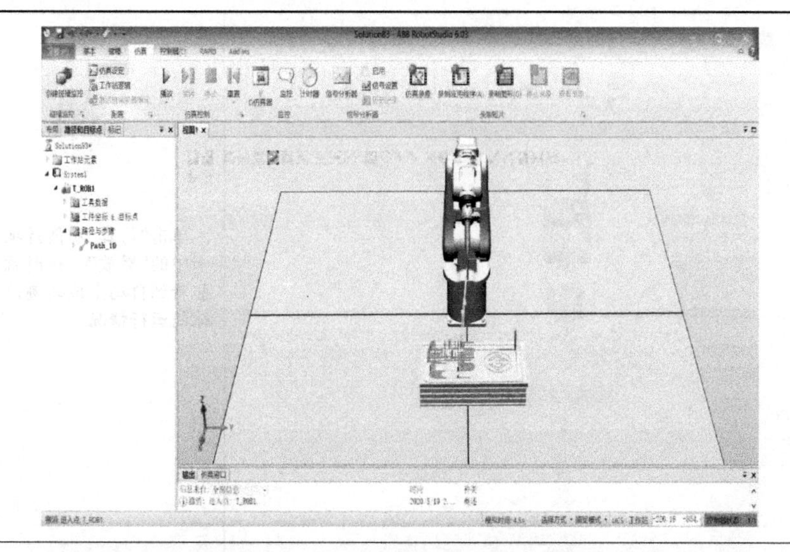	在“仿真”功能选项卡中单击“仿真设定”
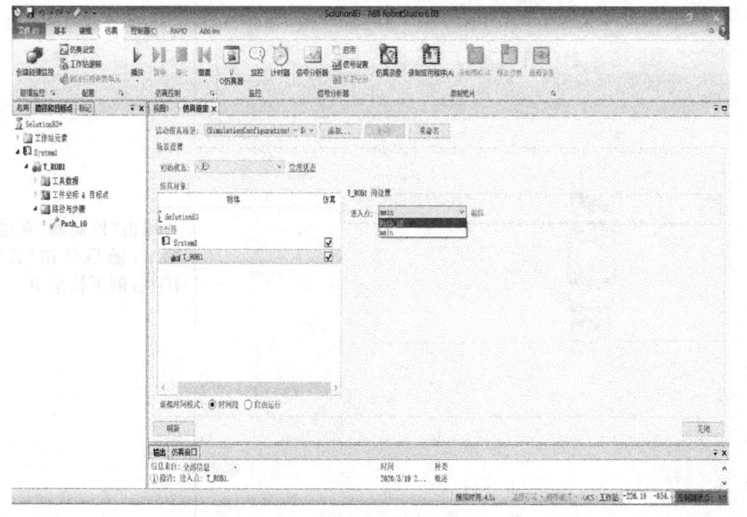	单击“T_ROB1”，随后在“进入点”选项框中选择“Path_10”
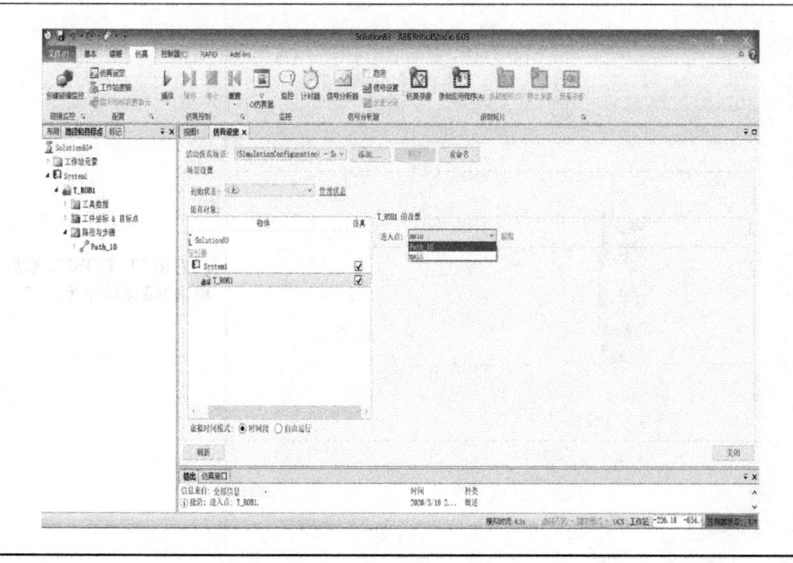	单击“关闭”按钮

续表

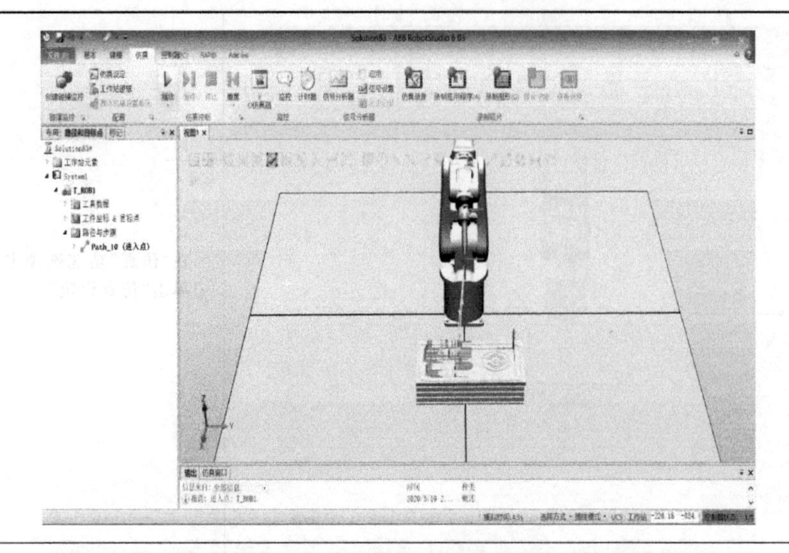	单击“仿真”功能选项卡中的“播放”。这时就能看到自动生成轨迹总体的运行情况
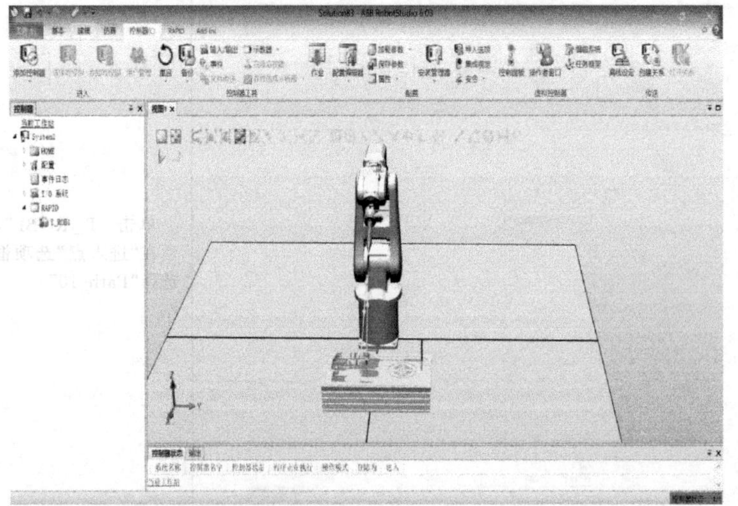	单击“控制器”功能选项卡，随后单击“RAPID”右侧下拉菜单
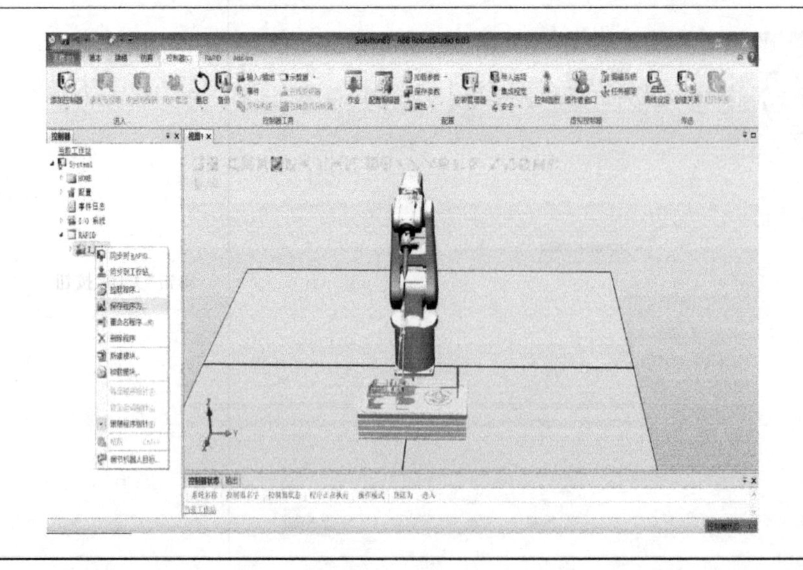	右击“T_ROB1”，然后单击“保存程序为...”

续表

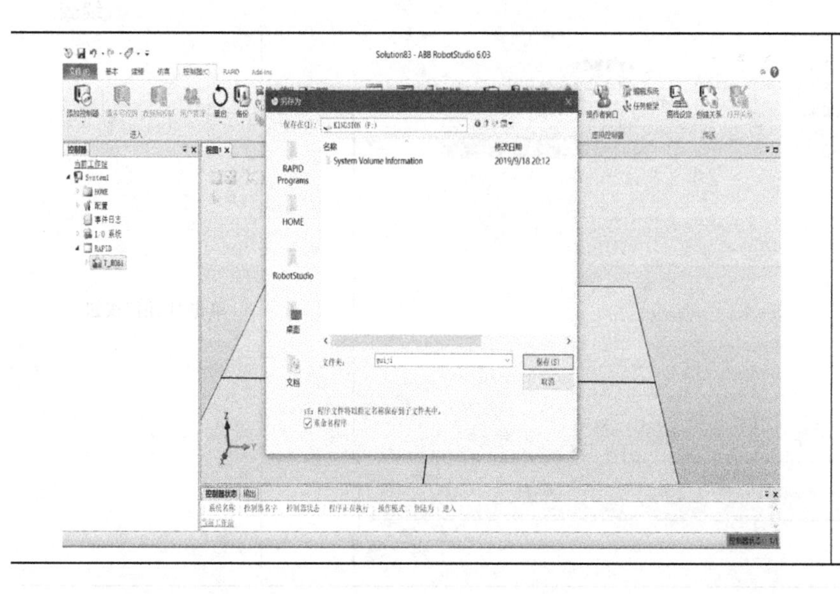	保存在U盘中，文件夹命名为“guiji”，然后单击“保存”按钮

6.1.3 现场操作

将仿真生成的程序导入机器人，并进行实际查看（表6-6）。

表6-6 现场操作

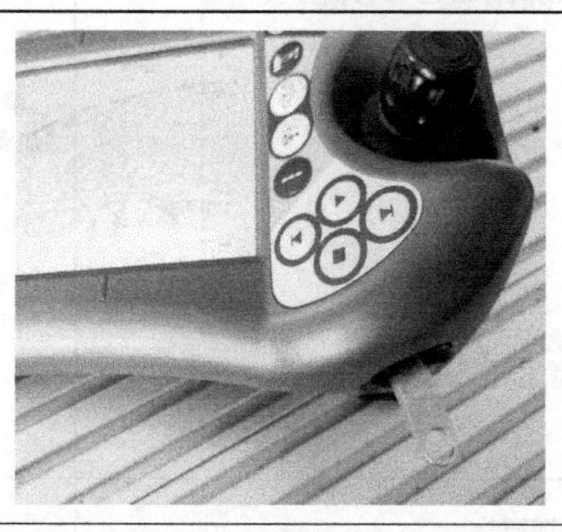	将U盘插入示教器USB接口中
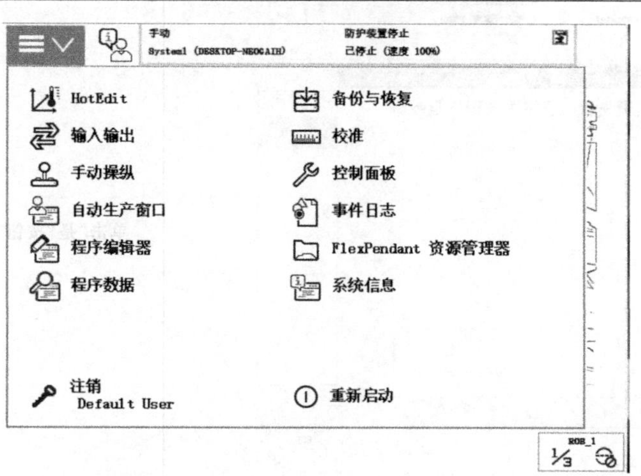	单击“≡∨”，随后单击“程序编辑器”

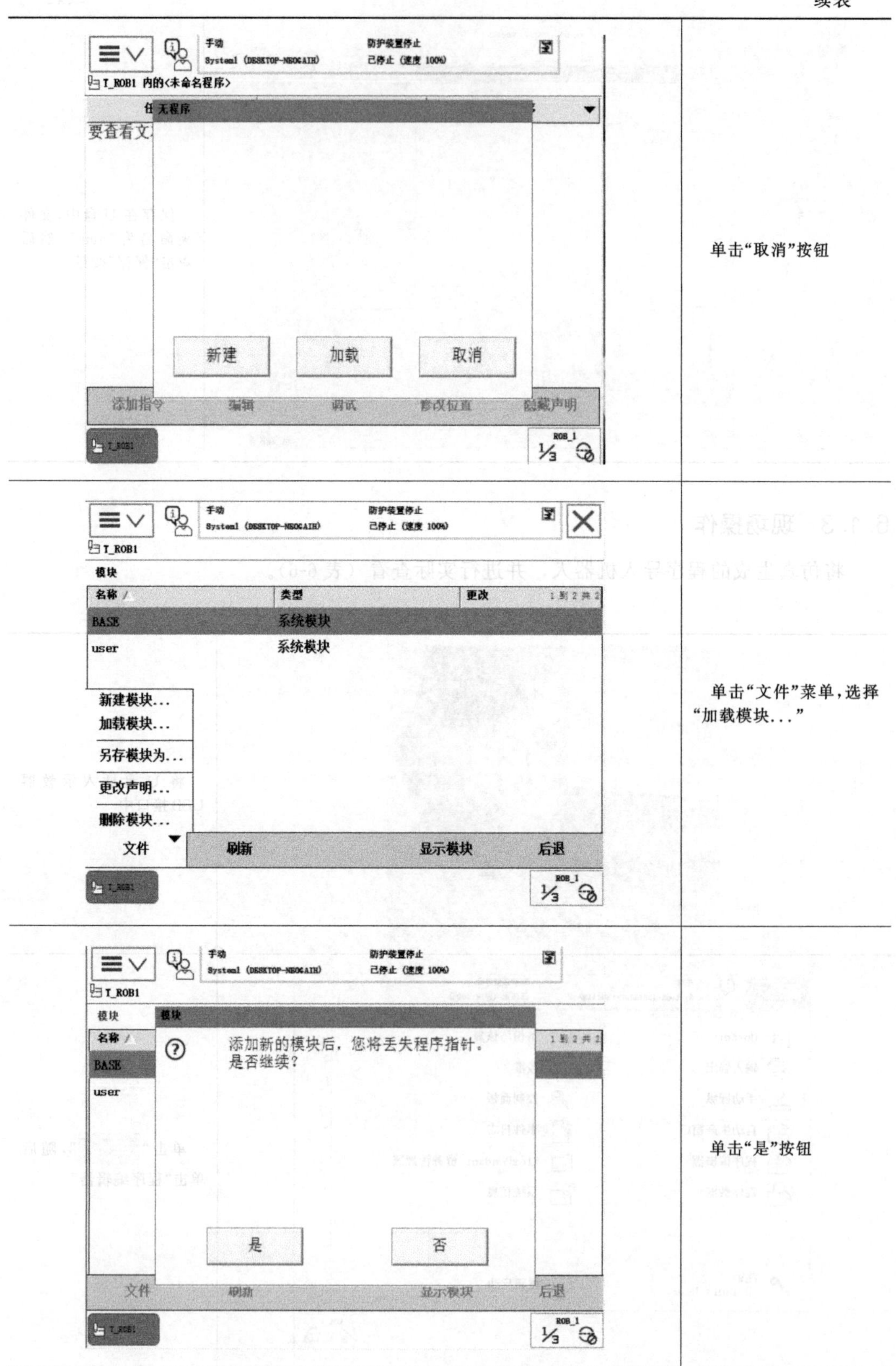

	单击“取消”按钮
	单击“文件”菜单，选择“加载模块...”
	单击“是”按钮

续表

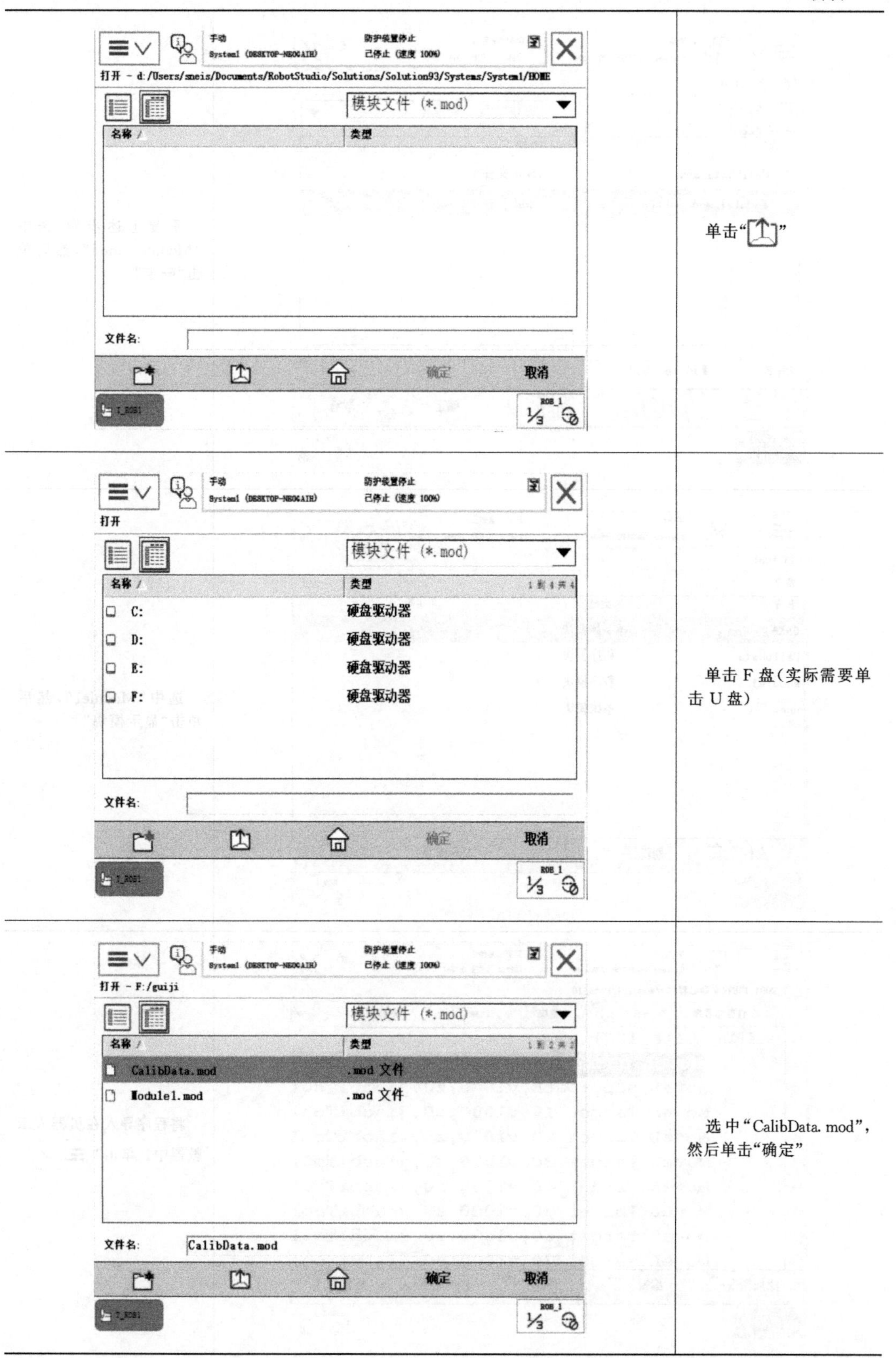

单击“ ”

单击F盘(实际需要单击U盘)

选中“CalibData.mod”,然后单击“确定”

续表

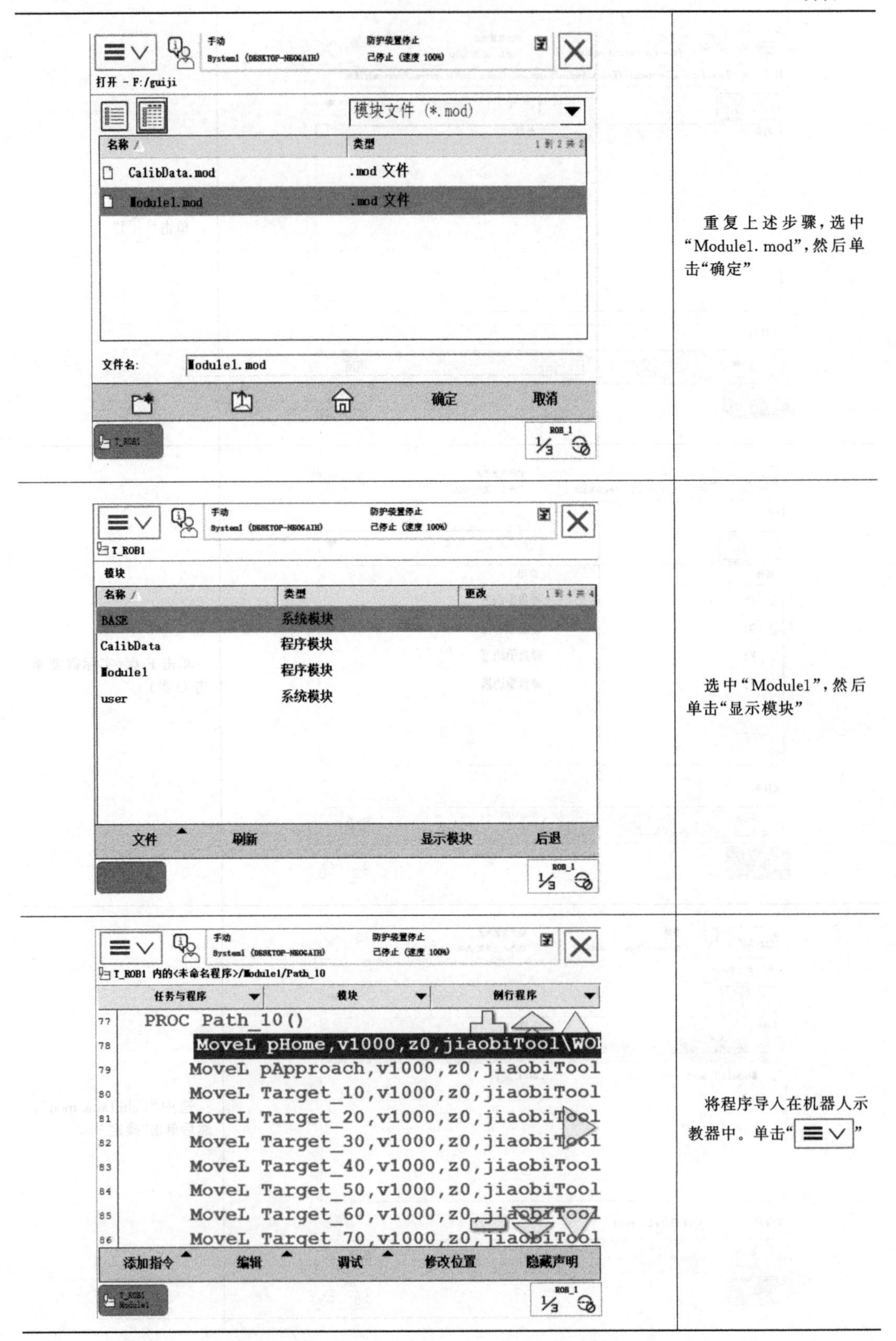

重复上述步骤，选中“Module1. mod”，然后单击“确定”

选中“Module1”，然后单击“显示模块”

将程序导入在机器人示教器中。单击“≡∨”

续表

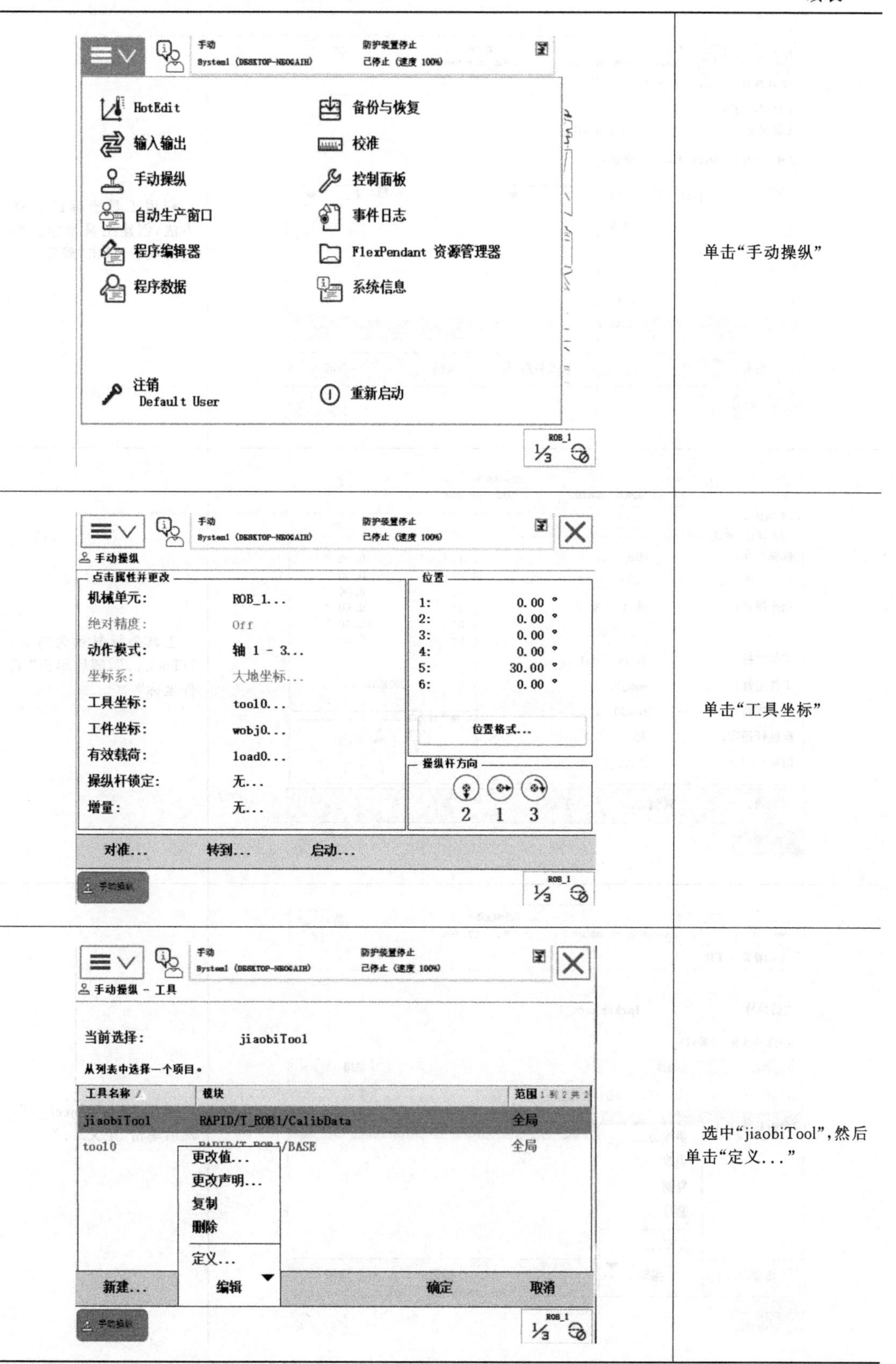

单击“手动操纵”

单击“工具坐标”

选中“jiaobiTool”，然后单击“定义...”

续表

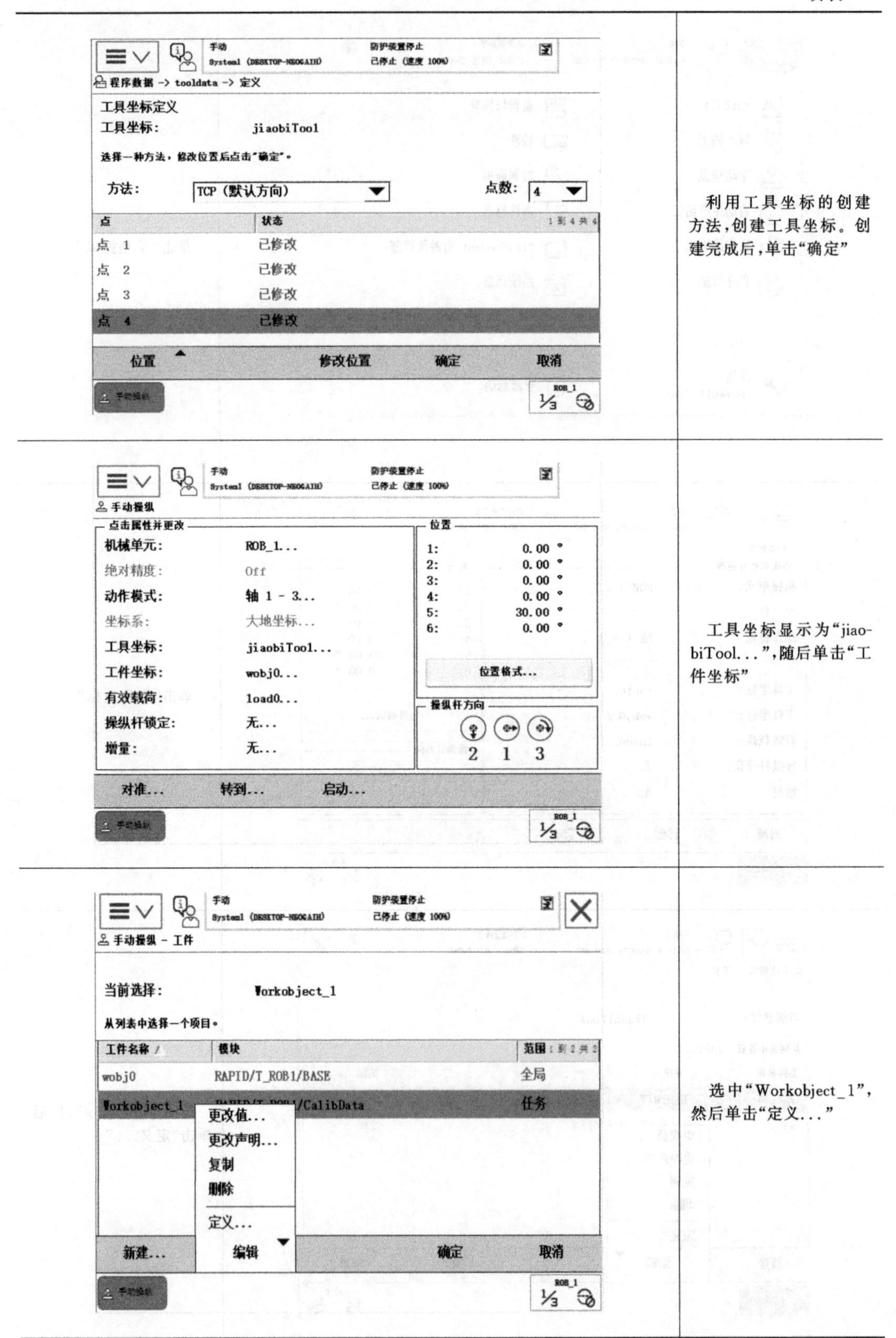

利用工具坐标的创建方法，创建工具坐标。创建完成后，单击“确定”

工具坐标显示为“jiaobiTool...”，随后单击“工件坐标”

选中“Workobject_1”，然后单击“定义...”

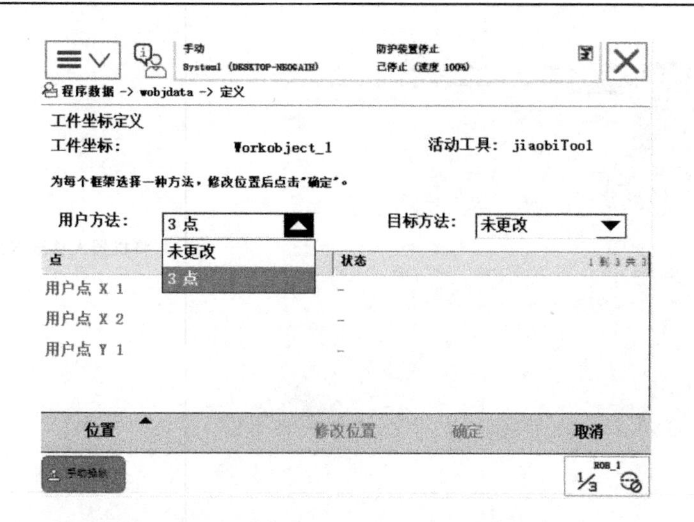	单击“用户方法”的下拉框，选择“3 点”
	机器人移至 X1 点位
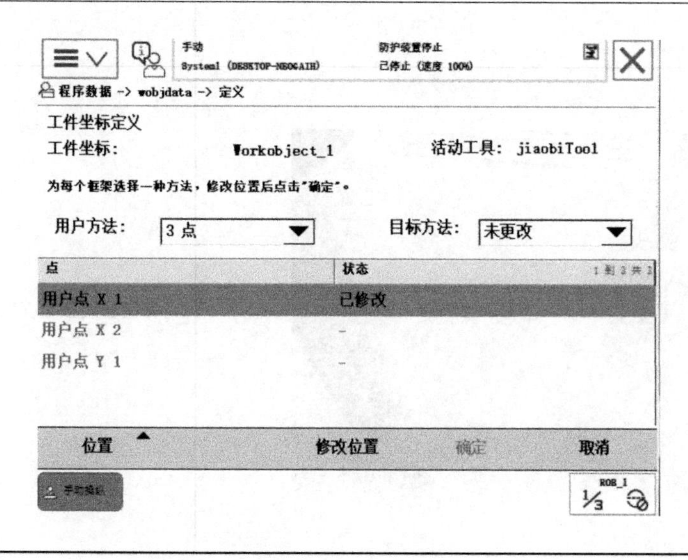	选中“用户点 X1”，然后单击“修改位置”

<table>
<tr><td>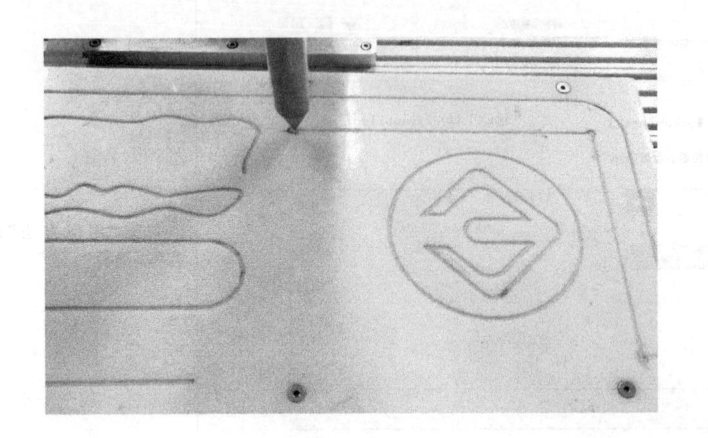</td><td>将机器人移至 X2 点位</td></tr>
<tr><td>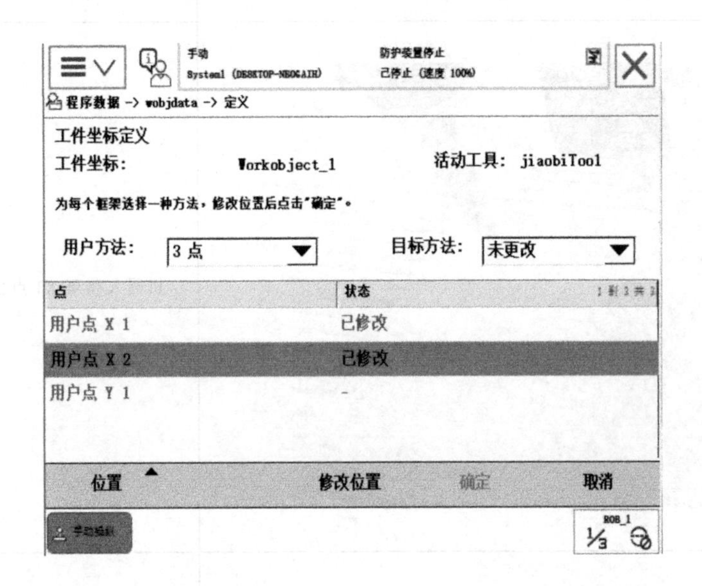
</td><td>选中“用户点 X2”，然后单击“修改位置”</td></tr>
<tr><td>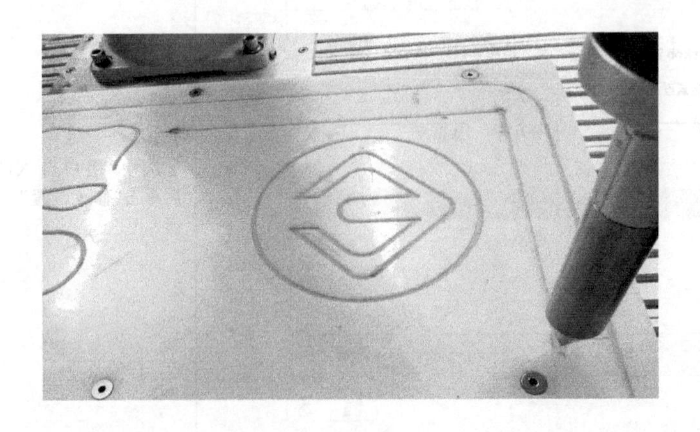</td><td>将机器人移至 Y1 点位</td></tr>
</table>

续表

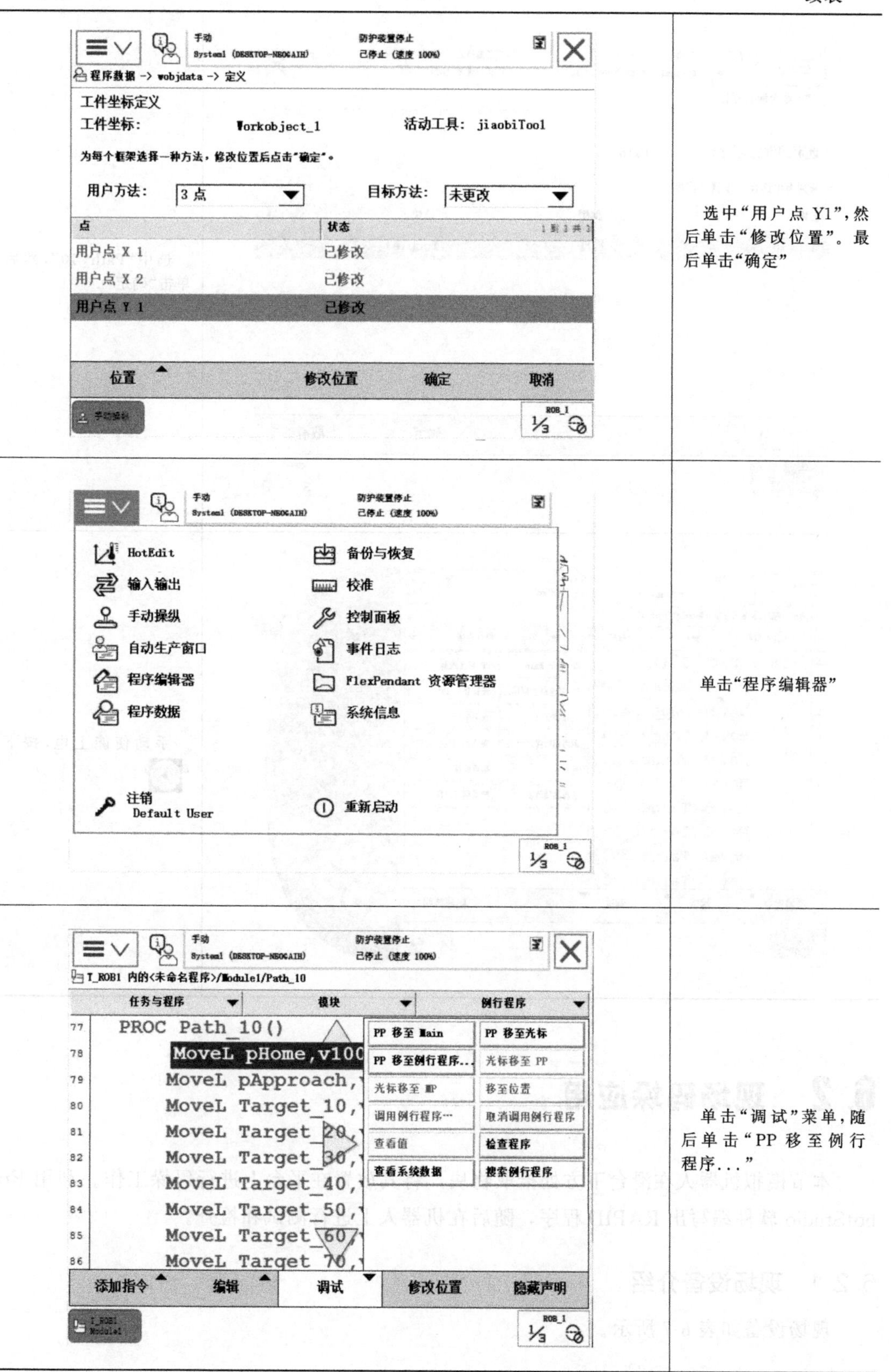

选中“用户点 Y1”，然后单击“修改位置”。最后单击“确定”

单击“程序编辑器”

单击“调试”菜单，随后单击“PP 移至例行程序...”

续表

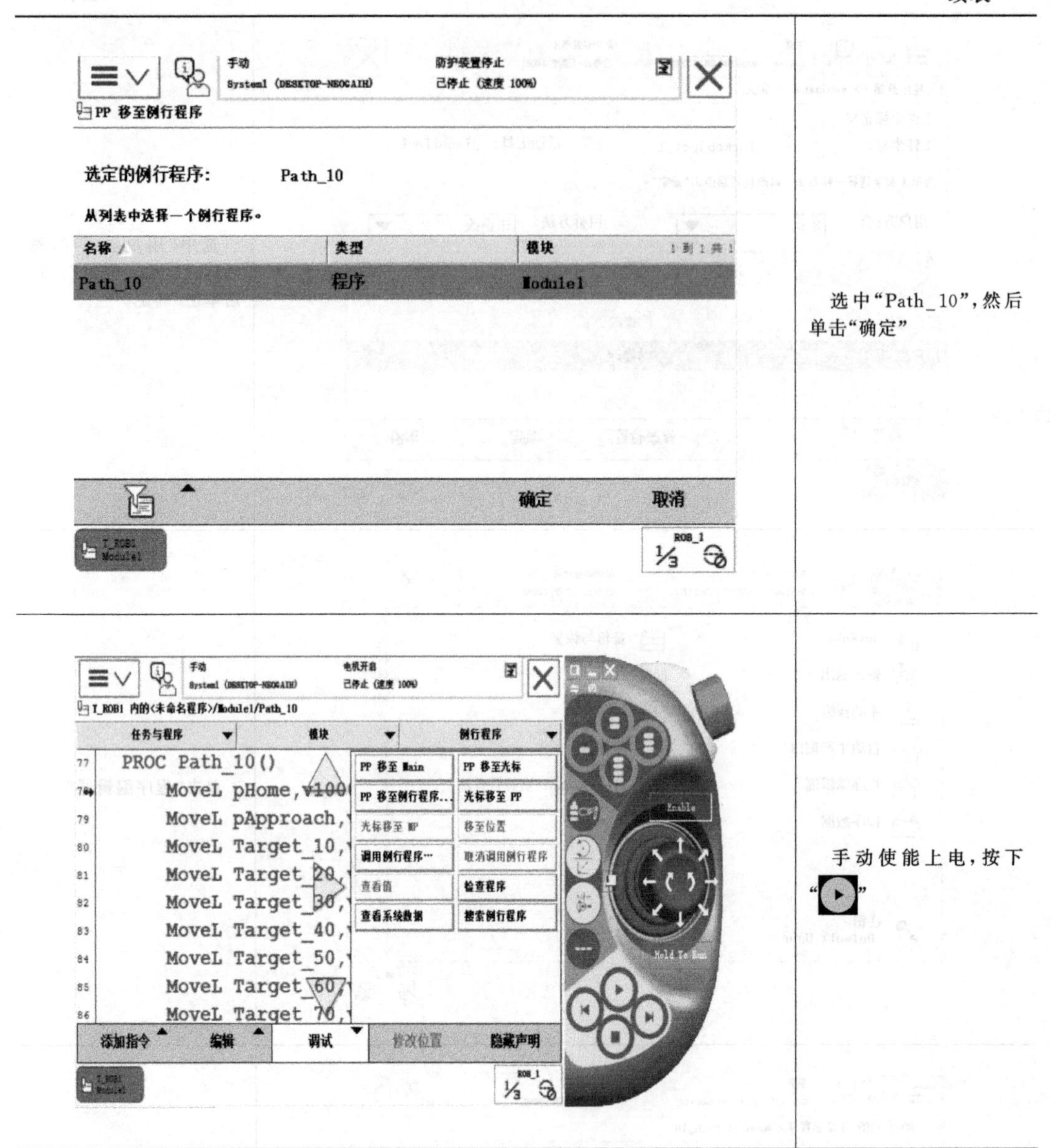

选中“Path_10”，然后单击“确定”

手动使能上电，按下“▶”

6.2 现场码垛应用

本节模拟机器人在滑台下方处拾取物块，将其放置在平台上进行码垛工作。利用 RobotStudio 软件编写出 RAPID 程序，随后在机器人上进行测试和检查。

6.2.1 现场设备介绍

现场设备如表 6-7 所示。

表 6-7　现场设备

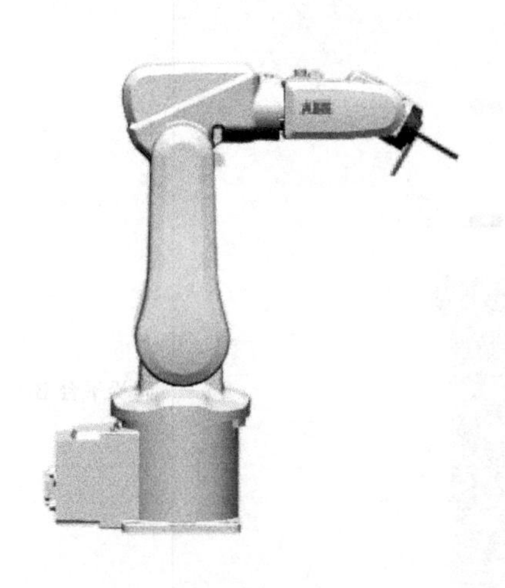	ABB 机器人 IRB-120
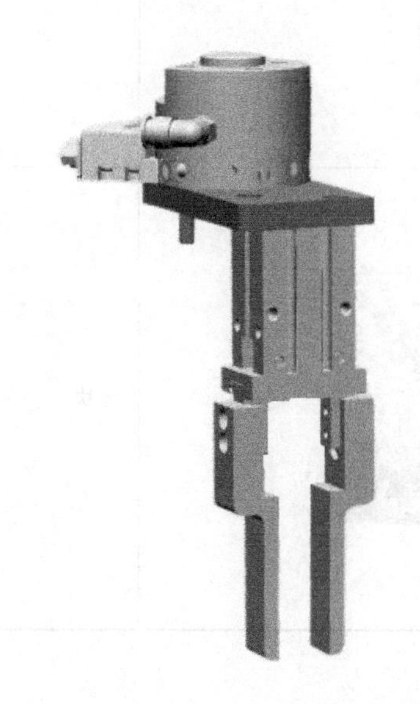	夹爪工具
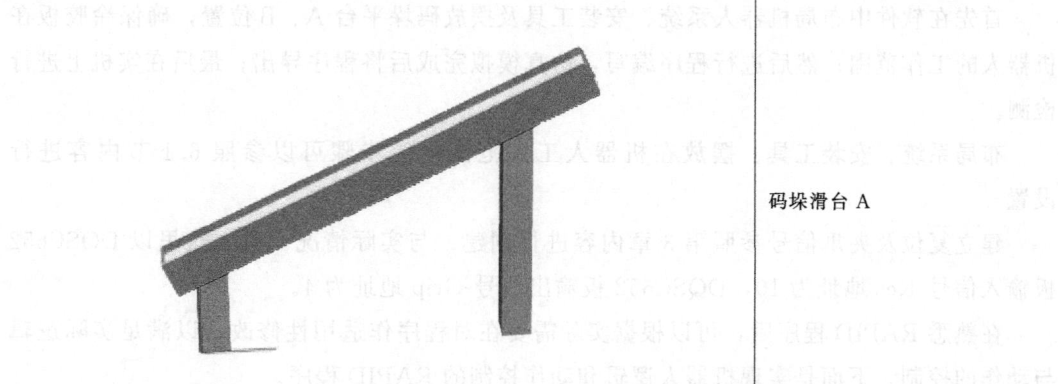	码垛滑台 A

续表

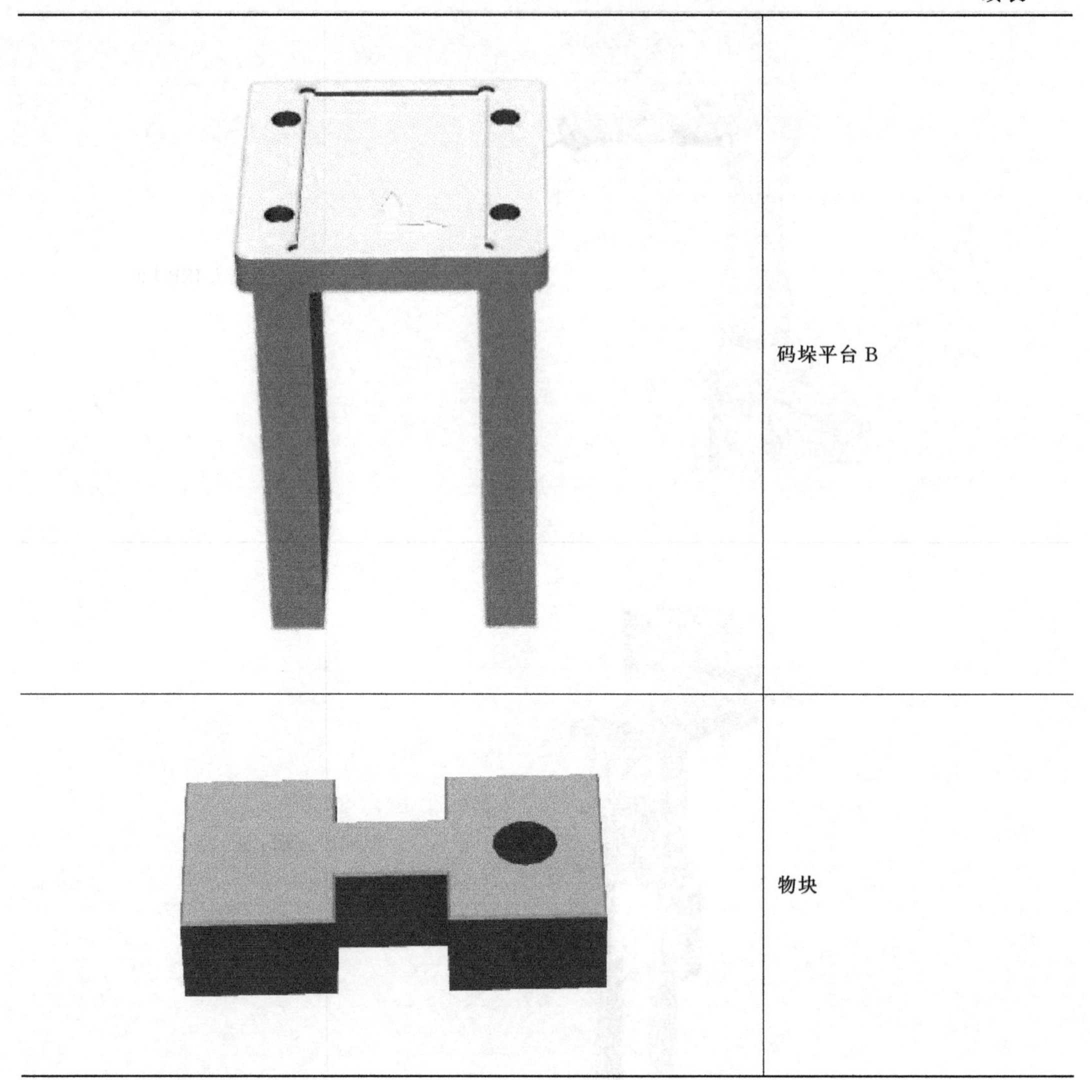	码垛平台 B
	物块

6.2.2 仿真模拟

首先在软件中布局机器人系统、安装工具及摆放码垛平台 A、B 位置，确保涂胶板在机器人的工作范围；然后进行程序编写，仿真模拟完成后将程序导出；最后在实机上进行检测。

布局系统、安装工具、摆放在机器人工作范围内等步骤可以参照 6.1 节内容进行设置。

建立复位及夹爪信号参照第 3 章内容进行创建。与实际情况一致。这里以 DQSC652 板输入信号-Res 地址为 10，DQSC652 板输出信号-Grip 地址为 4。

在熟悉 RAPID 程序后，可以根据实际需要在对程序作适用性修改，以满足实际逻辑与动作的控制。下面是实现机器人逻辑和动作控制的 RAPID 程序。

① 创建所需要的例行程序及数据（表 6-8）。

表 6-8　创建所需要的例行程序及数据

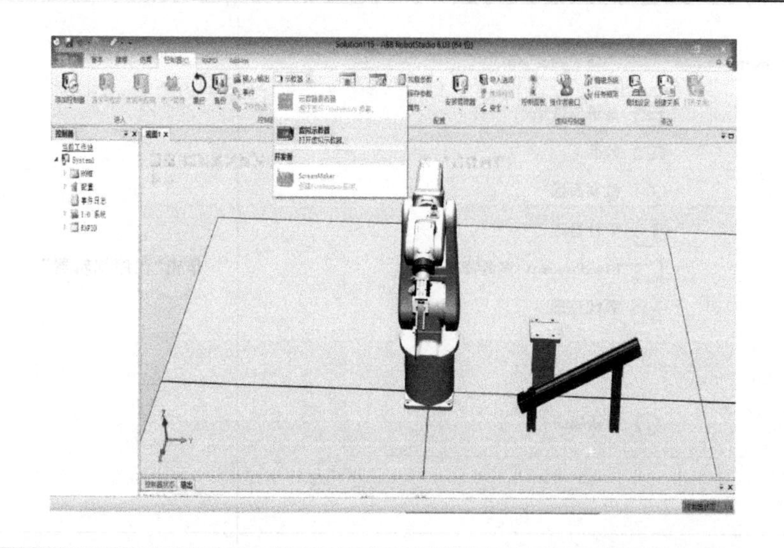	在"控制器"功能选项卡中单击"示教器"的下拉菜单，单击"虚拟示教器"
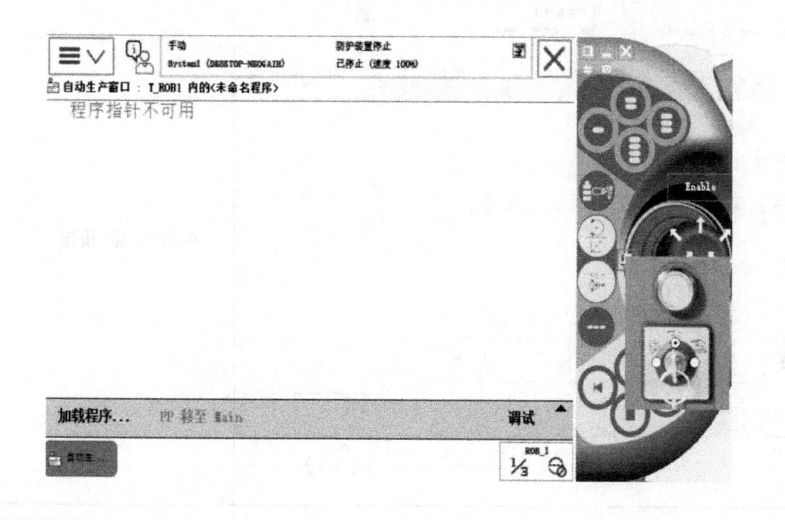	单击"虚拟控制器"，选择中间"手动"功能
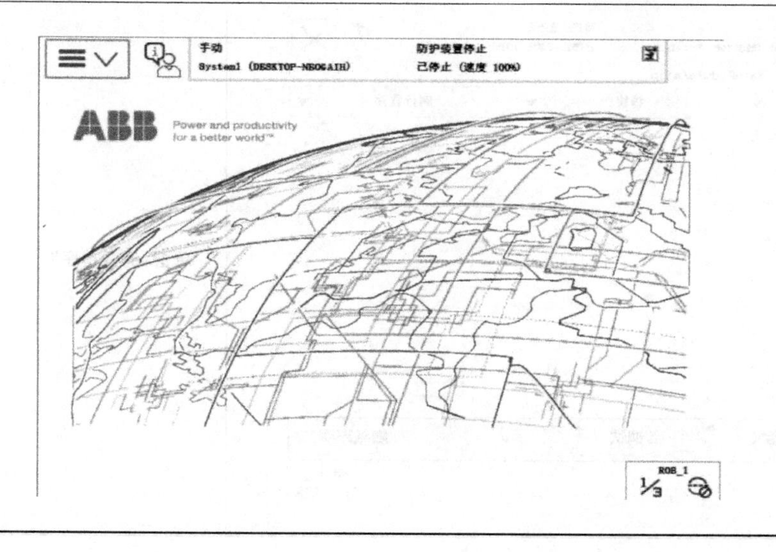	单击"≡∨"

续表

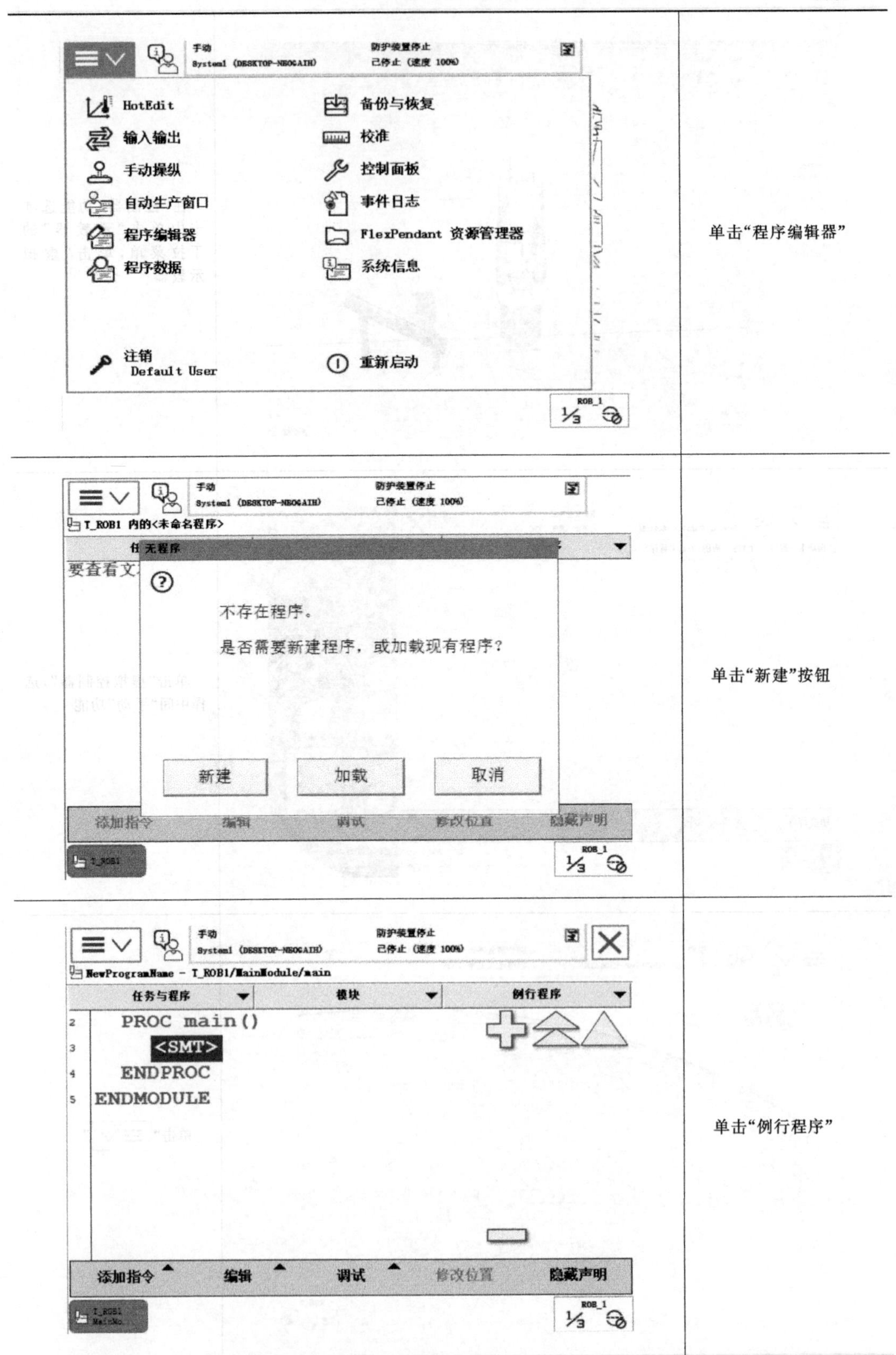

单击“程序编辑器”

单击“新建”按钮

单击“例行程序”

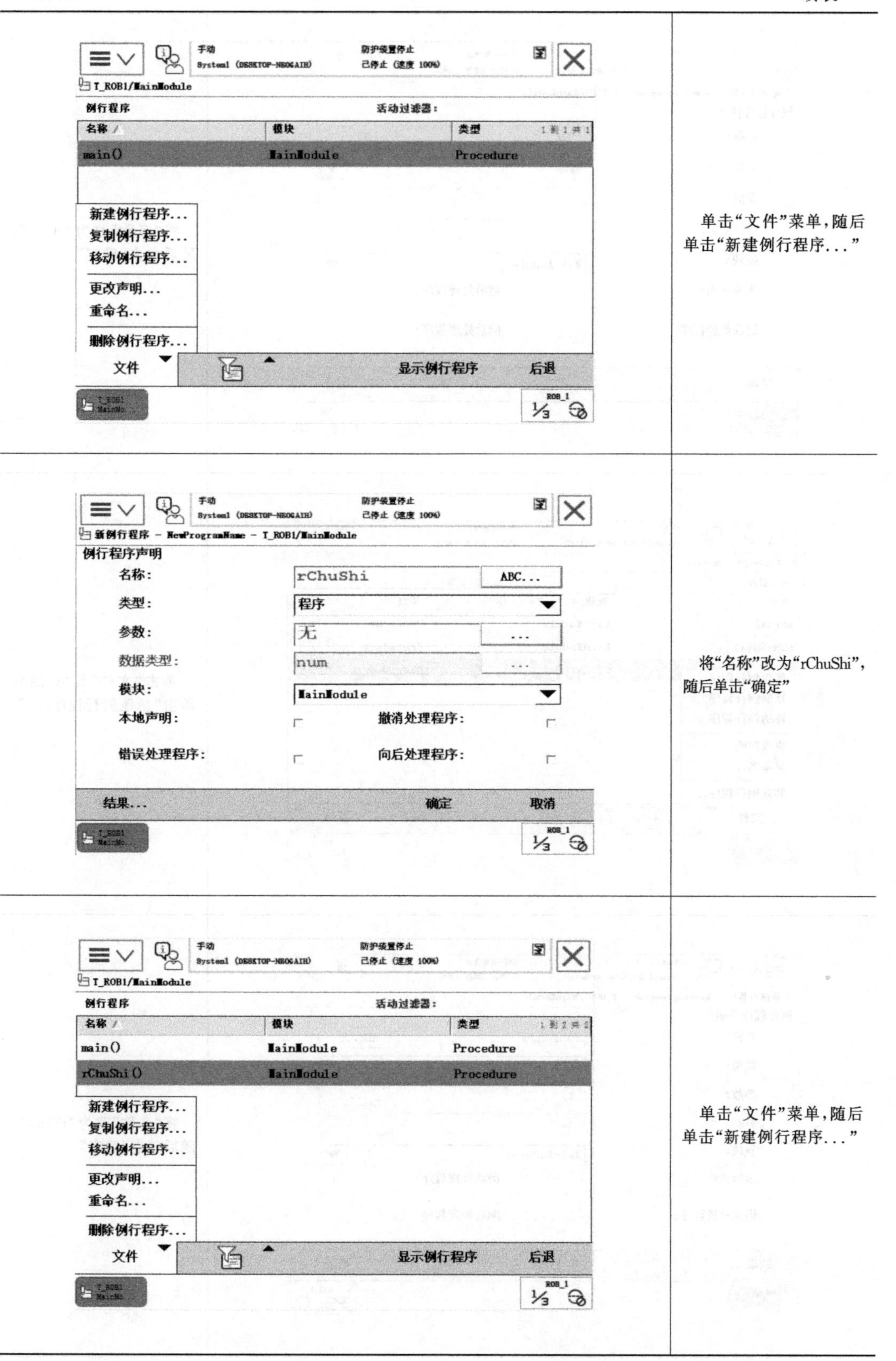

	单击“文件”菜单，随后单击“新建例行程序...”
	将“名称”改为“rChuShi”，随后单击“确定”
	单击“文件”菜单，随后单击“新建例行程序...”

续表

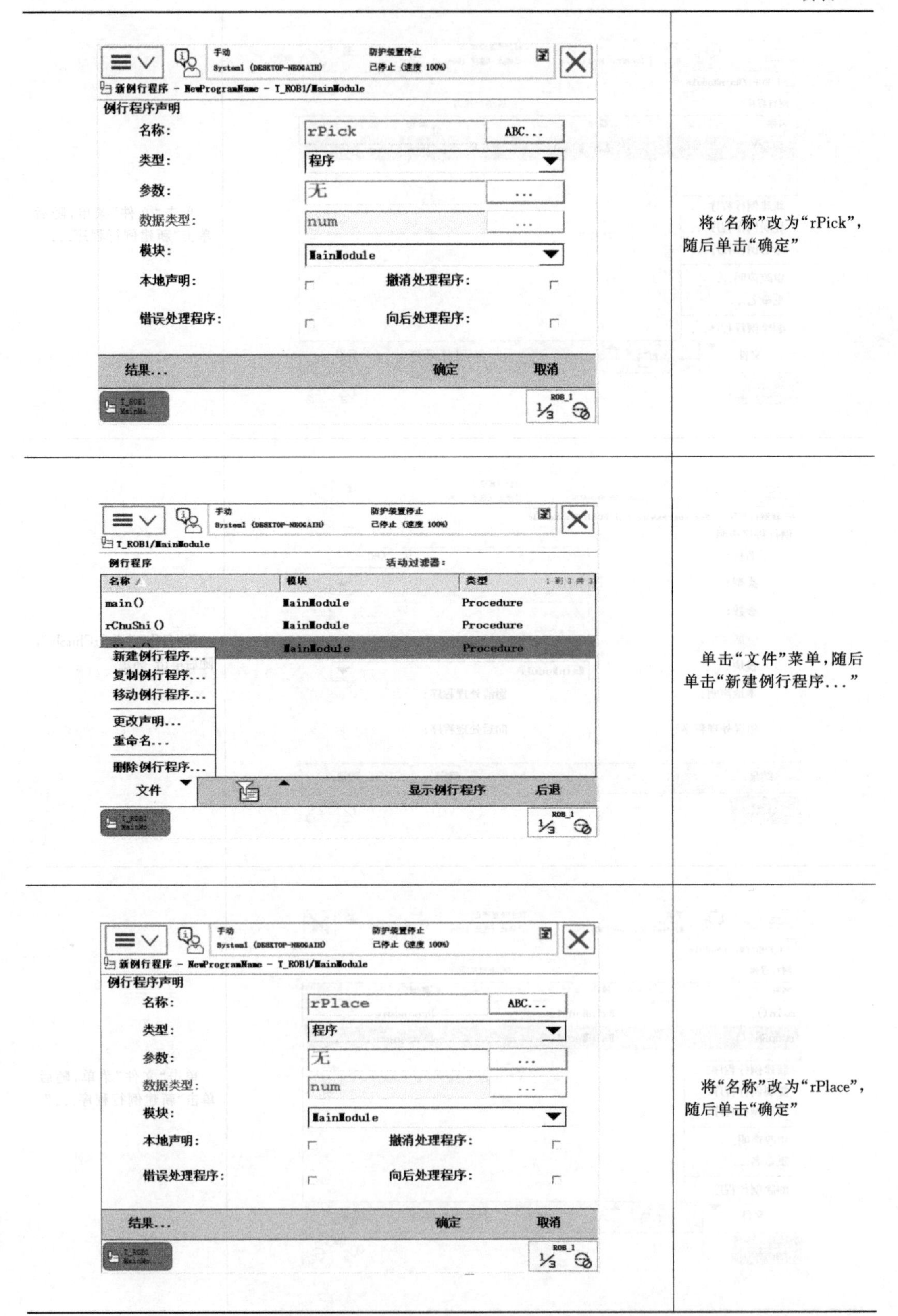

将“名称”改为“rPick”，随后单击“确定”

单击“文件”菜单，随后单击“新建例行程序...”

将“名称”改为“rPlace”，随后单击“确定”

续表

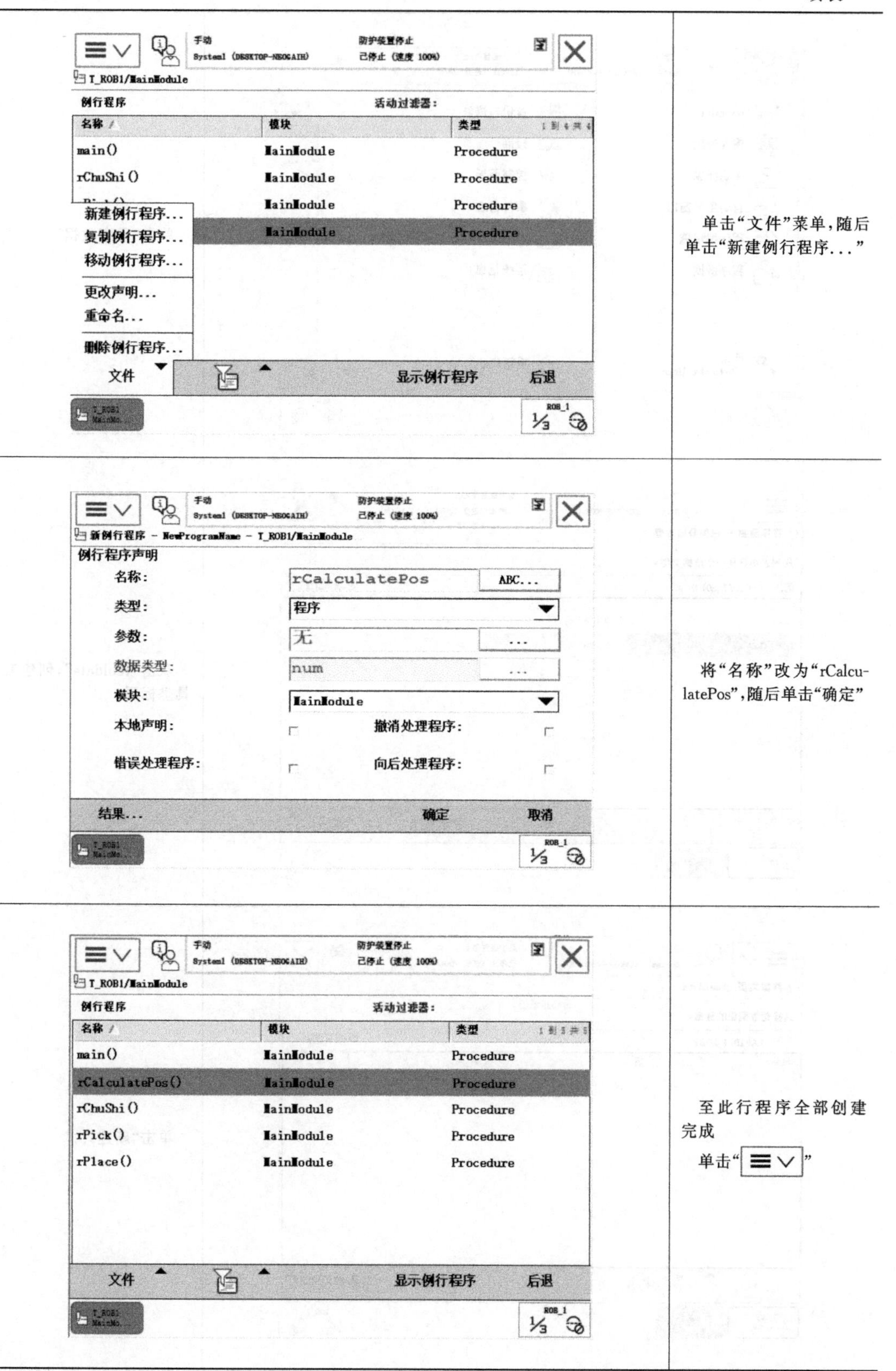

单击“文件”菜单，随后单击“新建例行程序...”

将“名称”改为“rCalculatePos”，随后单击“确定”

至此行程序全部创建完成

单击“≡∨”

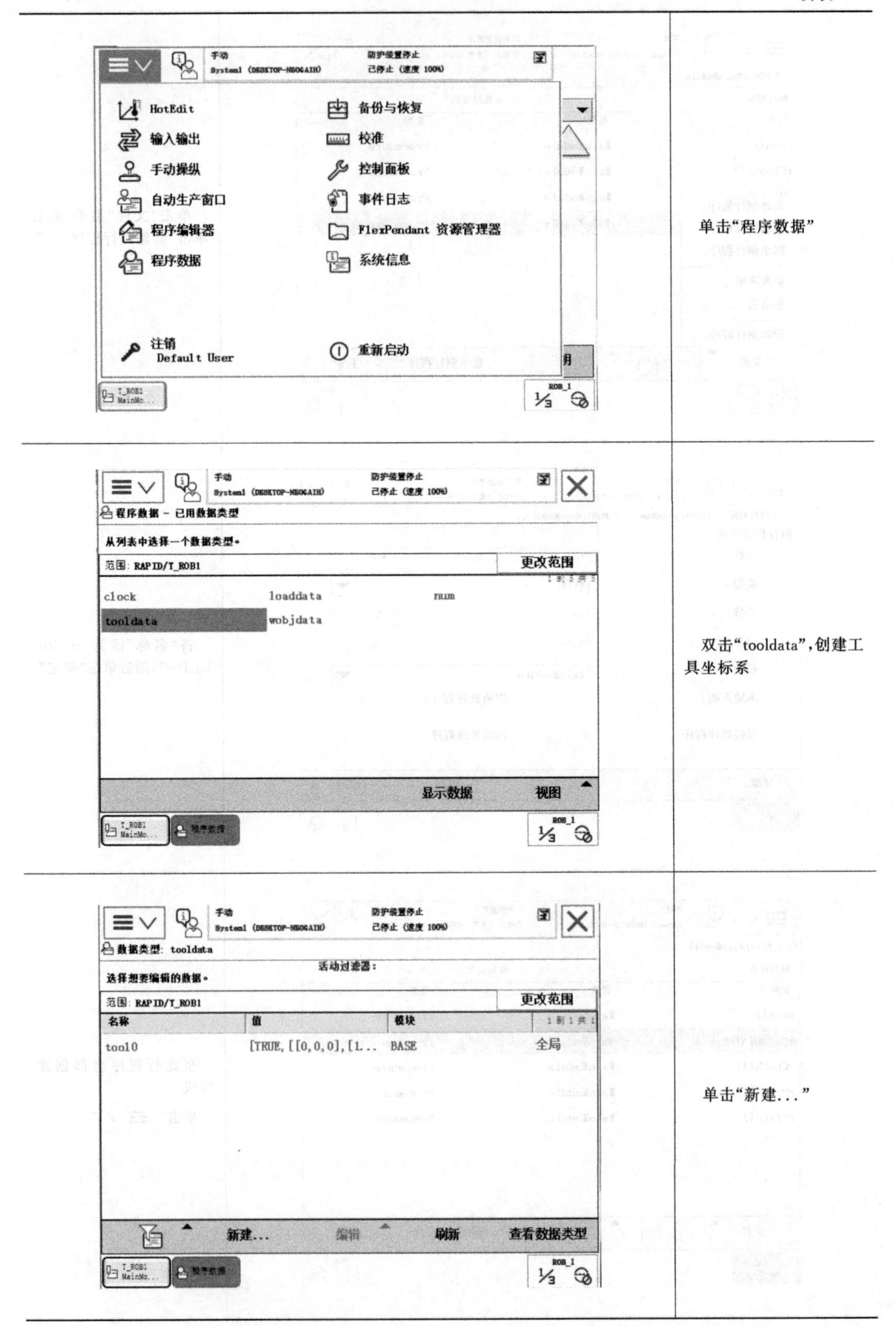

单击“程序数据”

双击“tooldata”，创建工具坐标系

单击“新建...”

续表

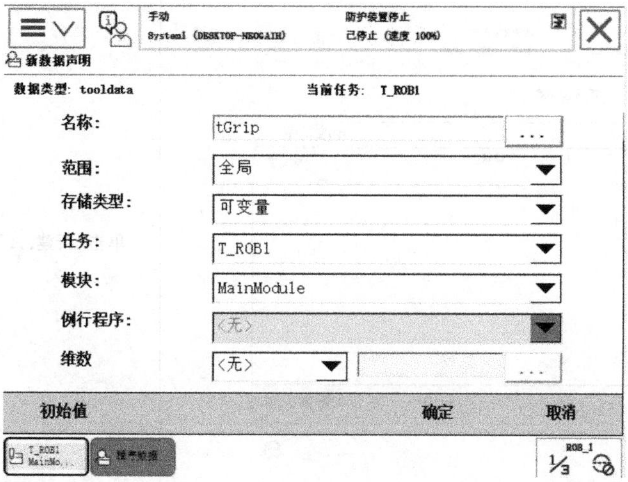 手动 System1 (DESKTOP-NEOGAIH) 防护装置停止 已停止 (速度 100%) 新数据声明 数据类型: tooldata 当前任务: T_ROB1 名称: tGrip 范围: 全局 存储类型: 可变量 任务: T_ROB1 模块: MainModule 例行程序: <无> 维数 <无> 初始值 确定 取消 T_ROB1 MainMo... 程序数据 ROB_1 1/3	将“名称”改为“tGrip”,“范围”改为“全局”,“存储类型”改为“可变量”,随后单击“确定”
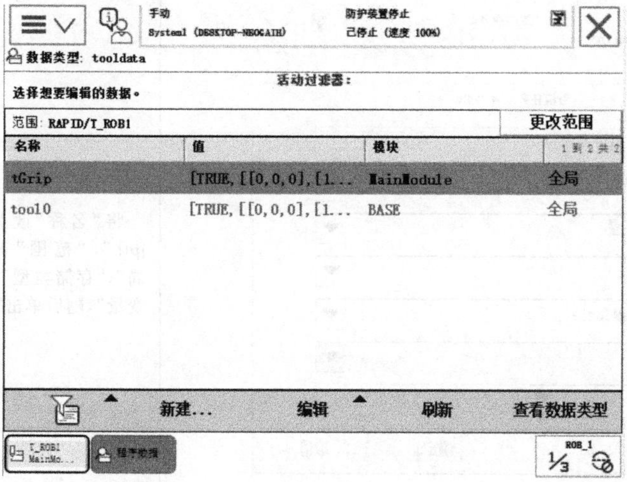 手动 System1 (DESKTOP-NEOGAIH) 防护装置停止 已停止 (速度 100%) 数据类型: tooldata 选择想要编辑的数据。 活动过滤器: 范围: RAPID/T_ROB1 更改范围 名称 值 模块 1 到 2 共 2 tGrip [TRUE,[[0,0,0],[1... MainModule 全局 tool0 [TRUE,[[0,0,0],[1... BASE 全局 新建... 编辑 刷新 查看数据类型 T_ROB1 MainMo... 程序数据 ROB_1 1/3	单击“查看数据类型”
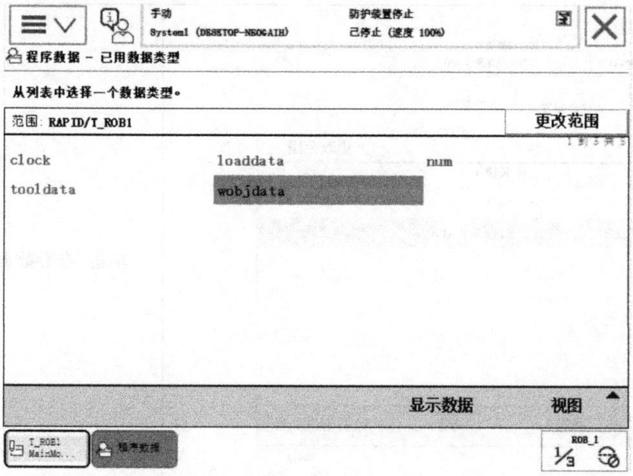 手动 System1 (DESKTOP-NEOGAIH) 防护装置停止 已停止 (速度 100%) 程序数据 - 已用数据类型 从列表中选择一个数据类型。 范围: RAPID/T_ROB1 更改范围 1 到 5 共 5 clock loaddata num tooldata wobjdata 显示数据 视图 T_ROB1 MainMo... 程序数据 ROB_1 1/3	双击“wobjdata”,创建工件坐标系

续表

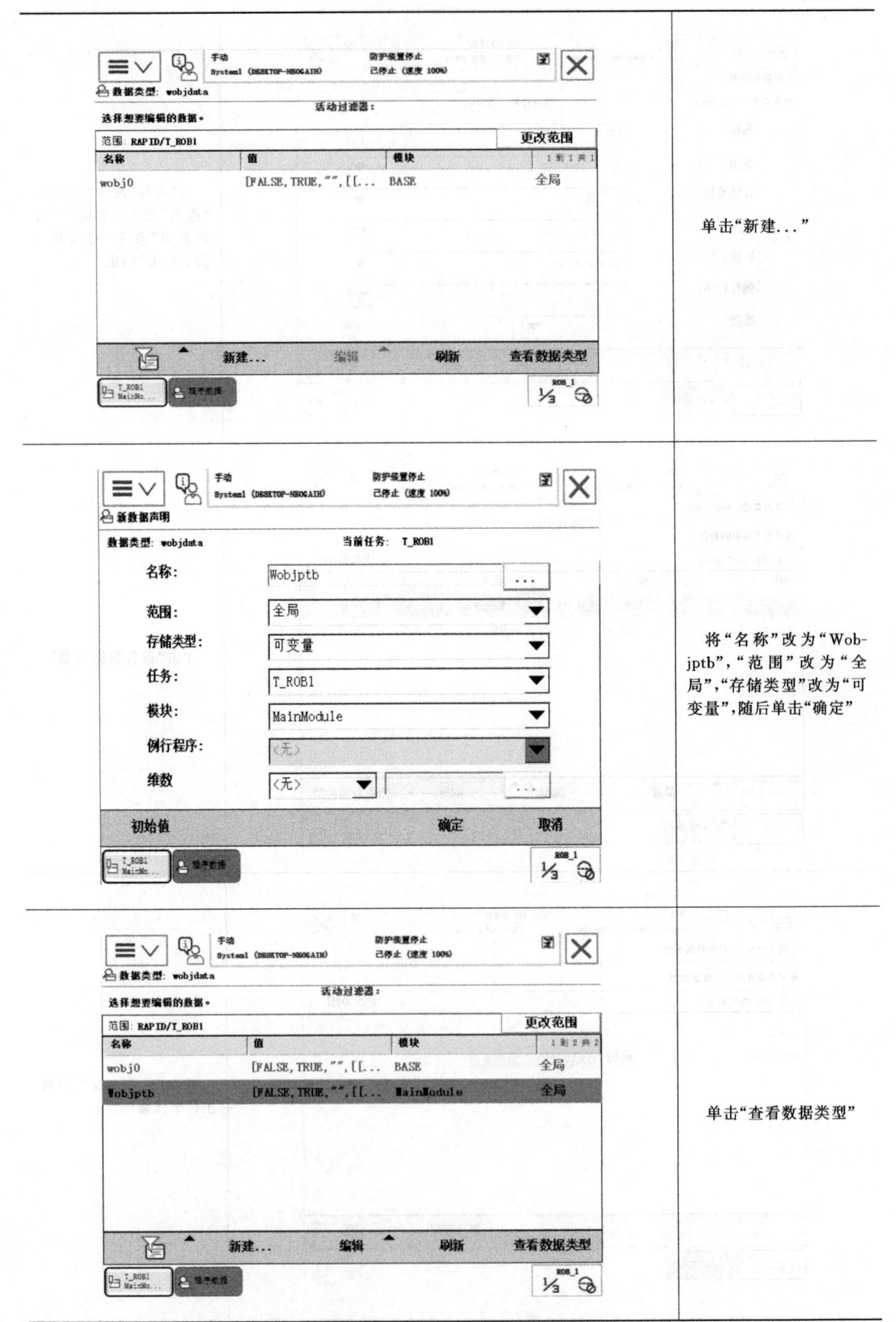

	单击“新建...”
	将“名称”改为“Wobjptb”，“范围”改为“全局”，“存储类型”改为“可变量”，随后单击“确定”
	单击“查看数据类型”

续表

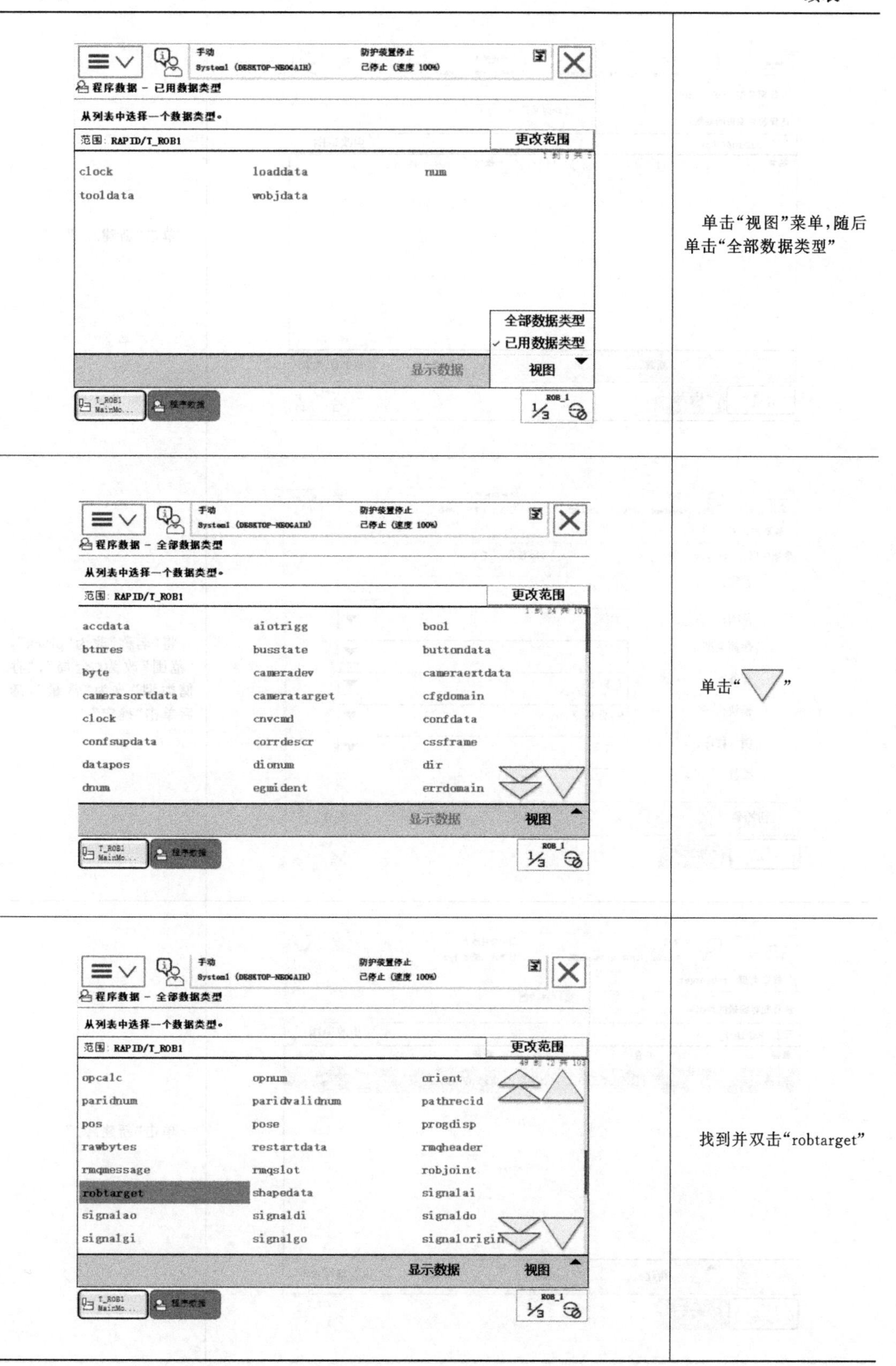

操作画面	操作说明
	单击“视图”菜单，随后单击“全部数据类型”
	单击“▽”
	找到并双击“robtarget”

续表

手动 System1 (DESKTOP-NEOGAIH) 防护装置停止 已停止 (速度 100%) 数据类型: robtarget 选择想要编辑的数据。 活动过滤器: 范围: RAPID/T_ROB1 更改范围 名称 值 模块 新建... 编辑 刷新 查看数据类型 T_ROB1 MainMo... 程序数据 ROB_1 1/3	单击“新建...”
手动 System1 (DESKTOP-NEOGAIH) 防护装置停止 已停止 (速度 100%) 新数据声明 数据类型: robtarget 当前任务: T_ROB1 名称: pPick 范围: 全局 存储类型: 常量 任务: T_ROB1 模块: MainModule 例行程序: <无> 维数 <无> 初始值 确定 取消 T_ROB1 MainMo... 程序数据 ROB_1 1/3	将“名称”改为“pPick”，“范围”改为“全局”，“存储类型”改为“常量”，随后单击“确定”
手动 System1 (DESKTOP-NEOGAIH) 防护装置停止 已停止 (速度 100%) 数据类型: robtarget 选择想要编辑的数据。 活动过滤器: 范围: RAPID/T_ROB1 更改范围 名称 值 模块 1 到 1 共 1 pPick [[364.35,0,594],[... MainModule 全局 新建... 编辑 刷新 查看数据类型 T_ROB1 MainMo... 程序数据 ROB_1 1/3	单击“新建...”

续表

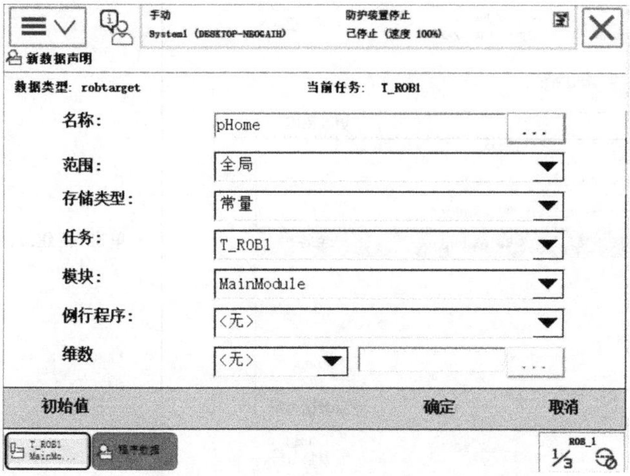

手动 System1 (DESKTOP-NBOGAIH) 防护装置停止 已停止 (速度 100%) 新数据声明 数据类型: robtarget 当前任务: T_ROB1 名称: pHome 范围: 全局 存储类型: 常量 任务: T_ROB1 模块: MainModule 例行程序: <无> 维数 <无> 初始值 确定 取消 T_ROB1 MainMo... 程序数据 ROB_1 1/3	将“名称”改为“pHome”,“范围”改为“全局”,“存储类型”改为“常量”,随后单击“确定”
手动 System1 (DESKTOP-NBOGAIH) 防护装置停止 已停止 (速度 100%) 数据类型: robtarget 选择想要编辑的数据。 活动过滤器: 范围: RAPID/T_ROB1 更改范围 名称 值 模块 1到2共2 pHome [[364.35,0,594],[... MainModule 全局 pPick [[364.35,0,594],[... MainModule 全局 新建... 编辑 刷新 查看数据类型 T_ROB1 MainMo... 程序数据 ROB_1 1/3	单击“新建...”
手动 System1 (DESKTOP-NBOGAIH) 防护装置停止 已停止 (速度 100%) 新数据声明 数据类型: robtarget 当前任务: T_ROB1 名称: pPlaceBase 范围: 全局 存储类型: 常量 任务: T_ROB1 模块: MainModule 例行程序: <无> 维数 <无> 初始值 确定 取消 T_ROB1 MainMo... 程序数据 ROB_1 1/3	将“名称”改为“pPlaceBase”,“范围”改为“全局”,“存储类型”改为“常量”,随后单击“确定”

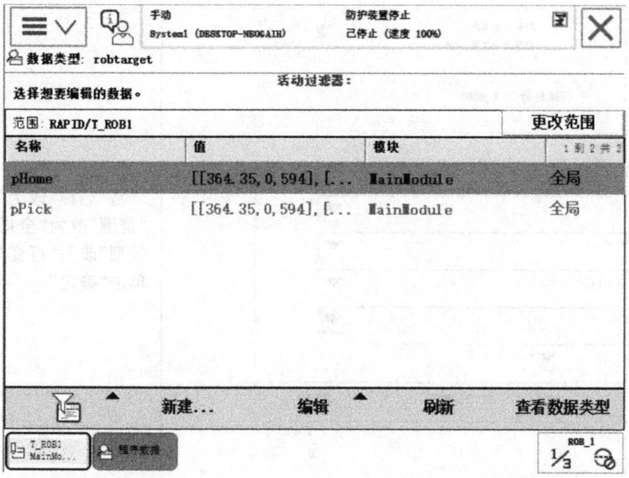

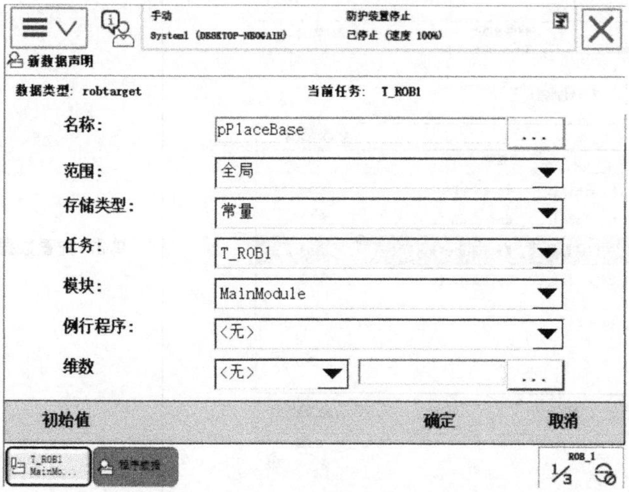

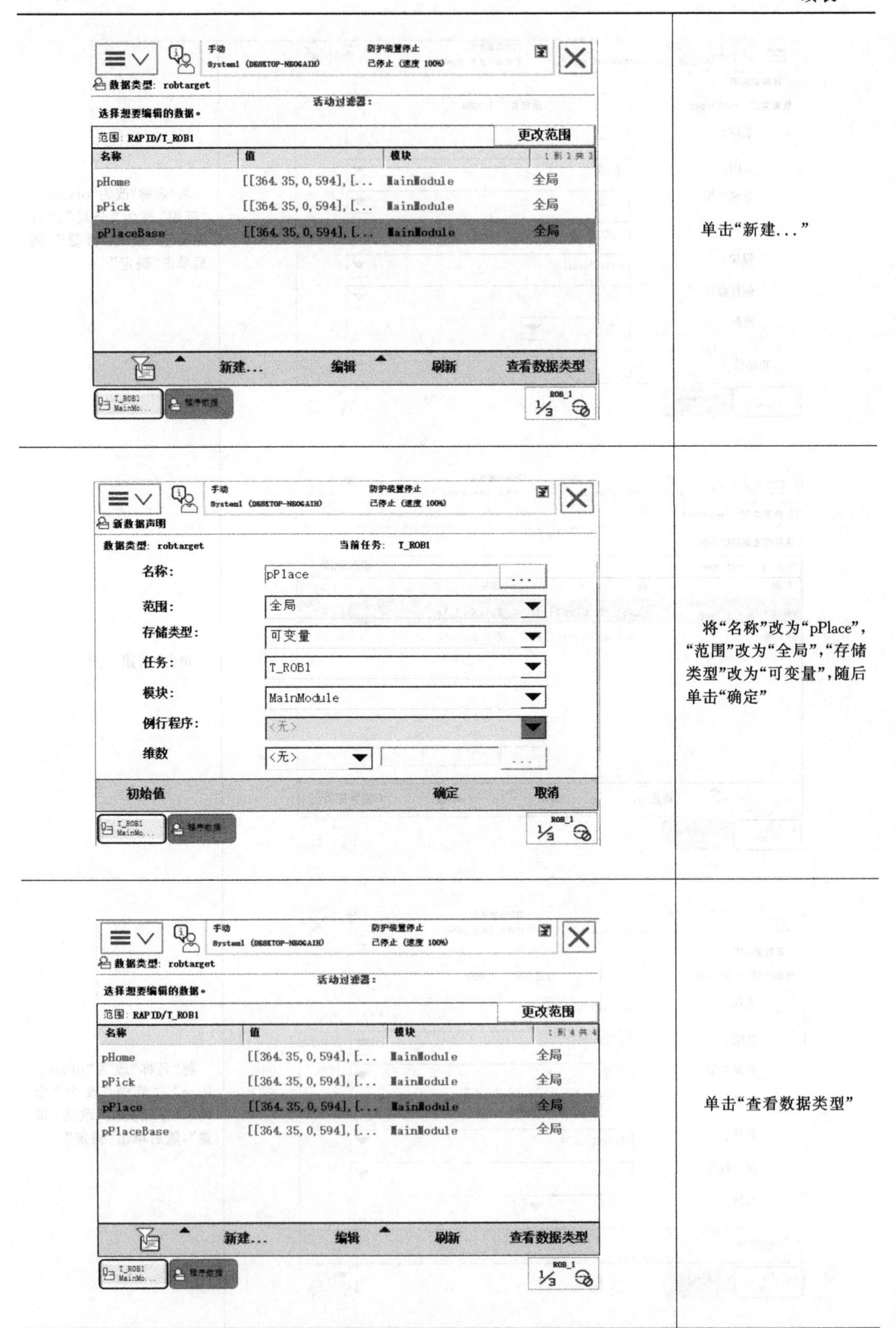

单击“新建...”

将“名称”改为“pPlace”，“范围”改为“全局”，“存储类型”改为“可变量”，随后单击“确定”

单击“查看数据类型”

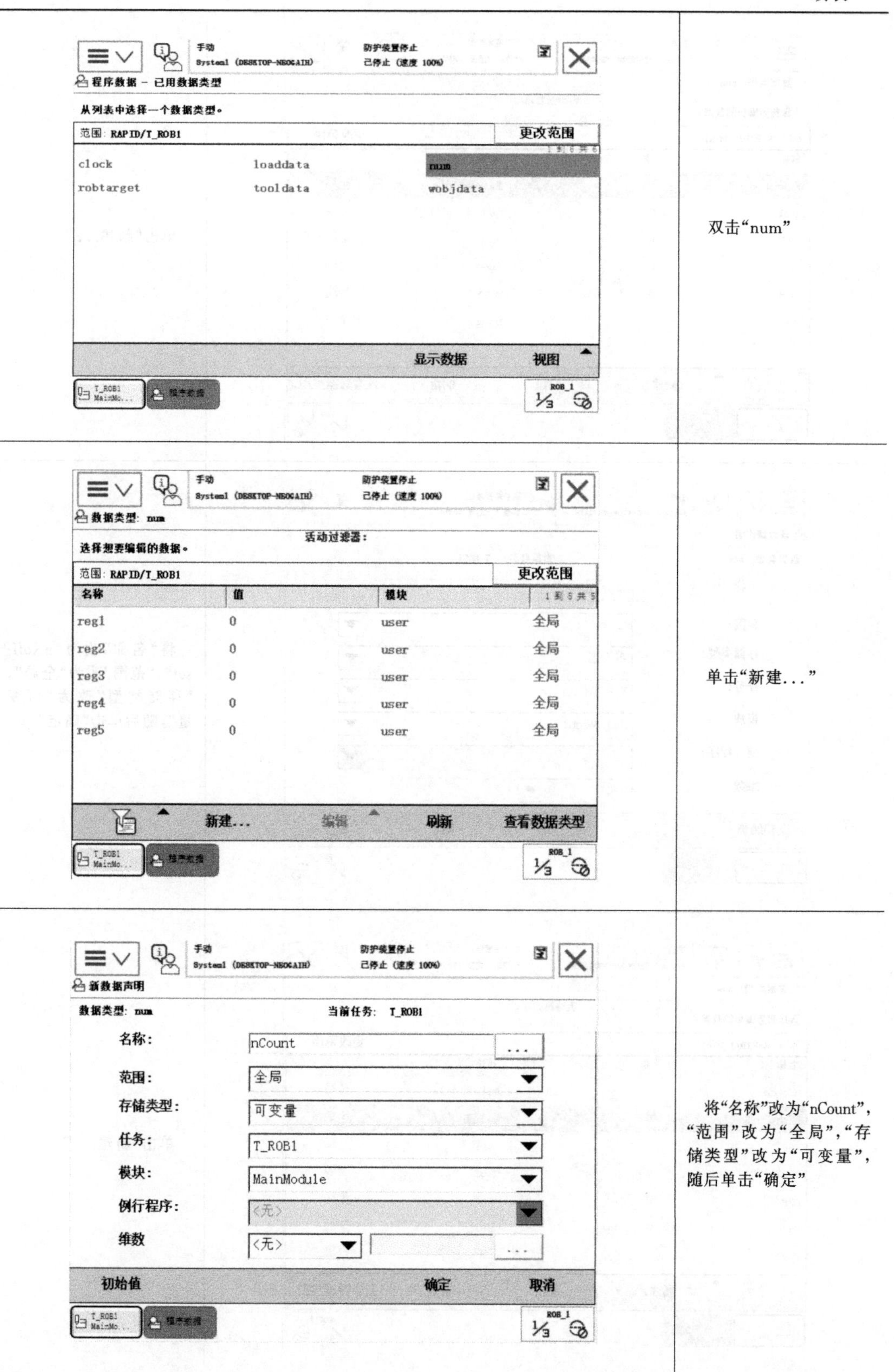

双击“num”

单击“新建...”

将“名称”改为“nCount”，“范围”改为“全局”，“存储类型”改为“可变量”，随后单击“确定”

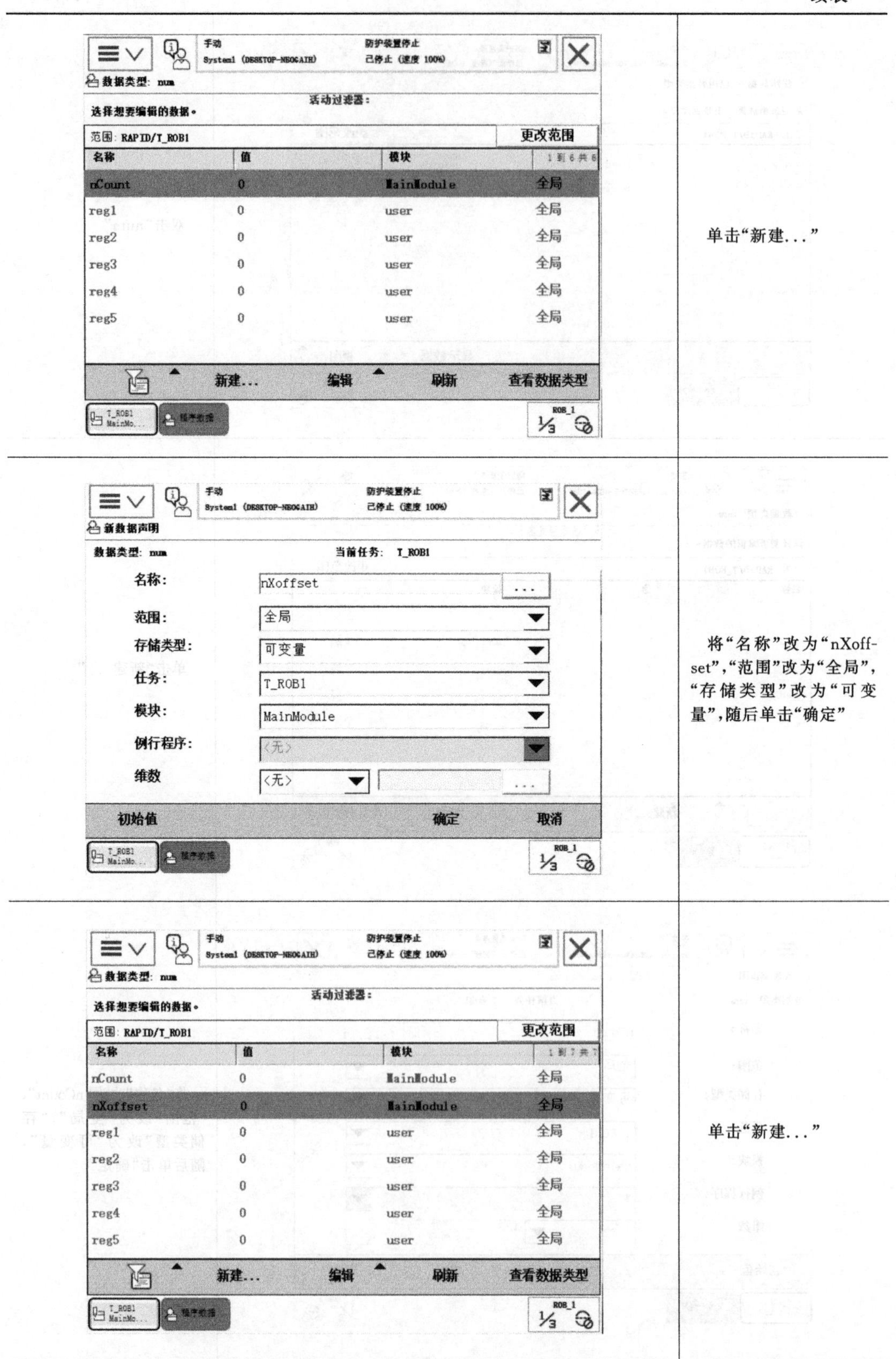

单击“新建...”

将“名称”改为“nXoffset”,“范围”改为“全局”,“存储类型”改为“可变量”,随后单击“确定”

单击“新建...”

续表

 手动 System1 (DESKTOP-NEOGAIH) 防护装置停止 已停止 (速度 100%) 新数据声明 数据类型: num 当前任务: T_ROB1 名称: nYoffset 范围: 全局 存储类型: 可变量 任务: T_ROB1 模块: MainModule 例行程序: <无> 维数 <无> 初始值 确定 取消 T_ROB1 MainMo... 程序数据 ROB_1 1/3	将“名称”改为“nYoffset”,“范围”改为“全局”,“存储类型”改为“可变量”,随后单击“确定”
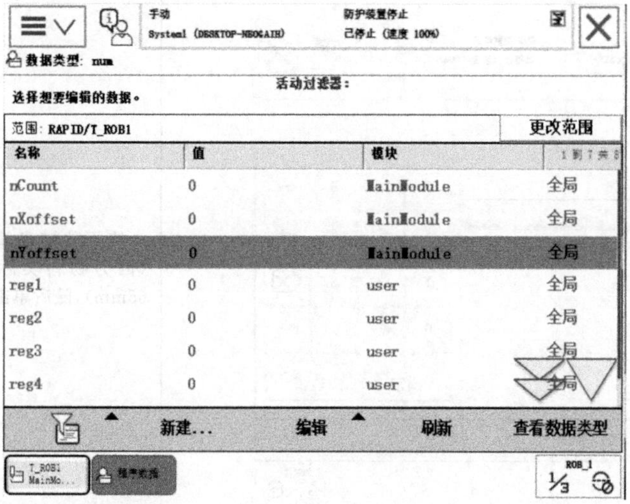 手动 System1 (DESKTOP-NEOGAIH) 防护装置停止 已停止 (速度 100%) 数据类型: num 活动过滤器: 选择想要编辑的数据。 范围: RAPID/T_ROB1 更改范围 名称 值 模块 1到7共8 nCount 0 MainModule 全局 nXoffset 0 MainModule 全局 nYoffset 0 MainModule 全局 reg1 0 user 全局 reg2 0 user 全局 reg3 0 user 全局 reg4 0 user 全局 新建... 编辑 刷新 查看数据类型 T_ROB1 MainMo... 程序数据 ROB_1 1/3	单击“新建...”
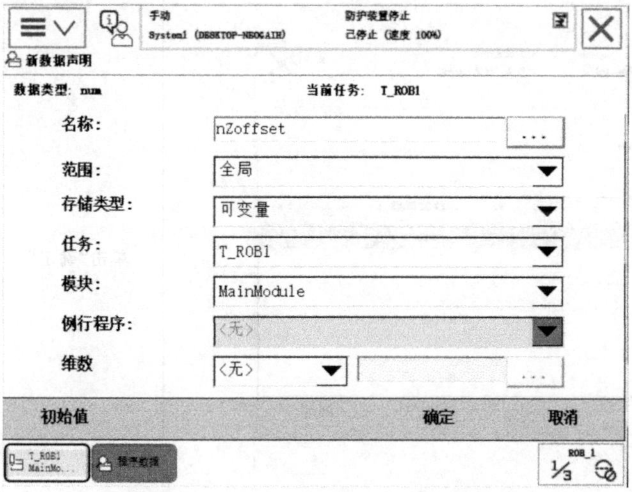 手动 System1 (DESKTOP-NEOGAIH) 防护装置停止 已停止 (速度 100%) 新数据声明 数据类型: num 当前任务: T_ROB1 名称: nZoffset 范围: 全局 存储类型: 可变量 任务: T_ROB1 模块: MainModule 例行程序: <无> 维数 <无> 初始值 确定 取消 T_ROB1 MainMo... 程序数据 ROB_1 1/3	将“名称”改为“nZoffset”,“范围”改为“全局”,“存储类型”改为“可变量”,随后单击“确定”

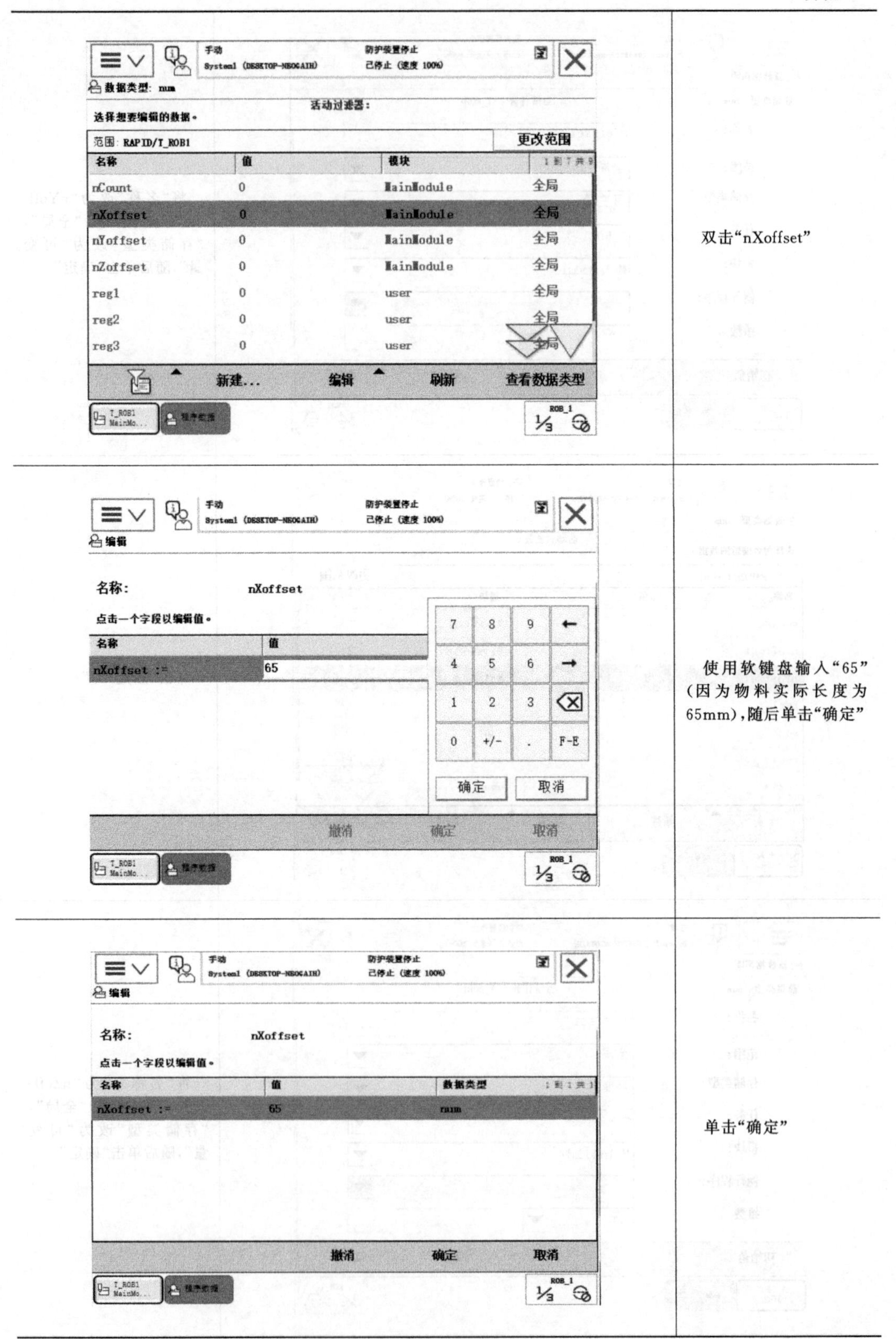

	双击“nXoffset”
	使用软键盘输入“65”(因为物料实际长度为65mm),随后单击“确定”
	单击“确定”

续表

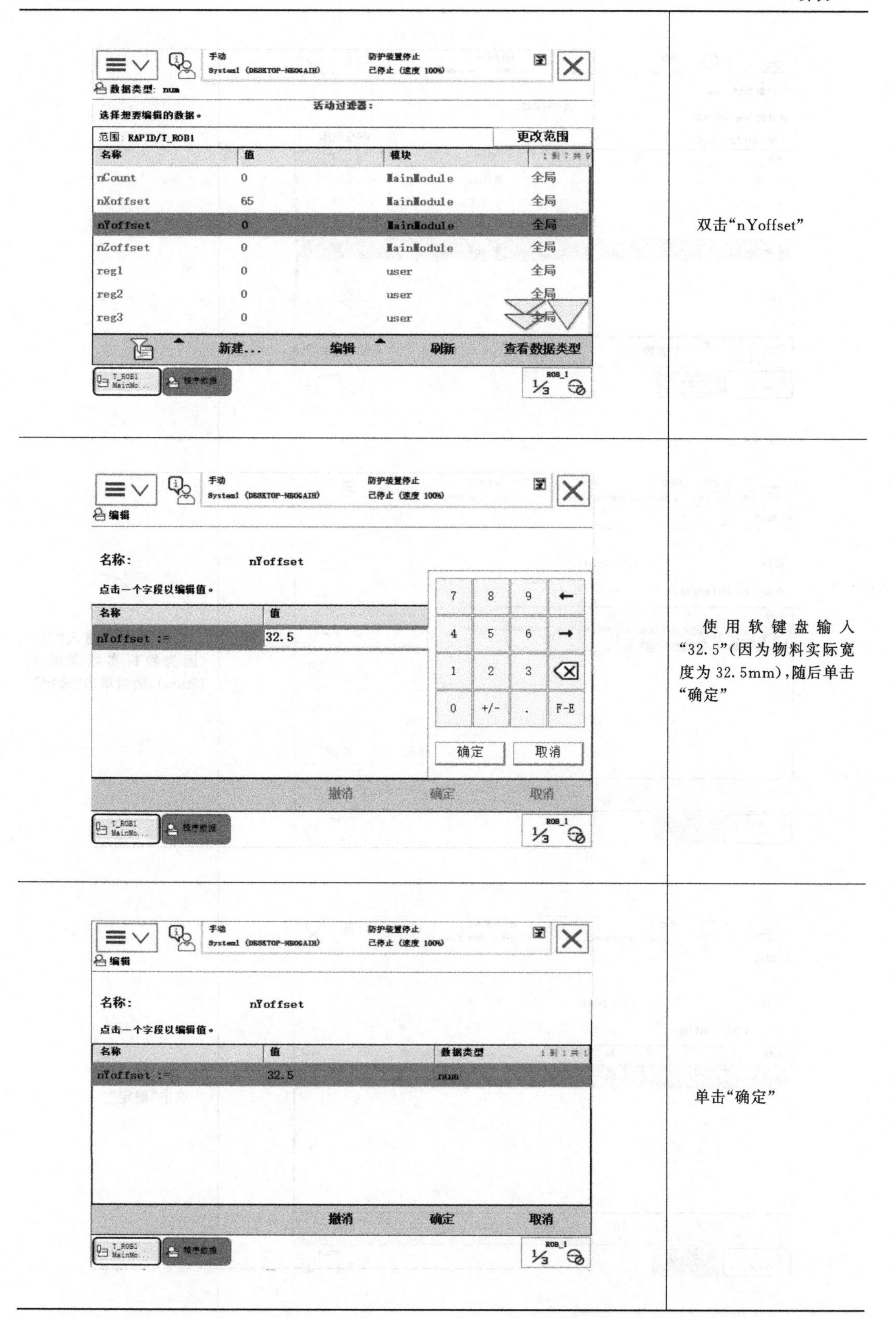

	双击“nYoffset”
	使用软键盘输入“32.5”(因为物料实际宽度为32.5mm),随后单击“确定”
	单击“确定”

续表

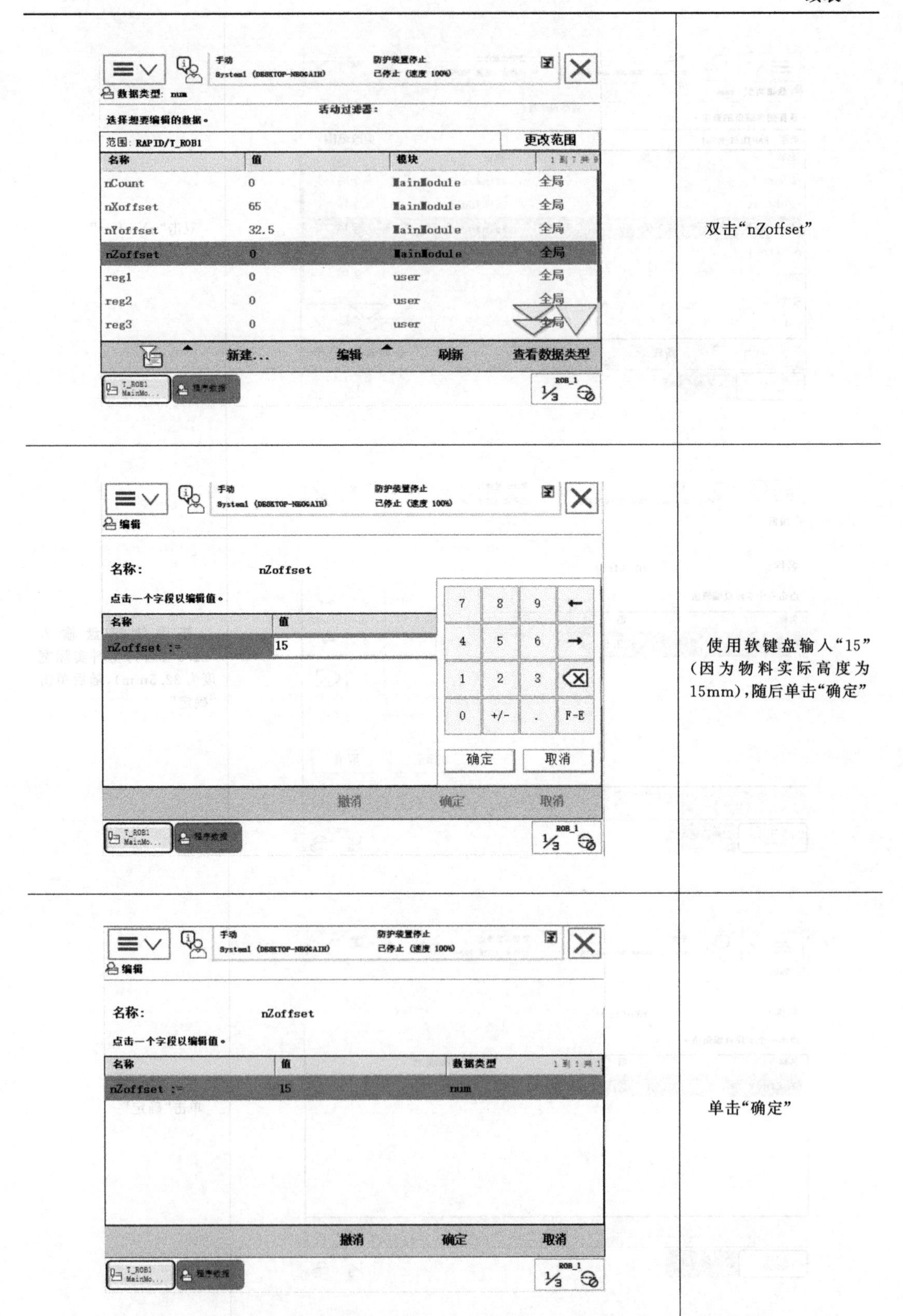

双击“nZoffset”

使用软键盘输入“15”(因为物料实际高度为15mm),随后单击“确定”

单击“确定”

续表

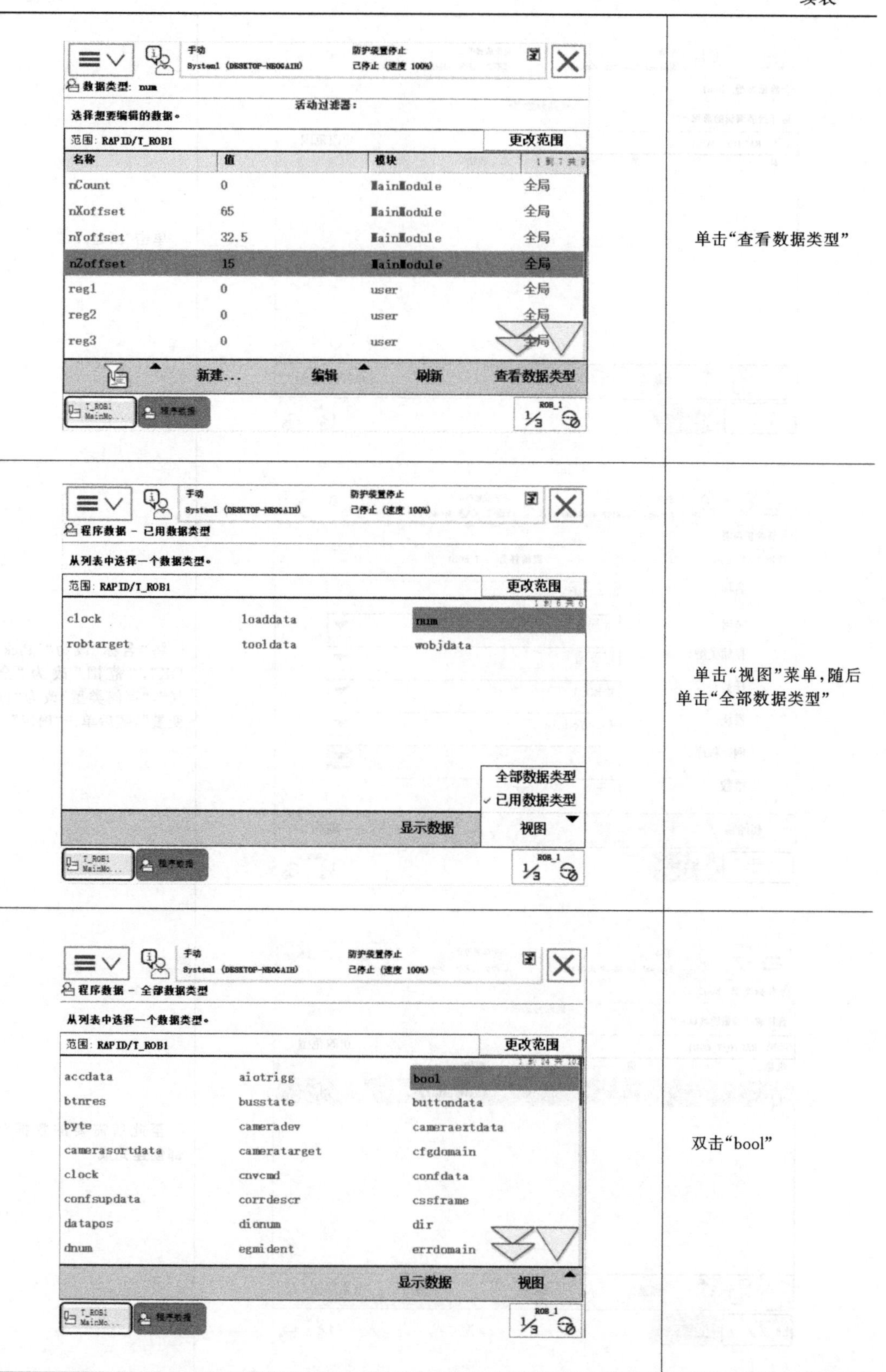

单击“查看数据类型”

单击“视图”菜单，随后单击“全部数据类型”

双击“bool”

续表

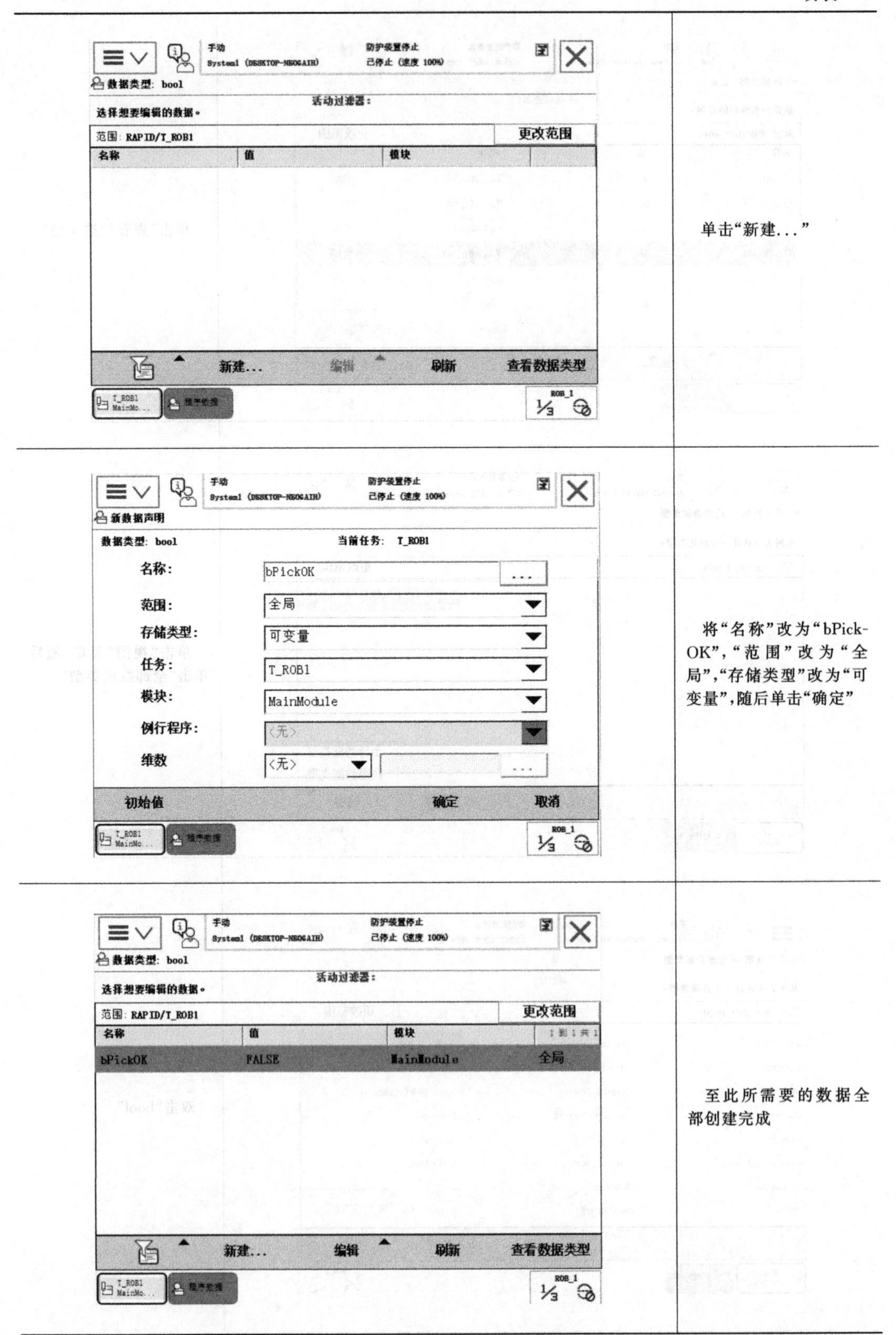

操作界面	说明
	单击“新建...”
	将“名称”改为“bPick-OK”，“范围”改为“全局”，“存储类型”改为“可变量”，随后单击“确定”
	至此所需要的数据全部创建完成

② 利用 RobotStudio 软件中 RAPID 的功能选项，进行编辑程序（表 6-9）。

表 6-9　利用 RAPID 的功能选项编辑程序

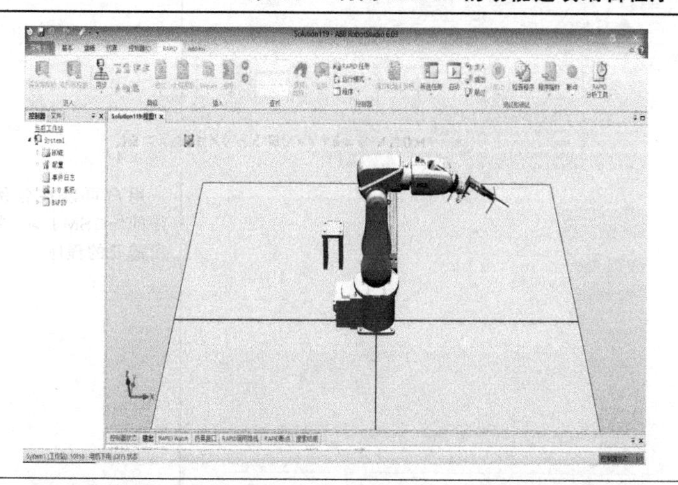	在“RAPID”功能选项卡中，单击“控制器”
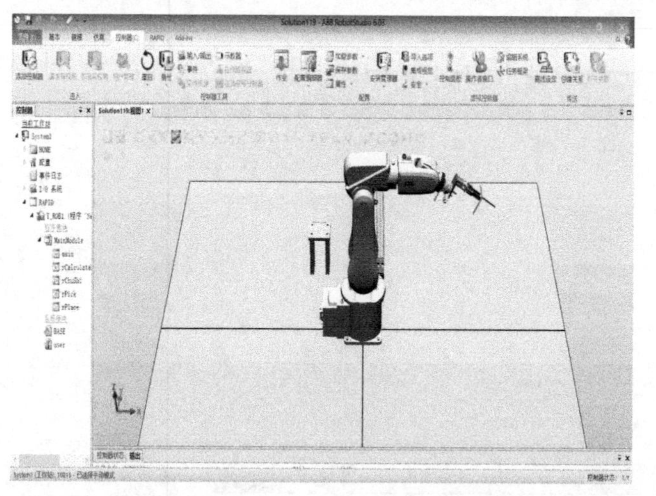	依次展开“Systeml”“RAPID”“T_ROB1”和“MainModule”
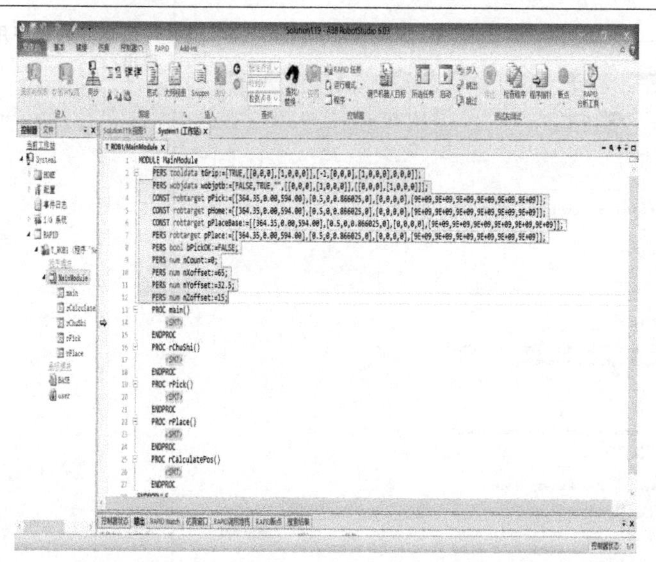	双击“main”，在System1 中显示的是刚才创建的所有例行程序及数据

续表

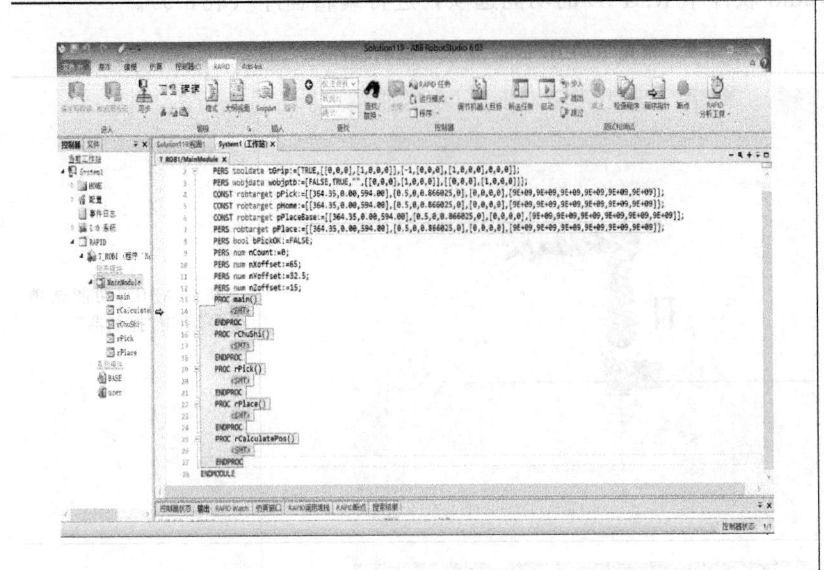

用户可以在各例行程序的“＜SMT＞”中编辑所需要的程序

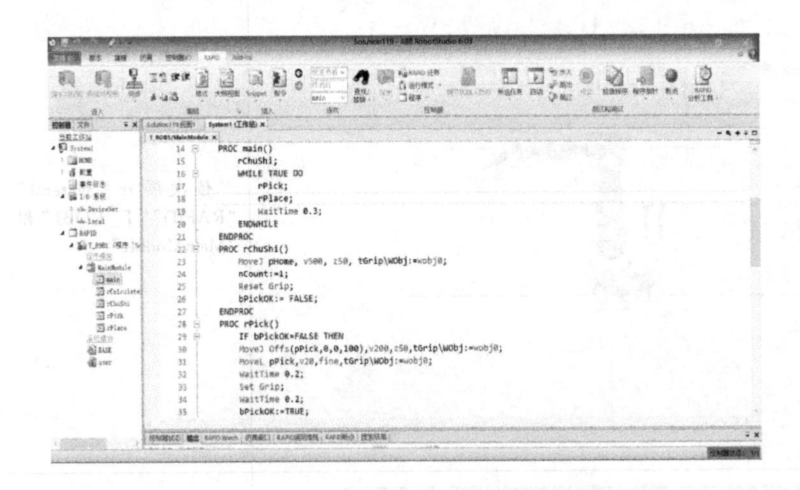

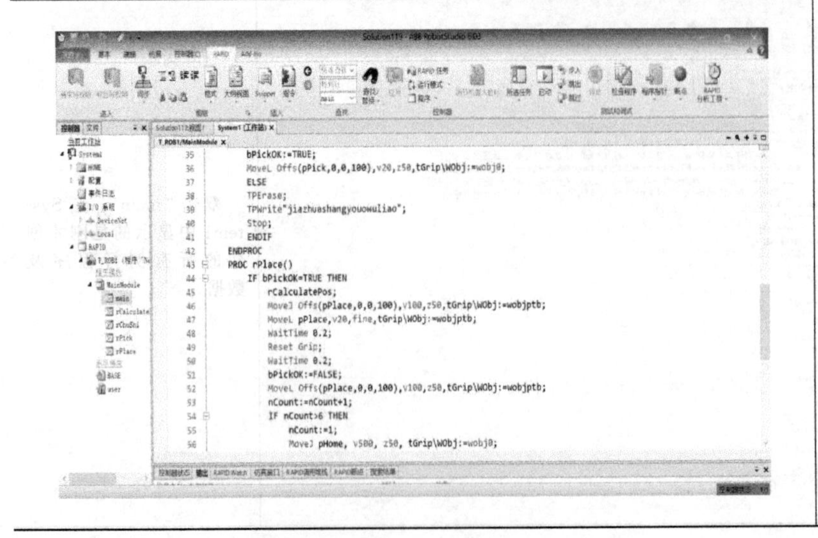

编辑好的程序用U盘导出

续表

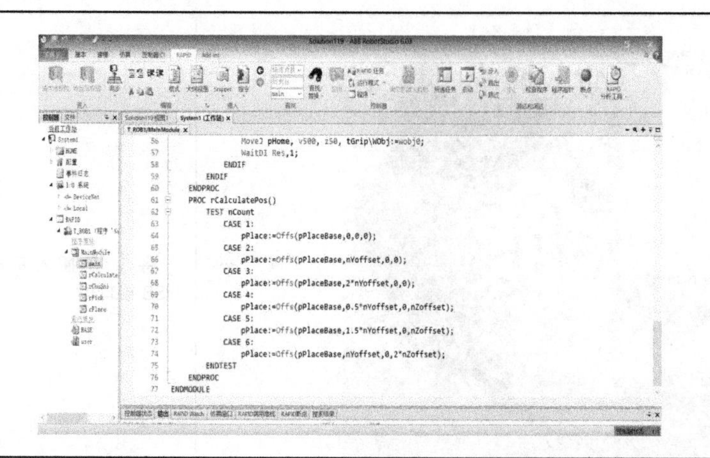	编辑好的程序用U盘导出

6.2.3 现场操作

将仿真生成的程序导入机器人，并进行实际查看（表6-10）。

表6-10 示例程序操作

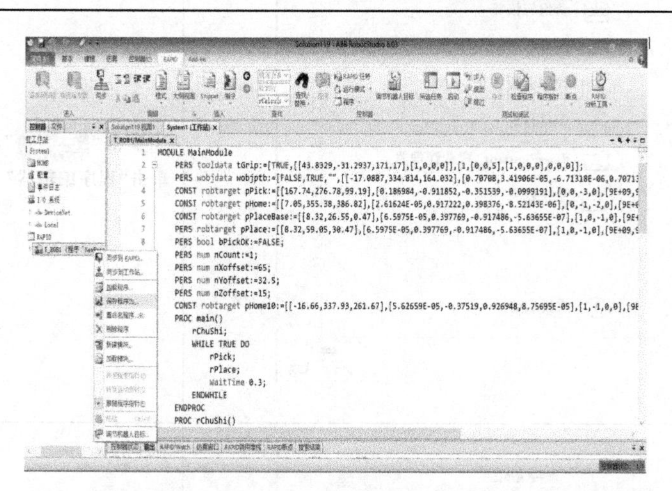	右击“T_ROB1”，然后单击“保存程序为...”
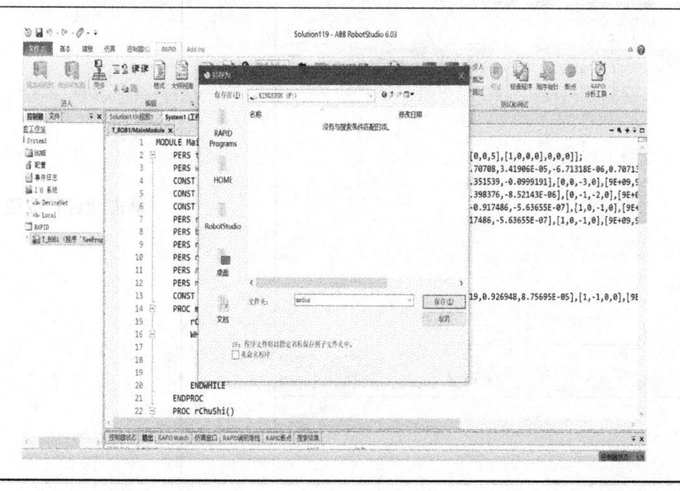	保存在U盘中，文件夹命名为“maduo”，然后单击“保存”按钮

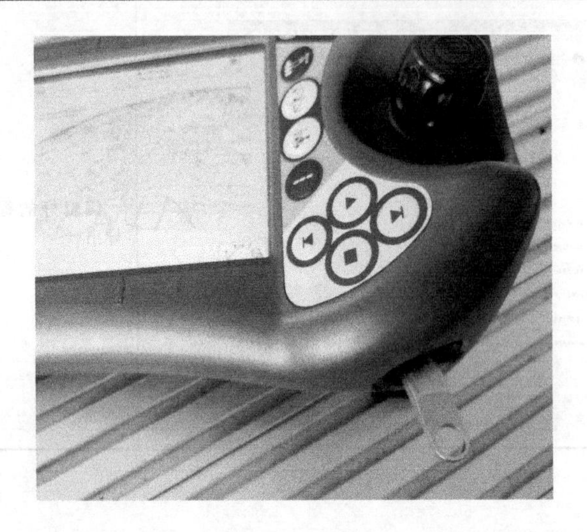	将U盘插入示教器USB接口中
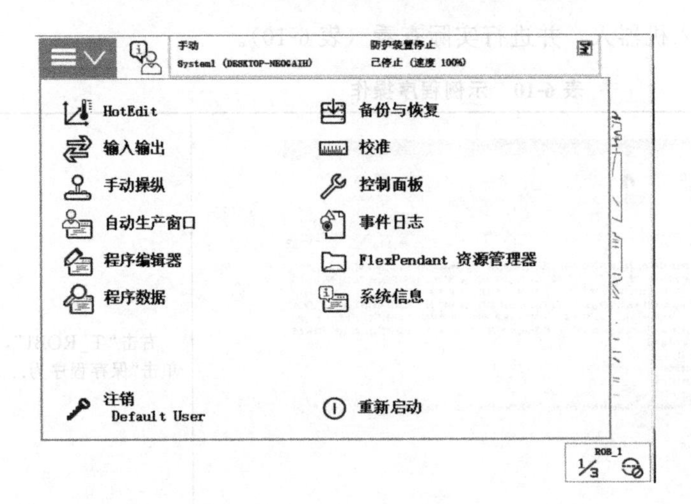	单击"☰∨",随后单击"程序编辑器"
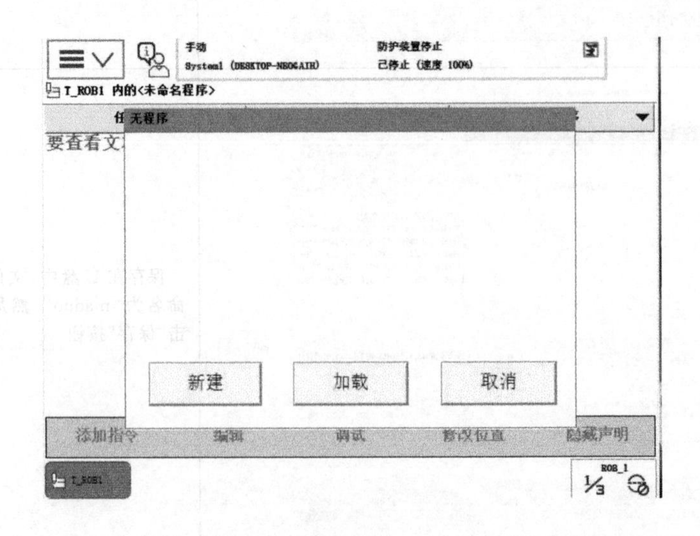	单击"取消"按钮

续表

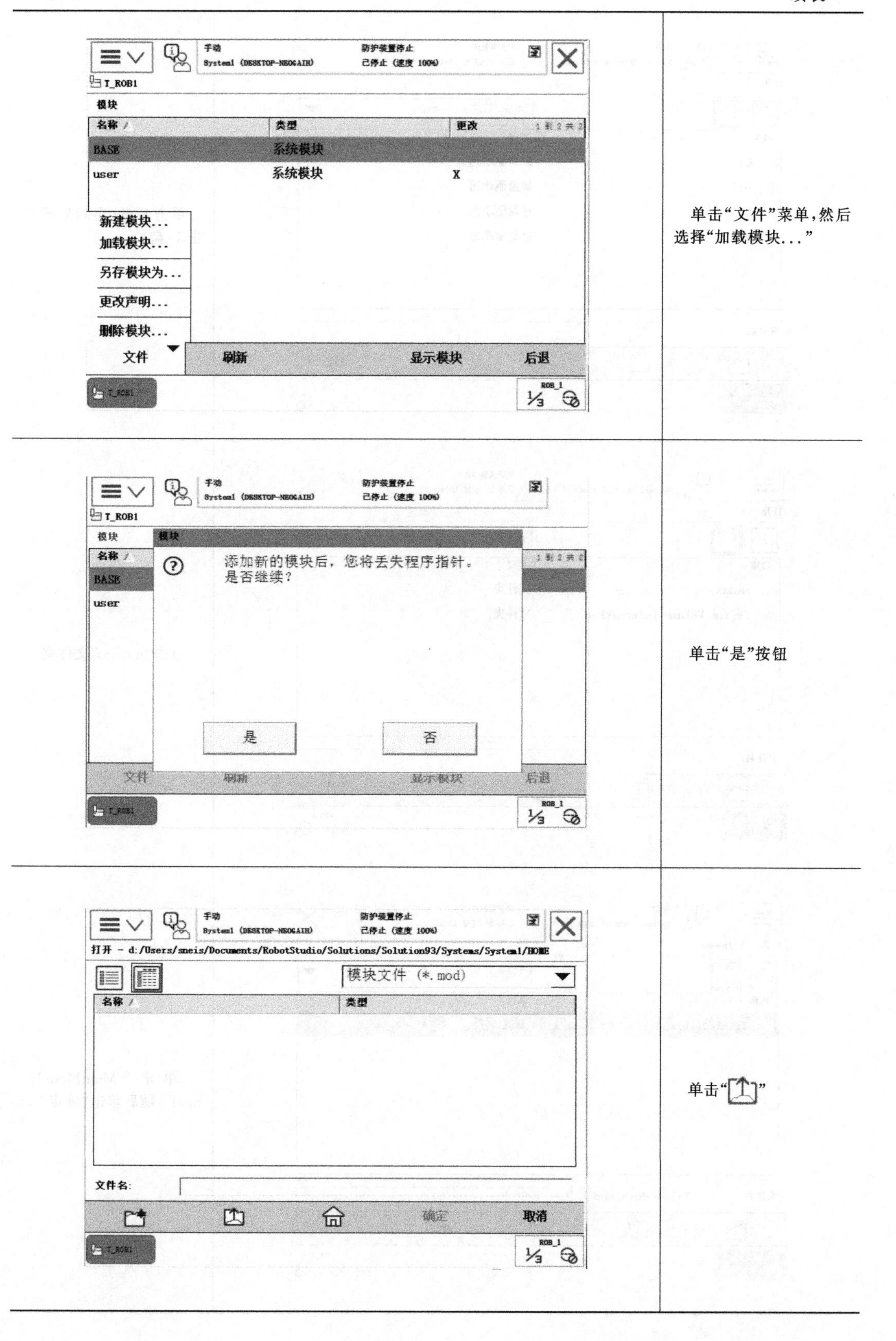

操作画面	说明
	单击“文件”菜单，然后选择“加载模块...”
	单击“是”按钮
	单击“[图标]”

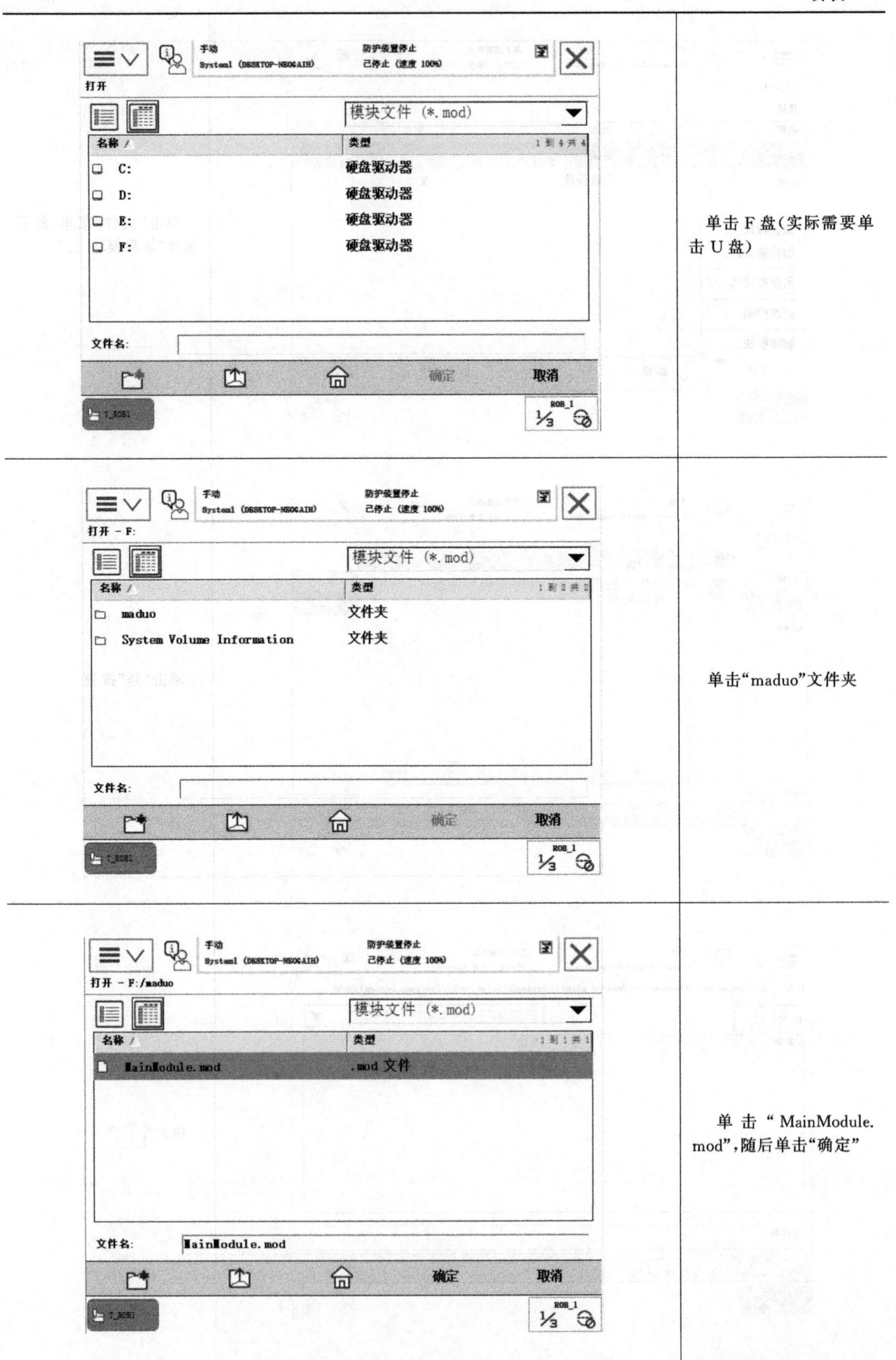	单击F盘(实际需要单击U盘)
	单击“maduo”文件夹
	单击“MainModule.mod”，随后单击“确定”

续表

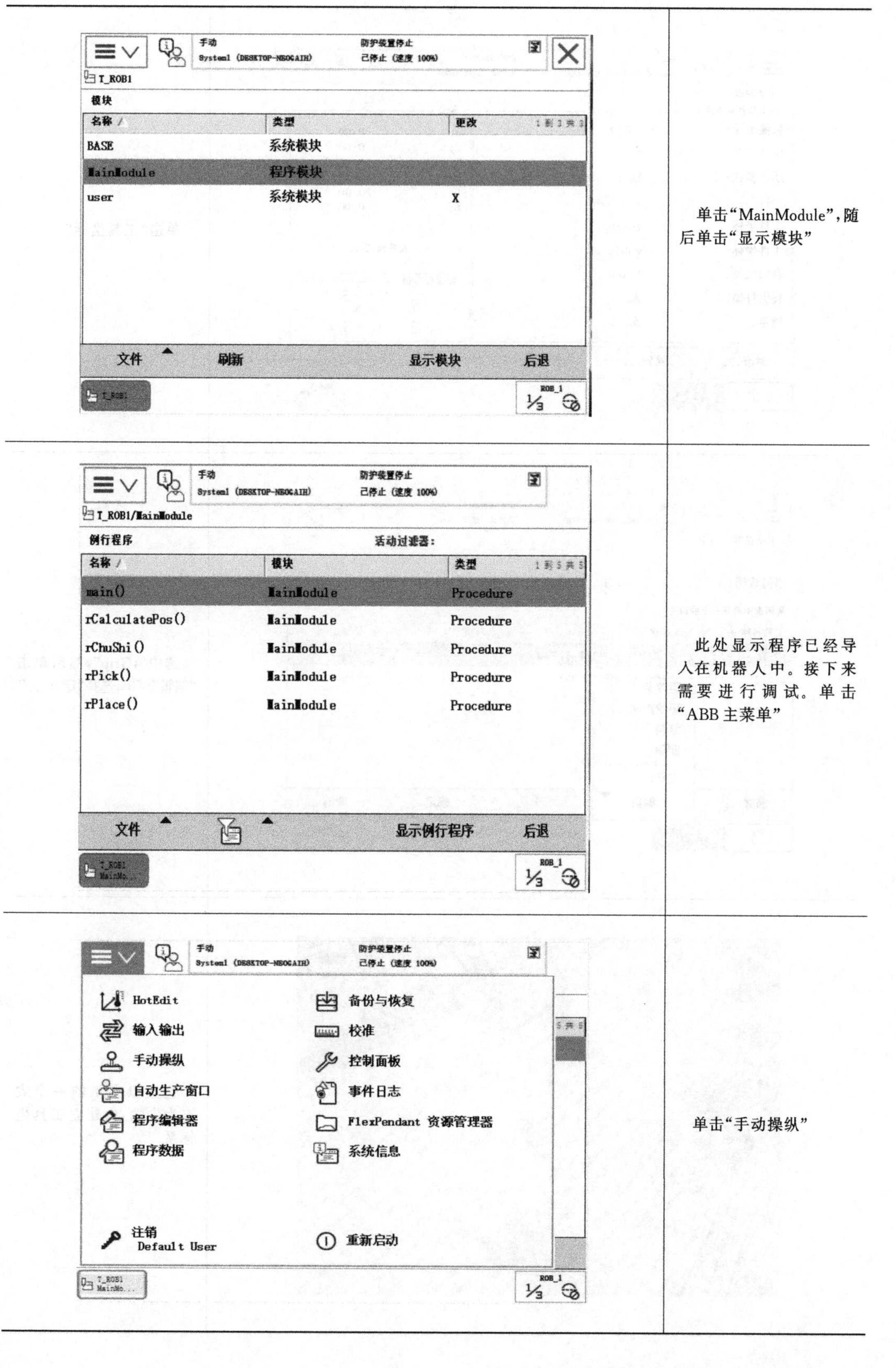

操作界面	说明
	单击“MainModule”，随后单击“显示模块”
	此处显示程序已经导入在机器人中。接下来需要进行调试。单击“ABB主菜单”
	单击“手动操纵”

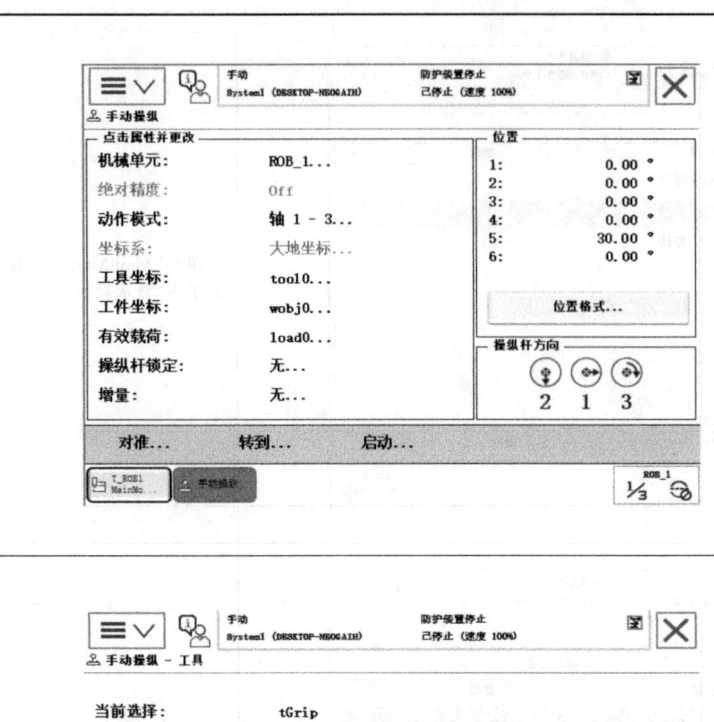

单击“工具坐标”

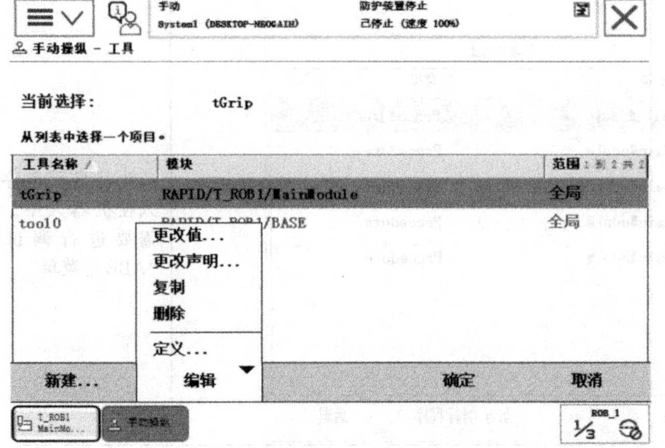

选中“tGrip”，然后单击“编辑”菜单，选择“定义...”

这里以夹爪的一个尖点为尖端点，建立工具坐标系

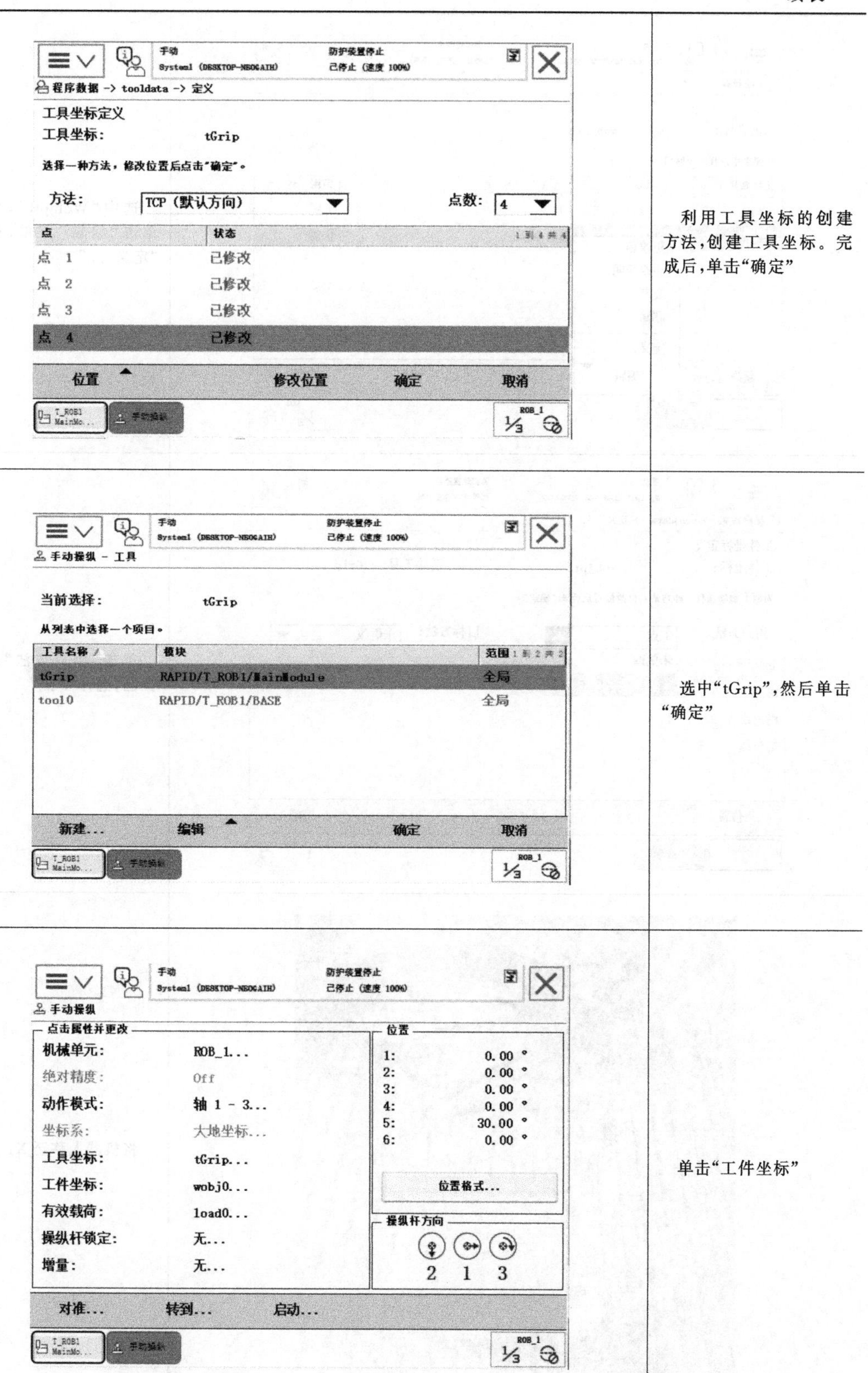

利用工具坐标的创建方法，创建工具坐标。完成后，单击“确定”

选中“tGrip”，然后单击“确定”

单击“工件坐标”

续表

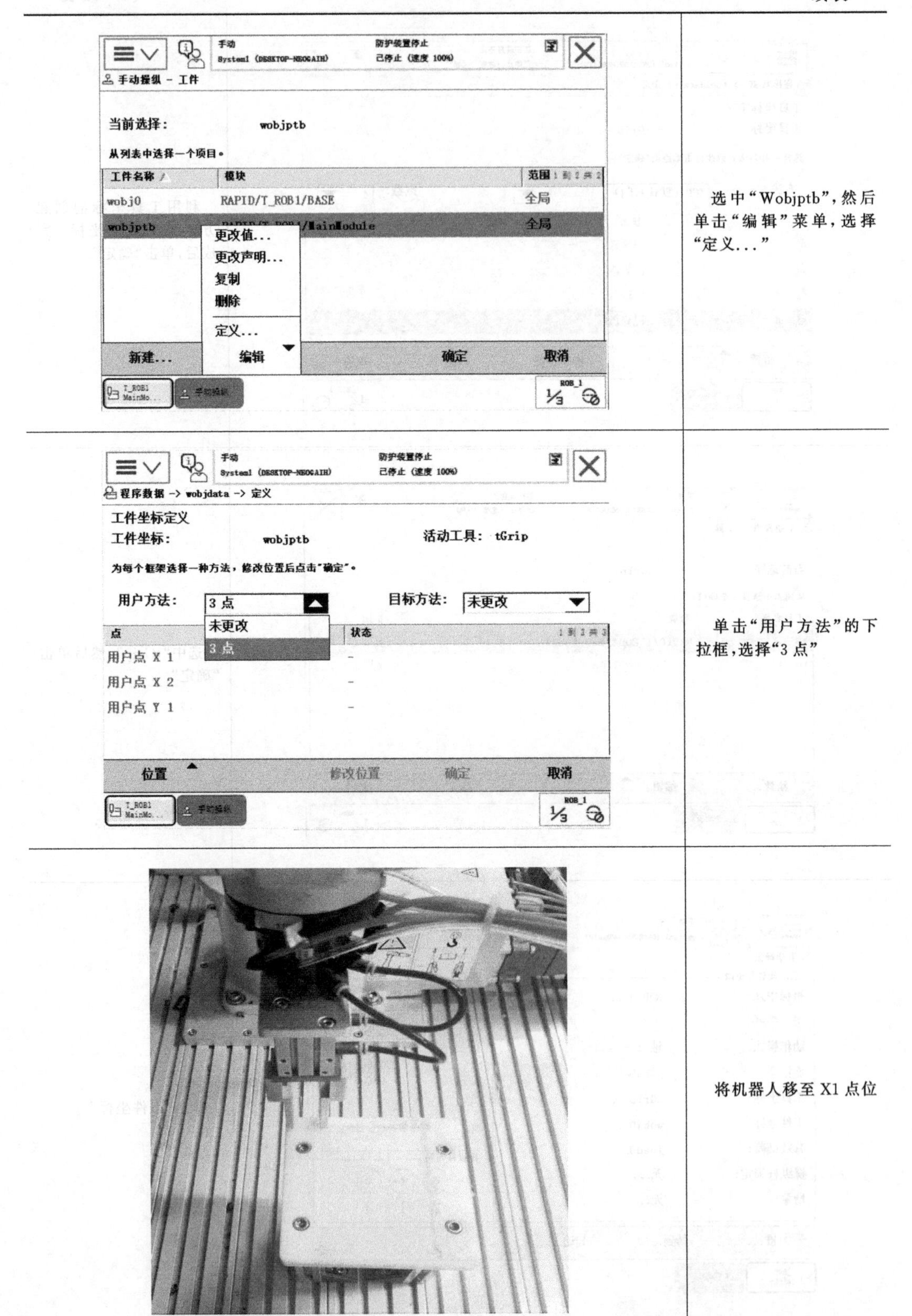

	选中"Wobjptb"，然后单击"编辑"菜单，选择"定义..."
	单击"用户方法"的下拉框，选择"3 点"
	将机器人移至 X1 点位

<table>
<tr>
<td>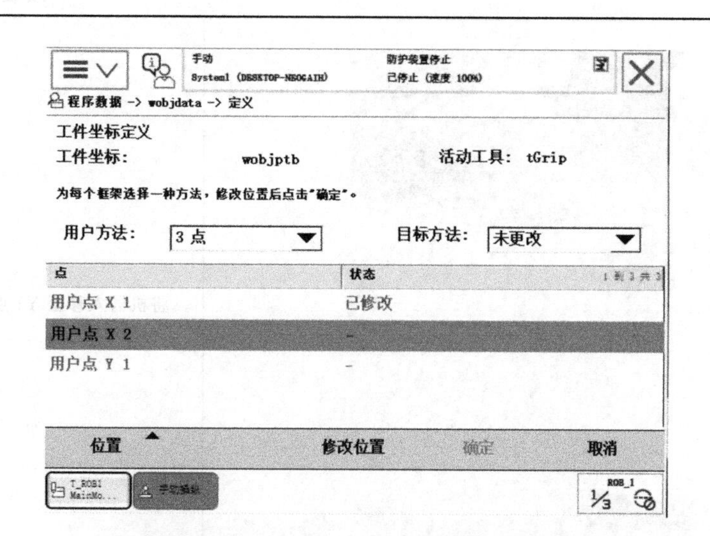
</td>
<td>选中“用户点 X1”，然后单击“修改位置”</td>
</tr>
<tr>
<td></td>
<td>将机器人移至 X2 点位</td>
</tr>
<tr>
<td>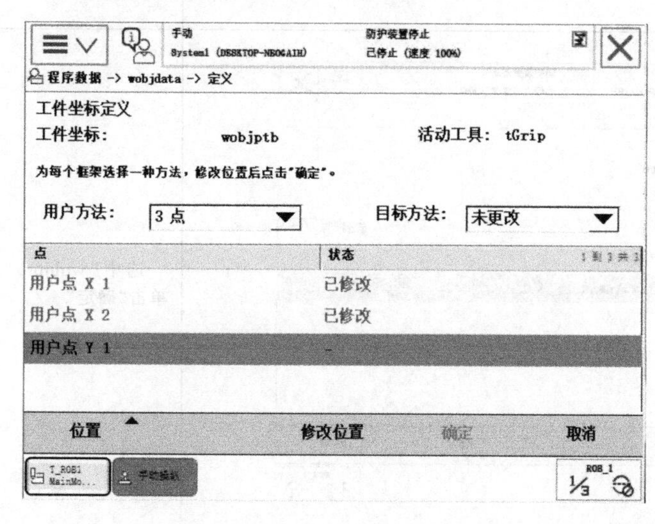
</td>
<td>选中“用户点 X2”，然后单击“修改位置”</td>
</tr>
</table>

续表

将机器人移至 Y1 点位

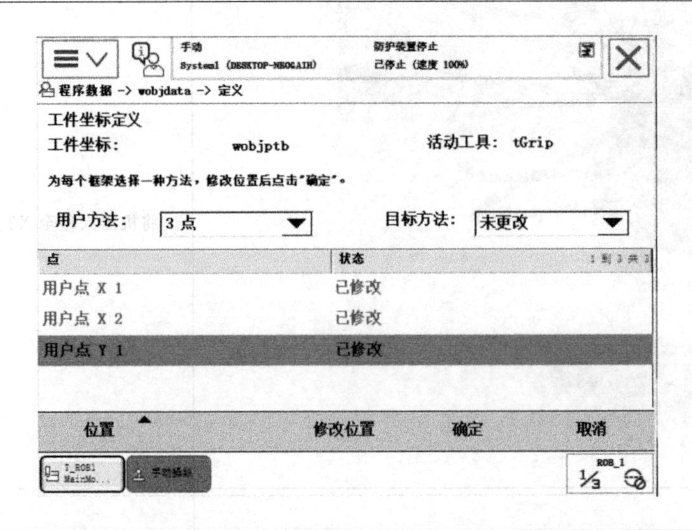

选中"用户点 Y1"，然后单击"修改位置"。最后单击"确定"

手动
System1 (DESKTOP-NBO6AIH)
防护装置停止
已停止 (速度 100%)
手动操纵 - 工件

当前选择: wobjptb

从列表中选择一个项目。

工件名称	模块	范围
wobj0	RAPID/T_ROB1/BASE	全局
wobjptb	RAPID/T_ROB1/MainModule	全局

新建... 编辑 确定 取消

T_ROB1 MainMo... 手动操纵 ROB_1 1/3

选中"wobjptb"，然后单击"确定"

续表

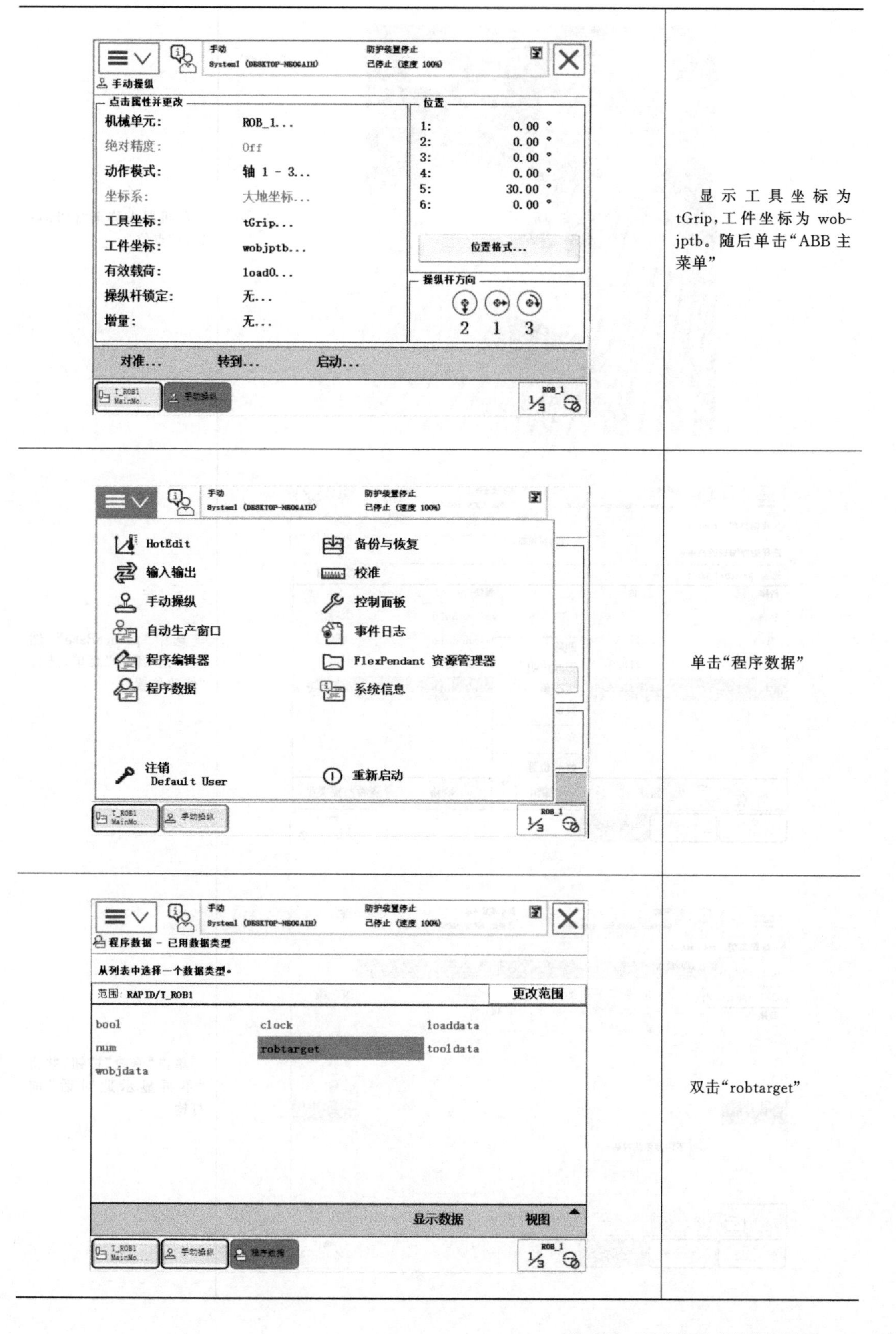

显示工具坐标为tGrip，工件坐标为wobjptb。随后单击“ABB主菜单”

单击“程序数据”

双击“robtarget”

将机器人移至“pPlace-Base”点位

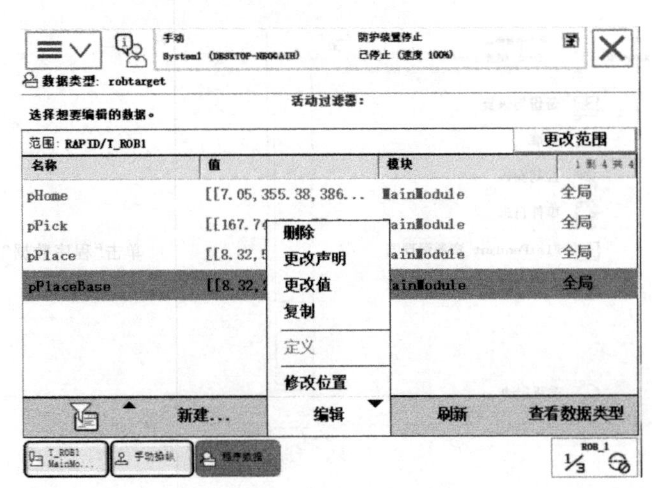

选中“pPlaceBase”，然后单击“编辑”菜单，选择“修改位置”

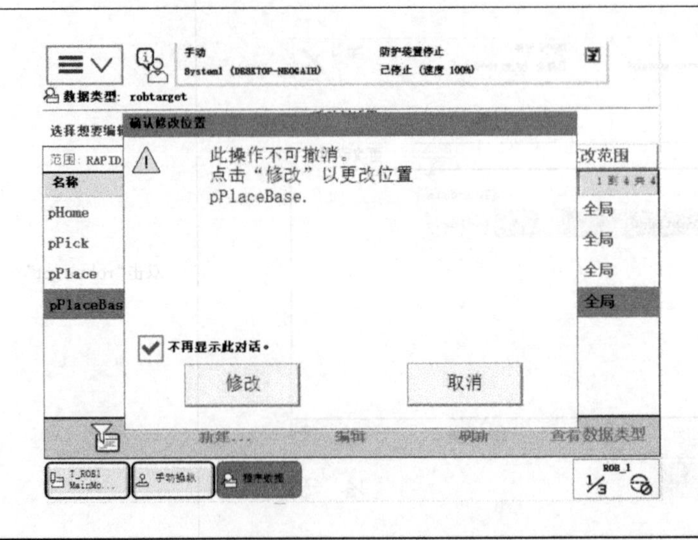

单击“修改”按钮，并将“不再显示此对话”前打钩

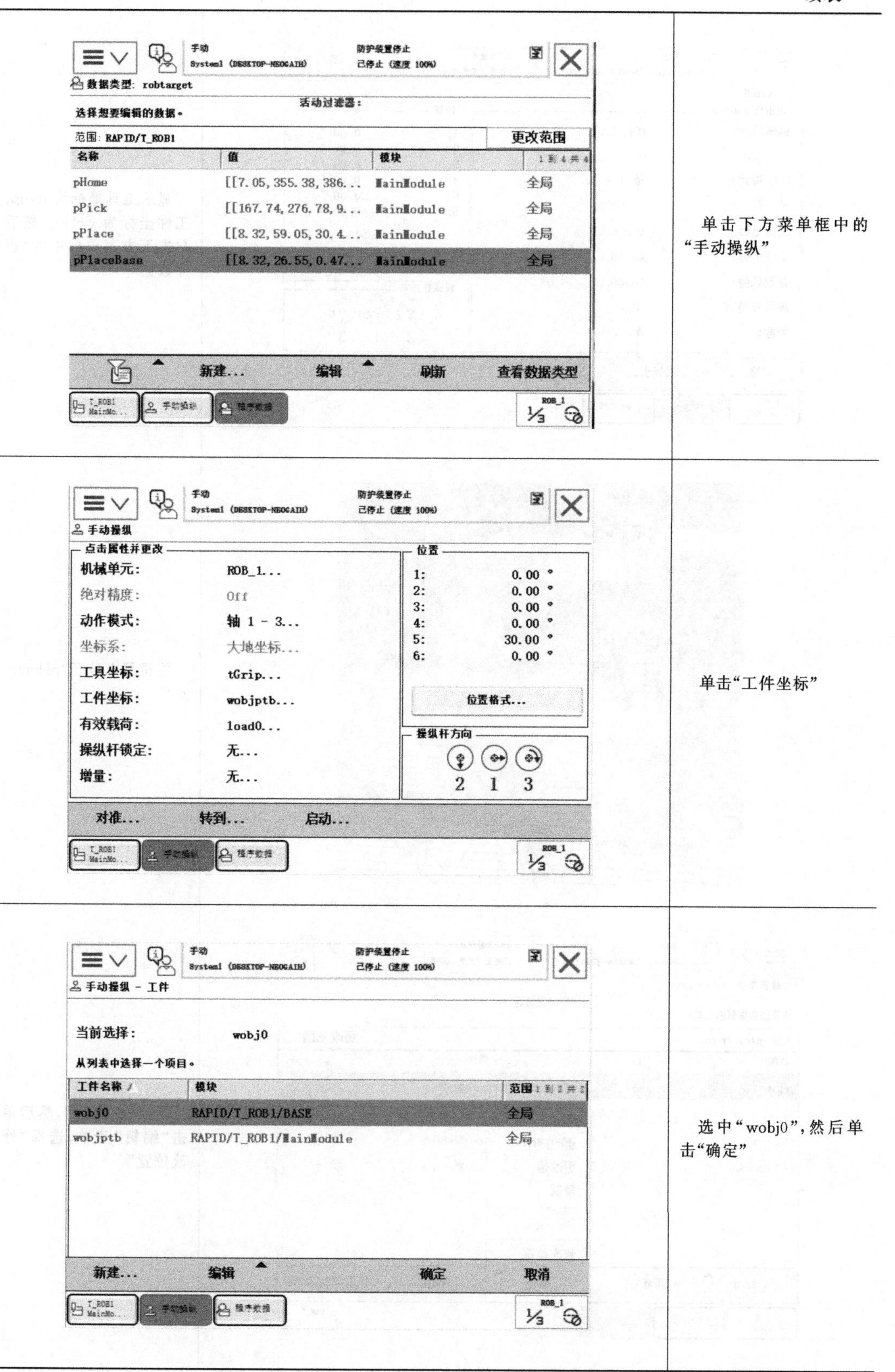
手动
System1 (DESKTOP-NEOCAIH)
防护装置停止
已停止 (速度 100%)
数据类型: robtarget
选择想要编辑的数据。
活动过滤器:
范围: RAPID/T_ROB1
更改范围
名称
值
模块
1 到 4 共 4
pHome
[[7.05,355.38,386...
MainModule
全局
pPick
[[167.74,276.78,9...
MainModule
全局
pPlace
[[8.32,59.05,30.4...
MainModule
全局
pPlaceBase
[[8.32,26.55,0.47...
MainModule
全局
新建...
编辑
刷新
查看数据类型
ROB_1
1/3
单击下方菜单框中的“手动操纵”
手动操纵
点击属性并更改
机械单元:
ROB_1...
绝对精度:
Off
动作模式:
轴 1 - 3...
坐标系:
大地坐标...
工具坐标:
tGrip...
工件坐标:
wobjptb...
有效载荷:
load0...
操纵杆锁定:
无...
增量:
无...
位置
1: 0.00 °
2: 0.00 °
3: 0.00 °
4: 0.00 °
5: 30.00 °
6: 0.00 °
位置格式...
操纵杆方向
2 1 3
对准...
转到...
启动...
单击“工件坐标”
手动操纵 - 工件
当前选择:
wobj0
从列表中选择一个项目。
工件名称
模块
范围 1 到 2 共 2
wobj0
RAPID/T_ROB1/BASE
全局
wobjptb
RAPID/T_ROB1/MainModule
全局
新建...
编辑
确定
取消
选中“wobj0”,然后单击“确定”

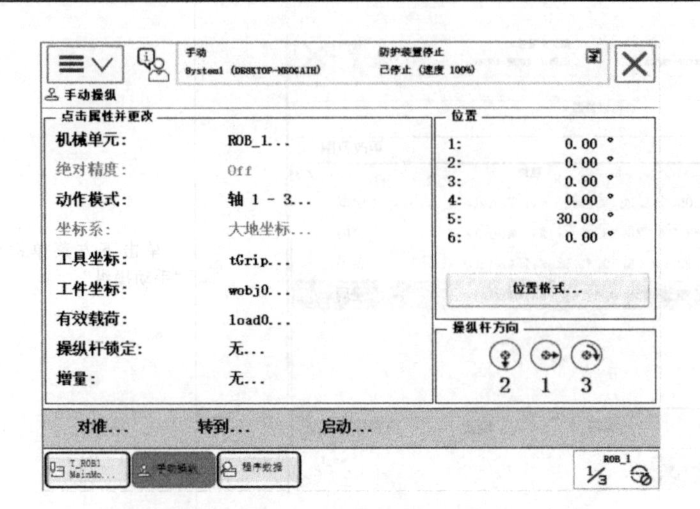

显示工具坐标为 tGrip，工件坐标为 wobj0。然后单击下方菜单框中的“程序数据”

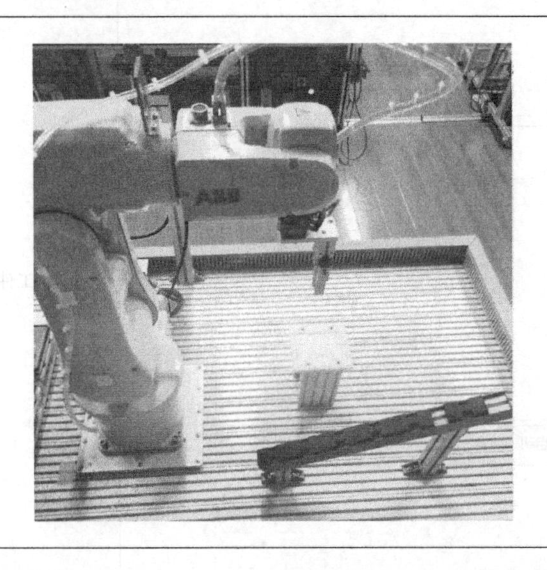

将机器人移至“pHome”点位

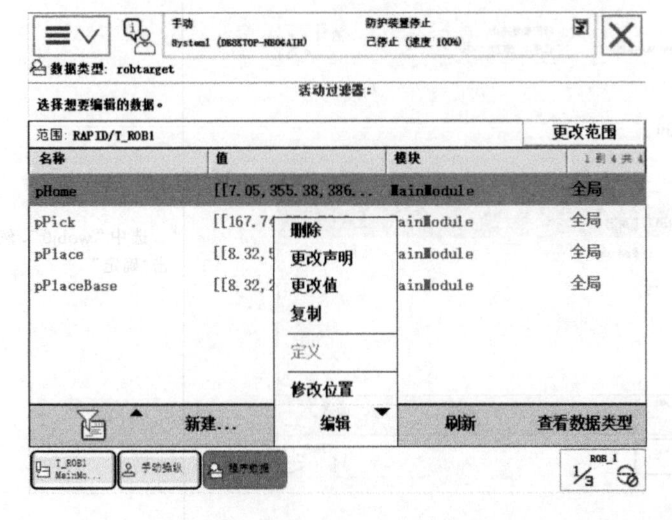

选中“pHome”，然后单击“编辑”菜单，选择“修改位置”

<table>
<tr>
<td>

</td>
<td>将机器人移至“pPick”点位</td>
</tr>
<tr>
<td>

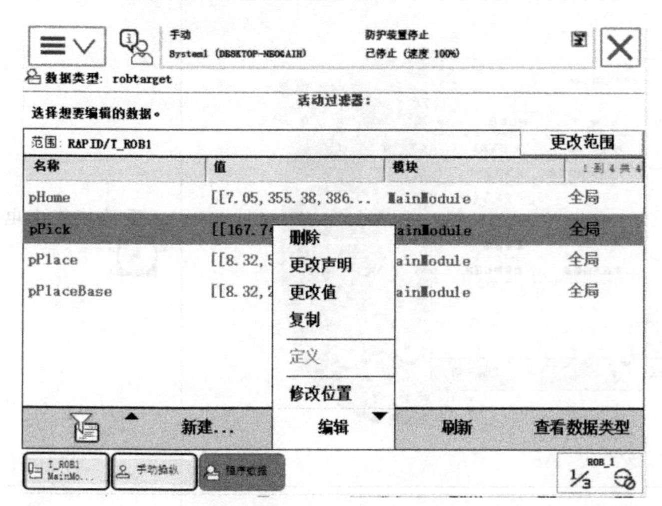

</td>
<td>选中“pPick”,然后单击“编辑”菜单,选择“修改位置”</td>
</tr>
<tr>
<td>

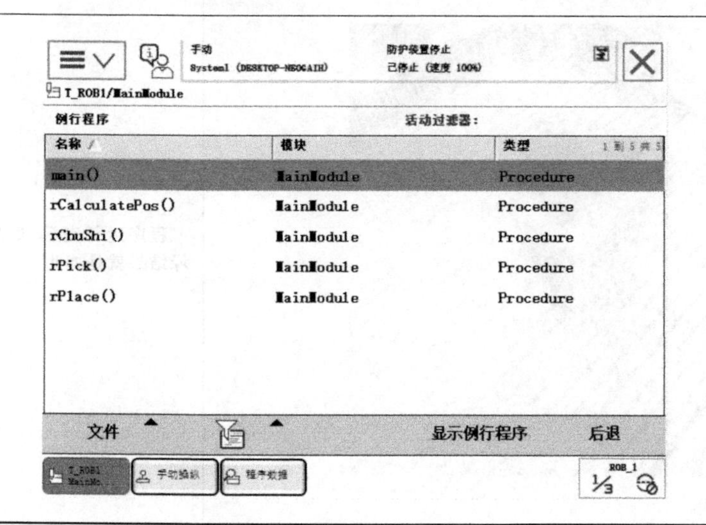

</td>
<td>单击下方菜单框中的“手动操纵”,然后双击“main()”</td>
</tr>
</table>

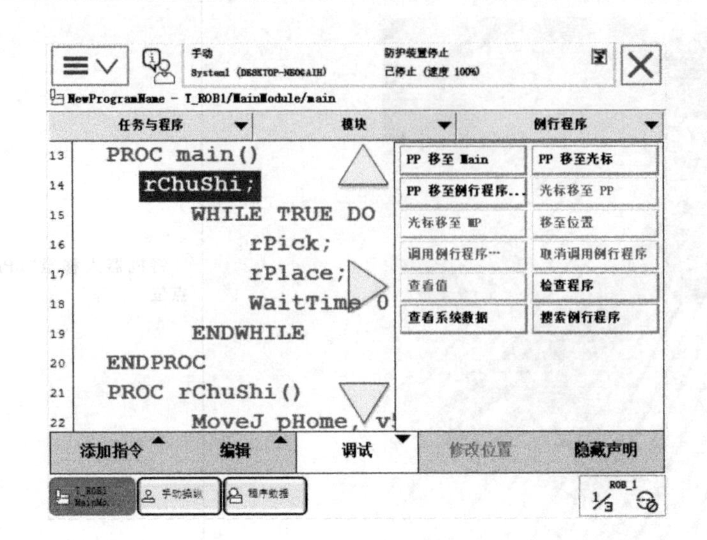	单击“调试”菜单，随后单击“PP 移至 Main”
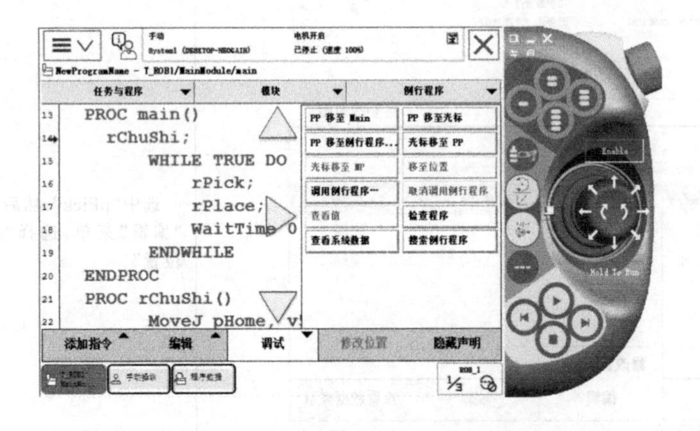	手动使能上电，按下“▶”
	程序运行完后，最终码垛结果就是如此

6.2.4 码垛程序及其含义

码垛程序其含义如下。

```
MODULE MainModule
    PERS tooldata
tGrip:=[TRUE,[[43.8329,-31.2937,171.17],[1,0,0,0]],[1,[0,0,5],[1,0,0,0],0,0,0]];
    ! 定义工具坐标系数据 tGrip
    PERS wobjdata wobjptb: = [FALSE, TRUE,"", [[- 17.0887, 334.814, 164.032], [0.70708,
3.41906E-05,-6.71318E-06,0.707134]],[[0,0,0],[1,0,0,0]]];
    ! 定义工件坐标系 wobjptb
    CONST robtarget
pPick:=[[167.74,276.78,99.19],[0.186984,-0.911852,-0.351539,-0.0999191],[0,0,-3,
0],[9E+09,9E+09,9E+09,9E+09,9E+09,9E+09]];
    CONST robtarget
pHome:= [[7.05,355.38,386.82],[2.61624E-05,0.917222,0.398376,-8.52143E-06],[0,-1,
-2,0],[9E+09,9E+09,9E+09,9E+09,9E+09,9E+09]];
    CONST robtarget
pPlaceBase:=[[8.32,26.55,0.47],[6.5975E-05,0.397769,-0.917486,-5.63655E-07],[1,0,
-1,0],[9E+09,9E+09,9E+09,9E+09,9E+09,9E+09]];
    PERS robtarget
pPlace:=[[8.32,59.05,30.47],[6.5975E-05,0.397769,-0.917486,-5.63655E-07],[1,0,-1,
0],[9E+09,9E+09,9E+09,9E+09,9E+09,9E+09]];
    ! 需要示教的目标点数据,抓取点 pPick、Home 点 pHome、放置基准点 pPlaceBase
    PERS bool bPickOK:=FALSE;
    ! 布尔量,当拾取动作完成后将其置为 TRUE,放置完成后将其置为 FALSE,以逻辑控制之用
    PERS num nCount:=1;
    ! 数字型变量 nCount,此数据用于物块计数。根据此数据的数值赋予放置目标点 pPlace 不同的位
置数据,以实现多点位放置
    PERS num nXoffset:=65;
    PERS num nYoffset:=32.5;
    PERS num nZoffset:=15;
    ! 数字型变量,用作放置位置偏移数据,即物块摆放位置之间在 X、Y、Z 轴方向的单个间隔距离
    PROC main()
        ! 主程序
      rChuShi;
        ! 调用初始化程序
        WHILE TRUE DO
        ! 利用 WHILE 循环将初始化程序隔开
            rPick;
            ! 调用拾取程序
```

```
        rPlace;
        ！调用放置程序
        WaitTime 0.3;
        ！循环等待时间,防止在不满足机器人动作情况下程序扫描太快,造成 CPU 过负荷
    ENDWHILE
ENDPROC
PROC rChuShi()
    ！初始化程序
    MoveJ pHome, v500, z50, tGrip\WObj:=wobj0;
    ！利用 MoveJ 回 Home 点
    nCount:=1;
    ！计数初始化,将用于物块的技术数值设置为 1,即从放置的第一个位置开始摆放
    Reset Grip;
    ！信号初始化,复位信号,打开夹爪
    bPickOK:=FALSE;
    ！布尔量初始化,将拾取布尔量置位 FALSE
ENDPROC
PROC rPick()
    ！拾取物块程序
  IF bPickOK=FALSE THEN
    ！当拾取布尔量 bPickOK 为 FALSE 时,则执行 IF 条件下的拾取动作指令,否则执行 ELSE 中出错处理的指令(因为当机器人拾取物块时,需保证其夹爪上面没有物块)
    MoveJ Offs(pPick,0,0,100),v200,z50,tGrip\WObj:=wobj0;
    ！利用 MoveJ 指令移至拾取位置 pPick 点正上方 Z 轴方向 100mm 处
    MoveL pPick,v20,fine,tGrip\WObj:=wobj0;
    WaitTime 0.2;
    ！等待 0.2s
    Set Grip;
    ！将夹爪信号置 1,控制夹爪闭合,将物块夹住
    WaitTime 0.2;
    ！等待 0.2s
    bPickOK:=TRUE;
    ！夹住后,将拾取的布尔量置为 TRUE,表示机器人夹爪上面已拾取一个物块
    MoveL Offs(pPick,0,0,100),v20,z50,tGrip\WObj:=wobj0;
    ！利用 MoveL 指令移至拾取位置 pPick 点正上方 Z 轴方向 100mm 处
    ELSE
    TPErase;
    TPWrite"jiazhuashangyouwuliao";
    Stop;
    ！如果在拾取开始之前拾取布尔量已经为 TRUE,则表示夹爪上面已有物块,在此种情况下机器人不能再去拾取另一个物块。此时通过写屏指令描述当前错误状态,并提示操作员检查当前夹爪状态,排除错误状态后再开始下一个循环。同时利用 STOP 指令,停止程序运行
```

```
        ENDIF
    ENDPROC
    PROC rPlace()
        ！放置程序
        IF bPickOK=TRUE THEN
            rCalculatePos;
            ！调用计算放置位置程序,此程序中会判断当前计数 nCount 的值,从而对放置点 pPlace
赋予不同的放置位置数据
            MoveJ Offs(pPlace,0,0,100),v100,z50,tGrip\WObj:=wobjptb;
            ！利用 MoveJ 指令移至拾取位置 pPlace 点正上方 Z 轴方向 100mm 处
            MoveL pPlace,v20,fine,tGrip\WObj:=wobjptb;
            ！利用 MoveL 指令移至放置位置 pPlace 点处
            WaitTime 0.2;
            ！等待 0.2s
            Reset Grip;
            ！复位夹爪信号,控制夹爪打开,将物块放下
            WaitTime 0.2;
            ！等待 0.2s
            bPickOK:=FALSE;
            ！此时夹爪已将物块放下,需要将拾取布尔量置为 FALSE,以便在下一个循环拾取程序中判
断夹爪的当前状态
            MoveL Offs(pPlace,0,0,100),v100,z50,tGrip\WObj:=wobjptb;
            ！利用 MoveL 指令移至拾取位置 pPlace 点正上方 Z 轴方向 100mm 处
            nCount:=nCount+1;
            ！物块计数 nCount 加 1,通过累计 nCount 的数值,在计算放置位置的程序 rCalculate-
Pos 中赋予放置点 pPlace 不同的位数据
            IF nCount>6 THEN
            ！判断计算是否大于 6,此处演示的状况是放置 6 个物块,即表示已满载,需要取下物块以及
其他复位操作,如 nCount、满足信号等
                nCount:=1;
                ！计数复位,将 nCount 赋值为 1
                MoveJ pHome, v500, z50, tGrip\WObj:=wobj0;
                ！机器人移至 Home 点,此处可根据实际情况来设置机器人的动作
                WaitDI Res,1;
                ！等待复位信号,即物块已被取走
            ENDIF
        ENDIF
    ENDPROC
    PROC rCalculatePos()
        ！计算位置子程序
        TEST nCount
        ！检测当前计数 nCount 的数值
```

CASE 1:

pPlace:=Offs(pPlaceBase,0,0,0);

! 若 nCount 为 1,则利用 Offs 指令,以 pPlaceBase 为基准点,在坐标系 wobjptb 中沿着 X、Y、Z 轴方向偏移相应的数值。此处 pPlaceBase 点就是第一个放置位置,所以 X、Y、Z 轴偏移值均为 0,也可以直接写成: pPlace:=pPlaceBase;

CASE 2:

pPlace:=Offs(pPlaceBase,nYoffset,0,0);

! 若 nCount 为 2,位置 2 相当于放置基准点 pPlaceBase 点只是在 X 轴正方向偏移了一个产品间隔(PERS num nXoffset:=65; PERS num nYoffset:=32.5; PERS num nZoffset:=15)。由于程序是在工件坐标系 wobjptb 下进行放置动作的,所以这里所涉及的 X、Y、Z 轴方向均指的是 wobjptb 坐标系方向

CASE 3:

pPlace:=Offs(pPlaceBase,2 * nYoffset,0,0);

! 若 nCount 为 3,位置 3 相当于放置基准点 pPlaceBase 点只是在 X 轴正方向偏移了两个产品间隔(PERS num nXoffset:=65; PERS num nYoffset:=32.5; PERS num nZoffset:=15)

CASE 4:

pPlace:=Offs(pPlaceBase,0.5 * nYoffset,0,nZoffset);

! 若 nCount 为 4,位置 4 相当于放置基准点 pPlaceBase 点只是在 X 轴正方向偏移了一个产品二分之一的间隔、在 Z 轴正方向偏移了一个产品的间隔(PERS num nXoffset:=65; PERS num nYoffset:=32.5; PERS num nZoffset:=15)

CASE 5:

pPlace:=Offs(pPlaceBase,1.5 * nYoffset,0,nZoffset);

! 若 nCount 为 5,位置 5 相当于放置基准点 pPlaceBase 点只是在 X 轴正方向偏移了一个产品二分之三的间隔、在 Z 轴正方向偏移了一个产品的间隔(PERS num nXoffset:=65; PERS num nYoffset:=32.5; PERS num nZoffset:=15)

CASE 6:

pPlace:=Offs(pPlaceBase,nYoffset,0,2 * nZoffset);

! 若 nCount 为 6,位置 6 相当于放置基准点 pPlaceBase 点只是在 X 轴正方向偏移了一个产品的间隔、在 Z 轴正方向偏移了两个产品的间隔(PERS num nXoffset:=65; PERS num nYoffset:=32.5; PERS num nZoffset:=15)

ENDTEST

ENDPROC

ENDMODULE

参考文献

[1] 伊洪良.工业机器人应用基础 [M].北京:机械工业出版社,2018.
[2] 叶晖,等.工业机器人实操与应用技巧 [M].北京:机械工业出版社,2017.
[3] 田桂福,林燕文.工业机器人现场编程 (ABB) [M].北京:机械工业出版社,2017.